滇池流域水量-水质时空优化调控技术研究

周　丰　董延军　李丽娟　顾世祥　马　巍　等著

中国环境出版集团·北京

图书在版编目（CIP）数据

滇池流域水量-水质时空优化调控技术研究/周丰等著. —北京：中国环境出版集团，2018.12
ISBN 978-7-5111-3804-0

Ⅰ. ①滇… Ⅱ. ①周… Ⅲ. ①滇池—流域—水流量—调控—研究②滇池—流域—水质—调控—研究 Ⅳ. ①TV213.4

中国版本图书馆 CIP 数据核字（2018）第 203050 号

出版人 武德凯
责任编辑 殷玉婷
责任校对 任 丽
封面设计 宋 瑞

出版发行 中国环境出版集团
（100062 北京市东城区广渠门内大街 16 号）
网 址：http://www.cesp.com.cn
电子邮箱：bjgl@cesp.com.cn
联系电话：010-67112765（编辑管理部）
发行热线：010-67125803，010-67113405（传真）
印 刷 北京建宏印刷有限公司
经 销 各地新华书店
版 次 2018 年 12 月第 1 版
印 次 2018 年 12 月第 1 次印刷
开 本 787×1092 1/16
印 张 22
字 数 480 千字
定 价 68.00 元

前　言

水资源短缺是制约经济社会可持续发展的主要因素之一，缺水很大程度上是由于资源得不到科学分配和合理利用造成的，因此加强水资源的管理调控是提高水资源利用效率的重要方向。水量调控管理是一个逐渐发展的过程，从最初的用水量控制为主到总量与用水效率并重。随着社会生活水平和工业化程度的提高，水质恶化成为缺水的重要原因，频繁发生的水污染事件使环境质量降低，生态系统退化。滇池湖泊水环境质量很差，蓝藻水华常年大面积暴发就是一个典型的例子。因此水量与水质联合调控是未来水量调配与水污染控制的主要决策技术。

滇池湖泊治理历经 20 多年的探索和研究，逐步形成对滇池治理的规律性认识，构建了“六大工程体系”的系统治理思路，六大工程体系中最关键的环节之一就是外流域调水。外流域调水在缓解滇池流域水资源短缺和改善滇池水环境质量方面发挥着支撑性作用。本研究是在国家“十二五”重大水专项“滇池流域水资源联合调度改善湖体水质关键技术与工程示范”中第 4 课题“流域水资源系统水质-水量时空优化调控技术”（2013ZX07102-006-04）的基础上逐步形成的。依托牛栏江—滇池补水工程、滇中引水工程等，本研究以改善滇池水质和控制蓝藻暴发为目标，开发一套流域水资源系统水质-水量时空优化调控关键技术，在宏观尺度上设计入湖河流的水量、水质及最佳实现途径。具体包括：①建立了滇池流域自然、人工水循环过程调查数据集；②自主开发或集成研发了流域水资源调度全过程多情景数值模拟技术、环境导向型滇池流域水资源优化配置技术、基于滇池水质改善的区域水资源优化调度技术；③形成区域水资源系统联合调度与滇池水质改善集成方案，主要包括滇池流域社会经济水循环系统及区域配置优化和改善滇池流域水质的水量-水质联合调度优化。

本研究通过以滇池流域为例的水量水质时空优化调配进行研究，特别是针对时空分布的差异性，探讨了流量水量-水质联合调控的基本理论和方法，建立了相关的技术框架体系，耦合湖体水动力模型、区域水资源配置模型和水库调度模型，实现水资源调度多情景过程数值模拟，为滇池水体改善以及区域的水资源优化配置提供技术支撑。

本书由周丰（北京大学）、董延军（珠江水利科学研究院）、李丽娟（中国科学院地理科学与资源研究所）、顾世祥（云南省水利水电勘测设计院）、马巍（中国水利水电科学研究院）和朱世洪（长江水利委员会长江勘测规划设计研究院）共同编写完成。具体分工如下：周丰负责第1、第3、第5章，董延军和朱世洪共同负责第6、第10章，李丽娟负责第4、第7、第8、第9章，朱世洪负责第2章，顾世祥参与编写第7章，马巍参与编写第5章。全书最后由周丰统稿定稿。

在本书出版过程中，还得到了郭怀成、刘永、陈刚、刘佳旭、安玉敏、王森、郑江丽等的大力支持和帮助。借此机会向他们一并致谢。

本书的出版得到了国家“十二五”水体污染控制与治理科技重大专项“滇池流域水资源联合调度改善湖体水质关键技术与工程示范”（2013ZX07102006）项目的资助支持。

这几年笔者一直从事流域水量水质相关工作的研究工作，本书是一些研究成果。我们期望通过这些研究成果，促进相关技术在我国流域水资源、水环境研究中大力推广和普及。由于笔者水平有限，成书仓促，书中的缺点和错误在所难免，竭诚欢迎读者批评指正和学术争鸣。相关建议可联系电子邮件 zhouf@pku.edu.cn 编者收。

编　者

目　录

1　绪论 1

1.1　研究背景 1

1.2　研究目标及内容 3

1.2.1　研究目标 3

1.2.2　研究内容 3

1.2.3　总体思路与技术路线 6

2　滇池流域概况 8

2.1　滇池流域自然环境特征 8

2.1.1　滇池流域概况 8

2.1.2　湖泊水系概况 10

2.1.3　滇池入湖河道概况 13

2.2　滇池流域经济社会状况 18

2.3　滇池流域水环境质量状况 19

2.3.1　滇池水环境质量状况评价 19

2.3.2　主要河流入湖水质状况评价 28

2.4　滇池流域水体污染成因及防治对策研究 36

2.4.1　滇池流域水体污染成因分析 36

2.4.2　滇池流域水污染防治策略 37

2.4.3　滇池流域水污染治理总体对策 38

3　滇池流域自然、人工水循环过程调查 42

3.1　滇池—普渡河流域社会经济发展调查 42

3.1.1　滇池流域 42

3.1.2　海口—安宁—富民工业走廊 42

3.2 滇池—普渡河流域水资源系统调查与评价......43
3.2.1 水资源分区......43
3.2.2 水资源概况......43
3.2.3 水资源开发利用现状......45
3.2.4 用水量现状调查......48
3.2.5 滇池流域再生水利用情况调查......52
3.2.6 环湖湿地调查......52
3.3 滇池—普渡河流域工程水文分析及湖库径流还原......54
3.3.1 研究目标......54
3.3.2 研究内容及方法......54
3.3.3 主要研究成果......55

4 环境导向型滇池流域水资源优化配置技术......67
4.1 滇池流域水资源供需平衡模拟技术开发......67
4.1.1 模型原理......67
4.1.2 技术创新之处......74
4.1.3 模型验证和应用......74
4.2 滇池流域水资源优化配置技术开发......74
4.2.1 模型原理......74
4.2.2 技术创新之处......81
4.2.3 模型验证和应用......81

5 流域水资源调度全过程多情景数值模拟技术......83
5.1 水文和养分输移模块开发......83
5.1.1 模型原理......83
5.1.2 技术创新之处......88
5.1.3 数据与子流域划分......88
5.1.4 模型验证和应用......91
5.1.5 水质模拟......96
5.2 三维风场与水质水动力模块更新......101
5.2.1 模型原理......101
5.2.2 技术创新之处......107
5.2.3 滇池湖泊内源释放规律研究......107

5.2.4 模型验证和应用 112

6 基于滇池水质改善的区域水资源优化调度技术 122
6.1 模型原理 122
6.1.1 水量平衡约束条件 122
6.1.2 模拟方法 125
6.1.3 评价方法 125
6.2 技术创新之处 127
6.3 调度信息及依据 127
6.3.1 德泽水库 127
6.3.2 滇池信息 134
6.4 模型验证与应用 138
6.4.1 现状年调度方案优选 138
6.4.2 2020 年调度方案优选 156

7 滇池区域水资源系统利用分配现状评价 158
7.1 水文与水资源概况 158
7.1.1 降水 158
7.1.2 当地水资源 162
7.1.3 再生水与外调水 164
7.2 水资源利用概况 166
7.2.1 农业用水 166
7.2.2 工业用水 170
7.2.3 生活用水 171
7.3 水资源短缺空间格局 172
7.3.1 水资源短缺评价 172
7.3.2 水资源短缺风险 176
7.4 水资源适宜性评价 180
7.4.1 研究方法 180
7.4.2 单项指标计算 181
7.4.3 评价结果与适宜性分级 188
7.4.4 乡镇单元水资源适宜性 190
7.4.5 流域单元水资源适宜性 193

8 补水条件下滇池区域水资源系统的分质供需预测与评估......194
8.1 常规水源可供水量......194
8.1.1 蓄水工程......194
8.1.2 引水工程......195
8.1.3 提水工程......196
8.1.4 外流域引调水......197
8.1.5 地下水......198
8.1.6 拟、在建工程......199
8.2 水资源需求预测......200
8.2.1 生活需水量......200
8.2.2 生产需水量......203
8.2.3 生态需水量......207
8.3 再生水可供水量及其适用性......210
8.3.1 可供水量分析......210
8.3.2 基于水土资源适宜性空间关系的灌溉用水适用性......213
8.3.3 工业与生态用水适用性分析......221

9 滇池流域社会经济水循环系统及区域配置优化方案......226
9.1 现状年水资源配置......226
9.1.1 总量配置......227
9.1.2 用水户间配置......228
9.2 近期规划年水资源配置......230
9.2.1 总量配置......233
9.2.2 用户间配置......236
9.3 滇中未通水远景规划年水资源配置......239
9.3.1 总量配置......243
9.3.2 用水户间配置......246
9.4 滇中通水远景规划年水资源配置......251
9.4.1 总量配置......252
9.4.2 用水户间配置......255
9.4.3 滇中调水前后对比......257
9.5 缺水空间格局......258
9.6 水资源配置优化方案......262

9.6.1 供需二次平衡 262
9.6.2 供需平衡措施 266
9.6.3 再生水利用削减入滇污染负荷 268

10 改善滇池流域水质的水量水质联合调度优化方案 271
10.1 未来情景预测及工况设计（2020 年和 2030 年） 271
10.2 德泽水库—滇池联合优化调度（现状年） 274
10.2.1 德泽水库补水调度方案 274
10.2.2 调度评价及最优方案确定 287
10.3 德泽水库—滇池联合优化调度（2020 年） 292
10.4 优化调度下入湖河道水量和负荷模拟 293
10.4.1 近期水平年入湖水量过程模拟预测 293
10.4.2 远期水平年入湖过程模拟及预测分析 296
10.4.3 近期水平年入湖水质过程模拟及预测分析 298
10.4.4 远期水平年入湖水质过程模拟及预测分析 306
10.4.5 规划水平年滇池入湖污染物时空分布特征 313
10.4.6 远期水平年滇池入湖污染物时空分布特征 316
10.5 基于水质改善的调水工程入湖通道优化及滇池水位调控方案 318
10.5.1 入湖通道水量与湖泊水质响应关系 318
10.5.2 入湖通道调水方案的模拟优化 322
10.5.3 规划水平年滇池湖泊水环境质量模拟预测 324
10.5.4 滇池水质时空分布特征及其变化模拟预测 332
10.5.5 基于水质改善的滇池水位优化调度方案 334
10.5.6 小结 335

参考文献 337

1 绪 论

1.1 研究背景

滇池流域地处长江、红河、珠江 3 大水系分水岭地带，集水面积 2 920 km^2，涉及昆明市五华、盘龙、西山、官渡、呈贡 5 区和晋宁、嵩明两县，是云南省人口最集中、经济最发达的地区，是昆明人民繁衍生息的摇篮，是昆明的母亲湖，是维系昆明城市生态系统的根基，关乎昆明的生存发展。滇池流域年径流深 188.7 mm，水资源总量 5.55 亿 m^3，人均水资源量低于 200 m^3，仅为全省平均水平的 1/25，与国内京津唐地区的人均水资源量相当，属水资源严重匮乏地区。日益短缺的水资源问题，致使滇池流域河湖生态环境用水被严重挤占，湖周无清洁水来源，大量的城市生活和生产废污水早已成为滇池水资源污染的主要来源之一，从而直接导致近些年来滇池流域水环境问题日益突出，滇池湖泊水环境质量很差，蓝藻水华常年大面积暴发，特别是进入 21 世纪，滇池草海、外海水质均长期维持在劣Ⅴ类水平。滇池水质恶化，不仅严重破坏了湖泊生态系统平衡，影响了昆明旅游业发展，而且还对以滇池为水源的昆明城市供水系统造成了巨大压力，并不得不从近百公里外的掌鸠河、清水海等地调水解决昆明主城区供水问题，以保证昆明城市供水安全。滇池流域资源性缺水和水质性缺水并存，“水少、水脏、水景观差”问题是长期困扰滇池治理的难题。

为此自“八五”以来，滇池湖泊治理一直受到国家和云南省的高度重视，历经 20 多年的探索和研究，逐步形成对滇池治理的规律性认识，即以流域为单元，突出综合治理，从源头抓起，将污染治理与产业结构、城乡布局调整相结合；以污染治理为重点，充分与已有工作相衔接，强调综合治理的系统性，从而构建了“五大任务”和“六大工程体系”。五大任务主要包括：转变发展方式，统筹城乡发展；点面结合，全面开展入湖污染治理；采用多种措施，修复和保护生态环境；通过水资源调配，解决流域缺水；加强科技示范和监管能力建设。六大工程体系主要包括：环湖截污和交通工程、外流域调水及节水工程、入湖河道整治工程、农业农村面源治理工程、生态修复与建设工程、生态清淤工程。从入湖污染物治理、生态修复与重建、补充流域水资源3个方面构建综合治理工程体系。其中入湖污染物治理包括环湖截污和交通工程、入湖河道治理工程、农业农村面源治理工程，旨在从源头上阻断污染物入湖，是综合治理和湖泊水质改善的关键性工程，直接关系到滇池水环境治理的成败；生态修复与重建包括生态修复与建设工程、生态清淤工程，是阻断入湖污染物后，巩固治理效果、恢复河湖自然生态必备的手段，是治理效果可持续性的保证；外流域引水及节水工程是解决滇池流域内水资源严重短缺，滇池流域河湖生态用水严重被挤占、湖泊换水周期过长，只靠入湖污染物治理和生态修复不能达到预期治理目标情况下的必然选择。这六大重点工程体系是滇池水环境综合治理的核心内容，各个体系层层递进，互为补充，缺一不可，只有全面落实六大工程措施并充分发挥各项工程的治污、控污、截污效益并增加流域内河湖生态环境用水量、改善湖泊水动力条件、增强湖泊稀释自净能力及改善滇池入湖污染物严重失衡的局面，才有可能使滇池2020年滇池外海水质基本实现规划水质保护目标。

水资源调度作用下对生态环境保护和改善的研究是当今国内外水科学研究的前沿和热点之一，其目的是通过改变现有水利工程或拟建水利工程的调度运行方式，发挥水利工程兴利避害的综合功能和综合效益，达到充分利用各种可利用的水资源，增加生产、生活的可利用水量，兼顾改善河道水质，实现水生态、水环境和水景观的修复、改善和保护，确保以水资源的可持续利用保障社会经济的可持续发展。掌鸠河引水供水工程、清水海供水工程和牛栏江滇池补水工程是滇池流域“六大工程体系”中“外流域引水及节水”的重要组成部分，其中牛栏江滇池补水工程是调水主体工程。牛栏江滇池补水工程在盘龙江入湖方案基础上，将盘龙江打造成牛栏江来水的“入湖清水通道”，通过建立德泽水库和滇池的联合调度运行机制，充分发挥牛栏江—滇池补水工程在缓解滇池流域水资源短缺和改善滇池水环境质量中的支撑性作用。

本研究依托国家“十二五”水专项“滇池流域水资源联合调度改善湖体水质关键技术与工程示范”，针对外流域调水这一问题，耦合水资源调度过程、地表水文过程、湖体水动力过程和水质4个方面的研究技术，回答并确定如何改善滇池流域水质目标和生态环境的最佳牛栏江引调水过程和时机。预期成果包括：①宏观策略——基于水资源条件的社会经济发展导向建议；②工程建议——已有、在建工程的优化调度方案，新建工程建议与愿景分析；③技术研发——调水条件下多水源系统模拟与优化配置技术。

1.2 研究目标及内容

1.2.1 研究目标

以改善滇池水质和控制蓝藻暴发为目标，为课题开发一套流域水资源系统水质-水量时空优化调控关键技术，回答如何发挥调水工程的功能，在宏观尺度上设计入湖河流的水量、水质及建立实现的最佳途径（配置、削减、调度），制定调度规则，并形成区域水资源系统联合调度与滇池水质改善集成方案及对滇池流域水污染防治“十三五”规划提供工程建议。

1.2.2 研究内容

1.2.2.1 滇池流域自然、人工水循环过程调查

（1）补水工程实施后的滇池区域水资源系统利用分配现状调查与评价

①滇池—普渡河流域社会经济发展调查。调查滇池流域及海口—安宁—富民工业走廊的现状国内生产总值、工业总产值、三次产业结构、城镇发展规模、人口规模、市政设施、土地利用、农业发展等社会经济发展资料。

②滇池—普渡河流域水资源系统调查与评价。

水资源系统调查包括滇池流域的降雨、蒸发、入库径流、暴雨洪水、地表水资源量、地下水资源量、水资源总量、水资源可利用量、河流与湖体水质、现状供水设施、供水量和用水量等状况。

调查分析滇池流域各个分区供水水源结构及其变化趋势，生产、生活、生态用水的结构及其变化趋势，各个分区水资源的“供-用-耗-排”水关系等。

调查分析流域现状用水水平、用水效率、流域水资源开发利用程度等。供水设施、供水量和用水量调查包括本区的供水设施、外流域调水工程、中水及雨水利用等。

估算各个分区的用水消耗量，废污水排放量，对各个分区的“供-用-耗-排”水成果合理性进行检查。调查滇池流域各条入湖河道和滇池周边湿地建设情况，通过必要的现场测试和定位观测，初步分析各条河道和湿地的生态环境用水量。

调查分析现状滇池流域城镇发展挤占生态环境用水的程度，供水、用水存在的问题及发展变化趋势。

③滇池—普渡河流域工程水文分析及湖库径流还原。开展滇池—普渡河流域内重要水库和滇池的工程水文分析工作，得到各水库及滇池入库径流还原、暴雨洪水成果。对滇池—普渡河流域的洪水形成机制进行研究，分析各水源工程的洪水总量和过程线。

（2）流域社会经济发展与水资源需求预测

①区域总人口变化趋势、城市化率，昆明主城周边其他城镇和产业园区的人口规模，以旅游为主体的流动人口规模及其季节性规律。

②产业园区的空间布局、主导产业及其经济发展规模。

③城镇和工业发展对灌溉面积及其空间格局的影响、都市农业发展与花卉蔬菜生产布局调整等导致的灌溉农业生产结构变化。通过模型分析，得出区域社会经济发展的可能情景，为水资源需求预测提供基础。

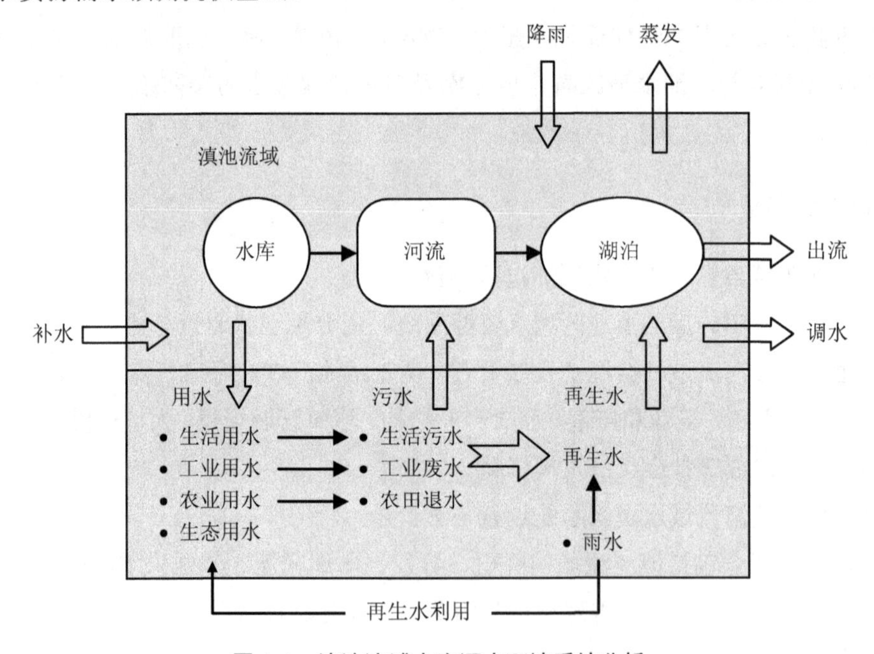

图 1-1 滇池流域水资源水环境系统分析

（3）生态补水替代后的流域水资源格局和分质需求预测与评估

①生态补水条件下滇池区域水资源系统的水量-水质核算及时空格局变化。分析海口—安宁—富民工业走廊的社会经济发展对不同水质供水量的需求，特别是需要由滇池调节后供水的工业和农业需水量；分析滇池流域内城市再生水资源回用于海口—安宁—富民地区工农业生产用水的可能性和可行性；分析经滇池调节后，最大可以保障供给海口—安宁—富民工业走廊的工农业用水量。

②滇池区域水资源的分质需求预测与评估。预测分析滇池流域及下游海口—安宁—富民工业走廊水资源的分质供水要求及其时空分布，包括主要入湖河流、滇池周边湿地生态环境用水量调查与观测实验，“三生”用水的水量-水质要求；对滇池流域及下游海口—安宁—富民工业走廊各用水部门的需水量和用水水质进行预测；重点分析预测今后滇池流域土地利用变化带来的需水结构变化。通过现场调查和观测试验，根据滇池湿地的规模结构

分析预测今后的需水量。按“生活”“生产”和“生态”分别预测提出滇池流域及下游海口—安宁—富民工业走廊的需水量。在满足全社会各部门用水水质的前提下，分质预测现有和规划水源工程的可供水量，从质到量上都要满足研究区域的用水需求。

1.2.2.2 调水条件下多水源系统模拟与优化配置技术

水资源调度作用下对生态环境保护和改善的研究是当今国内外水科学研究的前沿和热点之一，其目的是通过改变现有水利工程或拟建水利工程的调度运行方式，发挥水利工程兴利避害的综合功能和综合效益，达到充分利用各种可利用的水资源，增加生产、生活的可利用水量，兼顾改善河道水质，实现水生态、水环境和水景观的修复、改善和保护，确保以水资源的可持续利用保障社会经济的可持续发展。本部分研究要实现水资源调度过程、地表水文过程、湖体水动力过程和水质 4 个方面的耦合模拟。需要解决的问题有如何实现天然水、外流域调水、流域内水库水、地下水、再生水、排水在滇池流域内外、用水单元的分配和调度，才能有效缓解水资源短缺，最大限度地恢复自然水循环，最大限度地产生和排放点源、非点源，最大限度地增加干净的入湖河川径流。预期成果包括：宏观策略——水资源配置与调度方案，基于水资源条件的社会经济发展导向建议；工程建议——已有、在建工程的优化调度方案，新建工程建议与愿景分析；技术研发——调水条件下多水源系统模拟与优化配置技术。耦合模型初步设计思路如图 1-2 所示。

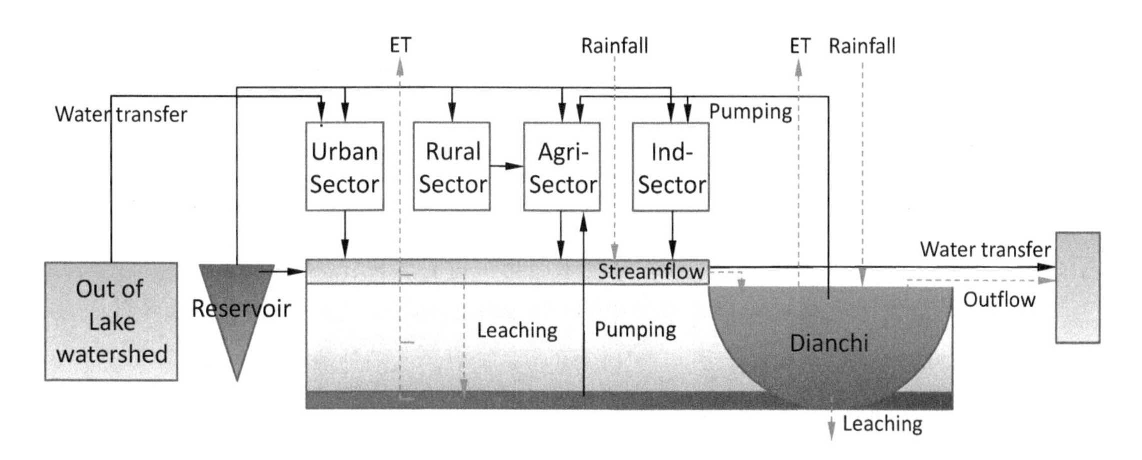

图 1-2 基于水质改善的滇池流域水量-水质数值模拟结构

1.2.2.3 滇池流域社会经济水循环系统及区域配置优化方案

在滇池流域水资源调查评价基础上，探讨区域水资源短缺格局；研究区域社会经济发展与水资源需求之间的规律，预测未来不同时期的用水需求；利用模型模拟区域水资源供需平衡状况，制定滇池流域水资源优化调配方案。具体研究内容包括：

①滇池流域水资源短缺评价与短缺格局研究。制定水资源短缺评价指标体系，科学描

述滇池流域水资源短缺状况。在流域水资源与水资源利用调查评价的基础上，探讨现状供用水系统下的滇池流域水资源短缺格局，为制定水资源优化调配方案提供科学基础。

②水资源需求预测与水资源供需平衡模拟。结合国内外其他地区的经验，探讨城镇化、工业化快速发展时期水资源需求演化规律，构建滇池流域区域发展——水资源系统演化模型；研究下垫面条件与供水体系变化下的滇池流域水资源供给能力，构建水资源供需平衡模拟模型，研究不同情景下的流域水资源供需平衡状况。

③变化环境下的滇池流域水资源优化调配方案。通过对多种来水条件的综合模拟，分析滇池流域水资源短缺风险，提出基于水资源条件的滇池流域产业布局导向建议与流域供水体系建设方案；给出不同情景方案、不同来水条件下的水资源优化配置方式，实现多水源供水格局下滇池流域社会经济用水与生态用水的联合优化调度。

1.2.2.4 滇池水质改善的流域水量-水质联合调度优化方案

控制蓝藻暴发，实现滇池湖体水质的全面改善是滇池流域水资源调度的首要目标，如何基于水质改善目标实现流域水量-水质的优化联合调度是实现这一目标的关键步骤。水量-水质联合调度是以流域模拟-优化模型为基础，通过对分质水资源量在时空上的合理配置，形成满足水量、水质约束的调度方案。本研究基于滇池流域可利用水资源量，以不同水质的水量合理配置为切入点，依托关键水利工程和流域经济社会调控措施，通过对滇池流域现有水资源与外流域调入水量在不同子流域中的优化分配，制定水质改善目标约束下的流域水质-水量的时空优化方案，评估不同方案对水质的改善效果与实施风险。基本研究内容可分为 3 个部分：

①滇池入湖通道水质与水量时空优化调控方案及效果评估，以任务二的模拟优化平台为技术支撑，综合考虑前 3 个子课题水库调度工程分析、再生水回用方案和经济社会用水配置等边界条件，进行方案评估并最终确定水质与水量时空优化调控方案。

②滇池入湖通道水质与水量时空优化调控情景方案研究；从流域自然背景条件出发，综合考虑多种调水和配水风险因素，设计不同水文年型、不同外流域来水量、不同工程设施保证率等情景，涵盖流域未来多种发展可能。

③滇池入湖通道水质与水量时空优化调控方案情景优选；基于不同的发展情景，采用流域水质模拟与水资源优化调度耦合模型，制定不同情景下滇池流域水量-水质优化调度方案，并评估各方案对水质改善的效果与实施的风险水平。

1.2.3 总体思路与技术路线

本研究的问题实质上是滇池的水环境问题与流域水文过程和伴生过程关系问题。为缓解和改善滇池水环境，除了加强内源和外源治理，还要加强水资源调度，通过水资源调度提供淡水，淡水增强湖体水动力过程或稀释降解作用。那么如何通过合理的水资源调度达到这一效果和目的，则需要实现水资源调度（水库）过程、非点源负荷形成过程和湖体水动力过程相互耦合模拟，也就是流域水文过程、水污染迁移转化、河湖水动力过程和水资源调度过程、水资源优化配置5个方面的耦合。显然这个过程是高度非线性的（图1-3）。

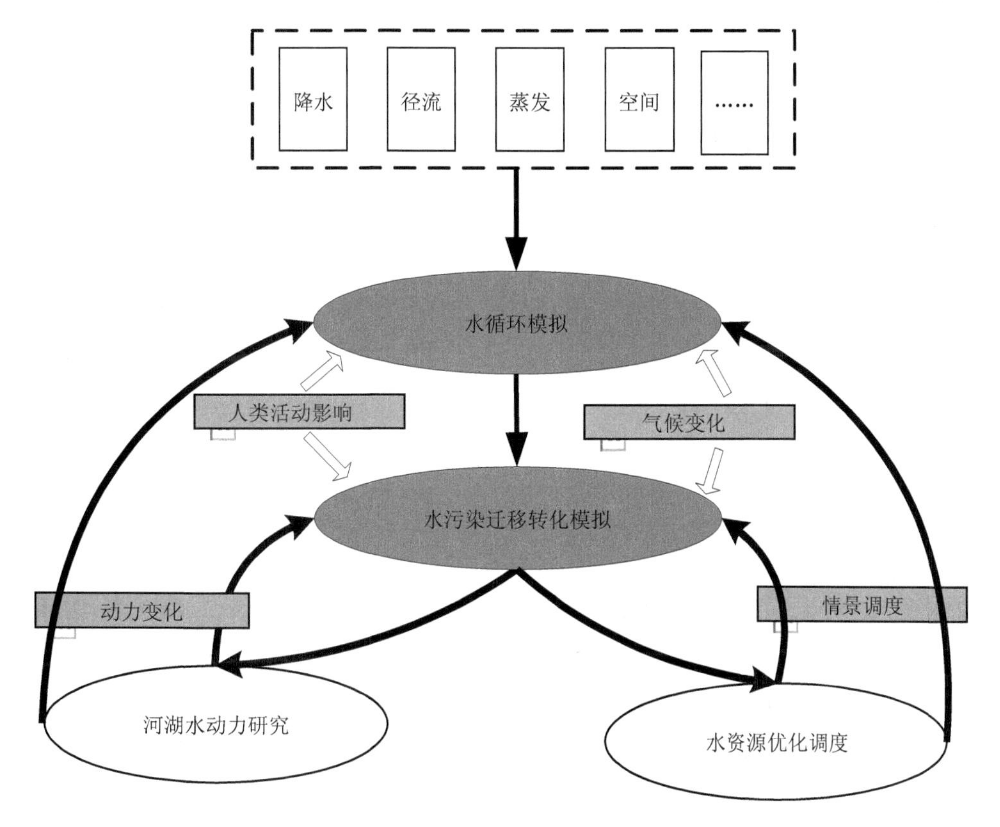

图1-3 流域水资源系统水质-水量时空优化调控技术路线

2 滇池流域概况

2.1 滇池流域自然环境特征

2.1.1 滇池流域概况

滇池流域地处云贵高原，东北部有嵩明梁王山脉，与蟒蛇河、牛栏山分界；北部为长重（蛇）山，与普渡河相隔；南接晋宁照壁山；西边为滇池湖滨上的西山（滇池流域数字高程见图 2-1）。滇池四周群山环抱，中间为滇池盆地。受地质构造及地质历史中外应力的长期作用，形成了以滇池为中心，北高南低，南北狭长形不对称阶梯状山间盆地形态地貌特征。整个流域面积 2 920 km^2，沿北偏东方向延伸呈弯月形，南北长约 109 km，东西宽 47 km。滇池流域独特的南北狭长形地貌结构，导致流域风向常年比较稳定（图 2-2），主导风向为西南风，风力不大，平均风速在 2.2～3.0 m/s。

滇池流域属亚热带湿润季风气候，年平均气温 14.7℃，最高月平均气温 19.7℃，极端最高气温 31.5℃，极端最低气温−7.8℃。年日照时数 2 081～2 470 h，无霜期 227 d，相对湿度 74%。滇池盆地海拔高程在 1 890～1 920 m，日照充足，晴空少雨，多年平均降雨量 899 mm，降雨时空分布很不均匀。根据昆明气象站 44 年的统计资料，年降雨量最多为 1 386 mm（1986 年），年降雨量最少为 660 mm（1987 年）。年内降雨分布集中在每年的 5—10 月，期间降雨量占全年降雨总量的 80%～85%。由于流域境内日照充足，蒸发非常大，常年水面蒸发量高达 1 226～1 614 mm，陆面蒸发也在 500～600 mm，流域年平均蒸发量大于降雨量，尤其是在滇池湖区，年平均蒸发量明显大于降雨量，水资源损失严重。

滇池流域是云南省政治、经济、文化中心和交通枢纽，是昆明人口最密集、人类活动最频繁、经济最发达的地区，滇池流域的发展对于云南省和昆明市具有举足轻重的地位。滇池流域面积仅占昆明市面积的 13.8%，云南省面积的 0.78%。2008 年年末，滇池流域总人口350.3万人，其中非农业人口280.18万人，农业人口70.12万人，城市化率达到80%。流域内人口主要集中在昆明主城四区，人口最多的是五华区，其次是官渡、盘龙和西山区，四个主城区的人口占滇池流域内人口的84%。滇池流域人均占有水资源量不足200 m^3，相当于全国平均水平的1/10，全省的1/25，无外来水资源补给，其需水量远远超过流域水资源量，是全国严重缺水地区之一。

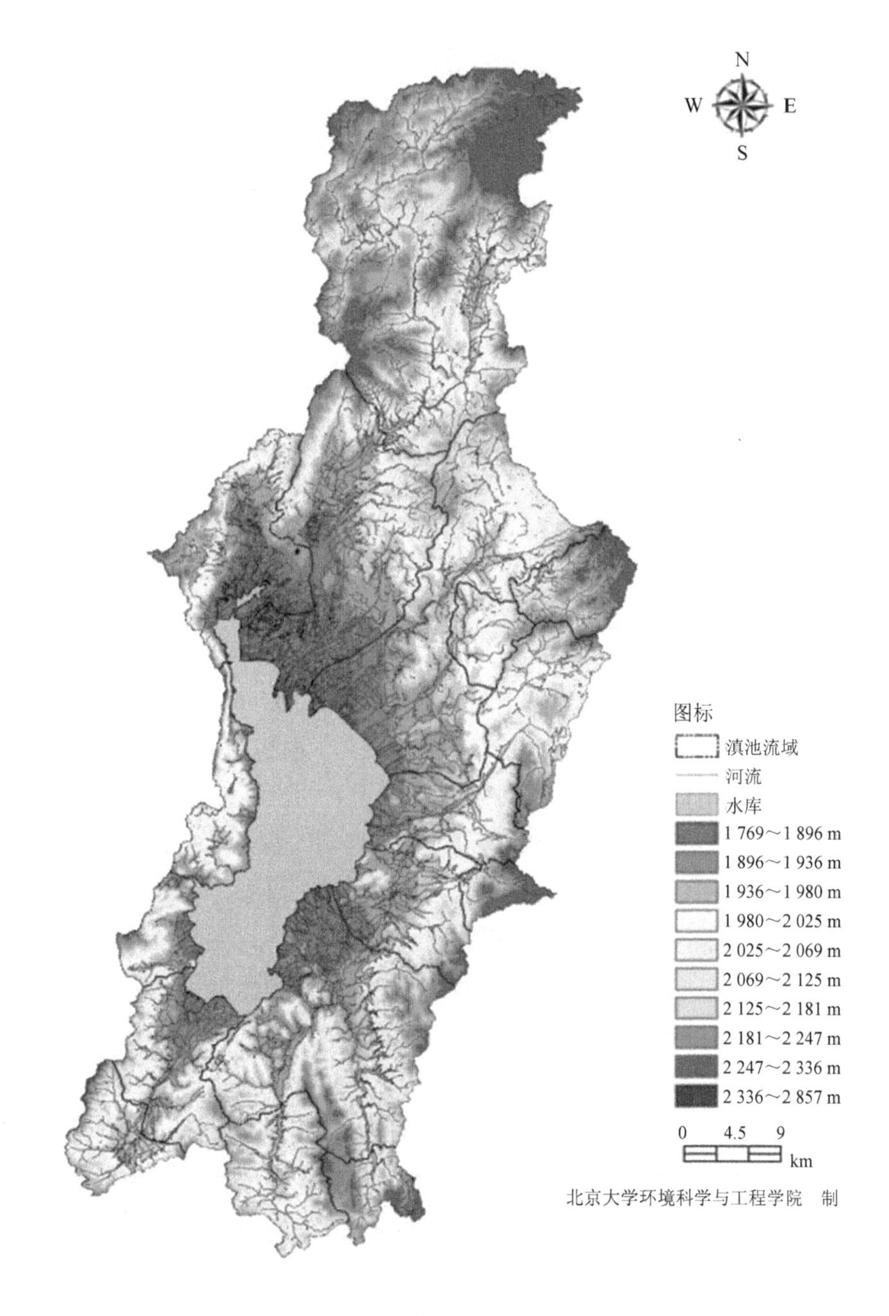

图2-1 滇池流域数字高程图

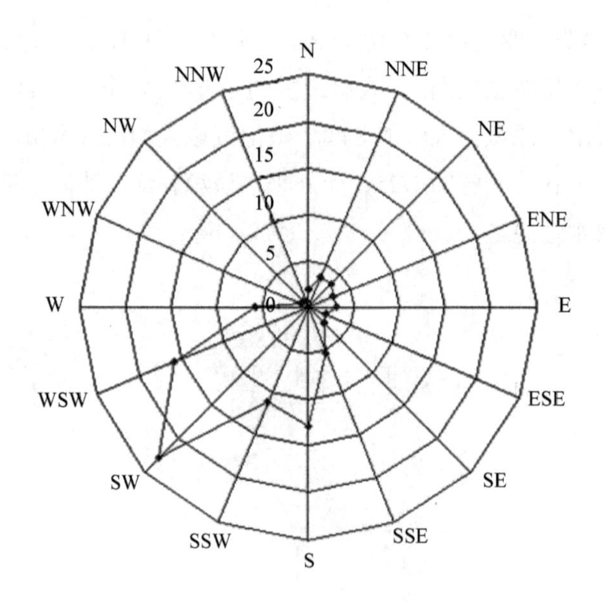

图 2-2 滇池流域风场玫瑰图

2.1.2 湖泊水系概况

滇池属长江流域金沙江水系的内陆高原湖泊，位于昆明主城区下游的西南部，东经102°37′～102°48′，北纬 24°40′～25°03′，距市区约 5 km，由内湖（草海）、外湖（外海）两部分组成，形似弓形，南北长约 40 km，东西宽 12.5 km，湖岸长 163.2 km，当滇池水位在 1 887.4 m（黄海高程）时，平均水深 5.3 m，最大水深 10.9 m，湖面面积约 309 km^2，库容为 15.6 亿 m^3。草海位于滇池北部，外海为滇池主体，面积约占滇池的 96.7%。草海、外海各有一个人工控制出口，分别为西北端的西园隧道和西南端的海口中滩闸（海口河）。

滇池主要入湖河流有新河、运粮河、西坝河、船房河、盘龙江、大青河、宝象河、海河、马料河、洛龙河、捞鱼河、大河、柴河、东大河等 20 余条，河流呈向心状注入湖区（滇池流域水系详见图 2-3）。主要入湖河流的上游都建有水库，主要河流入湖流量均不大（河道基本信息见表 2-1）。海口河为滇池的唯一天然出口，泄水能力较小，目前也为人工所控制。同时为保护滇池外海水质，1996 年在滇池北部的草海西岸及草海与外海连接处分别兴建了西园隧洞和海埂节制闸，一方面为污染更为严重的草海水体提供了一个外排通道（西园隧洞），同时也将滇池水体人为分隔成相对独立的两大水体，阻止污染较重的草海水经过海埂节制闸流入外海。在枯水期和平水期，海埂节制闸基本上处于关闭状态，草海和外海水体互不交换，进入草海的水流直接由西园隧洞外排，而外海弃水经由海口河中滩闸排向螳螂川、普渡河。只有在汛期，为了防洪需要才开启海埂节制闸。实际上滇池是一个人工控制的半封闭型湖泊，换水周期长、动力交换性能较差。

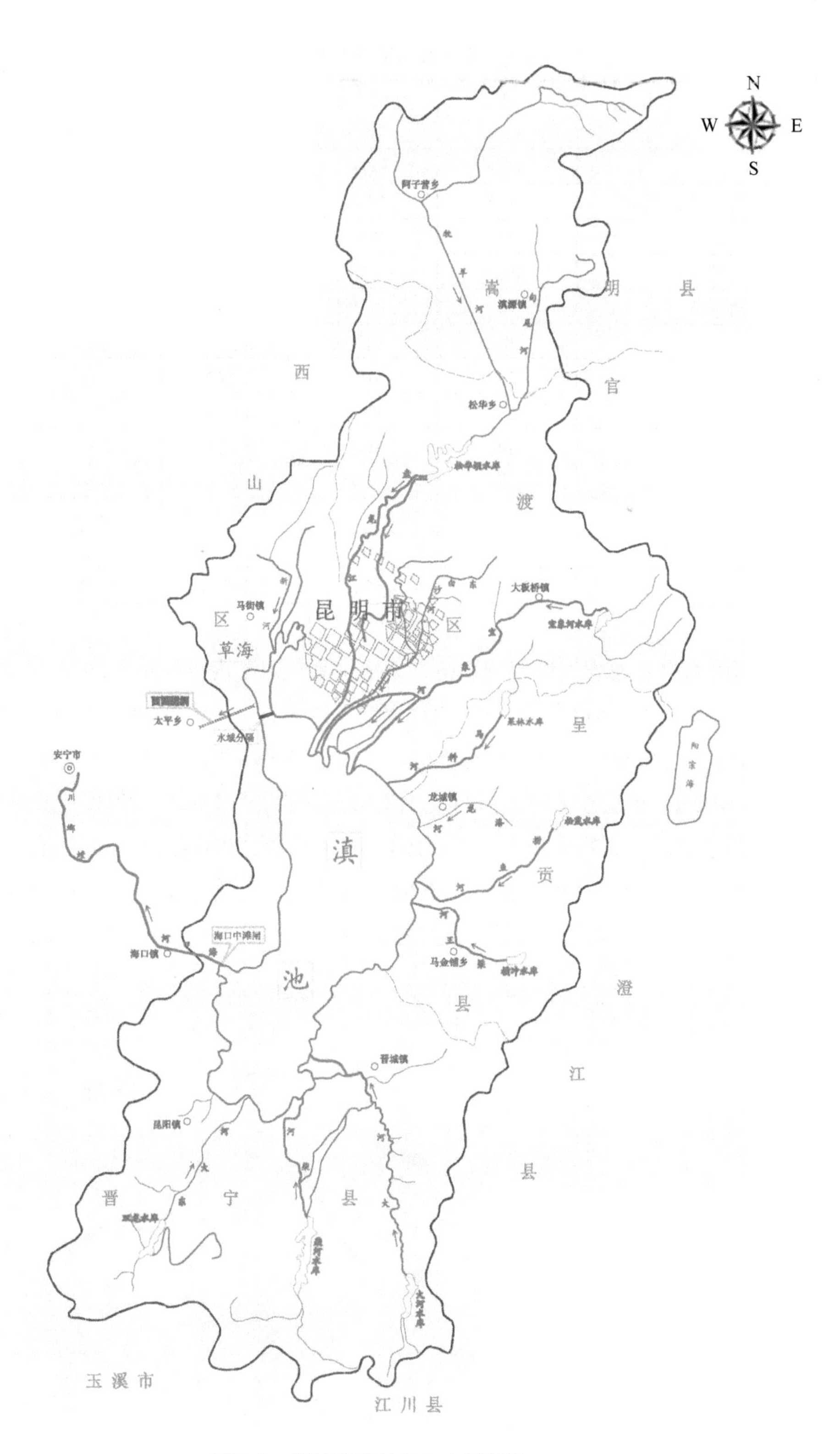

图 2-3 滇池湖泊特征和水系概况

表 2-1 滇池流域主要入湖河道基流统计

入湖河道名称	河长/km	流域面积/km^2	径流量/万 m^3	基流流量/（m^3/s）	基流总量/万 m^3
盘龙江	95.3	903	26 141	1.54	2 427
海河（含东北沙河）	18.9	35.7	696	0.03	52
宝象河	48	344	7 551	0.79	1 242
马料河	20.2	81	1 131	0.02	31
洛龙河	14	147	2 396	0.31	485
捞鱼河	28.7	127	2 531	0.27	419
梁王河	23	65	1 272	0.03	54
大河	27	171	4 098	0.31	484
柴河	44	306	6 733	0.67	1 058
东大河	26	195	4 656	0.41	644
古城河	8	41	983	0.05	84
新河（含西北沙河）	21	106	3 572	0.15	233
合计	374.1	2 521.7	61 760	4.58	7 213

受滇池流域自然地理气候特征影响，滇池水系径流年内分配很不均匀，雨季有大量的径流和湖面降雨进入，而在干旱季节滇池流域入湖流量很小。2000 年及 2010 年滇池入湖湖泊径流量年内分配见图 2-4。不同年份，降雨分布不尽相同，入湖水量年际和年内变化都较大，其中 2000 年滇池环湖河流月均入湖流量约为 29.91 m^3/s，2010 年滇池环湖河流月均入湖流量较 2000 年大幅度减小，约为 19.02 m^3/s。对比 2010 年和 2000 年滇池出入湖流量过程（图 2-4、图 2-5）可知，滇池流域入湖、出湖水量过程受人类活动影响日益显著，且出湖水量已受人工调控限制，出湖水量严重偏少，草海、外海全年出湖水量不足 1.4 亿 m^3。

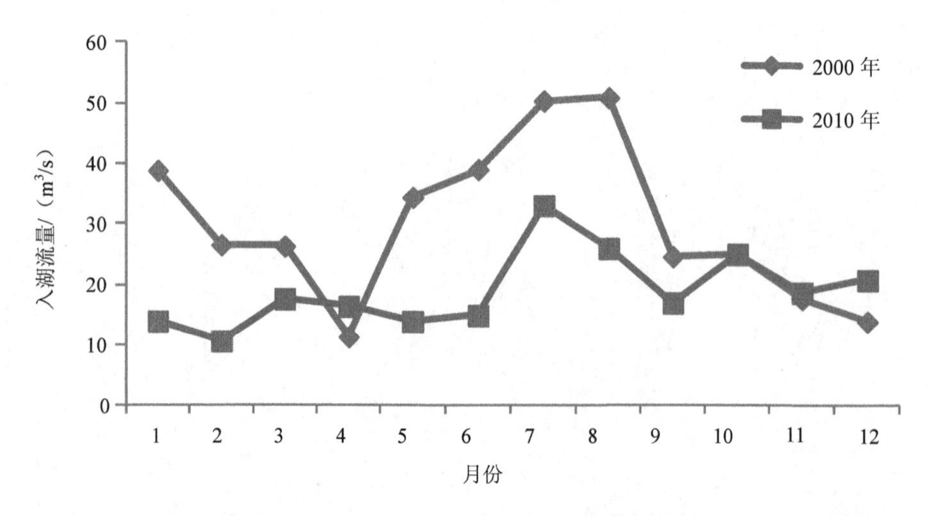

图 2-4 2000 年、2010 年滇池入湖流量过程对比

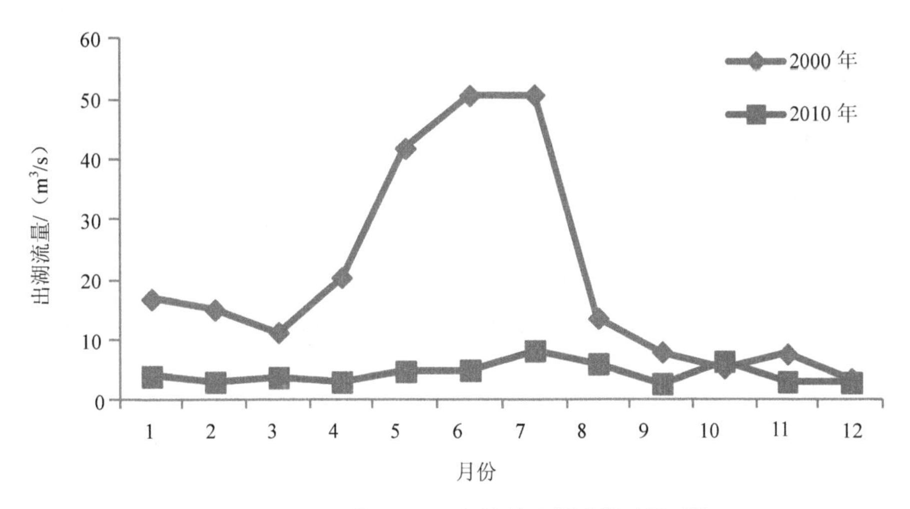

图 2-5 2000 年、2010 年滇池出湖流量过程对比

2.1.3 滇池入湖河道概况

（1）盘龙江

盘龙江发源于嵩明县阿子营乡朵格村上喳啦箐白沙坡，自北向南蜿蜒入松华坝水库[大（二）型，控制流域面积 593 km^2]，出库后河流自北向南纵贯昆明主城区，并于主城南部洪家村处汇入滇池。盘龙江流域面积 735 km^2，河长 94 km，坡度 7.6‰。

松华坝水库以下的盘龙江河道较顺直，水势平稳。先后流经上坝、雨树村、浪口、北仓村，穿霖雨桥，过金刀营进入昆明市区，穿通济、敷润、南太、宝善、得胜、双龙桥等至螺蛳湾、南窑站后出城区，又经南坝、谭家营、陈家营、张家庙、叶家村、梁家村、金家村至洪家村入滇池。区间段长 26.5 km，河床平均坡度 1.23‰，其中松华坝水库至廖家庙河段长 11 km，坡度 1.8‰，河道已部分人工渠化，建有两座节制闸；廖家庙到滇池入口，河势平缓，河段长 15.5 km，坡度 0.36‰。目前，廖家庙至南坝闸 7.6 km 河段两岸已按百年一遇设防标准进行整治，采用砌石镶护并大部绿化；南坝闸到滇池入口 7.91 km 河段尚未整治，大部分为土堤，行洪能力小；此外，在南窑村至新南站河段，由于修建了官南立交桥，在不到 300 m 的河段内，修建了 40 余根圆形水泥桥柱，其中在官南大道下游 30 m 范围内修建了直径 1.5 m 的水泥柱 5 根，直径 1 m 的水泥柱 5 根，使盘龙江过水断面减少了 5～7 m^2，严重削弱了盘龙江的行洪能力。从调查结果看，盘龙江穿越主城区干流上建有节制闸 5 座，桥梁 31 座（其中铁路桥两座、公路桥 19 座、人行桥 10 座）。

松华坝水库以下至滇池区间面积 142 km^2，其中城区面积为 75.5 km^2，不透水或弱透水面积比重达 53.2%。区间水系呈枝状发育，汇入或分流盘龙江的大小支流有 10 余条，其中汇入支流有马溺河、花鱼沟、麦溪沟、清水河、岗头村大沟、羊清河、麻线河等，分流沟渠有金汁河、玉带河（西坝河与篆塘河）、永昌河、采莲河、官庄河、杨家河、金太河、正大河等，目前除玉带河正常运行外，其余沟渠与盘龙江无水量交换，已自成体系。

（2）老运粮河

老运粮河为明代开凿的人工河流，分东西两支，东支（七亩沟）源自大西门外茴香堆（现昆师路昆一中附近），上联老龙河（今凤翥街东侧），与菜海子（翠湖）水系相连，东南与顺城河暗沟相通，北接地藏寺来水（今西站大沟），是由滇池运粮到大西仓的通道；西支小路沟发源于云南冶炼厂后山箐，自北向南沿昆沙路西侧向南，过二环西路、学府路南段，沿二环西路南流，于兴苑路口与七亩沟汇合，向南流经第三污水处理厂、积善村附近入滇池草海。流域面积 18.7 km^2，长 11.3 km，坡度 5.62‰，其中小路沟主河道长 8.53 km，面积 10.2 km^2。

（3）西坝河

西坝河发源于城区鸡鸣桥附近（上游称玉带河），原为盘龙江至南市区的分洪河道，在双龙桥从盘龙江分出，向西经马蹄桥、上桥、柿花桥，在弥勒寺分洪闸分为西坝河和篆塘河，其中马蹄桥至柿花桥段为明渠，其余均为暗渠。西坝河自弥勒寺向南经西坝、马家堆、福海、韩家小村，至新河村入滇池草海。目前该河已自成水系，全长 9.05 km，汇水面积 4.87 km^2，河宽 2～6 m，河深 1～2.6 m，最小断面行洪能力为 1.32 m^3/s，最大断面行洪能力为 2.86 m^3/s。

（4）大观河

大观河发源于城区鸡鸣桥附近（上游称玉带河），系盘龙江的分洪河道，自双龙桥附近分流盘龙江洪水，向西经马蹄桥、上桥、柿花桥等至弥勒寺，通过大观分洪闸，既可分流入西坝河，也可分流入篆塘河（下段称为大观河）。目前起点至马蹄桥、土桥至金碧路段为明渠，其余均为暗河。

大观河自弥勒寺向西北沿篆塘路至西长村（全为覆盖河道）后折转向西南沿大观路，过白马庙、大观公园，于草海堆放场附近入草海。汇水面积 1.01 km^2，弥勒寺分洪闸至入草海口段长 3.7 km，宽 16～18 m，城区面积比重为 80%。

（5）采莲河

采莲河发源于黄瓜营附近，自北向南经永昌小区，穿成昆铁路后过四园庄、王家地、卢家营、李家地等，在绿世界纳永昌河，过周家地，在大坝村再纳杨家河后进河尾村，经河尾村闸后又分为两支：一支转西后再次分为左右支，其中右支穿滇池路经泵站抽水汇入船房河，左支在海埂加油站旁穿滇池路，经河尾村端仕楼侧进滇池度假村，穿云南民族村和海埂公园后由中泵站抽排入滇池；另一支沿滇池路南流，经渔户村，在滇池路北侧纳大青河，在渔户村纳太家河，顺滇池路左岸过海埂公园由东泵站抽排入滇池，河长 12.5 km，坡度 0.280‰，面积 19.4 km^2。主要支流有永昌河、太家河、杨家河和大青河。现状主河道宽 3～12 m，河深 1～3.5 m，最小断面行洪能力为 2.20 m^3/s，最大断面行洪能力为 20.3 m^3/s。

永昌河又称永畅河，原为玉带河的分流河道，在书林新村由马蹄桥分洪闸分玉带河水，目前已成为独立水系。经刘家营、严家地，到方舟大酒店处变为暗河，穿省人大办公楼，沿滇池路至绿世界转东汇入采莲河，长 5.36 km，面积 0.54 km^2。

太家河系官庄河（又名马撒营河）分水河，自马撒营村头分引盘龙江水到望城坡（沟渠长 1.12 km）。经望城坡分水闸又分为两条，右支为杨家河，左支为金太河。杨家河自望城坡流经大营村、杨家地、李家地、李长官、庄房村、周家村，在大坝村入采莲河，长 6.88 km，面积 4 km^2。右支金太河自望城坡至四道坝长 2 km，由四道坝分洪闸将金太河又分为左支金家河和右支太家河。太家河经孙家沟、徐家院、太家地、渔户村后进入采莲河主河道至海埂公园后由东泵站提入滇池，长 3.75 km，面积 1.7 km^2。

大青河源于前卫镇广丰、西南批发市场片区，经陆家营村、庄家塘，穿广福路，在渔户村滇池路汇入采莲河左支，河长 5.3 km，面积 2.7 km^2。

（6）金家河

金家河为金太河分水渠，在四道坝村从金太河分出，经孙家湾村、陆家场、李家湾村，穿广福路，过金家村、河尾村后，在金太塘汇入滇池。河长 6.91 km，坡度 0.21‰，河宽 2～13 m，堤高 1～2.5 m，面积 9 km^2。双村以上河堤为浆砌石，双村到河尾小村段为土质河岸，河尾小村以下为浆砌石，最小断面行洪能力为 1.38 m^3/s，最大断面行洪能力为 3.36 m^3/s。

（7）正大河

正大河源于南坝、谭家营附近，向南经小口子、马房桥，在河尾小村附近穿金家河后由金太塘泵站抽排入滇池（该泵站装机 530 kW，最大扬程 4.08 m，最大抽水流量 7.29 m^3/s）。正大河河长 5.23 km，平均比降为 0.48‰，集水面积 3.6 km^2。

（8）海河

海河，又称东白沙河，是昆明主城区东部的防洪河道之一，发源于官渡区大板桥以北一撮云（高程 2 336.5 m），河流自东北向西南至岔河，集鬼门关的山箐水，于三农场处向南黄土坡村入东白沙河水库（控制径流面积 22.5 km^2，总库容 420 万 m^3），出库后经龙池村、十里铺、羊方凹，在牛街庄转西至土桥村，沿昆明国际机场东缘至王家村，纳白得邑、阿角村、三家村等片区来水后称海河，穿广福路，于七甲村纳机场西侧小河后南行，在福保村入滇池。河道全长为 18.9 km，汇水面积 29.8 km^2，河宽 2～14 m，河深 1～3 m，后段海河长 8 km，河宽 12～15 m。最小断面行洪能力为 3.22 m^3/s，最大断面行洪能力为 9.36 m^3/s。河水汛期有上游东白沙河水库弃水及区间径流补给。

（9）大清河

大清河由两支组成，左支枧槽河上段为金汁河，源自松华坝水库，顺东面山麓南流经龙头街，过羊肠大村和羊肠小村至波罗村进入城区范围，经穿金路进入白龙小区后平行于二环东路至金马寺西流，至菊花村分洪闸入清水河，在宝海公园东北角与海明河（东郊明沟）交汇后入枧槽河，于张家庙第二污水处理厂与明通河交汇，枧槽河长 23.1 km，流域面积 35.3 km^2。流域以不透水或弱透水城区为主，其比重约 60%。

右支明通河，源自穿心古楼片区火车北站附近（源头处另有羊青河水由泵站间断性抽入），凤凰村向西，穿北京路，转南至红阳新村西侧，折转向东穿北京路并沿其东侧往南过昆纺南端，再穿人民东路、东风东路，过市政府南侧，至吴井路口转塘双路、前卫路、明通路，至南窑新村，过铁路后沿关南路至张家庙汇入大清河。张家庙汇口以上面积 10.3 km^2，河长 8.97 km。南窑新村以上河段为暗渠，以下为明渠，在安石路口处设有第二污水处理厂的引水管。整个汇水流域以不透水或弱透水城区为主，其比重约 85%。

明通河与枧槽河交口以下称大清河，向南流经叶家村、梁家村，在福保文化城西侧入滇池，全长 6.28 km，区间面积 2 km^2，河道宽度 32.3 m。该河段已整治，梯形断面，两岸河堤为土堤绿化带，全流域面积为 48.4 km^2。

（10）六甲宝象河

六甲宝象河原属宝象河的分洪、灌溉河道，现被彩云路截洪沟截断，自成体系。现从永丰村起，经雨龙村，穿广福路，过七甲村，沿官南大道右侧至福保村，由闸门控制既可直接入滇池，也可分流至海河，目前多是分流至海河。六甲宝象河河道基本顺直，河段长 10.8 km，河宽 1～5 m，堤高 1～4 m，汇水面积 2.63 km^2。流域内以不透水或弱透水城区为主，其比重约 60%。

（11）小清河

小清河原属宝象河的分洪、灌溉河道，现被彩云路截洪沟截断，自成体系。小清河源于小板桥镇云溪村附近，主要汇集六甲乡部分村庄和福保村一带的居民生活及雨水，其间流经张家沟、新二桥等村庄，最后在小河嘴村附近中科院滇池蓝藻控制试验基地旁流入滇池。河长 8.17 km，流域面积 3.18 km^2。现状河宽为 0.5～8.0 m，河深 1.0～3.0 m，最小断面行洪能力为 1.42 m^3/s，最大断面行洪能力为 3.89 m^3/s。

（12）五甲宝象河

五甲宝象河原属宝象河的分洪、灌溉河道，现被彩云路截洪沟截断，自成体系。从世纪城片集雨污水，穿广福路，沿金刚村、楼房村南流，在小河嘴下村进小清河汇入滇池，沿途纳经济技术开发区、陈旗营、雨龙村等片区的雨水、污水。全长 9.43 km，河宽 2～9 m，堤高 2～5 m，汇水面积 3.28 km^2。最小断面行洪能力为 1.94 m^3/s，最大断面行洪能力为 5.08 m^3/s。

（13）老盘龙江

老盘龙江起点洪家村大闸，河道终点至新河村入滇池，河长 2.8 km，河宽 8～12 m，汇水面积 1.8 km^2。

（14）虾坝河

虾坝河原属宝象河的分洪、灌溉河道，现被彩云路截洪沟截断，自成体系。从世纪城（原为织布营村）起，穿广福路桥，经过四甲东侧南流至熊家村，在姚家坝水寺处分为两支，即姚安河和虾坝河。虾坝河经王家村、五甲塘，穿姚安公路后从夏之春海滨公园南侧汇入滇池，河长 4.06 km，河宽 6～14 m，堤高 1.3～2 m，汇水面积 3.4 km^2，下垫面为农田。虾坝河（又称织布营河）全长 10.6 km，河宽 4～18 m，堤高 1.3～4 m，汇水面积 9.1 km^2。

（15）姚安河

姚安河原属宝象河的分洪、灌溉河道，现被彩云路截洪沟截断，自成体系。从世纪城（原为织布营村）起，穿广福路桥，经过四甲东侧南流至熊家村，在姚家坝水寺处分为两支，即姚安河和虾坝河。姚安河经王家村，在龙马村与李家村之间纳老宝象河支流后穿姚安村，在独家村入滇池，河长 3.55 km，河宽 7～14 m，堤高 1.5～3 m，汇水面积 3.6 km^2，下垫面为农田，李家村以下河堤为浆砌石。

（16）老宝象河

老宝象河源自羊甫分洪闸，过大街村，穿昆洛公路、彩云路，过第六污水处理厂、龙马村、严家村后在宝丰村入滇池。河长 10.1 km，平均比降为 0.520‰，河宽 4～10 m，堤高 2～5 m，沿途河堤高于村庄农田（目前已规划为城区用地），汇水面积 3.94 km^2。不透水或弱透水比重约 60%。其中在季官村末端分流入杜家营大沟，经后所村前沿、丁家村、郭家村后汇入姚安河，河长 2.87 km，河宽 3～4 m，堤高 1.5～4 m，汇水面积 1.46 km^2，下垫面为农田。

（17）新宝象河

宝象河是昆明古六河之一，发源于官渡区大板桥办事处石灰窑村孙家坟山（高程 2 500 m），河流自东向西蜿蜒，经小寨村至三岔河入宝象河水库，出库后续向西先后流经坝口村、阿地村，过大板桥、阿拉坝子盆地，穿昆明经济技术开发区，于小板桥镇羊甫村处沿整治的新宝象河穿昆玉高速路、彩云路、广福路和环湖东路，于海东村汇入滇池。全长 47.1 km，平均比降为 15‰，流域面积 292 km^2，其中宝象河水库控制面积为 67 km^2，此外，支流上相继建有天生坝、前卫屯、铜牛寺、茨冲、复兴等小型水库及塘坝。宝象河水库以下大板桥等片区目前相继进行昆明空港经济区、昆明经济技术开发区的建设，按其规划建设，区域不透水面积比重将超过 60%。2005 年前，羊甫分洪闸以下由干流老宝象河、新宝象河、织布营河（虾坝、姚安河）、五甲宝象河、小清河、六甲宝象河等组成。其后昆明市政府对新宝象河进行了整治，并在彩云路东侧修建了 6 m 宽、4 m 深的引洪渠，使宝象河在彩云路以上洪水通过新宝象河排泄，原来的河道自成体系。2006 年对新宝象河整治后达到 50 年一遇防洪标准。河道全长 8.8 km，宽 15～56 m，堤高 3～5 m，其间汇水面积 16.7 km^2。

（18）广普大沟

广普大沟发源于小板桥镇以东洒梅山（高程 2 046.7 m）、洋湾山（高程 2 027 m）、老官山（高程 2 034.5 m）、龙宝山（高程 2 048.8 m）等群山西侧，河流大致自东向西蜿蜒，先后穿越南昆铁路、昆洛路、昆玉高速路、彩云路、广福路和环湖公路，于死口子处汇入滇池。河道上段一般情况呈干涸现象，汛期多呈片流状汇入下游河道，属季节性河流。昆洛公路以上流域为山坡、旱地和部分城镇居民驻地，无明显河道，而昆洛公路以下目前正在进行大规模城市建设，且河道常年有生活废污水汇入。昆洛公路以下至滇池入口段长 6.46 km，坡度 1.42‰，面积 21.1 km^2。

2.2 滇池流域经济社会状况

滇池流域是云南省经济最发达的地区。区域内工业集中，商贸发达，旅游环境优越，在全省经济发展中具有举足轻重的地位和作用。滇池流域是云南省省会所在地，行政区划含五华、盘龙、官渡、西山、晋宁、呈贡、嵩明 7 县（区）38 个乡镇，是云南省的政治、经济、文化和交通中心，以及我国通往东南亚的重要门户。受区域城市化、工业化和经济现代化等因素影响，滇池流域人口快速增长，加之受流域水资源总量匮乏因素影响，水资源开发利用程度已经严重超过了流域水资源、水环境承载能力的极限，从而导致流域水资源开发利用率高达 161%，并出现流域水环境污染无法有效遏制的局面。

昆明是云南省经济社会发展的龙头和中国面向东南亚的南大门，近年来，随着中国—东盟自由贸易区的推进，使改革开放以来在太平洋对外开放战略格局中处于全国对外末梢的云南，一跃成为全国在印度洋开放战略格局的最前沿，从一个边远落后的内陆省份变成了全国对外经贸的重要区域。作为云南省中心城市的昆明，也因为独特的区位交通优势，成为中国与东盟“10+1”合作的桥头堡，迎来了良好的发展机遇，在云南省发展战略中，昆明将逐步形成中国面向东南亚、南亚的贸易、旅游、金融、进出口加工中心和交通信息枢纽。省委、省政府提出了建设现代新昆明的发展战略决策，要将昆明建设成为国际化大都市，对于加快云南省的经济发展和全面建成小康社会具有龙头作用和示范效应，更突出了昆明在云南省的举足轻重的地位和作用。

滇池流域经济在云南省占有重要地位，流域的主要工业行业有机械、有色金属冶炼、纺织、交通运输设备、电器制造等；农业主要有粮食种植、烟草、蔬菜、水果等，同时乡镇企业发达。2005 年年底滇池流域内总人口 357.2 万人，其中城镇人口 321.2 万人，农村人口 36.0 万人，城镇化水平 89.9%，接近全省平均水平的 3 倍。GDP 总量 715.4 亿元，占全省总数的 21%，人均 GDP 为 20 030 元，是全省平均水平的 2.6 倍；其中第一产业 19.2 亿元，第二产业 381.4 亿元，第三产业 314.8 亿元，三次产业之比为 2.7∶53.3∶44.0。滇池流域面积不足昆明市的 1/7，但集中了昆明 59%的人口，79%的规模企业数量，67%的 GDP，74%的工业产值，80%的工业增加值及 35%的农业总产值。

流域内现有耕地面积 92.9 万亩（1 亩=666.67 m^2），农田有效灌溉面积 46.6 万亩，农作物总播种面积 115.4 万亩，其中粮食作物播种面积 70 万亩，经济作物播种面积 45.4 万亩，粮食总产量 23.9 万 t，蔬菜总产量 57.2 万 t，是云南省重要的蔬菜基地。2005 年流域内有大小牲畜 65.5 万头，其中大牲畜 8.1 万头，小牲畜 57.4 万头。

“十一五”时期，随着全球经贸合作、产业转移和跨国资本流动步伐的加快，特别是中国—东盟自由贸易区的建立和大湄公河次区域经济合作与开发，昆明面临难得的发展机遇。云南省委、省政府高度重视和大力支持现代新昆明建设，提出要把以昆明为重点的滇中地区发展成为全省经济核心区和对内对外开放中心，为流域充分发挥中心城市作用提供了有利条件。根据昆明市有关规划，现代新昆明建设的主要内容是：建设“一湖四环、一湖四片”的山水园林城市；实施工业强市，做大做强产业，不断增强昆明市的综合实力和城市竞争力；注重经济与社会、城市与农村、不同地区之间、人与自然统筹协调发展；加大改革开放力度，为发展增添动力和活力；坚持以人为本，着力解决人民群众最关心、最直接、最现实的利益问题，构建和谐昆明。

2.3 滇池流域水环境质量状况

滇池位于流域中心，地处昆明市下游，它既是昆明城市生活用水（近年来由于湖泊水质较差，滇池已退出城市生活供水水源地舞台）及工农业用水的主要水源地，又是昆明城市生活污水及工业废水的受纳水域。由于城市规模不断扩大，人口快速增长，生活小区不断涌现，城市生活点源及非点源污染难以有效控制，滇池湖泊有机污染及富营养化十分严重，湖泊水质污染在过去的 20 多年内未能得到有效遏制。

2.3.1 滇池水环境质量状况评价

（1）滇池水环境质量总体评价

受滇池流域陆域污染负荷入湖和湖泊内源双重影响，近年来滇池湖泊水质污染仍非常严重，滇池草海、外海常年处于重度、中度富营养化状态。

2010 年，滇池草海化学需氧量（COD）、高锰酸盐指数（COD_{Mn}）、总磷（TP）、总氮（TN）、氨氮（NH_3-N）的年均水质浓度分别为 34 mg/L、8.49 mg/L、0.6 mg/L、11.14 mg/L、6.34 mg/L，各指标的水质类别分别为Ⅴ类、Ⅳ类、劣Ⅴ类、劣Ⅴ类、劣Ⅴ类，综合水质类别为劣Ⅴ类，主要的超Ⅴ类水质指标有总氮（超Ⅴ类标准值 4.5 倍）、氨氮（超Ⅴ类标准值 2.2 倍）、总磷（超Ⅴ类标准值 2.0 倍）。2010 年草海水体透明度（0.94 m）较 2008 年（0.57 m）

有较大幅度提高，草海水体的叶绿素 a 浓度（0.071 mg/L）较 2008 年（0.064 mg/L）略有增加。

2010 年滇池外海化学需氧量、高锰酸盐指数、总磷、总氮、氨氮的年均水质浓度分别为 65 mg/L、10.0 mg/L、0.20 mg/L、2.62 mg/L、0.26 mg/L，各指标的水质类别分别为劣Ⅴ类、Ⅳ类、Ⅴ类、劣Ⅴ类、Ⅱ类，综合水质类别为劣Ⅴ类，主要的超Ⅴ类水质指标有化学需氧量（超Ⅴ类标准值 0.6 倍）、总氮（超Ⅴ类标准值 0.31 倍）。2010 年外海的水体透明度（0.34 m）较 2008 年（0.42 m）略有下降（下降幅度为 0.08 m）；外海水体的叶绿素 a 浓度（0.091 mg/L）较 2008 年的浓度（0.063 mg/L）有显著增加，增幅达到 50%。

（2）湖泊富营养化状况评价

2010 年滇池草海综合富营养化指数达到 73，为重度富营养化。氮、磷浓度显著高于Ⅴ类水质标准，其中总氮年均浓度（11.14 mg/L）超Ⅴ类水质标准 4.57 倍，总磷年均浓度（0.60 mg/L）超Ⅴ类水质标准两倍（图 2-6）。高浓度的氮、磷给蓝藻的繁殖提供了充足的营养物质。12 个月中，仅有 1 月和 10 月水体叶绿素 a 的浓度低于 40μg/L（蓝藻暴发临界浓度），其余月份中，3 月和 12 月叶绿素 a 相对最高，分别为 0.165 mg/L 和 0.14 mg/L，期间在 8—9 月蓝藻再次出现小的浓度高峰，达到 0.099 mg/L。

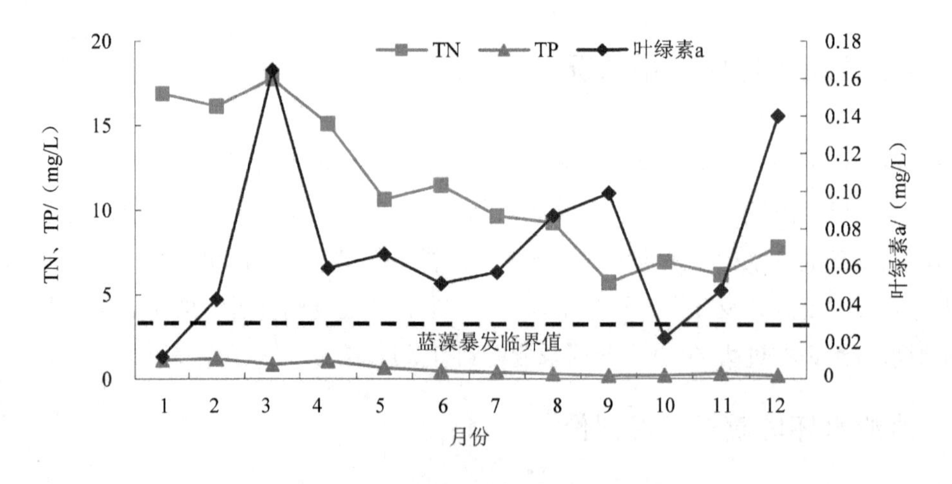

图 2-6　2010 年草海富营养化状况

2010 年滇池外海各监测站点的综合营养状态指数为 68～73，属于中度和重度富营养化（图 2-7）。相比Ⅴ类水质标准，总氮年均浓度为 2.59 mg/L，超Ⅴ类水质标准值约 0.3 倍；总磷年均水质浓度为 0.20 mg/L，基本满足Ⅴ类水标准。2010 全年叶绿素 a 浓度仅 1—3 月接近但仍超过蓝藻暴发的临界浓度（40 μg/L），其余月份的叶绿素 a 浓度均超过 80 μg/L。滇池外海自 2010 年 4 月后水体中叶绿素 a 浓度快速增大，5 月即达到年内的最大值（0.128 mg/L），滇池外海蓝藻全面暴发。

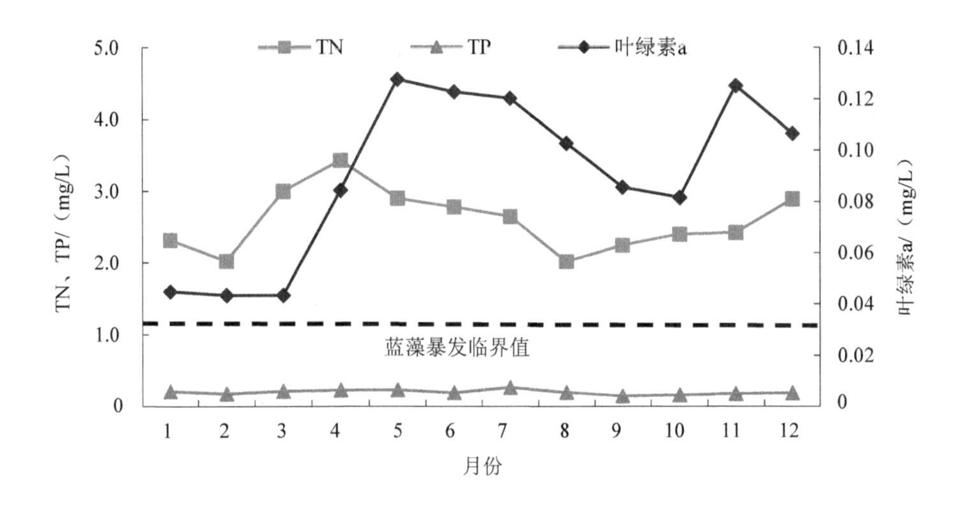

图 2-7 2010 年外海富营养化状况

（3）滇池年内水质变化过程分析

2010 年滇池草海、外海各主要水质指标湖区平均浓度年内变化过程见图 2-8。从图中所示的评价结果，可以得出如下几点认识：

①草海并不是所有水质指标都比外海差，2010 年草海的化学需氧量、高锰酸盐指数和透明度 3 指标基本全年都较外海好，且草海的叶绿素 a 的浓度水平除个别月份（如 3 月、12 月）外，其余月份的叶绿素 a 浓度均较外海低。

②2010 年外海全年的 COD 指标浓度为 50～80 mg/L，其水质类别常年均为劣Ⅴ类，其中主汛期（6—9 月）的浓度值最高（接近 80 mg/L）；草海的 COD 浓度值除 2 月和 4 月稍高（超过Ⅴ类水质标准）外，其余月份均满足Ⅳ～Ⅴ类水质。

③2010 年滇池外海 COD_{Mn} 指标湖区平均浓度为 6.7～12.7 mg/L，其中 1—4 月、6 月、8 月水质浓度满足Ⅳ类标准，5 月、7 月及 9—12 月水质浓度所属水质类别为Ⅴ类，年内 9—12 月指标浓度最高，均超过 12 mg/L；2010 年草海 COD_{Mn} 指标的水质类别全年均属Ⅳ类水质。

④2010 年滇池外海 TP 指标浓度为 0.16～0.27 mg/L，其中 1 月、3—5 月及 7 月水质为劣Ⅴ类，其余月份水质满足Ⅴ类水质标准，其中 9 月水质浓度最低、7 月浓度最高；2010 年滇池草海 TP 指标浓度为 0.21～1.23 mg/L，最大值约是最小值的 6 倍，年内草海 TP 水质浓度随时间变化降低趋势十分显著。

⑤2010 年滇池外海 TN 指标平均浓度为 2.0～3.4 mg/L，年内变化幅度较大，最小值出现在 2 月和 8 月，最大值出现在 4 月，年内各月水质类别基本均为劣Ⅴ类（2 月和 8 月为Ⅴ类）；2010 年草海 TN 指标浓度年内变化过程与 TP 指标基本类似，最大值（17.80 mg/L，

3 月）较最小值（5.72 mg/L，9 月）相差 3 倍多，全年水质均为劣Ⅴ类。

⑥滇池外海的 NH_3-N 指标浓度较低，2010 年年内外海各月平均 NH_3-N 浓度均低于 0.44 mg/L，属Ⅱ类水质；2010 年草海 NH_3-N 浓度为 0.78～12.42 mg/L，年内水质变化较大，最大值（12.42 mg/L，4 月）约是最小值（0.78 mg/L，12 月）的 16 倍，其年内变化过程与 TP、TN 指标基本类似。

⑦2010 年滇池外海叶绿素 a 的浓度为 0.043～0.128 mg/L（年均值为 0.091 mg/L），年内各月的水体叶绿素 a 浓度均高于 40 μg/L（蓝藻暴发临界浓度），其中 2 月、3 月的叶绿素 a 浓度最低，自 4 月开始各月叶绿素 a 的浓度均超过 80 μg/L，5—7 月及 11 月的叶绿素 a 浓度进一步升高，均超过 0.120 mg/L；草海的叶绿素 a 浓度总体较外海低 0.02 mg/L，浓度为 0.012～0.165 mg/L，其中只有 1 月和 10 月的叶绿素 a 浓度较低（低于蓝藻暴发临界浓度 0.04 mg/L），其余月份的叶绿素 a 浓度均较高。

⑧2010 年滇池外海水体透明度为 0.27～0.42 m（年均值为 0.34），年内其中 7 月水体透明度最低，12 月水体透明度相对较高；2010 年草海水体透明度为 0.52～2.07 m（年均值为 0.94 m），年内各月水体透明度呈波浪状逐步增加趋势。

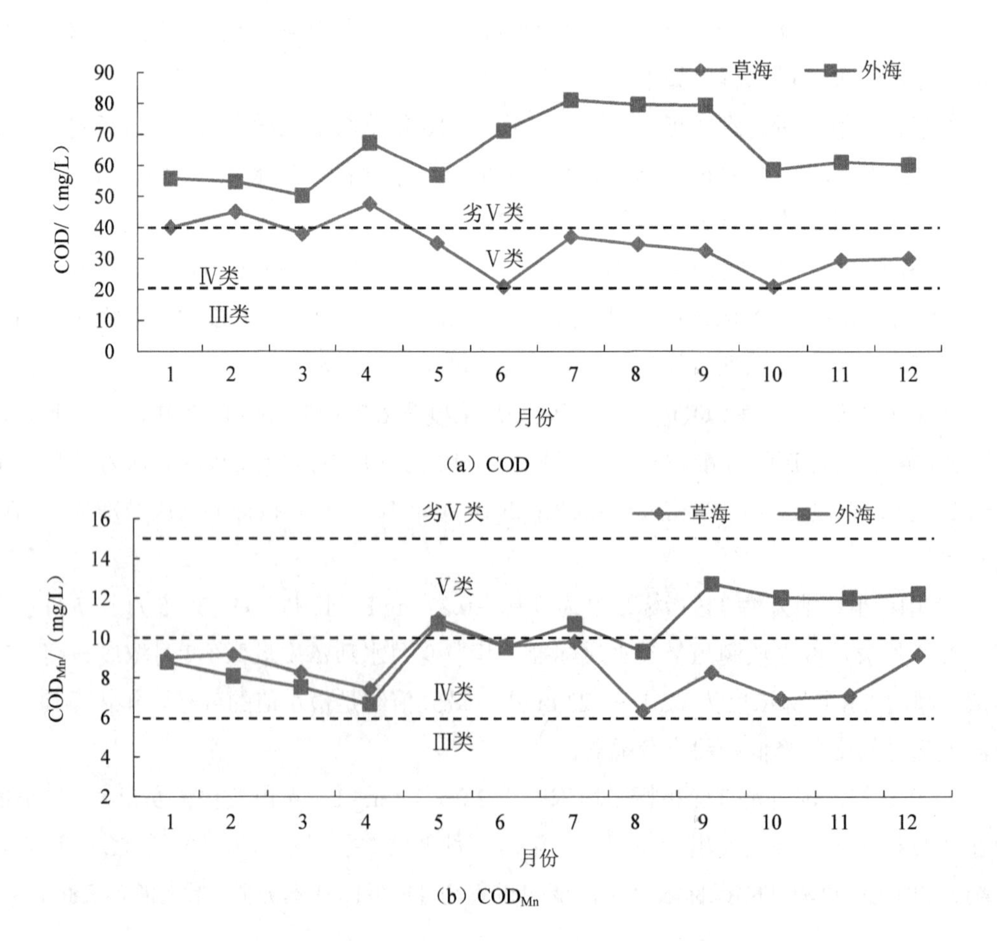

（a）COD

（b）COD_{Mn}

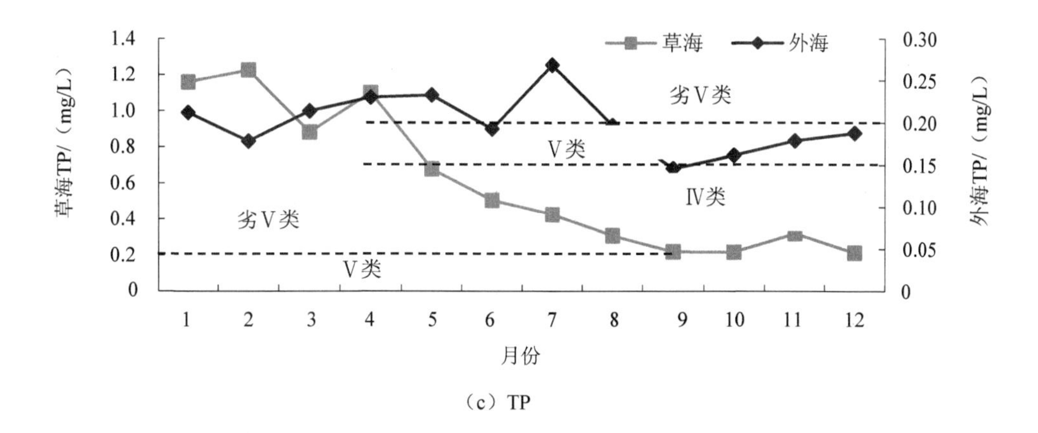

（c）TP

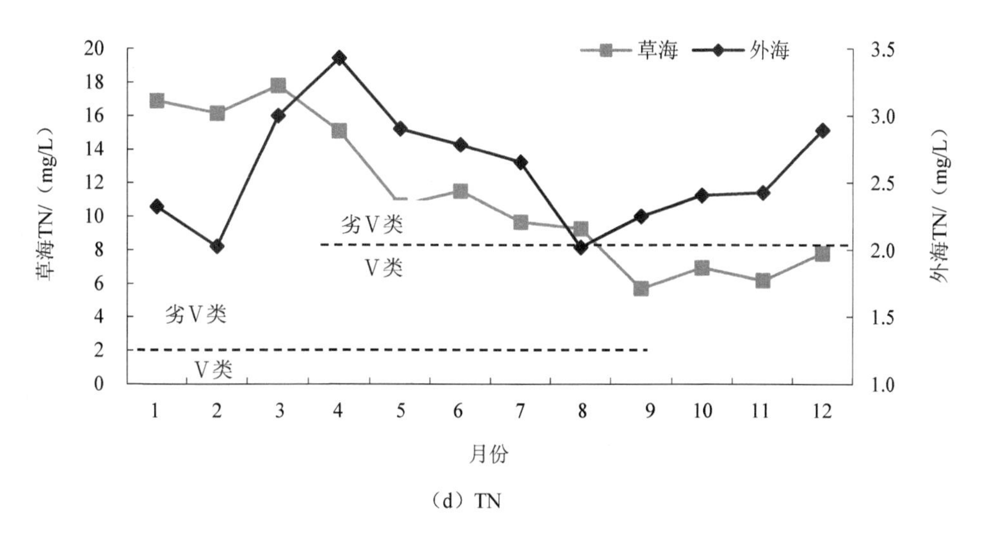

（d）TN

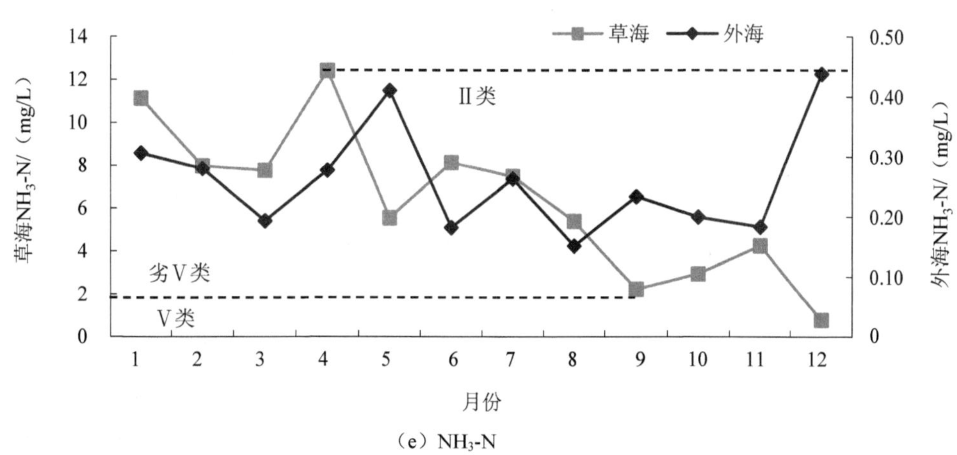

（e）NH_3-N

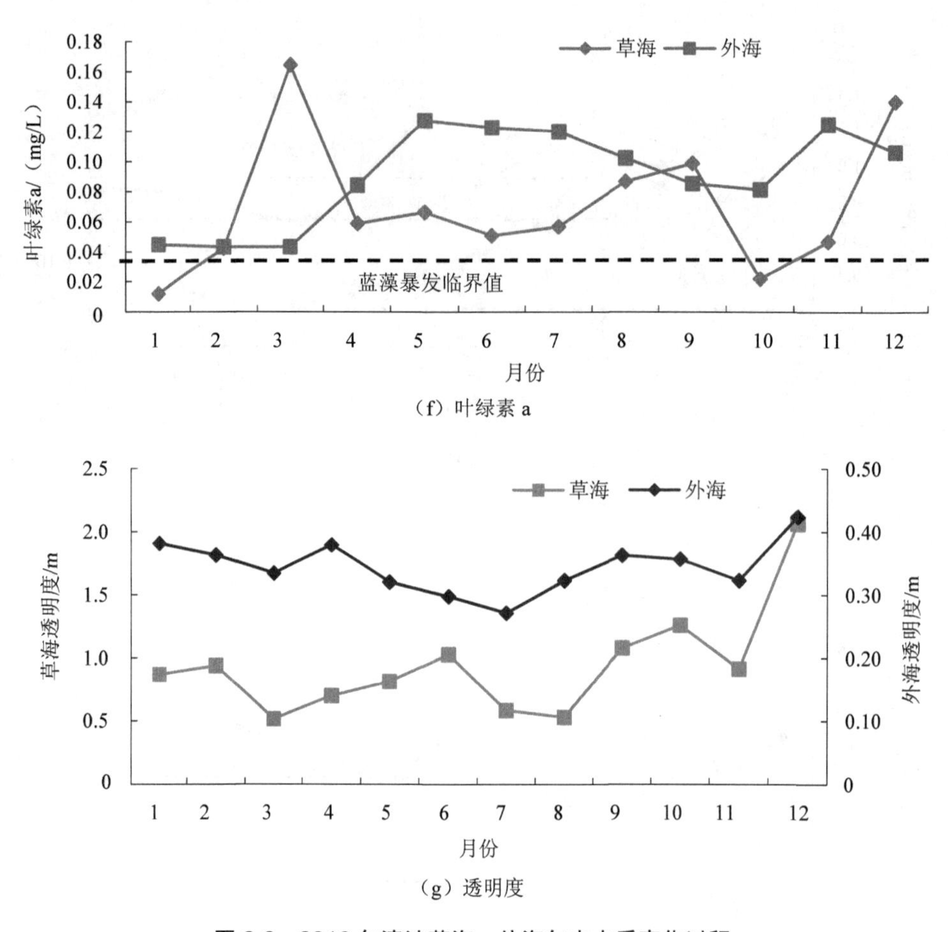

（f）叶绿素 a

（g）透明度

图 2-8　2010 年滇池草海、外海年内水质变化过程

（4）滇池水质空间分布特征

受滇池入湖污染负荷来源、内源污染程度及湖流流速缓慢等因素影响，滇池湖区水质空间分布差异性明显。总体而言，除化学需氧量、高锰酸盐指数、透明度及叶绿素 a 等少数指标外，草海水质污染程度较外海严重许多，如 TP 指标草海与外海相差约 3 倍、TN 指标相差 4 倍多、NH_3-N 指标草海与外海相差超过 30 倍。

滇池外海水面面积较大（约 300 km^2），主要的入湖污染负荷沿东岸线分布（西岸为西山，入湖污染源稀少），且绝大部分入湖污染负荷均来自东北岸的昆明主城区，加之滇池湖流十分缓慢，水体交换能力弱，从而形成目前北高南低、东高西低的水质空间分布格局。下面以 COD_{Mn}、TP、TN 和 NH_3-N 4 指标为例，分别给出了 2010 年滇池自北向南不同站点（晖湾中、观音山中、海口西和滇池南）的水质浓度变化过程对比图（滇池水质监测站点布置详见图 2-9、图 2-10）和自东向西不同站点（观音山东、观音山中、观音山西）的水质浓度变化过程对比图（图 2-11）。

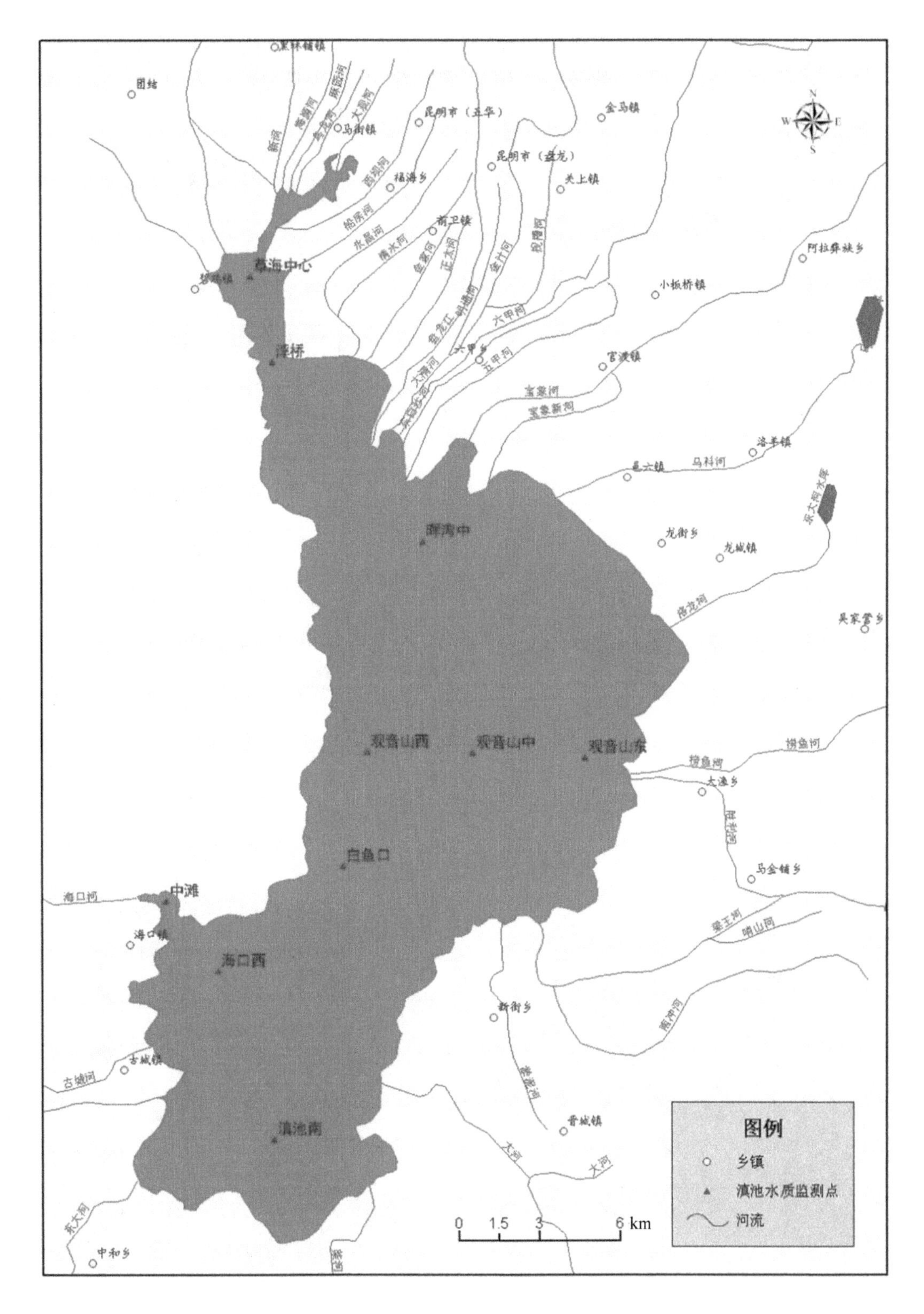

图 2-9　滇池水质监测站点空间分布

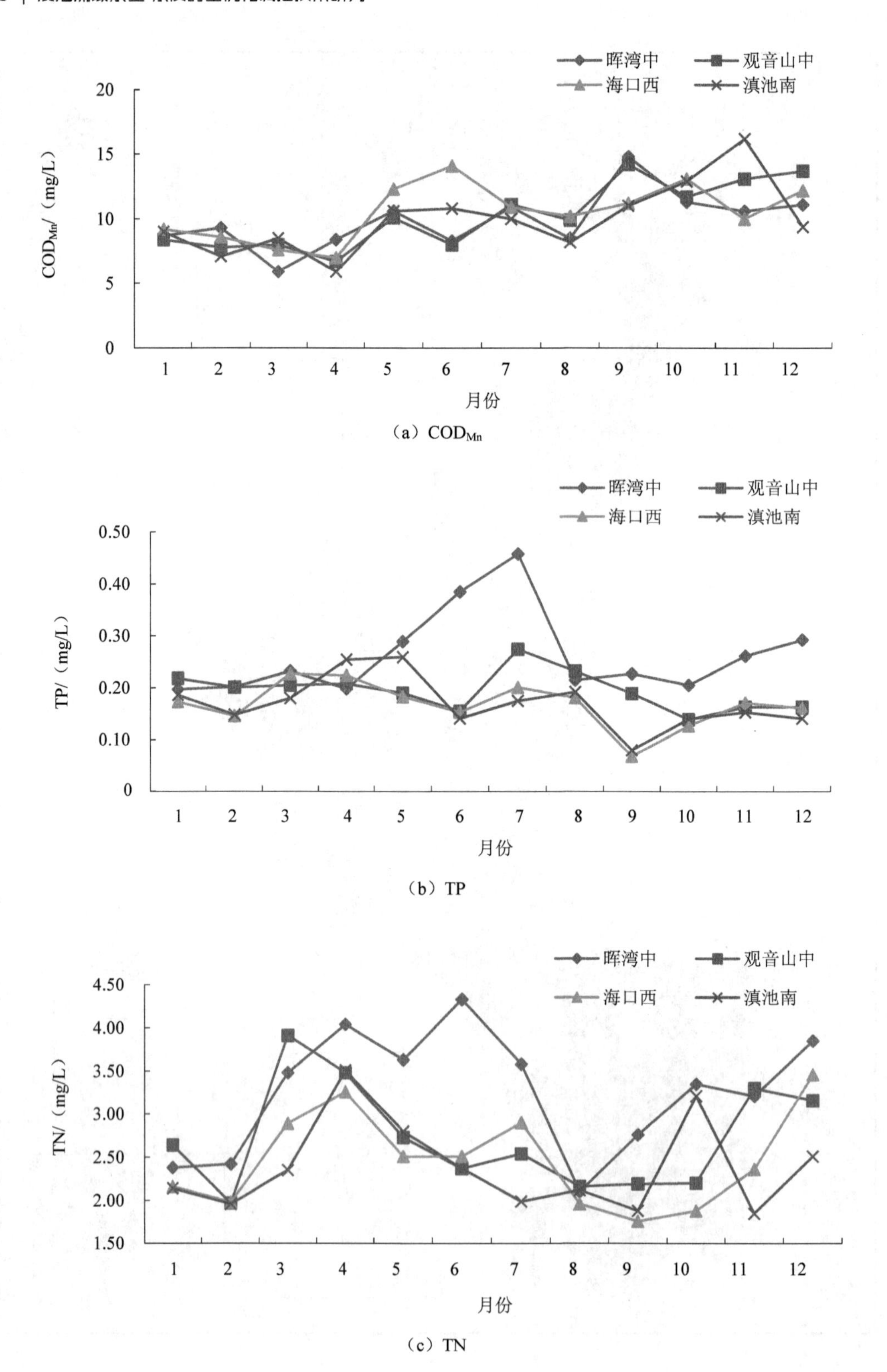

（a）COD_{Mn}

（b）TP

（c）TN

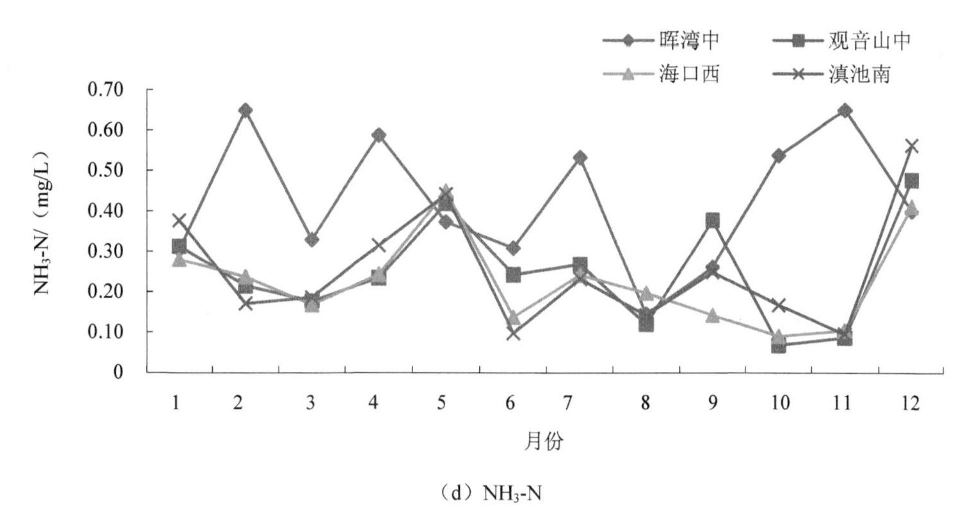

（d）NH_3-N

图 2-10 2010 年滇池外海水质空间分布状况（南北方向比较）

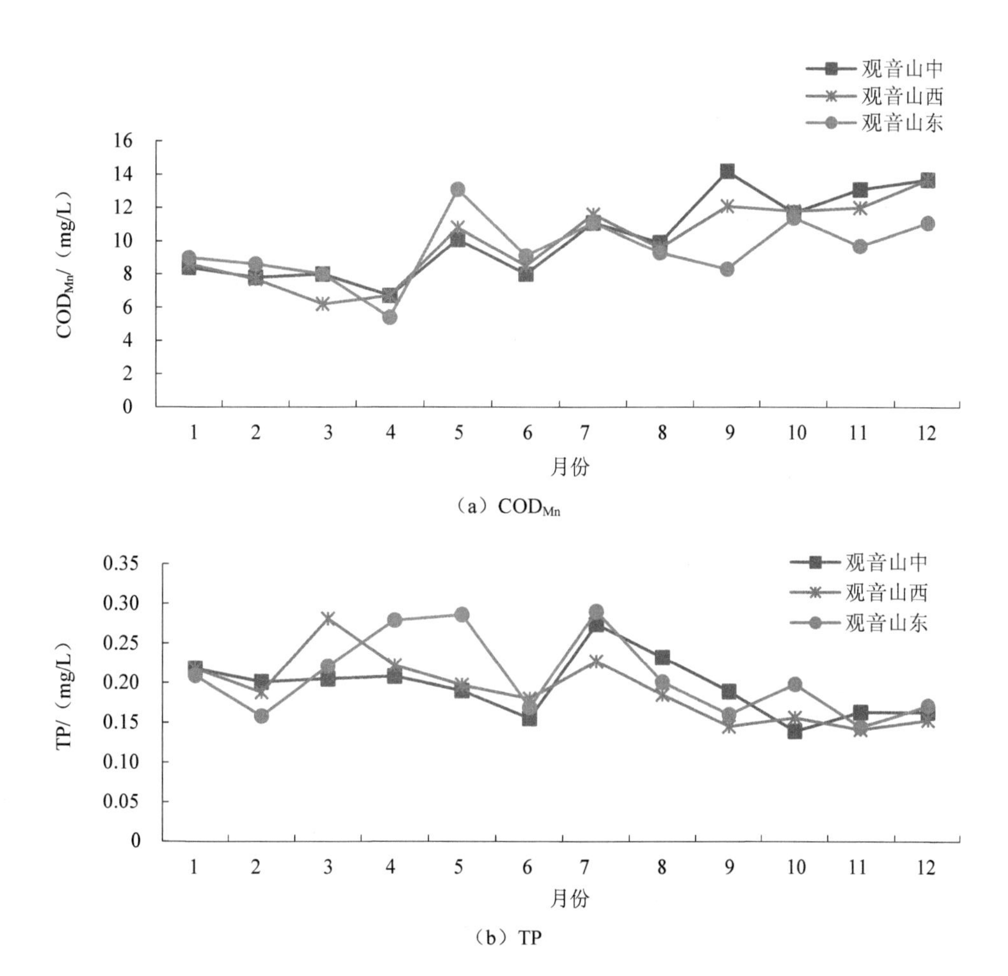

（a）COD_{Mn}

（b）TP

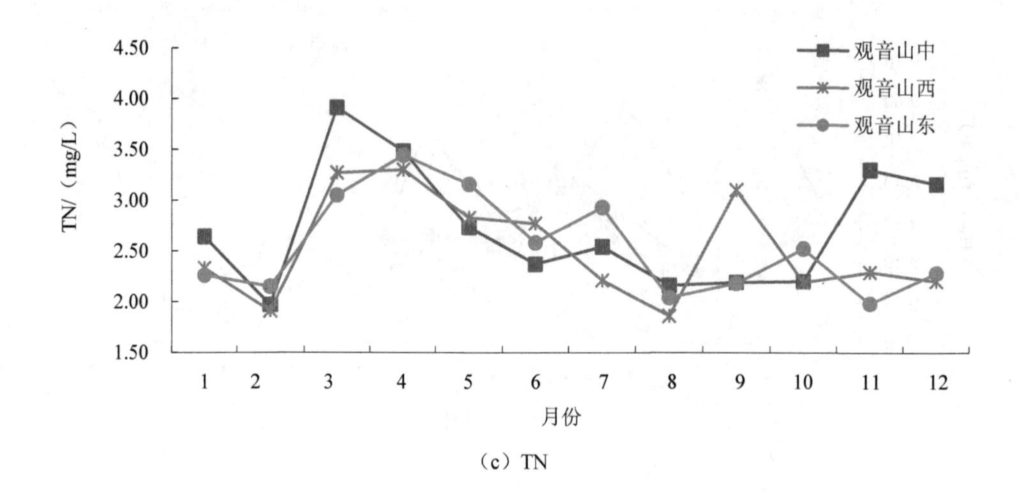

（c）TN

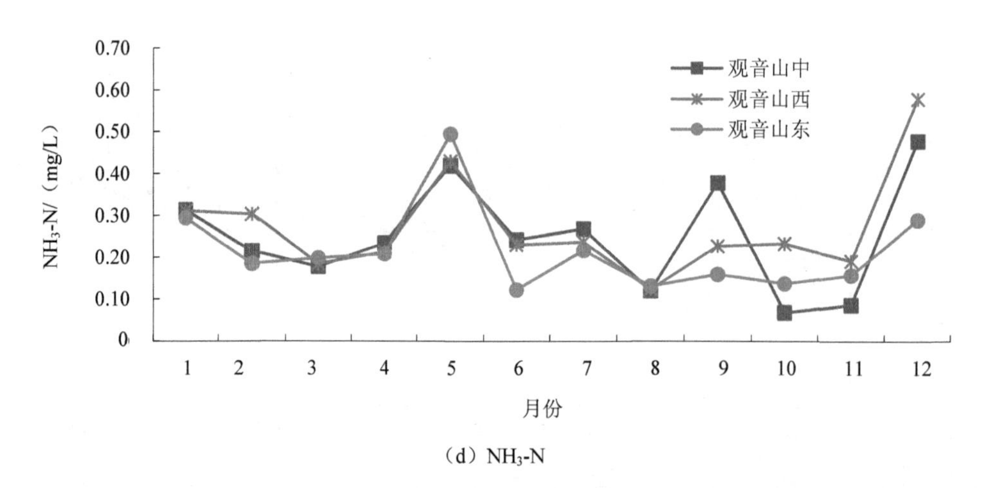

（d）NH_3-N

图 2-11　2010 年滇池外海水质空间分布状况（东西方向比较）

2.3.2　主要河流入湖水质状况评价

（1）滇池主要河流入湖水质总体评价

在滇池的主要入湖河流中，除盘龙江外，其他河流流程短，天然补给水量少，河流在旱季时常出现断流，周围居民垃圾倾倒入河的现象较为严重，当有水时，水质污染严重。2010 年滇池主要入湖河流中，东大河全年平均水质为Ⅴ类，其余河流在所有时段的综合水质类别均为劣Ⅴ类（各河流的入湖水质评价结果详见表 2-2），且非汛期水质较汛期差。

表 2-2 2010 年滇池主要河流入湖水质评价

主要入湖河流名称	水质类别					
	COD	COD_{Mn}	TP	TN	NH_3-N	综合
运粮河	V	Ⅳ	劣V	劣V	劣V	劣V
新　河	劣V	劣V	劣V	劣V	劣V	劣V
西坝河	Ⅳ	Ⅳ	劣V	劣V	劣V	劣V
船房河	Ⅳ	Ⅳ	Ⅳ	劣V	劣V	劣V
盘龙江	Ⅳ	Ⅲ	V	劣V	劣V	劣V
宝象河	V	Ⅳ	Ⅳ	劣V	劣V	劣V
大清河	Ⅳ	Ⅳ	劣V	劣V	劣V	劣V
马料河	Ⅳ	Ⅳ	Ⅳ	劣V	V	劣V
络龙河	Ⅲ	Ⅱ	Ⅱ	劣V	Ⅱ	劣V
捞鱼河	V	Ⅲ	Ⅲ	劣V	劣V	劣V
大　河	劣V	Ⅲ	Ⅲ	劣V	Ⅲ	劣V
柴　河	Ⅳ	Ⅱ	V	劣V	劣V	劣V
古城河	劣V	Ⅱ	V	劣V	Ⅲ	劣V
东大河	Ⅳ	Ⅱ	Ⅱ	V	Ⅱ	V

近年来，滇池水质严重污染的主要原因是滇池环湖入湖河流水质太差所致。据 2010 年主要河流入湖水质资料统计，进入草海的 4 条主要河流（运粮河、新河、西坝河、船房河）水质均为劣V类，各河流 COD、COD_{Mn}、TP、TN、NH_3-N 5 指标年均入湖水质浓度分别为 50 mg/L、11.67 mg/L、0.96 mg/L、17.08 mg/L、10.61 mg/L，各河流年内入湖水质变化过程详见图 2-12。进入外海的 10 条河流中，除东大河水质为V类外，其余各入湖河流年均水质均为劣V类，尤其以大清河、宝象河入湖水质最差，进入外海各指标（COD、COD_{Mn}、TP、TN、NH_3-N）的最大浓度值分别高达 117 mg/L、29.6 mg/L、1.79 mg/L、28.20 mg/L、21.60 mg/L。外海主要河流年均入湖水质浓度（COD、COD_{Mn}、TP、TN、NH_3-N）分别为 30 mg/L、5.79 mg/L、0.27 mg/L、6.87 mg/L、2.09 mg/L，各河流年内入湖水质变化过程详见图 2-13。主要劣V类的水质指标为总氮和氨氮。

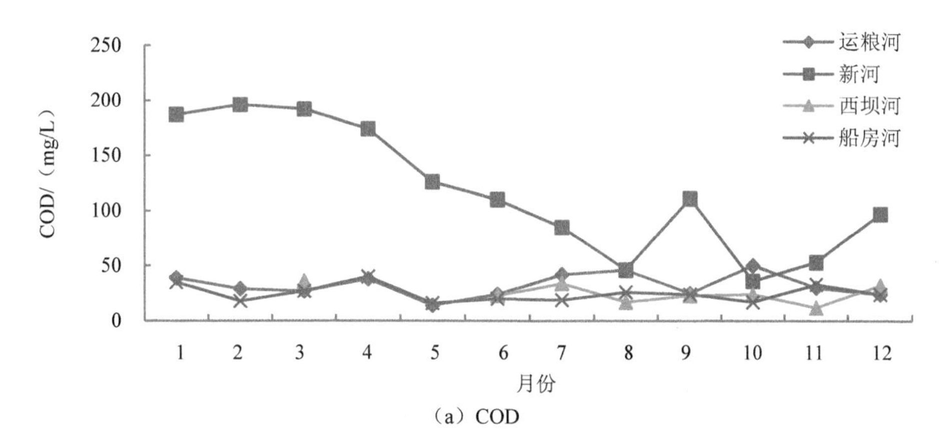

（a）COD

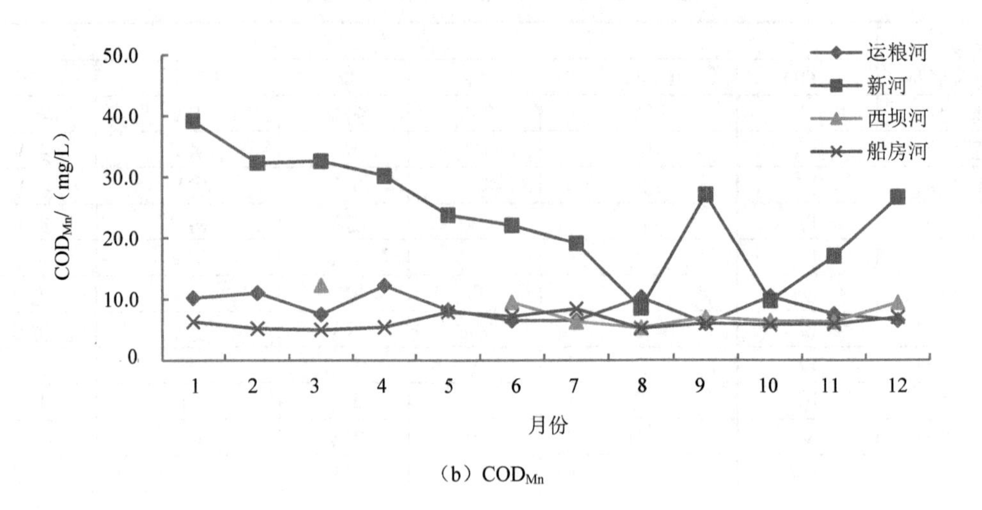

（b）COD_{Mn}

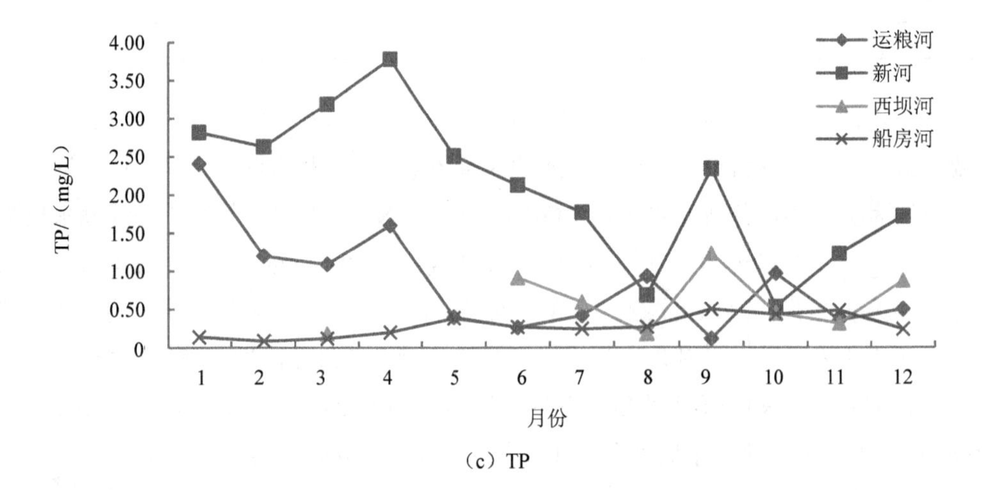

（c）TP

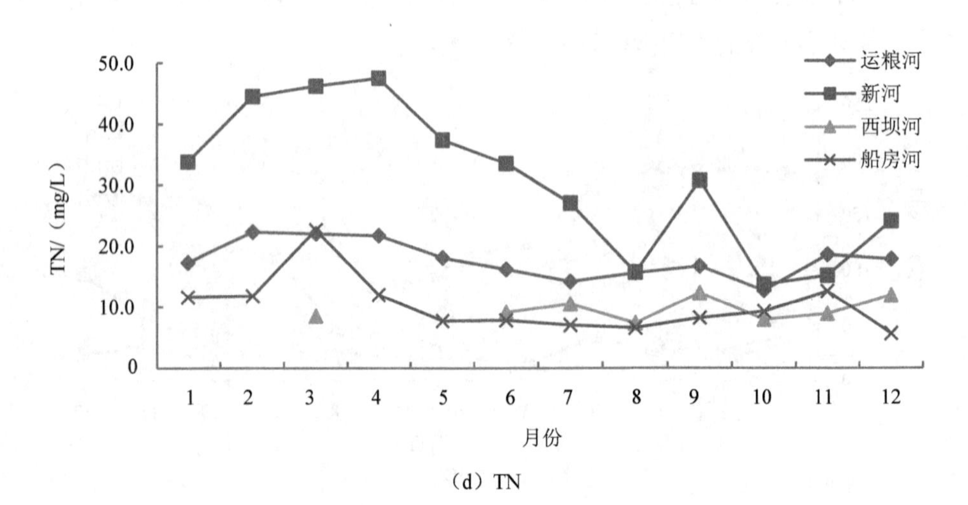

（d）TN

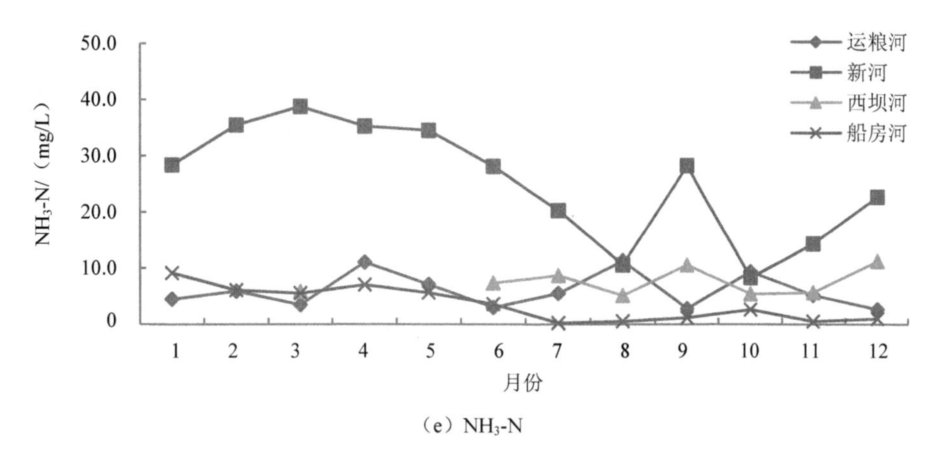

（e）NH_3-N

图 2-12　2010 年滇池草海环湖入湖河流水质年内变化过程

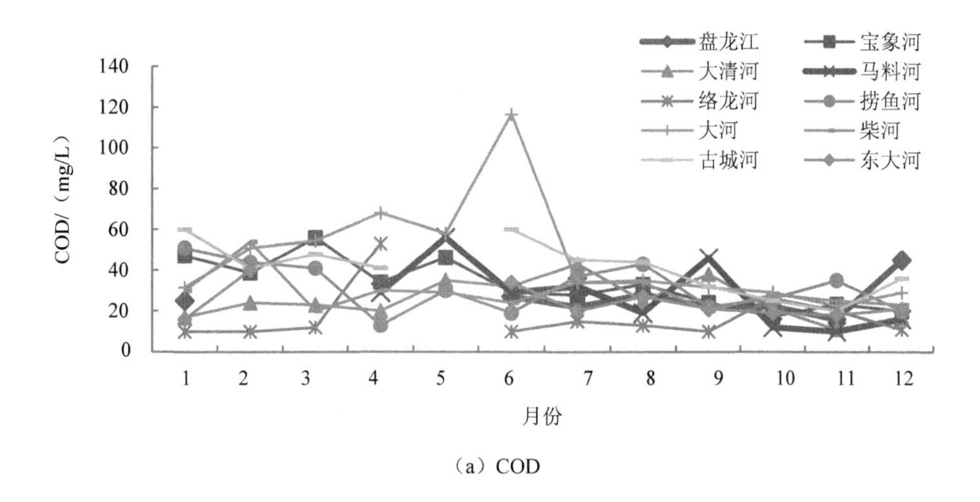

（a）COD

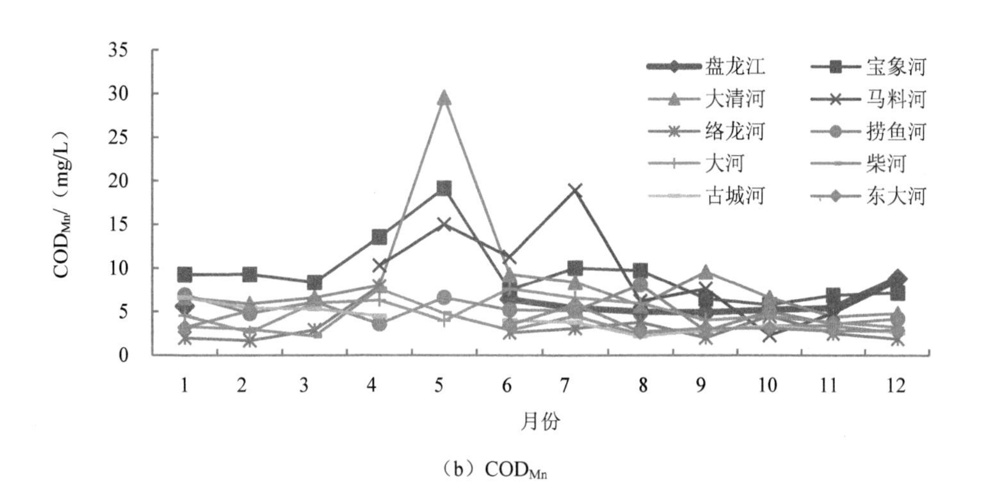

（b）COD_{Mn}

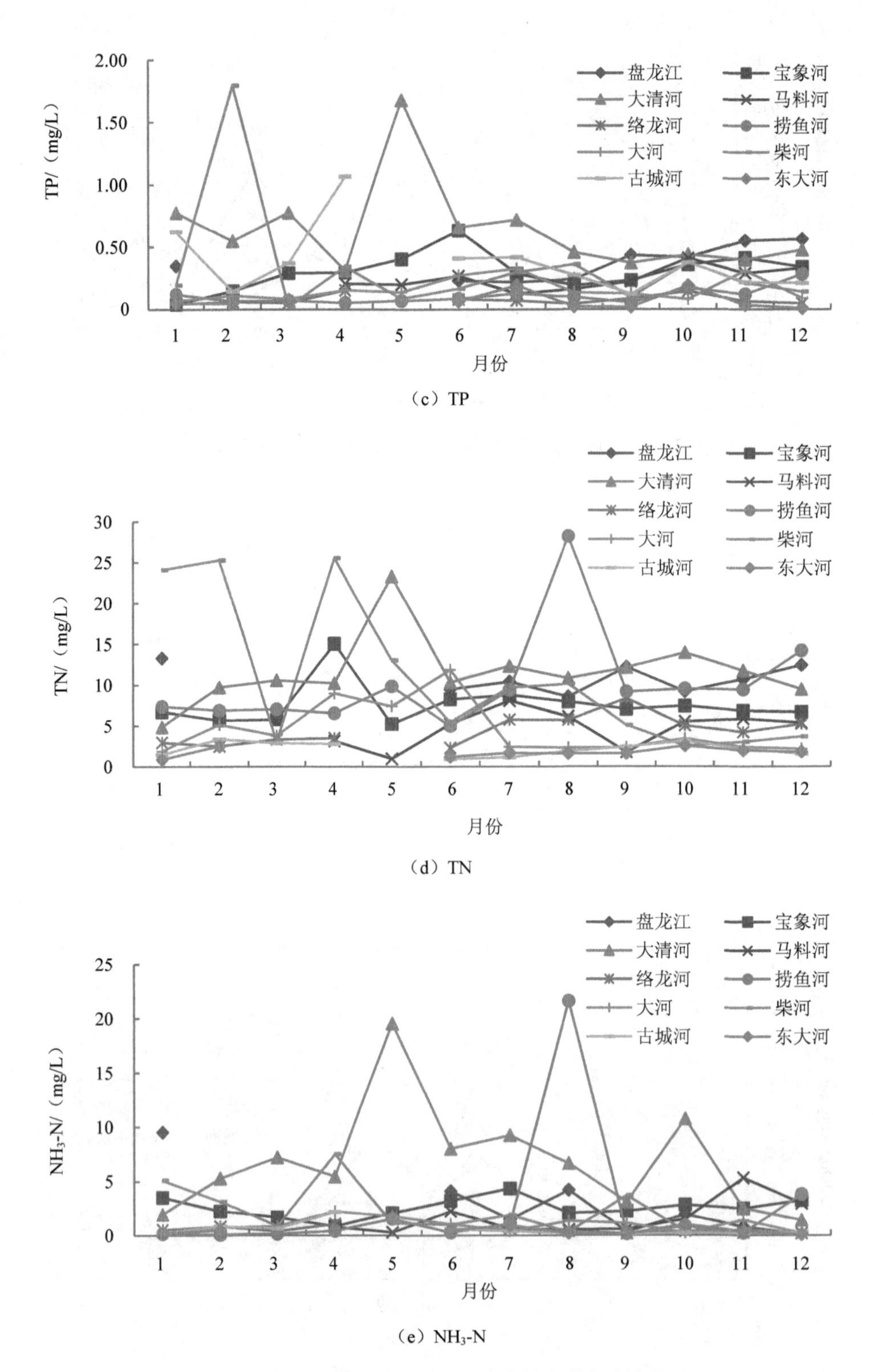

（c）TP

（d）TN

（e）NH_3-N

图 2-13　2010 年滇池外海环湖入湖河流水质年内变化过程

（2）滇池主要河流入湖水质变化趋势

2004 年以来，入滇池河流水质总体较差，呈现严重的有机污染特征，影响水质的主要指标主要包括高锰酸盐指数、氨氮、BOD_5、总磷等。6 年来，河道监测断面水质以劣Ⅴ类为主（图 2-14），2004 年占监测断面的 69.23%，至 2008 年和 2009 年劣Ⅴ类监测断面占 86.21%，主要是流经城区的断面，而位于河流上游的断面水质相对较好。相比于功能区水质目标要求，2004 年有 30.77%的断面达标，而至 2009（2008）年仅有 13.79%的断面水质达到功能区水质要求。经过“十五”“十一五”期间的河道整治工作，虽然部分入湖河流水质得到明显改善，但是仍有多条河流水质状况不容乐观。

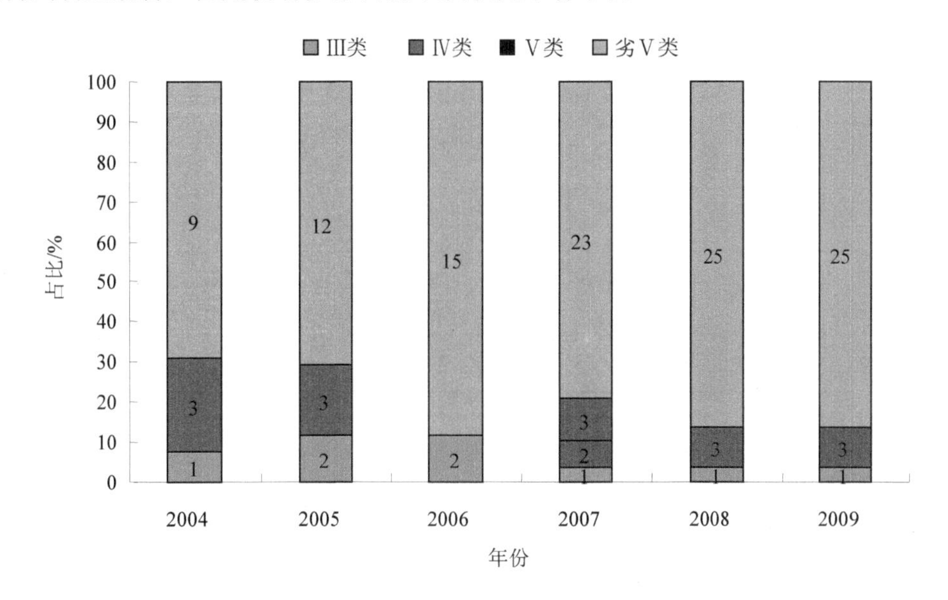

图 2-14　2004—2009 年入滇池河流水质类别所占比例

入草海的各条河流中，近年来新运粮河有机污染最为严重，水质恶化趋势显著；高锰酸盐指数、生化需氧量（BOD_5）、氨氮，以及总磷、总氮浓度均逐年升高，而溶解氧（DO）一直处于较低的水平。经过整治的船房河水质显著改善，船房河的高锰酸盐指数、BOD_5、氨氮、总磷、总氮浓度分别在 2007 年和 2008 年显著下降，DO 含量迅速上升，水质显著好转（表 2-3）。

2008—2009 年入外海的河流中，采莲河、金家河、马料河等各项有机污染和富营养化指标均呈现上升趋势，DO 迅速下降，河流水质恶化（表 2-3）。经过整治的河流大青河、新宝象河、盘龙江、茨巷河、柴河、大河等水质均有明显改善，这说明 2008 年和 2009 年滇池入湖河道整治“158”工程取得了良好的效果。

表 2-3 近年来滇池主要河流入湖水质评价结果（2004—2010 年）

河流	承纳水体	功能区目标	2004 年		2005 年		2006 年		2007 年		2008 年		2009 年		2010 年	
			水质类别	主要超标因子与超标倍数	水质类别	主要超标因子与超标倍数	水质类别	主要超标因子与超标倍数	水质类别	主要超标因子与超标倍数	水质类别	主要超标因子与超标倍数	水质类别	主要超标因子与超标倍数	水质类别	主要超标因子与超标倍数
船房河	草海	Ⅳ	劣Ⅴ	TP（4.8） BOD_5（3.1） NH_3-N（3.1） COD（1.6） COD_{Mn}（0.6）	劣Ⅴ	TP（5.3） BOD_5（3.7） COD（3.1） NH_3-N（1.7） COD_{Mn}（0.6）	劣Ⅴ	BOD_5（8.3） TP（7.2） COD（5.8） NH_3-N（4.5） COD_{Mn}（1.6）	劣Ⅴ	NH_3-N（11.1） TP（6.5） BOD_5（6.3） COD（5.0） COD_{Mn}（0.9）	劣Ⅴ	NH_3-N（1.6） COD（0.4） BOD_5（0.3） TP（0.1）	劣Ⅴ	NH_3-N（4） COD（0.7） TP（0.6） BOD_5（0.1）	劣Ⅴ	TN（4.1） NH_3-N（1.4）
西坝河		Ⅳ	劣Ⅴ	NH_3-N（3.8） TP（3.7） BOD_5（2.9） COD（1.6） COD_{Mn}（0.7）	劣Ⅴ	TP（4.0） BOD_5（2.7） COD（2.1） NH_3-N（1.7） COD_{Mn}（0.6）	劣Ⅴ	TP（4.9） NH_3-N（3.9） BOD_5（3.7） COD（2.1） COD_{Mn}（0.9）	劣Ⅴ	NH_3-N（8.9） TP（4.7） COD（3.1） BOD_5（2.7） COD_{Mn}（0.7）	劣Ⅴ	NH_3-N（8.7） BOD_5（5.7） TP（4.4） COD（3.6） COD_{Mn}（1.0）	劣Ⅴ	NH_3-N（8.2） BOD_5（4.7） COD（2.8） TP（2.8） COD_{Mn}（0.9）	劣Ⅴ	NH_3-N（4.0） TN（3.8） TP（1.0）
新河		Ⅳ	劣Ⅴ	BOD_5（9） TP（6.2） COD（4.9） NH_3-N（4.4） COD_{Mn}（1.2） Cd（0.7）	劣Ⅴ	BOD_5（7.8） TP（6.3） COD（4.8） NH_3-N（3.1） COD_{Mn}（1.4）	劣Ⅴ	BOD_5（12.6） NH_3-N（47） TP（6.4） COD（5.7） COD_{Mn}（1.3）	劣Ⅴ	NH_3-N（15.3） BOD_5（14） COD（8.6） TP（7.8） COD_{Mn}（1.8） Cd（0.8）	劣Ⅴ	BOD_5（12.8） NH_3-N（12.7） COD（6.6） TP（5.9） COD_{Mn}（1.2） Cd（9.4） Pb（0.1）	劣Ⅴ	NH_3-N（18） BOD_5（14.7） COD（7.6） TP（6.6） COD_{Mn}（1.3）	劣Ⅴ	NH_3-N（15.9） TN（14.4） TP（6.0） COD（2.9）
老运粮河		Ⅳ	劣Ⅴ	TP（3.9） NH_3-N（2.3） BOD_5（1.7） COD（0.8） Cd（0.2）	劣Ⅴ	BOD_5（3.5） TP（2.9） NH_3-N（1.6） COD（1.3） COD_{Mn}（0.3）	劣Ⅴ	TP（4） NH_3-N（2.3） BOD_5（0.6） COD（0.6）	劣Ⅴ	NH_3-N（7.6） TP（5） COD（1.9） BOD_5（0.4）	劣Ⅴ	NH_3-N（4.3） TP（4.1） BOD_5（2.4） COD（1.6）	劣Ⅴ	NH_3-N（6） TP（4.9） BOD_5（2.3） COD（1.6） COD_{Mn}（0.2）	劣Ⅴ	TN（7.0） NH_3-N（3.0） TP（1.8） COD（0.1）

河流	承纳水体	功能区目标	2004年		2005年		2006年		2007年		2008年		2009年		2010年	
			水质类别	主要超标因子与超标倍数	水质类别	主要超标因子与超标倍数	水质类别	主要超标因子与超标倍数	水质类别	主要超标因子与超标倍数	水质类别	主要超标因子与超标倍数	水质类别	主要超标因子与超标倍数	水质类别	主要超标因子与超标倍数
盘龙江	外海	Ⅳ	劣Ⅴ	NH_3-N（1.6） TP（0.4）	劣Ⅴ	NH_3-N（2.2） TP（0.4） BOD_5（0.2）	劣Ⅴ	NH_3-N（2.3） TP（0.6） COD（0.02）	劣Ⅴ	NH_3-N（3.2） TP（1.4） BOD_5（0.5） COD（0.2）	劣Ⅴ	NH_3-N（1.8） TP（0.4）	劣Ⅴ	NH_3-N（2.1） TP（0.8）	劣Ⅴ	TN（4.4） NH_3-N（0.9） TP（0.3）
大青河		Ⅴ	劣Ⅴ	NH_3-N（6.3） BOD_5（3.8） COD（2.9） TP（2.1） COD_{Mn}（0.4）	劣Ⅴ	NH_3-N（15.2） BOD_5（6.2） TP（5） COD（2.6） COD_{Mn}（0.5）	劣Ⅴ	NH_3-N（3.1） BOD_5（6） TP（3.1） COD（2.5） COD_{Mn}（0.5） Se（48.3） As（0.3）	劣Ⅴ	NH_3-N（10.3） COD（6.8） BOD_5（5.3） TP（4.6） COD_{Mn}（0.6） Cr（0.3）	劣Ⅴ	NH_3-N（11.5） TP（9.3） COD（1.8） BOD_5（1.7） COD_{Mn}（0.4）	劣Ⅴ	NH_3-N（10.7） TP（4.5） BOD_5（1.6） COD（1.2） COD_{Mn}（0.4）	劣Ⅴ	TN（4.8） NH_3-N（2.4） TP（0.6）
宝象河		Ⅴ	Ⅳ	无	劣Ⅴ	硫化物（0.04）	劣Ⅴ	BOD_5（0.05） Se（54.3）	劣Ⅴ	NH_3-N（2） COD（1.3） TP（0.3）	劣Ⅴ	TP（1.9） NH_3-N（0.8）	劣Ⅴ	NH_3-N（0.3）	劣Ⅴ	TN（2.8） NH_3-N（0.3）
洛龙河		Ⅴ	劣Ⅴ	硫化物（0.1）	Ⅲ	无	Ⅲ	无	Ⅳ	无	Ⅲ	无	Ⅲ	无	劣Ⅴ	TN（1.2）
大河		Ⅴ	Ⅳ	无	Ⅳ	无	劣Ⅴ	Hg（1.7）	Ⅴ	无	劣Ⅴ	COD（0.2）	劣Ⅴ	COD（0.3）	劣Ⅴ	TN（1.3） COD（0.2）
东大河		Ⅴ	Ⅲ	无	Ⅳ	无	劣Ⅴ	Hg（7.2）	Ⅲ	无	Ⅳ	无	Ⅳ	无	Ⅳ	无
捞鱼河		Ⅴ		—	Ⅲ	无	Ⅲ	无	Ⅳ	无	Ⅳ	无	Ⅳ	无	劣Ⅴ	TN（4.1）
马料河		Ⅴ		—		—	—	—	劣Ⅴ	COD（3.6） NH_3-N（1.5） BOD_5（0.2）	劣Ⅴ	NH_3-N（2.9） TP（0.9） COD（0.1）	劣Ⅴ	NH_3-N（2.9） TP（0.8） BOD_5（0.2）	劣Ⅴ	TN（1.3）
茨巷河		Ⅴ	劣Ⅴ	NH_3-N（5.2） TP（4）	劣Ⅴ	NH_3-N（11.8） TP（2.3）	劣Ⅴ	NH_3-N（7.6） TP（3） Hg（1.5）	劣Ⅴ	NH_3-N（6） TP（2.7） COD（0.8）	劣Ⅴ	NH_3-N（2.5） TP（2.1）	劣Ⅴ	NH_3-N（1.5）	劣Ⅴ	TN（4.4） NH_3-N（0.1）
古城河		Ⅴ		—	劣Ⅴ	TP（0.4） BOD_5（0.1）	劣Ⅴ	COD（0.4）	劣Ⅴ	COD（0.3） TP（0.3）	劣Ⅴ	TP（2.1） COD（0.6）	劣Ⅴ	COD（0.1）	劣Ⅴ	TN（0.1）

注：2010年纳入评价范围的水质指标仅为COD、COD_{Mn}、TP、TN、NH_3-N 5项。

2.4 滇池流域水体污染成因及防治对策研究

2.4.1 滇池流域水体污染成因分析

导致滇池流域水环境污染严重的原因，主要有以下 3 个方面：

①污染物排放超过了滇池水环境承载能力，导致水污染和富营养化。滇池水环境承载能力则指在满足滇池水功能区水质保护目标条件下所能容纳污染物的能力。自 20 世纪 80 年代以来，滇池污染物排放持续超过了自身的水环境承载能力，造成了水体污染，且污染程度不断加剧，富营养化也随之发生。从而改变了滇池生态系统中生物生理代谢所需的物质条件，生产能力过剩，导致了滇池生态结构的失调、水质进一步恶化。

据相关资料分析，2010 年滇池流域点源污染负荷排放量：COD 86 709 t、TP 1 281 t、TN 15 148 t，同时还不包括非点源负荷量、降雨降尘入湖量和湖泊内源释放量。而在枯水年枯水期设计水文条件下，COD、TP、TN 3 项指标的纳污能力分别为 9 725 t/a、295 t/a、3 805 t/a。由此可见，入湖负荷仍大大超过滇池水体的自净功能，水质超标严重。

②流域水资源匮乏，生态环境用水难以保证。水资源承载能力就是在当地水资源保证生态用水和环境用水，维系良好生态系统的前提下，能够持续支撑国民经济健康发展的能力。滇池水污染和生态环境恶化结果表明，滇池环湖城市（尤其是昆明）发展已超过滇池流域水资源承载能力，难以维系良好的生态系统。

2000 年，滇池流域人口 203.1 万，耕地 65 万亩，人均占有水资源量不足 300 m^3。该区域年供水超过 5.1 亿 m^3，而正常年份缺水 1 亿 m^3，若遇上枯水年份，水资源缺口将超过 2 亿 m^3，缺水情势十分严峻。为充分利用有限的水资源来满足人类活动的需要，滇池流域实施了大量水资源开发利用措施，供水能力大为提高，但用水缺口还得由水库、滇池调节后重复利用弥补。由此可见，滇池流域用水量超过了自身的水资源量，已无生态环境用水，因此昆明周边入滇池的多数河流长期断流、干涸或成排污沟，天然河道的功能基本丧失，滇池的水污染和生态破坏也成为必然。

③水流及污染物质交换不畅，加速了水污染进程。滇池主要入湖河流 20 余条，呈向心状注入湖区。海口河为滇池的唯一天然出口，西园隧洞是专门为污染十分严重的草海水向外排泄而开通的。由于流域水资源匮乏，滇池弃水量小，湖水置换周期长，湖流缓慢，滇池已演变成半封闭湖泊。如在近 45 年系列中，滇池有 16 年没有弃水，占总年数的 36%；有 469 个月没有弃水，占总月数的 86.9%；弃水均主要集中在主汛期 7—9 月；45 年平均弃水量只有 1.49 亿 m^3，仅为滇池蓄水量的 11%。

滇池为典型的高原浅水型湖泊，风成为滇池水流运动的主要动力，在主导风向（SW）

下滇池平均流速约为 2 cm/s，水流十分缓慢，加之受水资源匮乏、用水及水量随蒸发大量损失等多因素影响，滇池外排水量较少，水体滞留时间较长（换水周期 3～5 年），水流交换及排水不畅，使从北部湖区入湖的大量污染物不能便捷地排出湖外，导致湖内污染物质进出极不平衡，大量溶解并沉积在湖体中，从而加剧了滇池水污染和污染物在湖内的积淀，而沉积在湖底的污染物最终成为随时可能再次污染湖水的底泥内源。有关研究表明，滇池草海底泥中已沉积氮、磷营养物质 1 万余 t，外海高达 10 多万 t。同时由于水流缓慢及水体交换不畅，滇池在空间上形成了自北向南、自东向西的明显浓度梯度，即北部浓度高、南边浓度低，西边水质好于东边的空间分布。

2.4.2 滇池流域水污染防治策略

针对滇池严重的水污染问题及其成因分析结果，可针对不同的成因，对症下药，采取如下的防治策略进行滇池水污染综合治理。

（1）以水环境容量为目标，对环滇池入湖河流实施总量控制

自 20 世纪 80 年代以来，由于滇池流域城市化进程加快和区域经济的快速发展，自滇池流域环湖入湖河道进入滇池的污染物量远远超过了滇池湖体的水环境承载能力，这是造成滇池水质和湖泊内源严重污染最主要的原因；加之湖泊水流流速十分缓慢、水流交换性能差，入湖污染物大量溶解并沉积于湖底，进出湖污染物质量严重失衡，从而加剧了湖泊水质恶化和富营养化持续发展趋势，导致滇池草海、外海蓝藻水华现象的常年出现。因此，截断滇池流域主要的污染源（城镇生活点源）入湖通道，控制流域农业非点源的产生量，做好滇池环湖湖滨带建设的末端截流措施，减少滇池入湖污染物量，扭转滇池出入湖污染负荷极不平衡的状态，逐步减少滇池湖泊的污染负荷总量（包括可能释放到水体的沉积物量）才是治理滇池及其流域水污染问题的关键。

（2）增加区域水资源量，提高滇池水环境容量并保证其生态环境用水

滇池流域水资源十分匮乏，不仅严重制约了当地经济社会的可持续发展，同时人类活动也严重挤占了河湖的生态环境用水，致使滇池湖泊和环湖入湖河流均在不同程度上丧失了原有的生态服务功能和服务价值，这也是滇池水污染异常严重且难以治理的重要原因。因此，增加区域水资源量、适当恢复滇池流域河湖原有的生态环境用水是解决这一问题的关键。

通过从外流域调水（如滇中引水、牛栏江补水）进入滇池，不仅可以增加滇池流域的水资源总量，总体解决目前区域经济社会发展过程中存在的流域水资源总量不足的问题，还可以适当恢复湖泊与周边入湖河流的生态环境用水，促使其逐步恢复原有的生态服务功能，实现其生态服务价值；同时由于滇池流域水资源总量的增加，不仅可以提高滇池水体的水环境容量，还可以改善湖泊现有的水动力条件和入湖污染物质进出极不平衡的现状，有利于滇池水体朝水质逐步改善的方向发展。

（3）缩短入湖污染物的滞湖时间，改善物质出入湖不平衡状况

对于滇池外海而言，绝大部分污染物来自滇池北部的盘龙江、宝象河、大清河，3 条河的入湖污染物量占外海总入湖量的 80%以上，而外海唯一出湖口——海口河位于滇池的西南侧，污染物出湖输移路线较长（图 2-21），加之滇池湖流运动十分缓慢，不仅使入湖污染物滞留湖区的时间很长，而且入湖污染物在随湖泊环流的迁移、扩散及转化过程中大量负荷沉积到湖底，从而形成目前滇池外海北高南低、东高西低的浓度梯度格局；加之受湖面较为强烈的水面蒸发影响，年均出湖水量很少，从而导致滇池外海入出湖的污染物质极不平衡（进多出少）。因此，缩短入湖污染物（主要是外海北部入湖的）在湖体的滞留时间，提高出入湖污染物质的比例，对改善滇池湖泊水质、减少湖泊内源累积是非常有益处的。

由滇池流域水系可知，滇池北部的盘龙江、宝象河、大清河距离草海的西园隧洞出口较近，可以考虑从西园隧洞排水，再结合外流域调水时从滇池南部进入、开启海埂节制闸从西园隧洞排水，从而可大大缩短滇池入湖污染物的滞湖时间，改善滇池环湖入湖污染物质进出不平衡状态，达到滇池水污染治理和水生态逐步恢复的目的和效果。

2.4.3 滇池流域水污染治理总体对策

基于上述的防治策略，滇池流域水污染治理总体对策可归纳总结为以下 3 个方面。

（1）入湖污染物排放总量定额控制，通过多种措施加强流域污染源治理

马巍等（2007）利用数学模型，计算得到滇池为达到水资源保护水功能区水质保护目标，在枯水年枯水期设计水文条件下，COD、TP、TN 3 项指标的纳污能力分别为 19 266 t/a、295 t/a、3 805 t/a；而当设计水文条件为枯水年丰水期，其他目标不变情景下，预测得到 COD、TP、TN 3 项指标的纳污能力又分别为 39 645 t/a、352 t/a、4 859 t/a。根据李锦秀等（2005）提出的滇池入湖污染物总量控制定额确定方法，得到滇池点源与面源总量控制定额分别为点源：COD 19 266 t/a、TP 295 t/a、TN 3 805 t/a；面源：COD 20 379 t/a、TP 57 t/a、TN 1 054 t/a。

将计算得到的滇池污染源总量控制定额与 2000 年现状污染负荷比较，得到不同指标污染负荷削减量为：COD 点源需要削减 11 484 t/a，而面源总量定额尚有一定富余；TP 指标削减量分别为：点源 495 t/a、面源 508 t/a；TN 指标削减量分别为：点源 4 129 t/a、面源 1 777 t/a。由此可见，为了实现达到Ⅲ类水质保护目标，现状 TP 点源与面源削减率分别高达 66%、89%，现状 TN 点源与面源削减率分别为 52%和 63%。污染源削减任务异常繁重，水污染治理十分艰巨。因此，必须结合其他措施，如外流域调水、改善进出滇池物质极不平衡等，改善滇池湖泊水流及物质循环条件，提高滇池水体自净能力及水环境容量，以提高滇池水污染治理及水环境保护的效率。

（2）外流域引水增加滇池流域水资源量，改善并逐步恢复滇池水生态环境

滇池流域水资源匮乏，严重制约了区域经济社会发展，加速了滇池水环境恶化和富营养化问题。实施滇中引水工程（包括近期的牛栏江—滇池补水工程），不仅可显著增加滇池流域的清洁水资源量，改善湖泊进出水量严重失衡的状态，同时还将在出入湖水流的作用下加快滇池水体的循环与交换，改善湖泊水动力条件，提高湖泊水体自净能力，增强湖泊容纳污染物的能力。

为模拟预测引水济滇改善滇池的水环境效果，定量分析多大的引水量能在多大程度上改善滇池水质，在 2000 年入湖水流及污染负荷条件下，根据滇中调水改善滇池水环境可能的引水线路并结合滇池目前的出入湖水流条件，设计了一条引水济滇补水线路：从滇池北部的盘龙江引水入滇池，并从西南部的海口河排出（连接草海与外海的海埂节制闸关闭），年设计引水规模为 10 亿 m^3（年内各月平均分配水量），引水为滇中调水水源地金沙江，其水质类别为Ⅱ类（COD_{Mn}=2 mg/L，TP=0.02 mg/L，TN=0.2 mg/L）。

2000 年滇池外海模拟年均水质现状为 COD_{Mn}=6.86 mg/L、TP=0.286 mg/L、TN=2.04 mg/L，引水后滇池外海各指标年均浓度分别降低为 COD_{Mn}=5.34 mg/L、TP=0.23 mg/L、TN=1.63 mg/L，COD_{Mn}、TP、TN 3 指标浓度分别改善了 22.9%、19. 6%、20.2%，引水济滇水质改善效果十分明显，但综合水质仍为劣Ⅴ类。年内水质（以 TP 为例）浓度变化过程如图 2-15 所示。

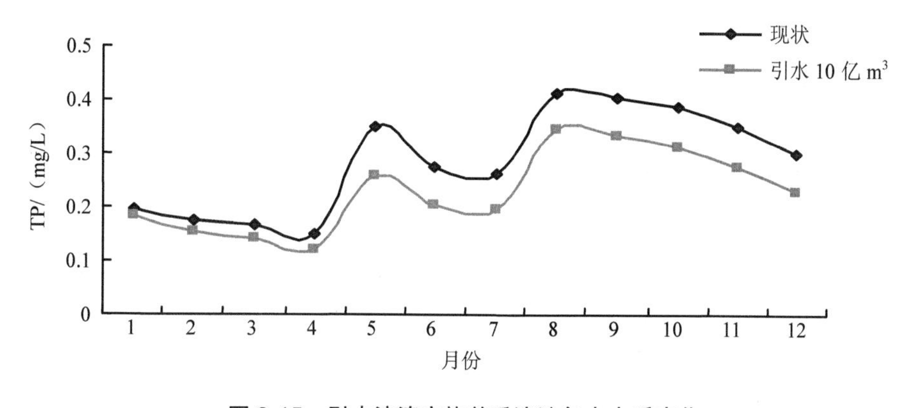

图 2-15　引水济滇实施前后滇池年内水质变化

（3）改变滇池现行的运行方式，恢复外海和草海间的水力联系，增大西园隧洞出湖水量，以缩短北部入湖污染物的滞留时间

根据云南省地理所彭永岸的治滇新思路，认为解决滇池污染的根本办法是倒置滇池与昆明市上下游的角色，让滇池水自南向北流，从而使昆明市处于滇池的下游。经过初步论证，这在地理条件上是允许的；同时随着西园隧洞的开通，改变滇池目前的运行调度方式即可实现滇池水自南向北流，可有效缩短滇池北部大量入湖污染物的滞湖时间，改变污染

物质出入湖极不平衡的现状。同时结合规划中的滇中调水工程，让来水从滇池南部入湖，并根据西园隧洞出流能力尽量从该出口排水，则引水和滇池倒流都能达到最佳效果。

通过对 2000 年滇池逐月出湖流量的统计，滇池单月最大出湖流量约 50 m^3/s，而西园隧洞最大设计出流为 40 m^3/s，在考虑海口河适当出流的条件下，开启海埂节制闸，尽量从西园隧洞出水，以改变现行的以海口河出流为主的排水方式是可以实现的。

在无引水条件下，改变滇池现行的排水方式对滇池水质改善效果十分显著，如 COD_{Mn}、TP、TN 3 项指标浓度分别由现状的 6.86 mg/L、0.286 mg/L、2.04 mg/L 下降到 5.40 mg/L、0.22 mg/L、1.43 mg/L，3 指标分别改善了 21.4%、22.6%、29.8%，比现行运行方式下从盘龙江—海口河引排水 10 亿 m^3 的效果还稍好，其年变化过程如图 2-16 所示。由于滇池排水方式的改变，致使汛期从滇池东北部入湖的大量负荷能较快地从西园隧洞排出湖外，不仅有效改善了滇池污染负荷出入极不平衡的现状，避免北部重污染入湖污染负荷长期滞留滇池的现象，同时也大大缩短了入湖污染物的滞湖时间，从而可有效减轻滇池的水污染状况。

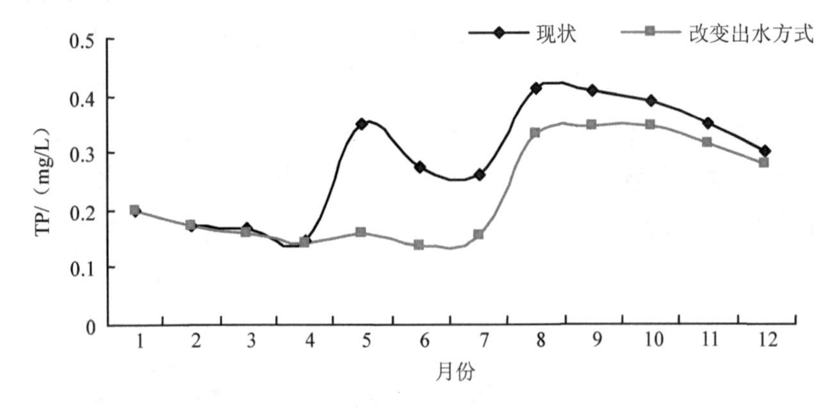

图 2-16　改变滇池现行的排水调度方式对滇池年内水质变化的影响

在 2000 年现状出入湖流量基础上，年引水 10 亿 m^3 后滇池月均最大出湖流量增加到 80 m^3/s 左右，在考虑海口河（出流能力为 100 m^3/s）联合出流的条件下，尽量从西园隧洞出水的排水方式也是可以实现的。根据滇中调水规划，从滇池南部的柴河附近引水入滇池，开启海埂节制闸，尽可能加大草海西园隧洞的排水量，剩余水量由海口河排出。在此引排水路线及排水方式下，引水入湖可使外海 COD_{Mn}、TP、TN 3 项指标浓度分别由现状的 6.86 mg/L、0.286 mg/L、2.04 mg/L 下降到 4.19 mg/L、0.18 mg/L、1.16 mg/L，3 指标分别改善了 39.0%、37.1%、43.1%，水质改善效果异常显著，其综合水质类别下降一个等级（由劣Ⅴ类下降到Ⅴ类）。

对比两种引排水线路及滇池相应的运行方式对滇池水环境的改善效果，从滇池南部引水入湖、北部西园隧洞出湖为主的引排水线路对滇池水质改善效果比从盘龙江—海口河引排水线路高出约 19 个百分点，由此可见引排水线路及运行调度方式所带来的水质改善效果差异是非常显著的。两种引水调度方式对滇池水质年内变化影响如图 2-17 所示，从南部入湖、北部出湖的引排水线路可有效削减汛期（5—8 月）从滇池北部入湖的面源负荷引起滇池浓度显著升高的现象，同时在年内各月的水质均比从北部入湖、南部出湖的引排水线路要好得多。

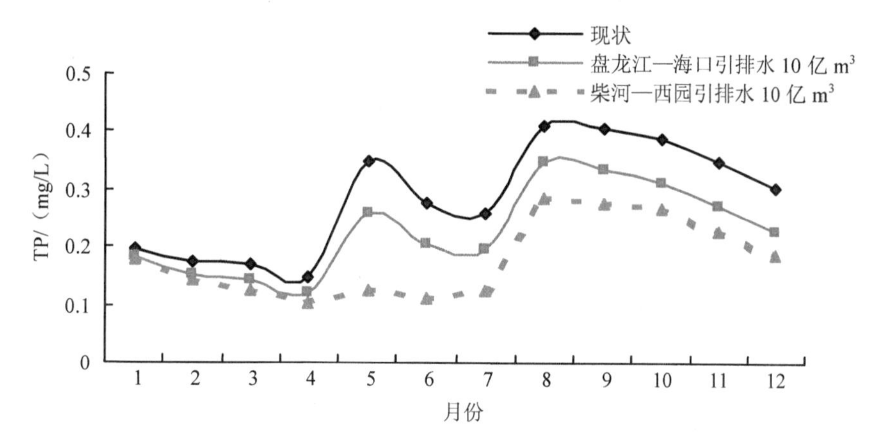

图 2-17　引水及排水调度方式改变对滇池年内水质变化的影响

3 滇池流域自然、人工水循环过程调查

3.1 滇池—普渡河流域社会经济发展调查

根据所收集的滇池—普渡河流域涉及的各县（市、区）统计年鉴、城市统计年鉴（年报）、工业统计年鉴（年报）、农业统计年鉴（年报）、林业统计年鉴（年报）、环保统计年鉴（年报），统计滇池流域及海口—安宁—富民工业走廊的现状国内生产总值、三次产业结构、工业总产值、城镇发展规模、人口规模、市政设施、土地利用、农业发展等社会经济发展资料。

3.1.1 滇池流域

滇池流域行政区划属昆明市，是云南省的政治、经济、文化和交通中心，是我国通往东南亚的重要门户。滇池流域涉及昆明市五华、盘龙、官渡、西山、晋宁、呈贡 6 县（区），商贸发达，旅游环境优越，在全省经济发展中具有举足轻重的地位和作用。

2012 年年底流域内总人口 379.56 万人，其中城镇人口 344.19 万人，农村人口 35.37 万人，城镇化率 90.7%，接近全省平均水平的 2.5 倍。2012 年流域内 GDP 总量 2 287.43 亿元，占全省总数的 22.19%，其中第一产业增加值 27.48 亿元，第二产业增加值 964.14 亿元，第三产业增加值 1 295.80 亿元，三次产业之比为 1.2∶42.2∶56.6，人均 GDP 为 60 265 元。工业增加值 765.70 亿元，占全省总数的 22.2%。

2012 年流域内现有耕地面积 89.76 万亩，农田有效灌溉面积 34.09 万亩，农田有效灌溉程度 38.3%；农作物总播种面积 85.91 万亩，其中粮食作物播种面积 35.51 万亩，粮食总产量 11.16 万 t。2012 年流域内有大小牲畜 39.73 万头，其中大牲畜 4.89 万头，小牲畜 34.84 万头。

3.1.2 海口—安宁—富民工业走廊

本次规划涉及的普渡河流域，行政区划上涉及昆明市的五华区、安宁市和富民县。2012

年年底流域内总人口 52.43 万人，其中城镇人口 30.63 万人，城镇化率为 58.4%，高于全省平均水平。2012 年流域国内生产总值（GDP）为 255.43 亿元，人均 GDP 为 53 828 元，为全省平均水平的 2.21 倍，其中第一产业 18.59 亿元，第二产业 148.38 亿元，第三产业 88.45 亿元，三次产业之比为 7.2∶58.1∶34.6。

2012 年流域内现有耕地面积 40.24 万亩，农田有效灌溉面积 18.91 万亩，农田有效灌溉程度为 47%；2012 年播种面积 61.01 万亩，其中粮食作物播种面积 34.1 万亩，粮食总产量 11.39 万 t；流域内现有大小牲畜 42.66 万头，其中大牲畜 3.94 万头，小牲畜 38.72 万头。

3.2 滇池—普渡河流域水资源系统调查与评价

3.2.1 水资源分区

调查区涉及滇池流域、普渡河和牛栏江上 3 个水资源四级区，其中滇池流域涉及计算单元有昆明主城、呈贡龙城、晋宁昆阳、盘龙松华、官渡小哨。涉及普渡河流域的计算单元有西山海口、五华西翥、安宁连然和富民永定（仅为普渡河流域部分区域，下文无特别说明，专指安宁市、富民县和五华区部分）；牛栏江上涉及的计算单元有官渡小哨，即官渡小哨分属滇池流域和牛栏江上两个水资源四级区。在进行水资源状况及开发利用分析时，主要依据《云南省水资源综合规划》中水资源调查评价（水资源四级区）专题研究成果。因此，分析时以水资源四级分区作为分析基础，不单独对每个计算单元进行分析。

3.2.2 水资源概况

（1）降水量

根据《云南省水资源综合规划》的研究成果，滇池流域降雨量在 797～1 007 mm，多年平均降水量为 925.7 mm（表 3-1），流域降雨在年际间变化较小，多年平均降水变率为 15%，但年内分配不均。年径流深 188.7 mm。

普渡河流域多年平均降水量为 912.3 mm，属亚热带高原季风气候区，受西南季风影响，具有干湿季分明的特点。湿季为 5—10 月，主要受来自南太平洋北部东南暖湿气流影响，降水量显著增加，降水量占全年的 87%，尤其 7 月降水最多，占全年的 21.1%，易产生降雨天气、气温高、降水多、蒸发大、湿度大等特点；干季为当年 11 月—翌年 4 月，主要受大陆性西风气流和北方冷空气南下影响，降水量仅占全年的 13%，尤其 2 月降水最少，仅占全年的 1.4%，易产生寒潮天气，具有风速大、晴天多、云量少、降水少、蒸发大、湿度小等特点。此外，官渡小哨分属两个水资源四级区，其中牛栏江上面积 231.9 km^2，多年平均降水量为 991.6 mm，年径流深 399.3 mm。

表 3-1 规划区域水资源状况

水资源四级区	县级行政区	面积/km^2	降水量/mm	地表水资源量/亿 m^3	径流深/mm	地下水资源量/亿 m^3	地下水资源模数/[万 m^3/(km^2·a)]	备注
滇池流域	五华区	93.6	963.3	0.101	549.4	0.013	6.80	
	盘龙区	307.3	921.3	0.066	538.2	0.010	8.00	
	官渡区	387.2	918.2	1.896	245.6	0.540	7.00	
	西山区	244.2	1 032.7	0.903	393.3	0.172	7.50	
	呈贡县	433.2	871.7	0.857	197.8	0.258	5.90	
	晋宁县	750.4	939.2	1.975	263.2	0.509	6.80	
	嵩明县①	431.5	962.3	1.244	288.3	0.286	6.60	
	滇池	292.6	850.2	−1.494	−510.6	0.000	0.00	
	小计	2 920	925.7	5.548	188.7	1.787	6.10	
普渡河	五华区②	255	963.3	0.748	293.4	0.278	10.80	
	西山区	563	954.5	1.668	293.4	0.615	10.80	
	富民县	1 003.1	929.9	2.484	247.6	1.014	10.10	
	安宁市	1 192	866.6	1.760	147.6	0.856	9.20	
	小计	3 013.1	912.3	6.660	220.5	2.763	9.93	
牛栏江上	官渡区	231.9	991.6	0.744	399.3	0.171 3	7.40	

注：①滇池流域涉及嵩明县滇源镇（原白邑乡、大哨乡）、阿子营乡 2011 年划归盘龙区托管。

②主要为西翥街道由沙朗和厂口合并而成，2004 年由西山区划归五华区管辖。

（2）地表水资源量

根据《云南省水资源综合规划》的有关成果，滇池流域年径流深 188.7 mm，地表水资源量 5.55 亿 m^3，人均水资源量不足 200 m^3，仅为全省平均水平的 1/20，与全国著名缺水地区京津唐的人均水资源量相当，属水资源严重缺乏地区。加之，滇池流域水环境问题日益突出，因此，滇池流域为资源性和水质性缺水共存。

1951—1960 年，滇池入湖水量小于出湖水量，尤其在 1960 年（流域年降水量仅有 755 mm），导致湖泊蓄水量仅有 10.51 亿 m^3；1960—1980 年，流域处于丰水期，入湖量和出湖量的时空变化较类似，滇池蓄水量稳定在 13 亿 m^3 左右；20 世纪 80 年代后，流域进入枯水期（年均降水量仅有 870 mm），使得水位降低，湖泊蓄水量减少；90 年代后，流域又进入丰水期，加上人工调控措施的加强，湖泊蓄水量不断增加，90 年代后期蓄水量稳定在 15 亿 m^3。

普渡河流域降水属于云南省中水带偏少地区，分布总体呈西南小、东北大的特性，年降水量为 800～1 200 mm。由于区域内各地区下垫面特性基本相似，因此，径流分布特性基本与降水分布特性相似。区域径流深为上游大、下游小；河谷、平坝小，山坡、山顶大；东部地带比西部地带大的特性。河谷、平坝径流深不足 200 mm，东部山坡、山顶可超过 300 mm，西部地带约 230 mm，其他地区介于其间。

根据《云南省水资源综合规划》的有关成果，海口—掌鸠河汇口区间多年平均天然径流量 6.66 亿 m^3，人均水资源量为 1 264 m^3，约为全省平均水平的 1/4，属水资源缺乏地区，由于螳螂川承泄滇池下泄水量，加之区域内人口集中，工业发达，社会经济发展水平较高，水环境问题日益突出，因此，区域内用水紧张，资源性和水质性缺水共存。

（3）地下水资源量

滇池流域地下水资源量为 1.787 亿 m^3，地下水资源模数为 6.10 万 m^3/（km^2·a）；普渡河流域地下水资源量为 2.763 亿 m^3，地下水资源模数为 9.93 万 m^3/（km^2·a）；牛栏江上地下水资源量为 0.171 3 亿 m^3，地下水资源模数为 7.40 万 m^3/（km^2·a）。按照地下水补给模数的大小，规划范围涉及的水资源区均属于地下水多水区。

（4）水资源总量

由于区域内的地下水主要以河川基流形式排泄，其他排泄量很小，可以将河川径流量近似作为水资源总量。因此，本次规划涉及的滇池流域水资源总量为 5.5 亿 m^3，普渡河流域水资源总量为 6.66 亿 m^3，牛栏江上（官渡区部分）水资源量为 0.744 亿 m^3。

3.2.3 水资源开发利用现状

（1）水利设施建设现状

截至 2012 年年底，流域内已建成了松华坝大型水库，宝象河、果林、横冲、松茂、大河、柴河、双龙 7 座中型水库，29 座小（一）型水库，130 座小（二）型水库，445 座塘坝，总库容 4.37 亿 m^3，兴利库容 2.71 亿 m^3。小型河道引水工程 110 件，滇池及主要支流上的提水工程 239 处。水井工程 134 件，引调水工程 3 件（表 3-2）。

表 3-2 滇池流域供水设施工程特性（2012 年）

工程类别	件数/件	径流/km^2	总库容/万 m^3	兴利库容/万 m^3	死库容/万 m^3	现状年供水量/万 m^3			
						工业供水	农业供水	城镇供水	农村人畜供水
蓄水工程	612	1 728	43 713	32 058	1 384	7 252	7 250	9 964	208
引水工程	120	—	—	—	—	136	1 248	726	235
提水工程	239	—	—	—	—	3 289	13 233	0	0
地下水工程	134	—	—	—	—	4 122	0	3 755	558
引调水工程	3	—	—	—	—	10 950	0	14 502	0
污水处理回用工程	418	—	—	—	—	—	—	3 422	—
合计	1 852	1 728	43 713	27 058	1 384	25 749	21 731	29 319	1 001

2012 年各类水利工程总供水量为 8.09 亿 m^3，其中蓄水、引水、提水、水井（含机械井）、调水工程及污水处理回用工程供水量分别为 2.46 亿 m^3、0.24 亿 m^3、1.65 亿 m^3、0.73

亿 m^3、2.55 亿 m^3 和 0.34 亿 m^3，分别占总供水量的 30.5%、2.9%、20.4%、10.4%、31.5% 和 4.2%。滇池流域现状的人均用水量为 211 m^3，单位工业增加值用水量为 53 m^3/万元。目前，由于外流域引水供水工程外调水的利用，导致实际用水量大大超过了本流域水资源量，水资源开发利用程度已远远超过 40%的合理上限，远高于云南省现状 6.9%的开发程度。

表 3-2 中，城镇绿化、公厕冲洗、道路浇洒等市政杂用水，按照再生水现状处理能力 6 121 万 m^3（其中分散式处理能力 13.37 万 m^3/d 和集中式处理能力 3.4 万 m^3），需水量 5013 万 m^3（按照人均绿地 16 m^2，用水定额 2 L/（m^2·d），城镇绿化、道路浇洒、公厕冲洗等受再生水管网配套的限制，现状年实际未完全直接取用/使用再生水。

普渡河流域行政区域涉及昆明市西山区、安宁市、晋宁县、富民县和禄劝县。区内的安宁市是云南省主要工业基地，工矿企业集中。“十五”以来，安宁市认真实施“科教兴市、工业强市、城市发展推动、园林生态城市建设和对外开放”五大战略，着力培养和壮大冶金、盐磷化工、建筑建材、商贸旅游、绿色产业五大支柱产业，大力发展高新技术产业。已初步形成冶金、盐磷化工、建材为支柱产业的工业体系，成为云南省重要的冶金、盐磷化工基地。培育了昆明钢铁集团股份有限公司、云南化工厂、云南磷肥公司等一批大型骨干企业。

截至 2012 年年底，区内已建成车木河水库、张家坝水库两座中型水库，24 座小（一）型水库，161 座小（二）型水库，962 座塘坝，总库容 1.66 亿 m^3，兴利库容 1.38 亿 m^3。引水工程 73 件，提水工程 726 处，水井工程 35 件。2012 年各类水利工程总供水量 4.01 亿 m^3，其中蓄水、引水、提水、水井工程供水量分别为 1.81 亿 m^3、0.81 亿 m^3、1.32 亿 m^3、0.07 亿 m^3，分别占总供水量的 45.0%、20.2%、32.9%、1.7%。各行业用水中工业生产用水、农业灌溉用水、城镇生活用水、农村人畜用水量分别为 1.92 亿 m^3、1.69 亿 m^3、0.33 亿 m^3、0.08 亿 m^3，分别占总用水量的 47.7%、42.0%、8.2%和 2.0%（表 3-3）。

表 3-3 普渡河流域现状供水设施工程特性（2012 年）

工程类别	件数/件	径流/km^2	总库容/万 m^3	兴利库容/万 m^3	死库容/万 m^3	现状年供水量/万 m^3			
						工业	农业	城镇	农村
蓄水工程	1 149	1 636	16 625	13 818	755	4 950	10 607	2 228	388
引水工程	73	—	—	—	—	3 382	4 210	300	222
提水工程	726	—	—	—	—	10 793	2 123	290	0
水井工程	35	—	—	—	—	90	0	461	193
合计	1 978	1 636	16 525	13 318	725	19 285	16 940	3 279	803

综合分析，由于区内安宁市是云南省重化工业基地，各种重、化工业密集使工业用水占总用水量的47.7%，远高于云南省其他地区；工业和农业灌溉用水占总用水量的89.7%，用水以工业生产和农业灌溉为主。按现状水平年供水量计中下游段水资源开发利用率为57.2%。

（2）自来水供水体系

昆明主城五区现有自来水厂14座，日供水设计能力162.5万m^3，输配水管网DN100以上干管2 600 km，供水区域面积约260 km^2。目前昆明老城区的供水主要由昆明自来水集团有限公司下属的通用水务公司负责，其供水水源主要以掌鸠河引水工程、松华坝大型水库和宝象河、柴河、大河水库等中型水库为主，其中掌鸠河引水工程隶属于昆明自来水集团有限公司，主要通过市场融资及贷款等渠道筹资建设工程，从水源-输水线路-水厂全由丰源水务公司负责运行管理；松华坝、宝象河、柴河、大河水库等属于水利部门管理，向自来水公司提供原水，只收取原水水价；滇池供水由滇池管理局管理，向工业供水仅收取原水水费（0.4元）。从主城区现状水源和水厂分布情况来看，由于水源及水厂大部分集中在城市北部，只有五水厂位于城市南部，因此城区北部供水情况较好，南片区及西片区供水存在部分时段水压较低、水量不足的情况。昆明自来水供水水源和水厂等情况见表3-4。

表3-4 滇池流域水厂分布、供水能力及水源情况

运行管理	水厂名称	地址	水源	设计供水能力/（万m^3/d）		备注
				2012年	2020年	
通用水务	一水厂	小菜园思源路	松华坝水库、云龙水库	15	15①	
	二水厂	穿金路菠萝村	松华坝水库、云龙水库	15	15	
	四水厂	兰龙潭金凤桥	松华坝水库、云龙水库	5.5	5.5	
	五水厂	春城路中段	松华坝、云龙、大河、柴河水库	30	30	
	罗家营水厂②	呈贡罗家营	大河、柴河水库	6	0	
	六水厂	教场北路	松华坝水库、云龙水库	10	10	
	七水厂	北郊凤岭山	松华坝水库、云龙水库	60	60	
	宝象河水厂	官渡大板桥	宝象河水库、青龙洞	8	8	
	海源寺水厂	海源寺	海源寺	3	3	
	自卫村水厂	自卫村	自卫村水库、山多水库、红坡水库	4	4	
清源公司	马金铺水厂	马金铺高新产业基地	大河、柴河水库	4	15	
	雪梨山水厂	呈黄公路	呈贡黑龙潭	2	2	
	八水厂	大板桥园艺农场	清水海	25	50	
	灵元水厂	小哨	清水海	2	8	

运行管理	水厂名称	地址	水源	设计供水能力/（万 m³/d）		备注
				2012 年	2020 年	
晋宁水务局	昆阳水厂	环西路小团山	洛武河水库、双龙水库	1.32	1.32	
	晋城水厂	晋城镇上菜园	柴河水库、大河水库、益州水库	1	1	
	石将军水厂	上蒜镇洗澡塘村	柴河水库、大冲箐水库	0.5	0.5	
	宝峰水厂	昆阳镇宝峰挖矿坡村	合作水库、团结水库	0.44	0.44	
合计				180.5	226.5	

注：①2013 年 10 月起一水厂产能由 15 万 m^3/d 调整为 12 万 m^3/d；

②从 2013 年 10 月起罗家营水厂由原来供水水厂转为加压泵站，不再具备生产运行供水能力。

3.2.4 用水量现状调查

现状用水量调查主要分为生活用水调查、工业用水调查、农业用水调查。用水量数据委托昆明市水务局向流域内各自来水厂收集近三年水厂供售水数据，进行用水量典型调查。水厂供售水数据按行政区域来统计，分为昆明（四城区）、呈贡、晋宁、安宁、富民 5 个区域，供水行业按居民生活用水、非居民用水、特种行业用水及其他用水来统计，其中非居民用水包括工业用水、经营服务行业用水及行政事业用水，特种行业用水包括桑拿、洗头、洗脚等特种服务业和洗车业用水，其他用水主要为建筑施工用水。调查时间为 2011 年、2012 年、2013 年连续 3 年（呈贡 2011 年数据缺失）。整理调查数据结果见图 3-1。

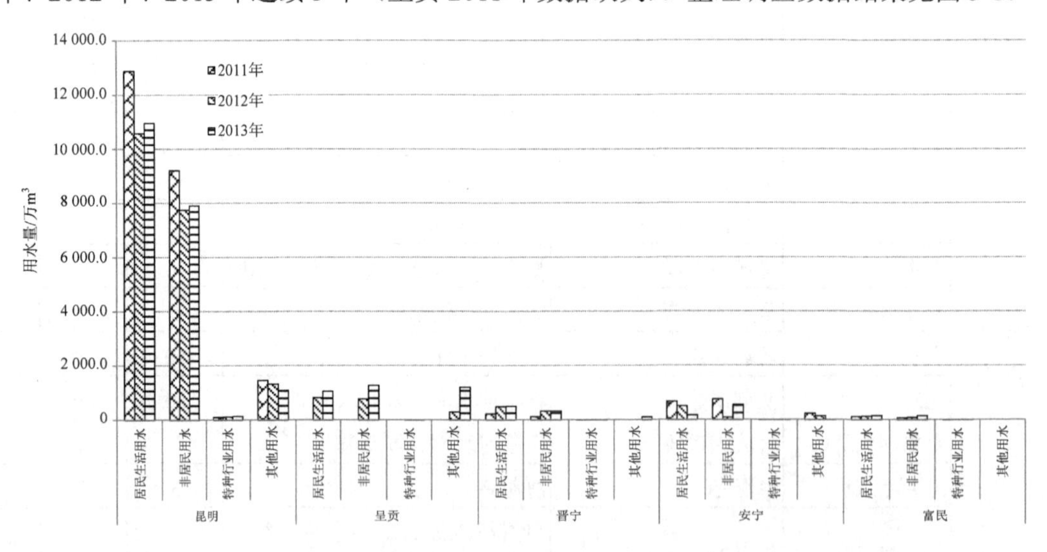

图 3-1 典型用水调查结果分析

（1）工业用水调查

为摸清流域内工业用水现状，珠江水利科学研究院委托云南省节能监察中心调查研究区内 2011 年、2012 年、2013 年规模以上工业企业用水量。包括：①调查现有的主要工业门类、大型工矿企业分布、典型高耗水行业企业的工业产品产量、工业总产值及增加值等指标；②工业用水量主要调查对应工业典型企业的工业生产取水量、内部循环水重复利用率、工业用水定额等。根据《国民经济行业分类》（GB/T 4754—2011）对收集来的取水数据进行分类，按年统计行业取水量、行业废水排放量、行业重复利用率、万元产值、万元产值取水量、万元产值废水排放量等指标。由于滇池流域与普渡河流域产业结构差异较大，分别统计滇池流域与普渡河流域工业企业用水情况。以 2013 年滇池流域及普渡河流域的取水量指标和水重复利用率指标为例分析调查数据结果如图 3-2～图 3-5 所示（水的生产和供应业取水量不计入取水量指标）。

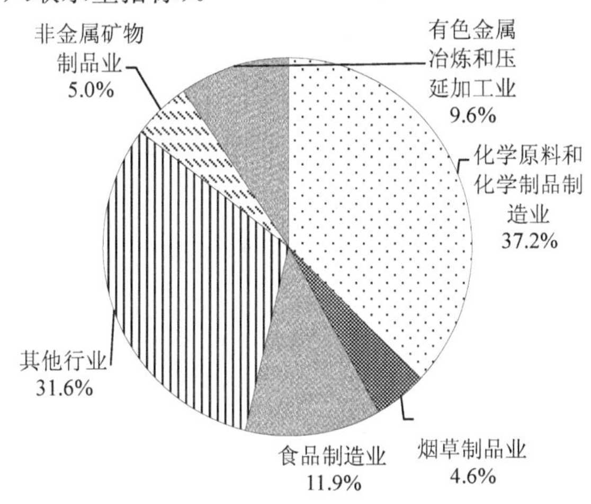

图 3-2　2013 年滇池流域各行业取水量比例分析

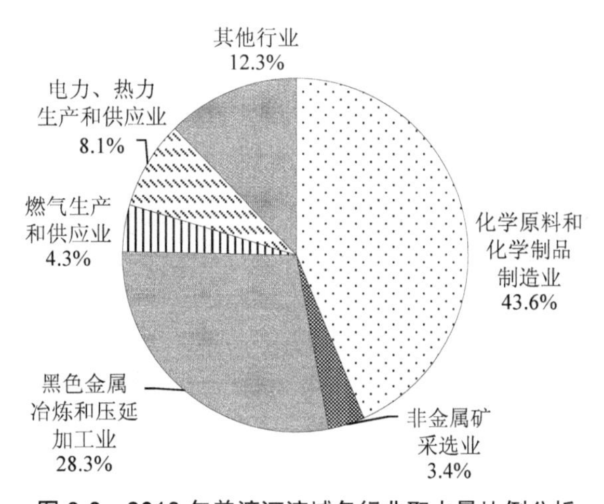

图 3-3　2013 年普渡河流域各行业取水量比例分析

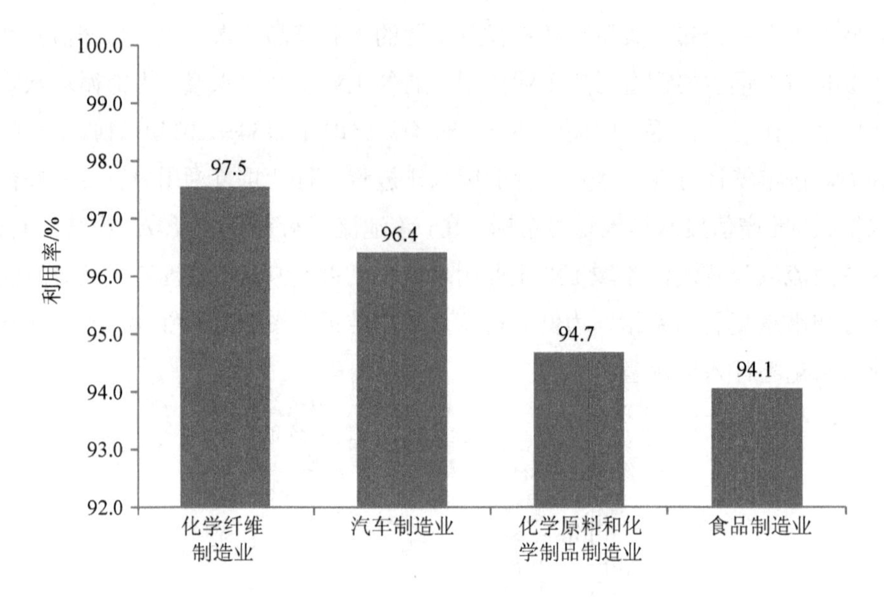

图 3-4　2013 年滇池流域各行业水重复利用率分析

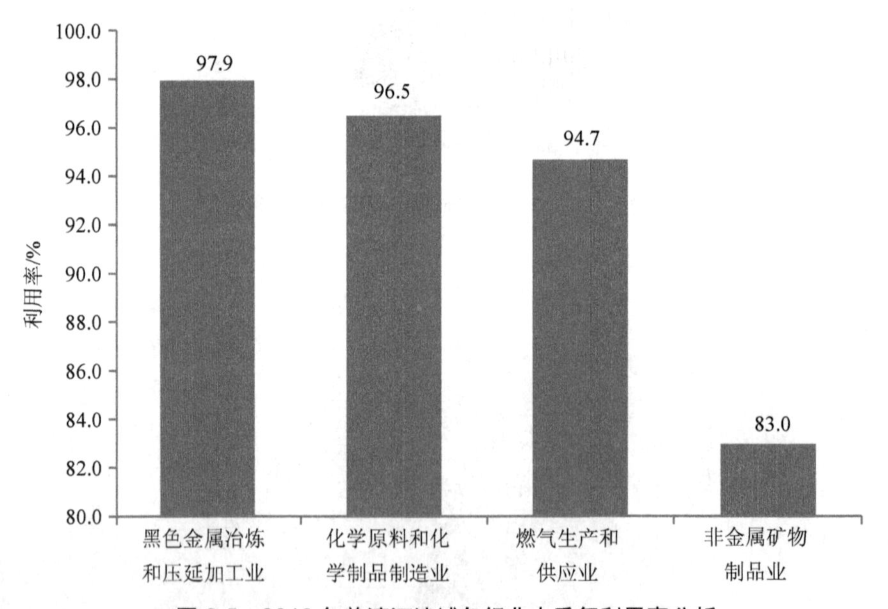

图 3-5　2013 年普渡河流域各行业水重复利用率分析

（2）生活用水调查

农村生活供水及农业灌溉供水基本无计量设施，较难获得准确的现状供水量情况，因此农村生活供水以统计的农村人口采用用水定额法计算，农业则重点调查现状农业灌溉面积情况，以灌溉面积采用用水定额法计算得到农业灌溉用水。农村人口数据来源于各市（县、区）统计年鉴。

（3）农业用水调查

现状农田有效灌溉面积根据《云南省水利统计年鉴（2012）》及2012年各县（市）区的统计年鉴分析，滇池沿湖提水灌溉面积集中在晋宁、呈贡、官渡及西山等区县，云南省水利水电勘测设计研究院于2002年对滇池水位进行复核、2007年开展《滇池运行水位研究》工作时，两次根据滇池管理局提供的调查资料对滇池提灌面积进行复核。根据《滇池外海环湖湿地建设工程可行性研究报告》（2008年）的成果，分析得到环湖湿地建设面积。云南省水利水电勘测设计研究院联合云南农业大学开展了典型农作物灌溉制度试验，并结合云南省水利水电勘测设计研究院于2014年分析的滇中引水工程受水区滇池坝区和富民永定两个典型灌区的1956—2011年灌溉制度，综合考虑各个计算单元根据自身农业发展规划、气候土壤优势和水土资源条件和宏观政策约束等，分别确定作物种植结构，最终得到各个计算单元的万亩综合用水定额。根据现状供水工程复核的设计供水能力，结合用水量典型调查成果，进行现状供用水平衡，最终得到滇池—普渡河流域现状供用水量，成果见图3-6和图3-7。

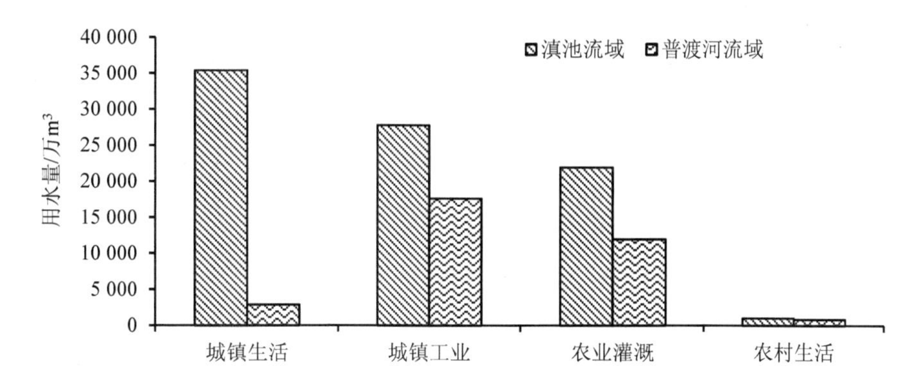

图3-6　滇池—普渡河流域现状用水量情况

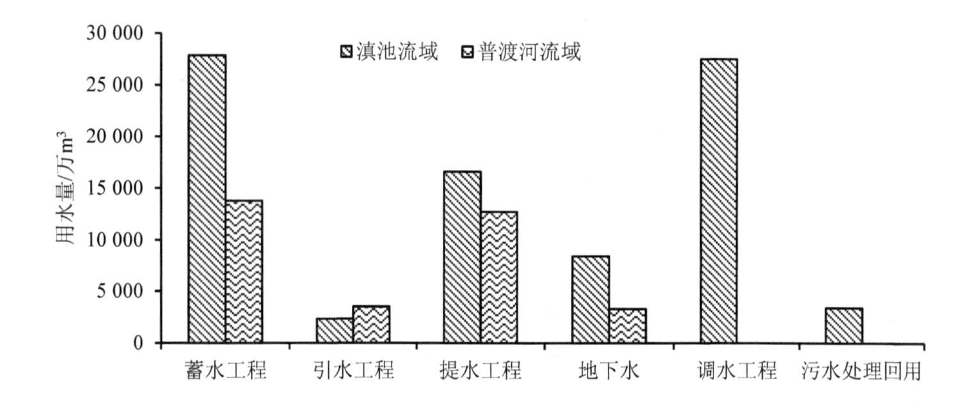

图3-7　滇池—普渡河流域现状供水量情况

3.2.5 滇池流域再生水利用情况调查

（1）流域再生水利用现状

根据调查，滇池流域现状建有污水处理厂 21 座，设计处理能力 164.5 万 m^3。目前昆明主城已投产运行 10 座污水处理厂，现状处理能力 110.5 万 m^3/d，设计处理规模为 127.5 万 m^3/d。现状第二、四、五、六、七、八、十污水处理厂和经开区污水处理厂的尾水通过入滇河流或排污专管接入北岸排污干管，排入草海 96.5 万 m^3/d，尾水提升泵站建成后，每天大约 77.5 万 m^3 的尾水直接从排污干管提至西园隧洞，排出滇池流域，还有 19 万 m^3 的尾水直接排入草海。呈贡龙城片现状已建有呈贡县污水处理厂、洛龙河污水处理厂、捞鱼河污水处理厂和马金铺污水处理厂 4 座污水处理厂，设计处理规模 15 万 m^3/d，以及洛龙河混合污水处理厂和捞鱼河混合污水处理厂两座混合污水处理厂，设计处理规模 11 万 m^3/d。官渡小哨片现状已建有空港南污水处理厂，设计处理规模 4.0 万 m^3/d。晋宁昆阳片现状环湖南岸干渠截污工程设置雨、污水处理厂共 5 座，旱季污水处理规模 19 万 m^3/d。海口片区现状无污水处理厂。

到 2012 年年末，滇池流域建成 8 座集中式再生水水厂，总处理规模为 3.4 万 m^3/d，主要用于以下 4 个方面：①市政道路冲洗、冲厕、景观、绿化用水；②河道、公园、水体景观补水；③单位小区绿化浇洒、车辆清洁；④建筑施工用水。昆明市分散式再生水用户 1998 年以昆明医学院作为试点，紧接着有西南林学院、昆明船舶工业区等 5 家单位完成的再生水设施建设，每月节约用水近 7 万 m^3。到 2012 年，滇池流域建成分散式再生水利用设施 374 座，主要为建筑物、居民小区、学校自建的小型中水处理回用系统，通过收集建筑物或小区内排放的废水，设计处理能力 12.67 万 m^3/d，经过处理后再回用于该区域。

（2）再生水利用规划

2020 年滇池流域新建污水处理厂 7 座，改扩建 6 座，新增处理能力 114 万 m^3/d。2030 年，新增两座，改扩建 4 座，新增污水处理能力 24.6 万 m^3/d。近期规划新建集中式再生水厂 17 座，再生水厂达 25 座，处理规模 82.73 万 m^3/d，杂用水管网长度 358.34 km，再生水取水点 177 处；远期规划再生水厂 28 座，处理规模为 186.04 万 m^3/d，杂用水管网厂 1 016.96 km，再生水取水点 379 处。

3.2.6 环湖湿地调查

环湖湿地概况：

根据本次规划的划分的计算单元范围及《滇池外海环湖湿地建设工程可行性研究报告》（简称环湖湿地可研）的成果，将滇池外海环湖湿地划分为昆明主城、呈贡龙城、晋宁昆阳、西山海口 4 个片区，总面积为 66 037 亩，其中主城片区 13 178 亩，呈贡片区 5 029 亩，晋宁片区 37 699 亩，西山片区 10 131 亩。滇池外海环湖湿地生态建设工程包括湖内天然湿地、湖滨天然湿地、表流湿地、复合湿地和生态景观林，各分片区生态建设工程面积详见表 3-5。

表 3-5 滇池流域环湖湿地各类湿地类型面积统计 单位：亩[①]

计算单元	湖内天然湿地	湖滨天然湿地	表流湿地	复合湿地	生态景观林	合计
昆明主城	615	2 715	649	105	9 095	13 178
呈贡龙城	—	1 579	—	—	3 450	5 029
晋宁昆阳	3 682	10 185	2 577	1 353	19 901	37 699
西山海口	6 249	1 935	—	77	1 870	10 131
合计	10 545	16 415	3 226	1 536	34 315	66 037

根据《环湖湿地可研》中湖内天然湿地、湖滨天然湿地、复合湿地、表流湿地和生态景观林典型设计方案的统计分析，确定滇池外海环湖湿地主要种植植物由湿生植物和生态景观树木组成，湿地内种植的主要湿生植物有芦苇、茭草、水葱、香蒲、菖蒲、美人蕉、水竹、睡莲和慈姑，生态景观树木包括乔木和灌木。根据《云南湿地》中关于湿地植物的分类，芦苇、茭草、水葱均为挺水植物禾本科，故本次计算选定芦苇作为典型植物。通过统计计算后，各片区湿地主要植物种植面积情况如表 3-6 所示。

表 3-6 各片区湿地主要植物种植面积统计成果 单位：亩

湿地类型	湿地植物	昆明主城	呈贡龙城	晋宁昆阳	西山海口	合计
湖内天然湿地	芦苇	308	—	1 841	3 125	5 273
	香蒲	154	—	921	1 562	2 637
	睡莲	154	—	921	1 562	2 637
	合计	615	—	3 682	6 249	10 546
湖滨天然湿地	芦苇	1 738	1 011	6 519	1 238	10 505
	美人蕉	362	211	1 358	258	2 188
	水竹	290	168	1 086	206	1 750
	菖蒲	326	190	1 222	232	1 970
	合计	2 715	1 579	10 185	1 935	16 414
表流湿地	芦苇	415	—	1 649	—	2 065
	美人蕉	87	—	344	—	430
	水竹	69	—	275	—	344
	菖蒲	78	—	309	—	387
	合计	649	—	2 577	—	3 226

① 1 亩=666.7 m^2。

湿地类型	湿地植物	昆明主城	呈贡龙城	晋宁昆阳	西山海口	合计
复合湿地	芦苇	47	—	607	35	689
	香蒲	12	—	158	9	179
	菖蒲	35	—	446	25	506
	慈姑	11	—	143	8	162
	合计	105	—	1 353	77	1 535
生态景观树木	乔木	4 548	1 725	9 951	935	17 158
	灌木	4 548	1 725	9 951	935	17 158
	合计	9 095	3 450	19 901	1 870	34 316
合计		13 179	5 029	37 698	10 131	66 037

3.3 滇池—普渡河流域工程水文分析及湖库径流还原

3.3.1 研究目标

滇池流域人类活动对径流影响复杂，且无法系统调查各部门各时期用水量，故难以用常规天然径流还原方法计算滇池天然径流量。本次工作以滇池流域为研究对象，从水循环机制入手，采用遥感和现代空间插值技术手段及工程水文计算方法，对滇池天然入湖径流进行还原，为开展水利工程、灌溉、区域调配水工程等人类活动影响加剧及气候变化影响下滇池流域水文循环规律的研究工作及水资源管理奠定了基础。

3.3.2 研究内容及方法

（1）下垫面变化基本规律识别

利用不同分辨率的遥感资料，获取研究流域的地形、地貌、土地利用、植被覆盖等资料，构建地区信息库。

（2）降水空间插值

目前常用的很多降水空间插值方法往往忽视了一些对降水有明显影响的因素，譬如高程、距海距离等。滇池流域地形起伏较大，通过对流域内各雨量站点降水资料分析，尤其是在山区，地形雨的形成与高程有着密切的关联，而常用的方法无法考虑这一点。Kringing方法相对于其他方法最大优点就在于，当主要属性的样本点较稀少时，可以通过样本点较密的第二属性加以补齐。近年来，数字高程模型（DEM）的发展使得我们可以利用一种更有价值且低成本的第二信息数据——高程。在一定的高程范围内，随高程的增加，降水会有逐渐增大的趋势，根据这一特点，本次研究提出了一种引入高程信息的协克里金降水插值方法。

（3）滇池流域天然径流量计算

本次天然径流计算不直接使用滇池水文观测资料还原滇池天然入湖径流，而把流域分为山区、湖周坝区和湖面 3 部分。以流域上游各水文站和水库站径流分析成果为依据，结合降水-径流关系等间接推求山区、湖周坝区径流量；以湖周边雨量站降水为依据计算湖面入湖水量。最终 3 部分叠加后得到滇池流域天然径流。

3.3.3 主要研究成果

（1）滇池流域土地利用非线性变化趋势分析

根据中科院提供的土地利用遥感解译成果，制作研究区两个年份（1980 年、1995 年）的土地利用图（图 3-8 和图 3-9），统计分析结果表明，1980—1995 年的 15 年间，耕地面积减少，城乡用地面积增加，在空间上主要分布于滇池北岸（表 3-7）。

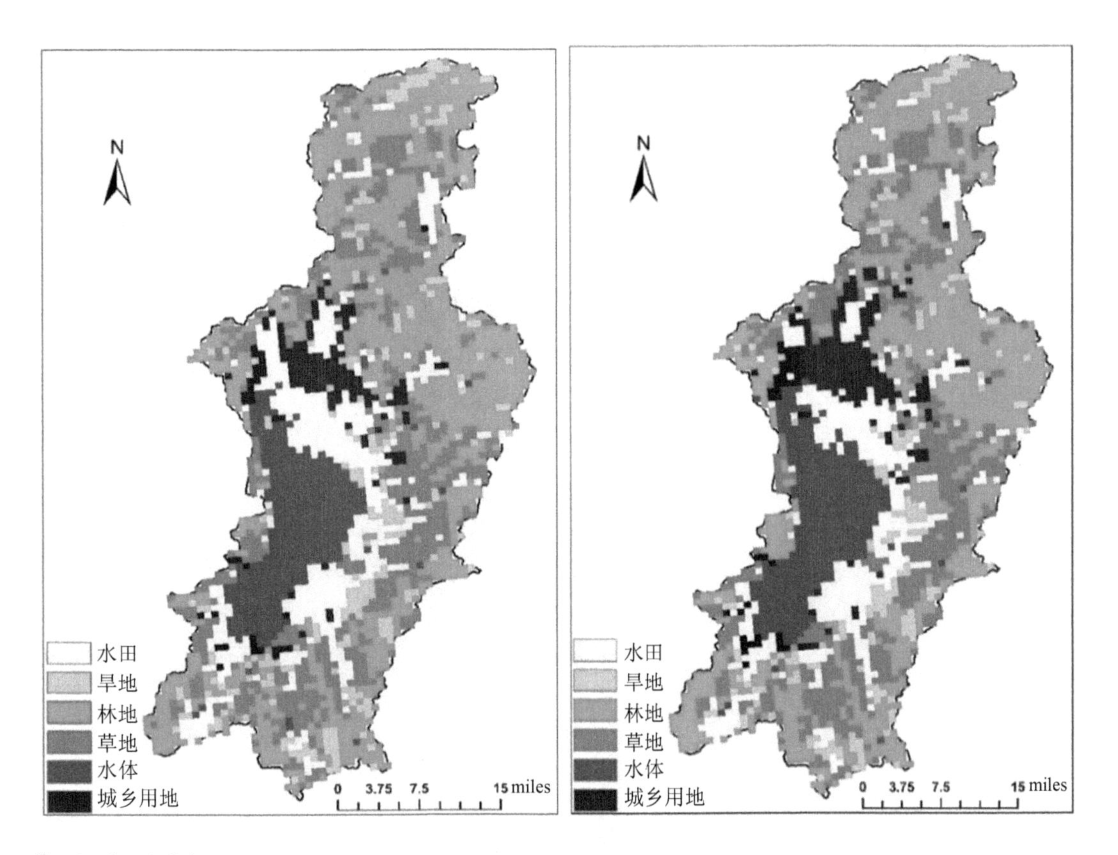

注：1 miles=1.61 km。

图 3-8 滇池流域土地利用图

表 3-7　1980—1995 年土地利用变化

土地利用方式	占流域面积的百分比/%	
	1980 年	1995 年
水田	16	15
旱地	8	7
林地	38	39
草地	21	20
水体	11	12
城乡用地	5	7

（2）滇池流域降水空间分布特征分析

根据引入高程信息的协克里金降水插值方法插值出的滇池流域多年平均降水分布情况（图 3-9）可以看出，滇池流域降水空间分布不均，降水高值区为流域东北、北部的盘龙江和梁王河上游高山区域，以及流域西北部西北沙河山区，年降水在 1 200 mm 以上，最高可达 1 400 mm，而滇池东岸宝象河、大板桥、呈贡、南部海口一带年降水量在 820～890 mm，滇池东岸湖滨带降水最小，仅 800 mm 左右，其他区域年降水量多在 900～1 000 mm。总体来说，滇池流域降水量大致具有北大于南、西大于东，四周山区大，河谷坝区小，垂直变化明显的分布趋势。

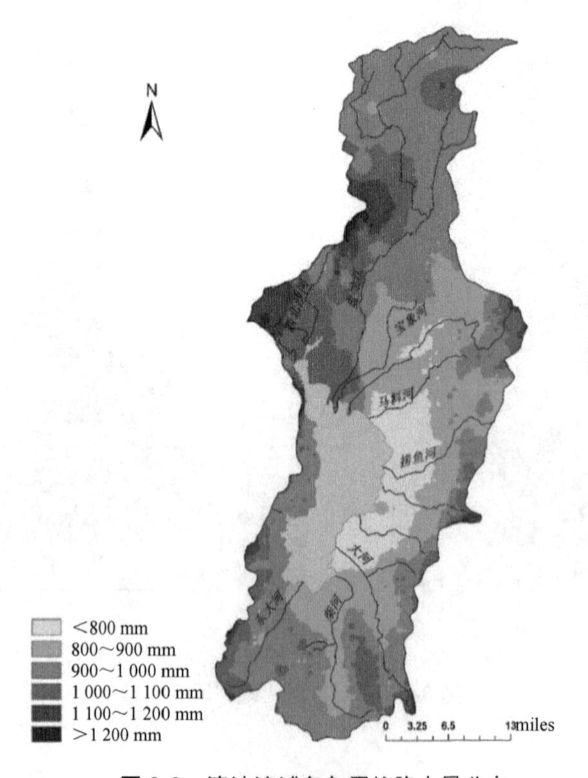

图 3-9　滇池流域多年平均降水量分布

（3）滇池流域天然径流量推求

根据地形条件，将流域划分成各个小的计算单位，其中大中型水库利用水库水位和出流资料进行入库径流还原得到，其余山区部分以各小单元各自的上游水库径流成果为依据按考虑面积和降水差异的水文比拟法计算各小单元；无水库资料的小单元则以相邻水库为参证用同一方法计算。盘龙江上游则考虑至松华坝为止。累加各计算小单元径流量得到山区部分的径流量。湖滨区则以双龙湾、干海子站为参证，用考虑面积、降水差异的方法计算历年逐月径流量。最后以湖周边（昆明、呈贡、晋宁）3 个雨量站逐月平均降水量为依据，根据月平均湖面面积计算湖面逐月入湖水量。3 部分叠加，则为滇池总的天然径流量。滇池流域多年平均各月天然入湖径流量及 8 件大中型水库多年平均各月入库径流量分配成果见图 3-10～图 3-22。

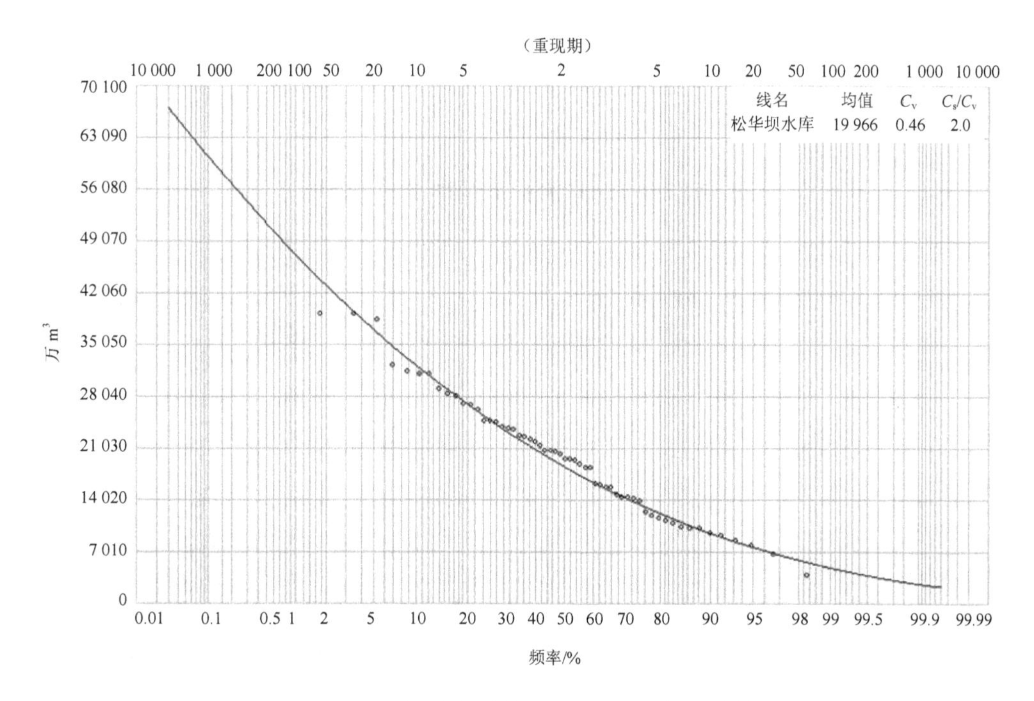

图 3-10　滇池流域松华坝水库水文频率曲线

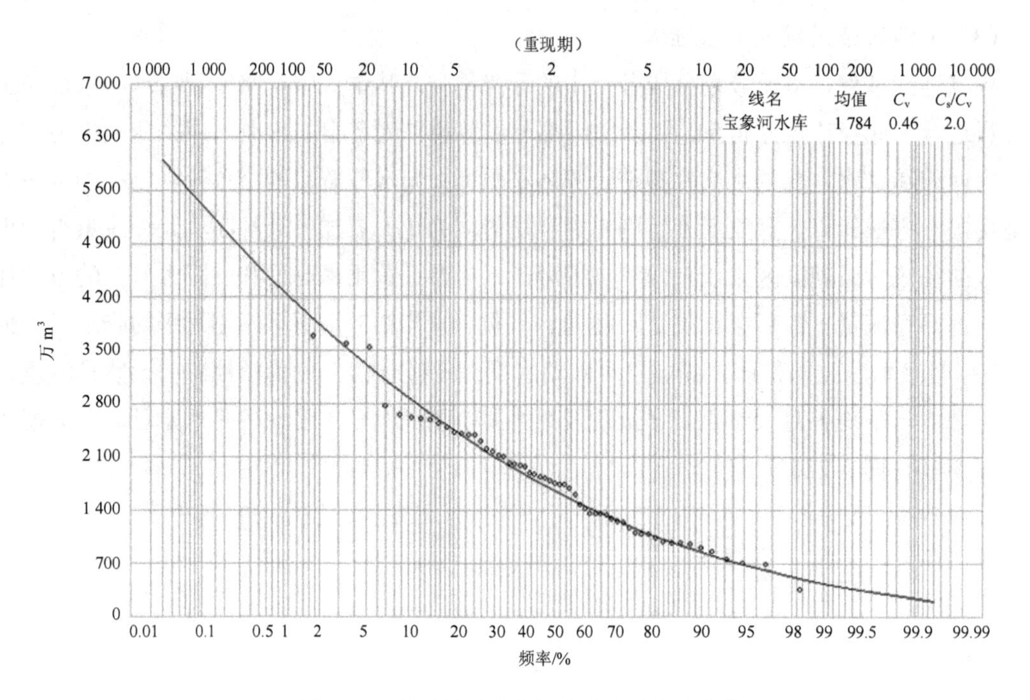

图 3-11 滇池流域宝象河水库水文频率曲线

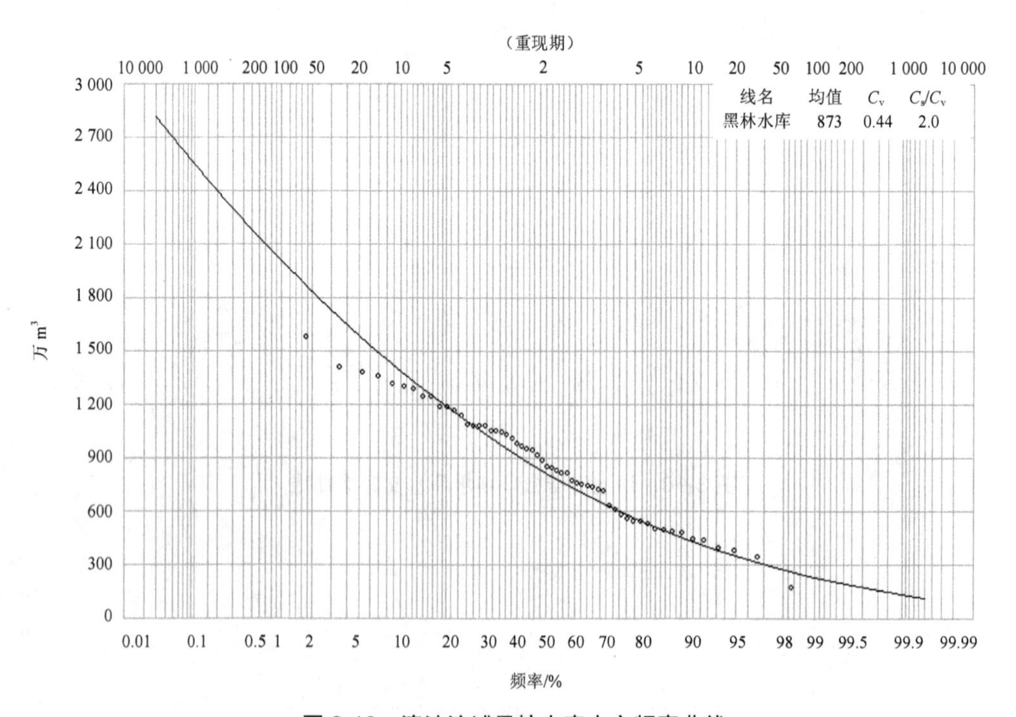

图 3-12 滇池流域果林水库水文频率曲线

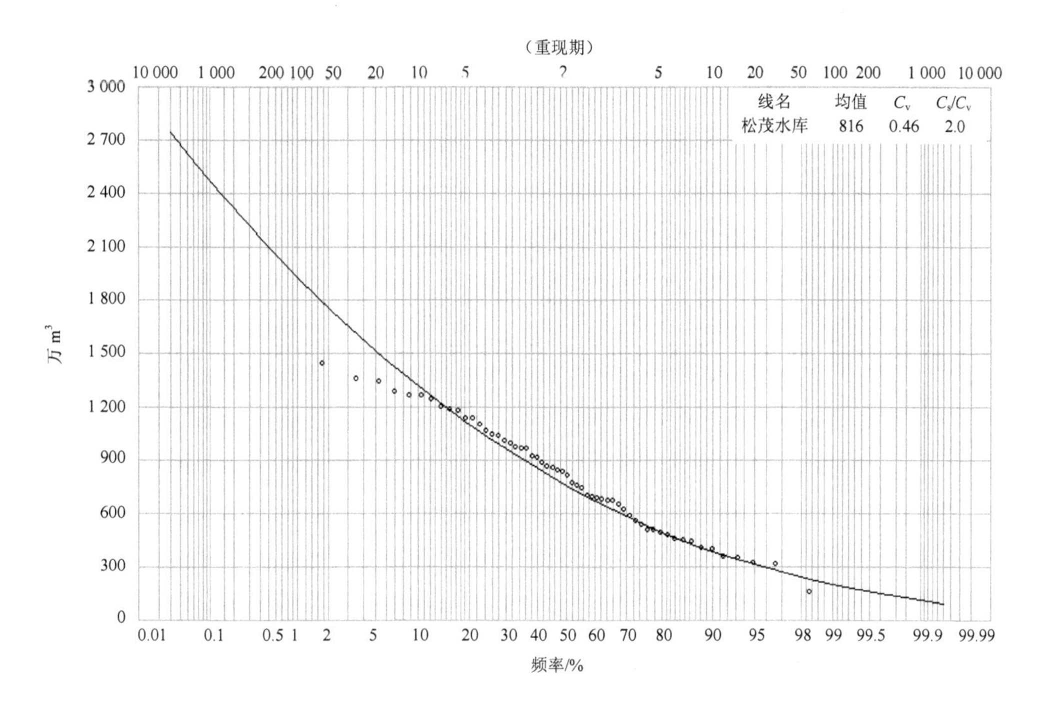

图 3-13 滇池流域松茂水库水文频率曲线

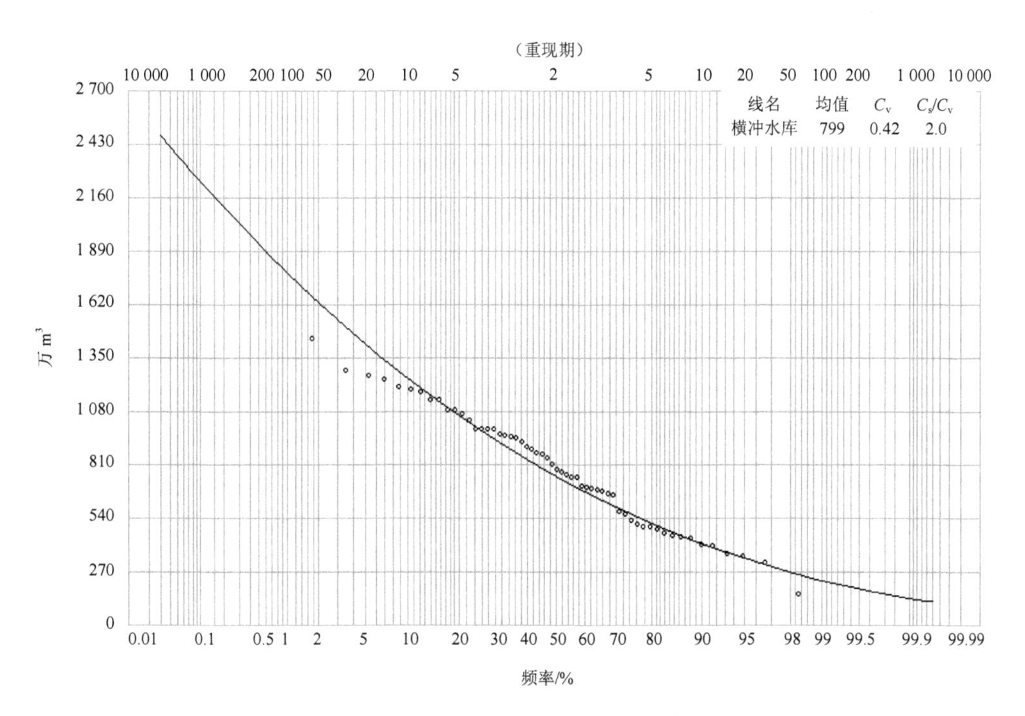

图 3-14 滇池流域横冲水库水文频率曲线

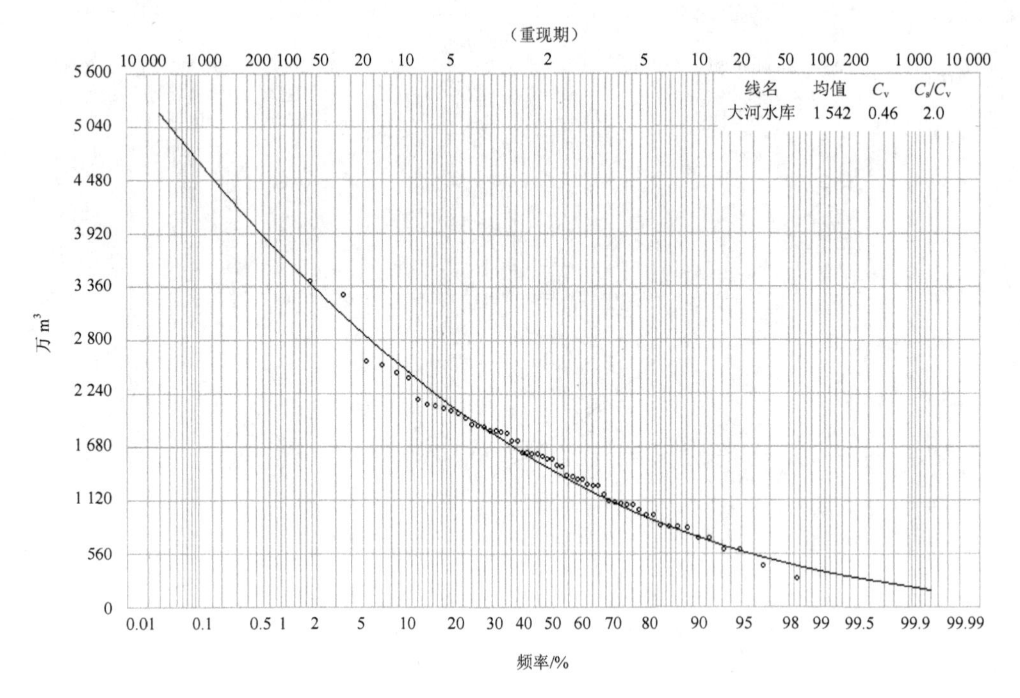

图 3-15 滇池流域大河水库水文频率曲线

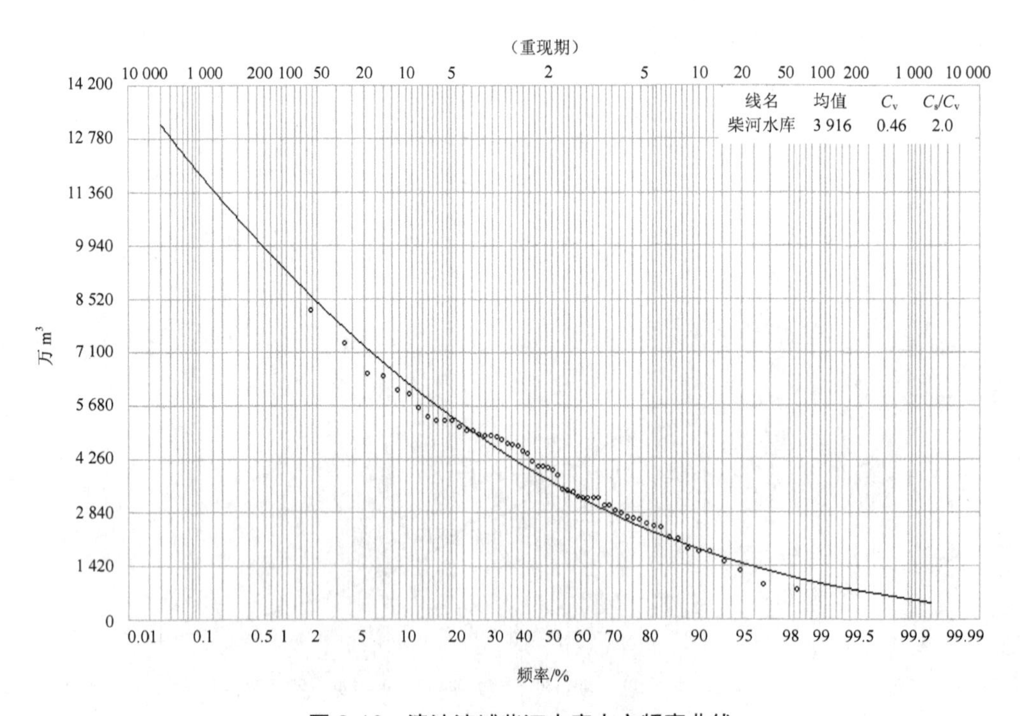

图 3-16 滇池流域柴河水库水文频率曲线

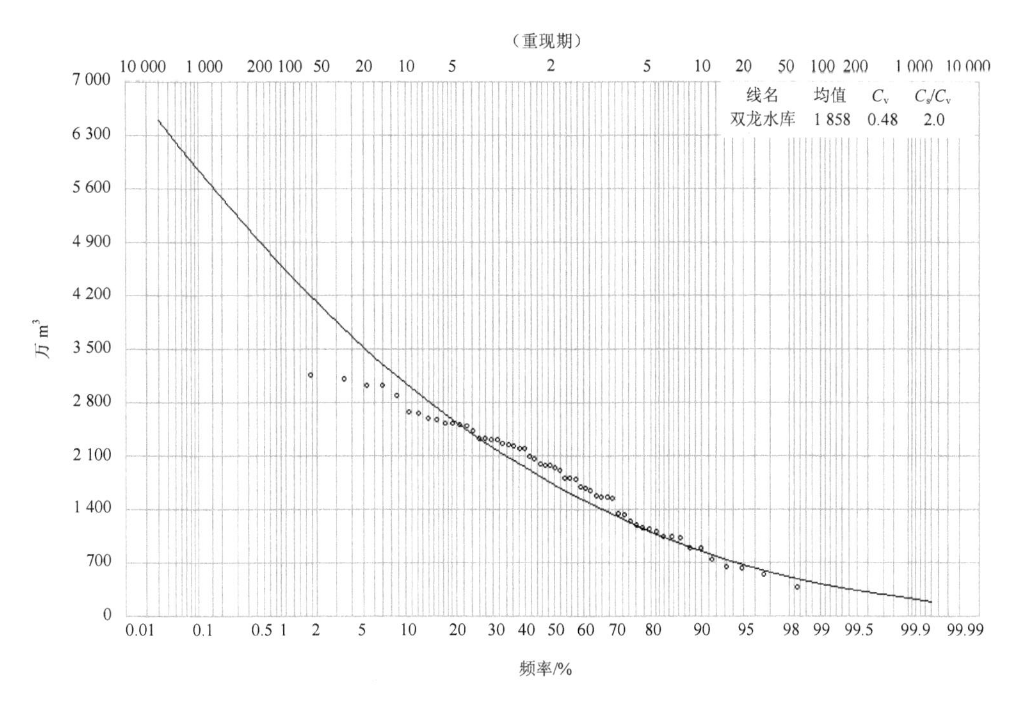

图 3-17 滇池流域双龙水库水文频率曲线

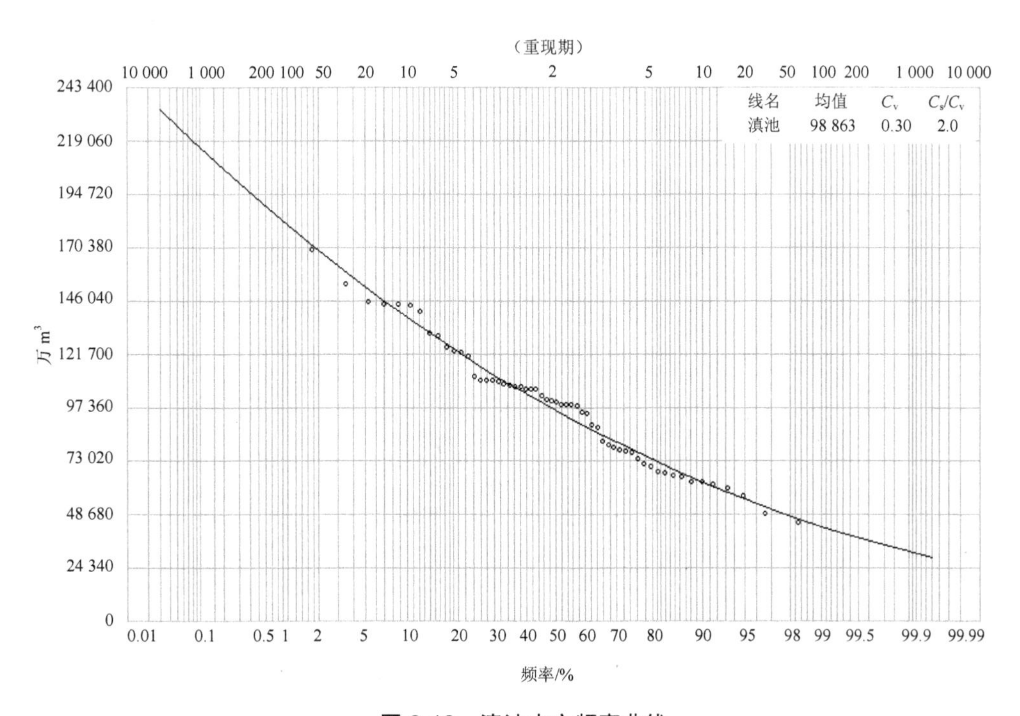

图 3-18 滇池水文频率曲线

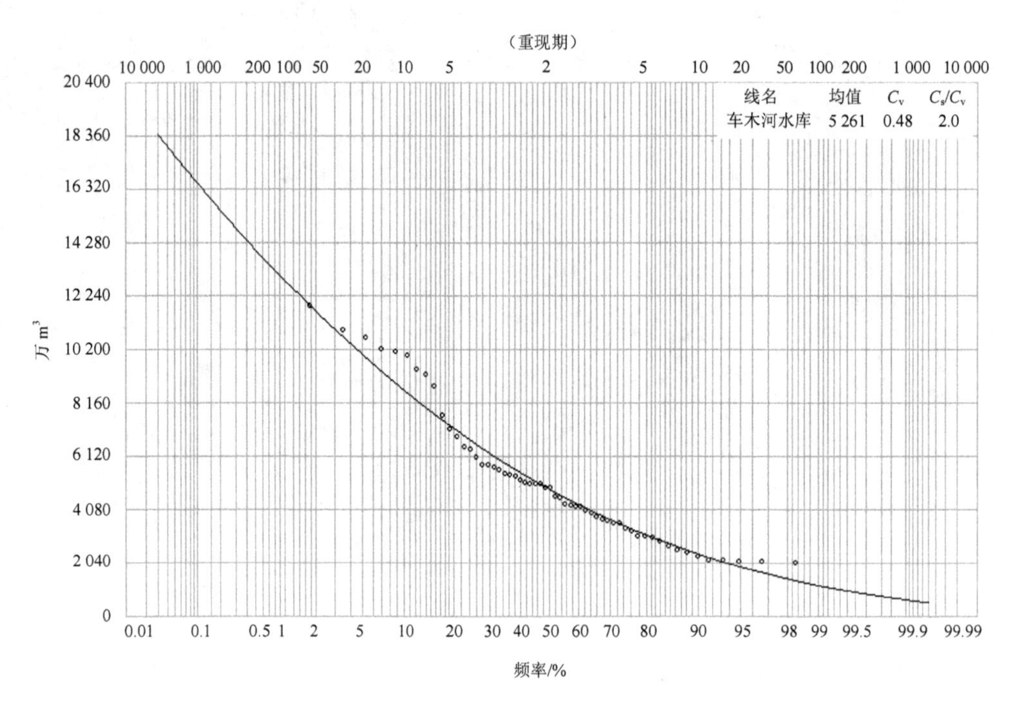

图 3-19 普渡河流域车木河水库水文频率曲线

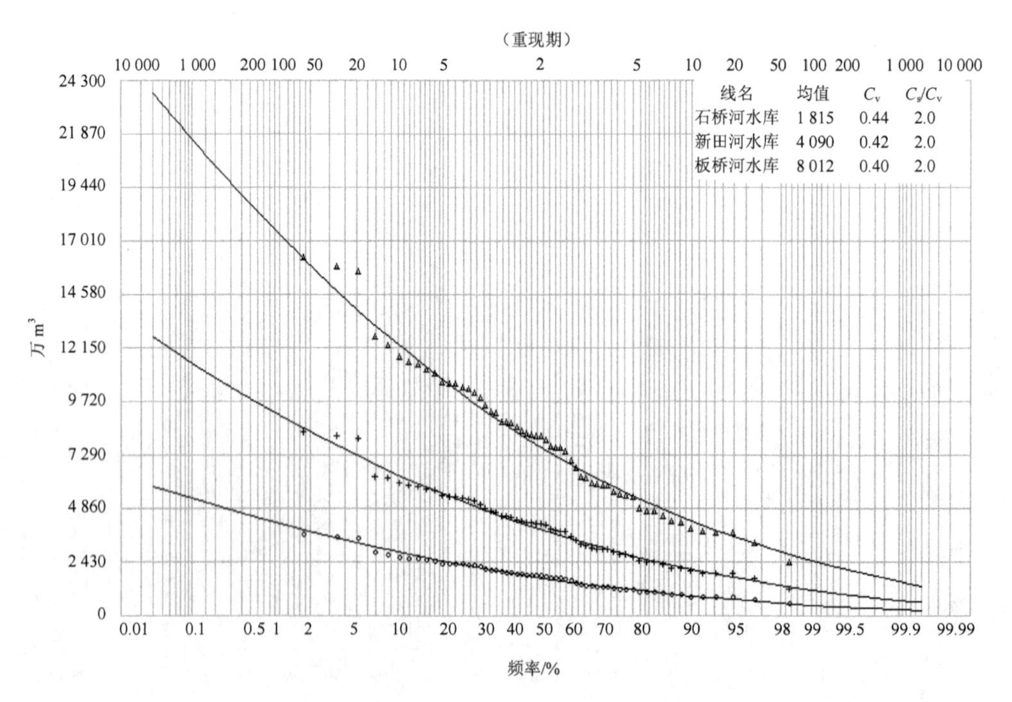

（a）

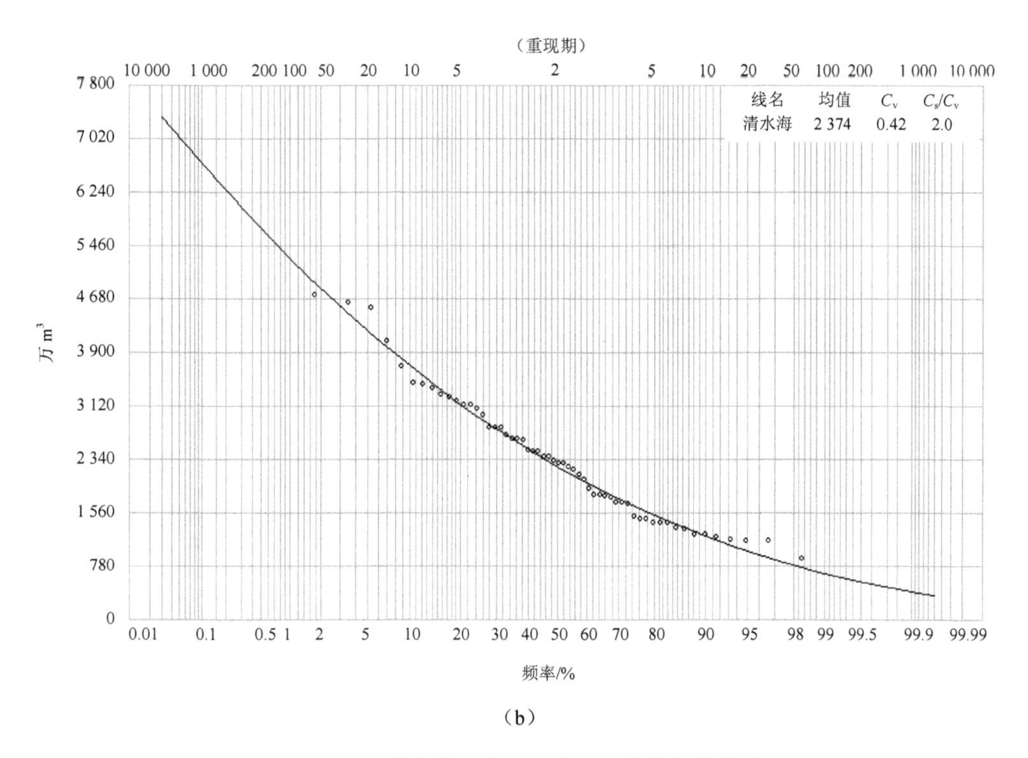

（b）

图 3-20 清水海引水工程水源组水文频率曲线

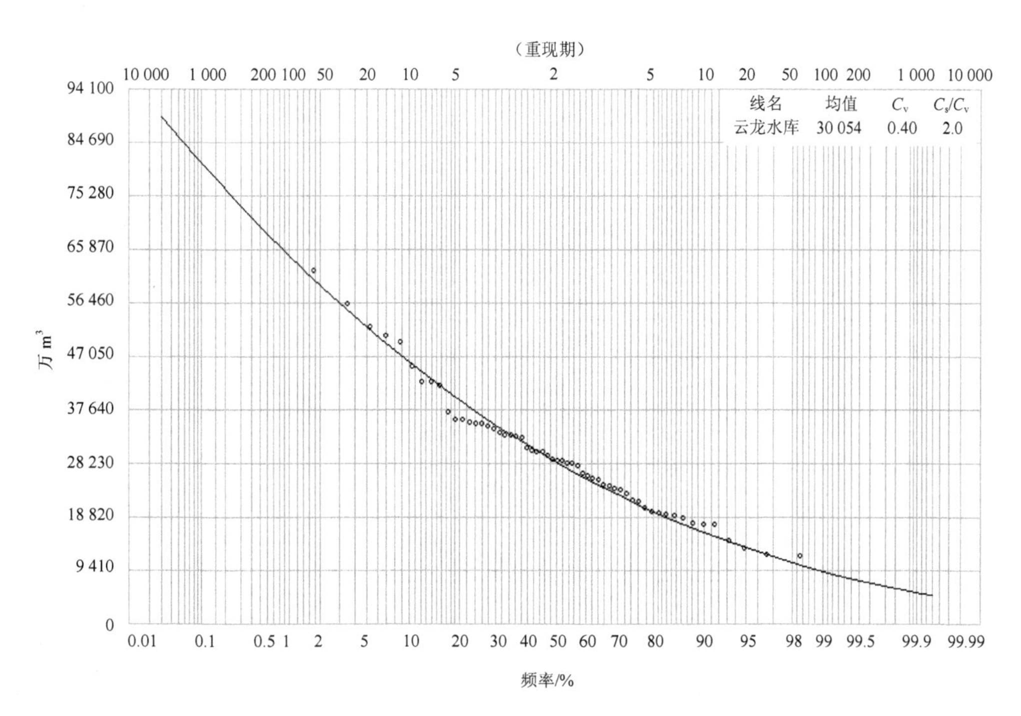

图 3-21 掌鸠河引水工程云龙水库水文频率曲线

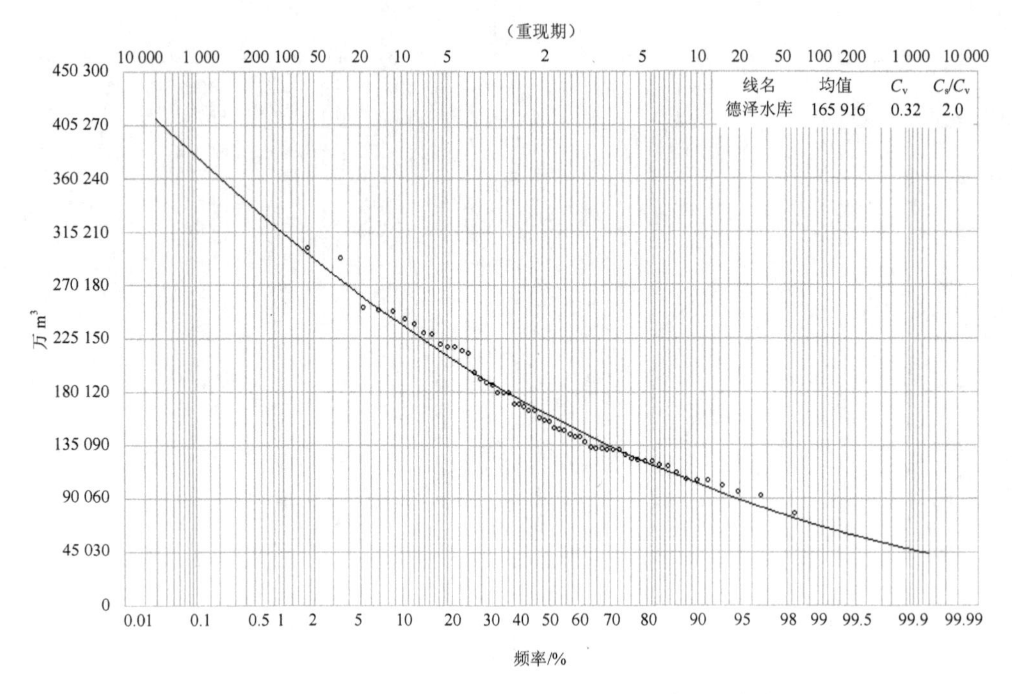

图 3-22　牛栏江—滇池补水工程德泽水库水文频率曲线

表 3-8　各水库断面设计年径流成果

流域	站　名	径流面积/km²	统计参数			设计年径流量/万 m³			
			均值/万 m³	C_v	C_s	25%	50%	75%	95%
小江	清水海	34.5	2 389	0.42	2	2 969	2 250	1 659	1 010
	石桥河水库	26.6	1 815	0.44	2	2 272	1 699	1 233	729
	新田河水库	56.6	4 090	0.42	2	5 082	3 852	2 840	1 729
	板桥河水库	102	8 012	0.4	2	9 880	7 589	5 684	3 562
牛栏江	德泽水库	4 551	165 916	0.32	2	197 997	160 288	127 715	89 247
滇池	松华坝水库	593	19 966	0.46	2	25 167	18 577	13 258	7 606
	柴河水库	106.5	3 916	0.46	2	4 936	3 644	2 600	1 492
	宝象河水库	67	1 784	0.46	2	2 249	1 660	1 185	680
	双龙水库	54	1 858	0.48	2	2 358	1 717	1 206	671
	大河水库	44.1	1 542	0.46	2	1 944	1 435	1 024	587
	松茂水库	41.1	816	0.46	2	1 029	759	542	311
	果林水库	30.8	873	0.44	2	1 092	817	593	351
	横冲水库	28.5	799	0.42	2	993	753	555	338
	滇池	2 920	98 863	0.3	2	116 935	95 913	77 583	55 632
普渡河	车木河水库	253	5 261	0.48	2	6 677	4 863	3 414	1 899
掌鸠河	云龙水库	745	30 054	0.4	2	37 064	28 467	21 322	13 361

（4）滇池入湖洪水特性

滇池流域的洪水由暴雨形成，洪水多发生于 7 月、8 月，最大洪峰、洪量与最大暴雨量的出现时间极为对应，洪水峰型与暴雨雨型基本一致。历年的最大暴雨、洪水系列的序位也基本吻合。洪水的季节性明显，洪水发生于 5—11 月，以 7 月、8 月出现次数最多。根据资料统计分析，年最大洪水出现在 6—8 月的概率占 81%；另从 15 世纪以来的 44 次历史洪水考证可得，年最大洪水出现于 6—8 月的概率占 71%。这与暴雨发生于 5—8 月的规律基本一致。

滇池洪水主要由其北、东、南岸的诸河洪水及湖面暴雨量组成，尤以湖面显著，盘龙江次之，局部暴雨形成的地区性洪水有时所占比重较大，洪水与暴雨的地区分布基本一致。洪水过程的涨水历时与全历时的比值约为 1∶8，呈洪水过程起涨快、消退慢的特点。洪水过程一般尖瘦，24 h 洪量一般占 3 d 洪量的 53%，洪量集中程度较高，峰腰宽度在 34 h 左右。盘龙江洪水由松华坝水库调节洪水下泄与松华坝水库坝址下游区间洪水组合而成，特别是由于松华坝水库调节洪水的能力很强，盘龙江洪水主要以区间洪水为主。

滇池入湖洪水来源于暴雨，可划分为湖面入湖洪水和周边陆地入湖洪水。湖面入湖洪水为暴雨直接降于湖面而形成；周边入湖洪水由暴雨经过流域内陆地的坡面产流、河网汇流、蓄水工程调节等过程而形成，从湖泊的周边流入。暴雨可由观测站测量和区域降水特征分析而得，以分析湖面入湖洪水。湖周入湖洪水区别于通常的河道断面洪水，难以直接进行实测。因此，滇池入湖洪水是不可能全部由实测而得的。根据滇池单位时段内的暴雨、洪水、水位等水文气象特征的相互变化依存关系。

根据 1983 年实测的滇池水位、湖容曲线等资料，完整还原逐日入湖水量，并考虑峰形的完整性，跨期选样，按照跨期不超过洪水过程历时 1/2 为限的选样原则，统计洪水的洪量系列为 50 余年，系列最大 1 d 洪量为 1965 年，其他时段洪量分别排在第 2、4、16、22 位；系列最大 7 d 洪量为 1971 年，其他时段洪量分别排在第 9、5、2、3 位；系列最大 30 d 洪量为 1979 年，其他时段洪量分别排在第 25、18、11、5 位，详细情况如表 3-9 所示。这反映了洪水洪量不集中、历时长的基本特点。滇池入湖洪水发生在汛期 5—11 月，与流域暴雨发生的时间同步，其中主要是在 7 月、8 月（占 61%），两个月出现的概率差异不大；5 月、11 月发生的概率最低，分别仅占 3.0%、0.7%；6 月发生的概率达到 20%，10 月发生的概率也很小，仅为 5.9%。从滇池入湖 30 d 洪量与对应的同期降水量的历年模数过程对照可看出，两过程高低起伏基本对应，说明洪水主要取决于降水。从滇池入湖最大 1 d、7 d、30 d 洪量的历年模数过程对照可看出，3 个过程均无系统性增大或减小趋势。

表 3-9 滇池历年入湖洪水特征统计

最大时段	项目	1 d 洪量	3 d 洪量	7 d 洪量	15 d 洪量	30 d 洪量
1 d 洪量	年份	1965				
	位次	1	2	4	16	22
3 d 洪量	年份		1983			
	位次	3	1	3	15	9
7 d 洪量	年份			1971		
	位次	9	5	1	2	3
15 d 洪量	年份				1966	
	位次	8	8	2	1	2
30 d 洪量	年份					1979
	位次	26	18	11	4	1

4 环境导向型滇池流域水资源优化配置技术

4.1 滇池流域水资源供需平衡模拟技术开发

4.1.1 模型原理

（1）水资源需求预测

结合国内外水资源需求发展规律的经验，考虑影响需水的主要因素，合理地预测滇池流域的生活（城镇、农村）、生产（工业、农业）、生态（城镇、湖泊、湿地）未来需水量。

①生活需水

A. 城镇生活

$$W_1=（D_1+D_2）\text{pop}/\eta \tag{4-1}$$

$$\text{pop}=P\alpha \tag{4-2}$$

式中：W_1——城镇生活需水量；

D_1、D_2——城镇居民生活、城镇公共用水定额；

pop——城镇人口；

η——管网漏损率；

P——区域总人口；

α——城镇化水平。

B. 农村生活

$$W_2=D_3（P_{\text{pop}}）+X_\text{u} \tag{4-3}$$

$$X_\text{u}=\text{num}_1D_4+\text{num}_2D_5 \tag{4-4}$$

式中：W_2——农村生活需水量；

D_3、D_4、D_5——农村居民生活、大牲畜用水、小牲畜用水定额；

P_{pop}——农村人口；

X_u——牲畜需水量；

num_1——大牲畜数量；

num_2——小牲畜数量。

②生产需水

A. 工业需水：

$$W_g=D_gM_g/\eta \tag{4-5}$$

式中：W_g——工业需水量；

D_g——万元工业增加值用水定额；

M_g——工业增加值；

η——管网漏损率。

B. 农业需水

$$W_n=D_nA_n/\beta_n+D_lA_l/\beta_l+D_yA_y \tag{4-6}$$

式中：W_n——农业需水量；

D_n、D_l、D_y——农田灌溉、林果地灌溉、鱼塘补水定额；

A_n、A_l、A_y——农田灌溉、林果地灌溉、鱼塘补水面积；

β_n、β_l——农田灌溉、林果地灌溉利用系数。

农田综合灌溉定额通过式（4-7）求得：

$$D_{综合}=\sum_{i=1}^{N}\alpha_iD_i \tag{4-7}$$

式中：$D_{综合}$——综合灌溉定额；

α_i——第 i 种农作物的种植比例；

D_i——第 i 种作物的灌水定额；

N——种植的作物种类总数。

③生态需水

A. 城镇生态需水

$$W_s=D_sA_s \tag{4-8}$$

式中：W_s——城镇生态需水；

D_s——城镇生态用水定额；

A_s——城市绿地面积。

B. 湿地生态需水

湿地耗水量的计算通过湿地植物种植面积及其耗水定额来计算。

$$m-d=P-\mathrm{ET_c}-S+\Delta h \tag{4-9}$$

式中：m——灌水量；

d——排水量；

P——降水量；

$\mathrm{ET_c}$——蒸发量；

Δh——水层深度变化量。

$$\mathrm{ET_c}=k_c\mathrm{ET_0} \tag{4-10}$$

式中：$\mathrm{ET_c}$——植物实际蒸发量，即耗水量；

k_c——作物修正系数；

$\mathrm{ET_0}$——潜在蒸发量。

（2）分质需水预测

针对滇池流域需水用户对不同水质要求的差异，基于节约水资源、充分利用再生水的思想，课题组开发了分质需水预测技术。鉴于工业、农业生产、城镇生态用水可以部分利用再生水的实际情况，根据 2013 年流域内代表性企业工业用水量实际调查结果，对可使用再生水的部门、类别进行详细归类统计、计算，得出对应行业平均再生水利用率。以再生水厂为水源，采用成本距离法确定再生水可灌溉范围，选取坡度作为地形限制条件、耕地集中性（耕地密度）作为灌溉约束条件，确定适宜使用再生水灌溉的耕地面积空间分布。基于城市未来发展规划、人均量化指标、城市发展规模，确定城市生态环境用水。

①工业再生水需水：

$$W_{gz}=\sum_{i=1}^{N}K_iD_iM_i \tag{4-11}$$

式中：W_{gz}——工业再生水需求；

N——可用再生水的工业部门类别总数；

K_i——再生水使用量占该工业总用水量的百分比；

D_i——万元工业增加值用水定额；

M_i——工业增加值。

②农业生产再生水需水：

$$W_{nz}=D_nA_z \tag{4-12}$$

$$A_{nz}=f（s，d） \tag{4-13}$$

式中：W_{nz}——农业再生水需水量；

D_n——农业用水定额；

A_{nz}——农业再生水灌溉面积；

s——坡度；

d——距再生水水源距离；

$f(s, d)$——关于 s 和 d 的空间转换、叠加函数。

③城镇生态用水：

$$W_s=D_sA_s \tag{4-14}$$

式中：W_s——城镇生态需水；

D_s——城镇生态用水定额；

A_s——城市绿地面积。

（3）供水能力预测

供水能力预测采用已有工程供水能力、新增工程供水能力相加得到，并根据工程条件建立相应的供水路径。

研究区内包括大中型水库 10 座（1 座大型、9 座中型）。由于昆明主城是昆明市经济发展的核心区域，需水量巨大，向其供水的水库也较多，包括松花坝、宝象河、大河及柴河水库；此外，目前的引水工程包括掌鸠河引水与清水海引水工程，均向昆明主城供水，以保证昆明主城的经济正常、稳定、持续发展。而果林、松茂和横冲水库主要负责农业灌溉用水部分，在干旱年景也会转变供水功能，优先保证城镇生活、生产及农村生活用水。安宁连然片区主要包括两座中型水库（车木河、张家坝），供水对象主要为安宁连然和金方街道办的城镇生活及城镇工业用水，兼顾八街镇及县街镇农业用水。在未来规划年份还将有新的引水工程上马——牛栏江引水工程，其目的主要是保证滇池流域内的河道生态基流，解决滇池水质污染问题，暂不考虑其供给社会经济用水。

研究区内 9 个片区共有小水库 1 524 座，此处所指的小水库主要包括小（一）型、小（二）型和小塘坝 3 类水利设施。昆明主城、西山海口、盘龙松华 3 个片区的小水库供水对象主要为农业，官渡小哨和呈贡龙城的小水库供水对象包括农村生活和农业灌溉；晋宁昆阳、安宁连然、富民永定的小水库供水对象以城镇生活和农村生活为主，兼顾农业灌溉为辅；五华西翥的小水库供水对象包括城镇生活、城镇工业和农业灌溉。

研究区内的引水工程包括 8 个片区（晋宁昆阳除外），总引水量达到 9 749 万 m^3，其中滇池流域引水总量为 2 895 万 m^3，（占研究区引水总量的 29.7%），普渡河流域引水总量为 6 854 万 m^3，（占研究区引水总量的 70.3%）。除西山海口外，其余各个研究片区都有农业灌溉任务，昆明主城的引水工程还具有城镇工业供水指标；盘龙松华和官渡小哨的引水工程任务还包括城镇绿化和农村生活用水；普渡河流域各片区的供水对象相同，包括城镇绿化、城镇工业、农业灌溉、农村生活用水。

研究区内的地下水工程包括集中式和分散式两种类型，其中集中式地下水水源仅分布在昆明主城、呈贡龙城和安宁连然 3 个片区，供水对象均为城镇生活用水；对于分散式地下水源，各个片区均有分布，昆明主城、西山海口、官渡小哨、呈贡龙城、晋宁昆阳、富民永定 6 个片区的地下水工程任务为负责城镇生活、城镇工业、农村生活的供水；五华西翥、安宁连然的地下水工程供水对象为城镇和农村生活用水；盘龙松华片区的地下水工程主要任务为负责农村生活用水。

研究区内的再生水利用设施主要集中在滇池流域的昆明主城和呈贡龙城片区，其中集中式再生水处理设施全部分布在昆明主城片区内，共 7 座；分散式再生水处理设施较多，共计 410 座，有 394 座位于昆明主城片区（占总数量的 96.1%），其余 16 座分布于呈贡龙城，（占总数量的 3.9%）。集中式再生水水源主要用于园林绿化、道路冲洗、公园景观等；分散式再生水主要用于住宅小区、学校、工业企业等内部的道路喷洒和园区绿化用水。截至 2013 年，昆明主城再生水生产能力达到 5 493 万 m^3/a，呈贡龙城再生水生产能力达到 629 万 m^3/a，再生水利用总量达到 6 122 万 m^3/a。

（4）水土资源适宜性评价

①水资源适宜性

水资源适宜性研究重在揭示水资源条件对城镇布局、农业发展等生产活动的适宜性。根据滇池流域水资源与区域发展问题，构建水资源适宜性评价指标体系，如表 4-1 所示。

表 4-1　水资源适宜性评价指标体系

一级指标	二级指标	指标内涵
资源禀赋	当地资源	多年平均降水量，表征当地水资源丰度
	过境资源	根据模型模拟的流量，表征过境水资源丰度
供水条件	提水条件	与河流的距离，表征河流提水条件
	蓄水条件	与水库的距离，表征水库引水条件
用水条件	供水成本	通过模型计算供水成本，表征用水条件

基于雨量站多年平均降水量数据，根据反距离权重法插值降水量空间数据。

$$W_1=\begin{cases}R/1\,000,\ R\leqslant 800\\(R-800)/2\,000+0.8,\ 800<R\leqslant 1\,200\\1,\ R>1\,200\end{cases}\tag{4-15}$$

式中：W_1—— “当地资源”指标项；

R—— 降水量。

基于 Arcmap 系统，对流域 DEM 数据进行填洼处理、流向分析与流量分析。流量分析结果大的栅格，说明有河流经过，过境资源丰富；结果小的栅格，位于流域上游，缺少过境水资源。不过，由于栅格尺度较小（30 m），该结果并不能真实反映过境水资源的丰富程度。考虑邻近栅格的水资源，进行进一步分析。

提水条件的评价主要参考河流距离条件。

$$U_{ri}=\begin{cases}1,\ D_i<500\\ \dfrac{\ln(20\,000)-\ln(D_i)}{\ln(20\,000)-\ln(500)},500\leqslant D_i<20\,000\\ 0,\ D_i\geqslant 20\,000\end{cases}\tag{4-16}$$

$$U_r=\text{Max}(U_{r1},0.7U_{r2})\tag{4-17}$$

式中：U_{r1} —— 干线河流距离分值；

U_{r2} —— 一般河流距离分值；

D_i —— 栅格与河流的距离，m。

蓄水条件的评价主要参考与大型、中型、小型水库的距离。

$$U_{si}=\begin{cases}1,\ D_i<1\,000\\ \dfrac{\ln(40\,000)-\ln(D_i)}{\ln(40\,000)-\ln(1\,000)},1\,000\leqslant D_i<40\,000\\ 0,\ D_i>40\,000\end{cases}\tag{4-18}$$

$$U_s=\text{Max}(U_{s1},0.7\cdot U_{s2},0.5\cdot U_{s3})\tag{4-19}$$

式中：U_{s1} —— 大型水库距离分值；

U_{s2} —— 中型水库距离分值；

U_{s3} —— 小型水库距离分值；

D_i —— 栅格与水库的距离，m。

在 Arcmap 环境下，按照成本距离法，综合考虑地形坡度与供水距离两大要素，模拟供水成本的空间差异性。其中，成本函数按照坡度进行构建，公式如下：

$$C=0.000\,05+0.005\tan(L)\tag{4-20}$$

式中：C —— 成本变量，元/m；

L —— 栅格坡度，度。

建立成本函数，模拟供水成本。需要说明的是，该分析旨在揭示空间差异性，而非真实供水成本。

在此基础上，进一步将结果进行归一化处理，公式如下：

$$S=\begin{cases}0,\ T>5\\ \dfrac{\ln(5)-\ln(T)}{\ln(5)-\ln(0.2)},0.2<T\leqslant 5\\ 1,\ T\leqslant 0.2\end{cases}\tag{4-21}$$

本研究将水资源适宜性的一级指标分为资源禀赋、供水条件、用水条件 3 项，并据此建立相乘模型计算水资源适宜性指标，公式如下：

$$A = WUS \tag{4-22}$$

式中：A —— 水资源适宜性指标；

W —— 资源禀赋指标；

U —— 供水条件指标；

S —— 用水条件（供水成本）指标。

W 和 U 的计算公式如下：

$$W = \frac{W_l + W_f}{2} \tag{4-23}$$

$$U = \text{Max}（U_r，U_s） \tag{4-24}$$

②土地资源适宜性

坡度是土地开发建设最重要的因子之一，坡度越大工程建设难度越高，且过于陡峭的地形容易发生滑坡、泥石流等各种地质灾害。按照建设用地利用标准，将坡度按适宜程度可被划分为小于 3°（平地）、3°～8°（平坡地）、8°～15°（缓坡地）、15°～25°（缓陡坡地）和大于 25°（陡坡地）5 个级别。

根据研究区地形地貌特点，1 900 m 以下的区域包括河谷平原等地势平坦的区域；1 900～2 100 m 为丘陵、半山区；2 100 m 以上的区域多为山区。据此，将海拔分为低、中、高 3 个级别。

地形起伏度是指在一定范围内，最高点海拔高度与最低点海拔高度的差值，它反映了区域地表的切割剥蚀程度，是表征地貌形态、划分地貌类型的重要指标。本研究根据研究区地形特点，以 500 m 为半径计算该指标，划分为台地、丘陵、山地 3 个类别。

根据坡度、海拔、地形起伏度 3 个单项指标的分级结果，进行土地资源适宜性综合集成评价，将研究土地资源适宜性划分为适宜、条件适宜、不适宜 3 种类型。

③水土资源适宜性耦合评价

研究区具有较好的水利工程基础，城市与农业发展更多受到土地资源的约束。据此，设计水土资源适宜性划分技术路线如下：

第一步：土地资源不适宜的区域，划分为水土资源不适宜区（土地资源约束型）。

第二步：在第一步基础上，进一步将水资源不适宜、较不适宜的区域，划分为水土资源不适宜区（土地资源约束型）。

第三步：在上一步工作基础上，将土地资源适宜的区域（水资源类型为适宜、较适宜、条件适宜），划分为水土资源适宜区。

第四步：剩余的区域划分为水土资源较适宜区。

4.1.2 技术创新之处

本研究针对滇池流域多水源供水结构的特点，分别预测了蓄水工程、引水工程、提水工程、外流域调水工程、地下水工程、再生水工程未来可供水量，不仅为细化水资源配置模型提供了可靠的数据，更为水资源分质调配、滇池截污情景分析创造了基础条件。

本研究针对滇池流域不同用水用户对水质要求的差异，细化了水资源需求预测用户条目，对生态需水、工业需水与农业需水中，可以用再生水配置的部分进行了单独预测，为滇池流域多水源分质供需配置模型提供了数据基础。

本研究在栅格尺度上阐释了滇池流域水土资源适宜性格局，可以支撑区域人口与灌溉农业发展潜力评估，进而服务于水资源需求预测，保证预测结果的合理性。在此基础上，进行基于栅格尺度的灌溉农业再生水可用性评价，进一步支撑多水源配置模型。

4.1.3 模型验证和应用

在水资源供需预测模型研发中，有关技术方法均未得到国内外认可的研究理论方法，技术标准均采用国内、云南省、昆明市有关标准、研究报告内容，水资源供需预测成果与云南省、昆明市有关规划研究结果相近。因此，认为本研究的水资源供需预测结果是可信的。

水土资源适宜性评价是基于栅格尺度上的研究，研究方法较新，但其理论方法在芦山、昭通等地震重建规划资源环境承载力评价中得到应用，成果被有关部门采纳。因此，认为该方法是可行的。

4.2 滇池流域水资源优化配置技术开发

4.2.1 模型原理

（1）WEAP 模型介绍

WEAP（Water Evaluation and Planning System）模型，即水资源评估和规划系是用于水资源综合规划的软件工具，它试图协助而并非取代有经验的规划者。它为规划和政策分析提供了一种全面、灵活和用户友好型的框架。越来越多的水资源领域的专业人员将 WEAP 视为他们所使用的各种模型、数据库、电子表格和其他软件工具的补充工具。

斯德哥尔摩环境研究院为 WEAP 的开发提供了主要资金。美国陆军工程兵团的水力工程中心为其后的主要升级提供了资助。其他一些机构包括联合国、世界银行、美国国际开发署、美国国家环保局、国际水管理研究所（IWMI）、促进水科学研究基金会（AwwaRF）和日本全球基础设施基金会曾提供项目资助。

WEAP 模型把需求方问题（如用水规律、设备效率、回用策略、成本和配水），与供给方问题（如河流流量、地下水资源、水库和调水），放在同等的地位来考虑。WEAP 的独特之处还在于它可以模拟水系统的自然要素，如蒸发蒸腾要求、径流、基流等，以及工程要素，如水库、地下水抽取等方面，它为规划人员提供了一个更为全面的平台。根据 Hetty Mathijsseen 在“评估 WEAP 模型的实用性”的报告中指出，计算机模拟是对现实环境的情况的一种模拟方式，使之能够弄清楚系统运作情况；而在很多情况下，建立一个计算机模型是耗时而且耗力的，所以最好的选择是找到一个合适的现存的计算机模型。当在选择模型的时候，要考虑到所研究的问题与计算机模型的共同范围。因此，WEAP 成为检验水资源开发和管理选择的有效工具。

WEAP 的目标是最大化所有需求点的满足度。WEAP 模型采用线性规划方法求解能最大化满足需求点和河道内流量要求的最优解，受需求优先顺序、供给优先顺序、质量平衡和其他约束的限制。满足度是指用水户用水需求被满足的百分比，是为每个需求点生成的一个新的线性规划变量。

$$\begin{cases} \text{Max}(D_1) \\ \text{Max}(D_2) \\ \cdots\cdots \\ \text{Max}(D_k) \end{cases} \tag{4-25}$$

式中：D_k——需水用户 k 的满足度。

在没有足够的水资源满足优先顺序相同的所有需求时，WEAP 模型试图以其需求的相同百分比满足所有需求。即：

$$\text{满足度 } F_{\text{inal=}}\text{满足度 } D_{\text{S}i}\text{=满足度 } D_{\text{S}n}$$

模型约束条件如下：

①水源可供水量约束

公共水源

$$\begin{cases} \sum_{j=1}^{k} X_{cj}^{k} \leqslant D_{c}^{k} \\ \sum_{j=1}^{k} D_{c}^{k} \leqslant W_{c}^{k} \end{cases} \tag{4-26}$$

独立水源

$$\sum_{j=1}^{n} X_{ij}^{n} \leqslant W_{i}^{n} \tag{4-27}$$

式中：W_c^k —— 公共水源 c 向子区 k 的可供水量；

X_{cj}^k —— 公共水源 c 向子区 k 用户 j 的供水量；

D_c^k —— 公共水源 c 向子区 k 的供水量；

W_i^n —— 独立水源 i 向子区 n 的可供水量；

X_{ij}^n —— 独立水源 c 向子区 i 用户 j 的供水量。

②非负约束

$$\begin{cases} N_{ij} \geqslant 0 \\ R_{ik} \geqslant 0 \end{cases} \tag{4-28}$$

式中：N_{ij} —— 第 i 片区 j 用户需水量；

R_{ik} —— 第 i 片区 k 水库库存水量；

③水质约束

在模型中，如果设置了水源到需求点的最高污染物浓度，则将生成水质约束：来自所有水源的污染物加权平均混合浓度不得超过最大允许浓度。

$$(Q_1C_1 + Q_2C_2 + \cdots)/(Q_1 + Q_2 + \cdots) \leqslant C_{\max} \tag{4-29}$$

式中：Q_i —— 从水源 i 到需求点的入流；

C_i —— 水源 i 前一个时间步长的浓度；

$C_{\max}$ —— 最大允许浓度。

④质量平衡约束

质量平衡方程是 WEAP 中水的月收支计算的基础：总入流等于总出流，去除任何存储变化（或消耗）。WEAP 中的每个节点和连接都有一个质量平衡方程，在线性规划中形成质量平衡约束。

$$\sum 入流 = \sum 出流 + \sum 消耗 \tag{4-30}$$

⑤水库蓄水能力约束

$$V_t^{\min} \leqslant V_t \leqslant V_t^{\max} \tag{4-31}$$

式中：$V_t^{\min}$ —— 水库在 t 时段允许的最小库容（一般为死库容）；

V_t —— 水库在 t 时段的实际库容；

$V_t^{\max}$ —— 水库在 t 时段允许的最大库容。

⑥水库月最大出库流量约束

$$F_t \leqslant F_t^{\max} \tag{4-32}$$

式中：F_t —— 水库在 t 时段的实际出库流量；

$F_t^{\max}$ —— 水库在 t 时段允许的最大出库流量。

⑦地下水月最大取水量约束

$$G_i \leqslant G_i^{\max} \tag{4-33}$$

式中：G_i —— 第 i 片区地下水月均实际取水量；

$G_i^{\max}$ —— 第 i 片区地下水月均最大取水量。

⑧渠系或管道限定引水流量约束

$$Q_{jt}^{s} \leqslant Q_{jt}^{\max} \tag{4-34}$$

式中：Q_{jt}^{s} —— 第 j 条渠系（或管道）在 t 时段的实际引水流量；

$Q_{jt}^{\max}$ —— 第 j 条渠系（或管道）在 t 时段的允许最大引水流量（或输水能力）。

（2）流域片区化处理

普渡—滇池流域水资源系统复杂，各区域间地表水、地下水灌水情况差异较大，因此需要根据研究区水资源系统实际情况，基于方便管理的目的，对水资源系统进行概化，使其能充分反映实际系统的主要特征及其组成部分间的相互关系，便于预测、规划和管理。

本项目所涉及的流域范围，主要包括滇池流域和部分普渡河流域两个水资源四级区[《云南省水资源综合规划》中水资源调查评价（水资源四级区）专题研究成果]，其中的普渡河流域仅涉及安宁市、富民县、五华区部分，涉及的行政区包括昆明主城、富民县、嵩明县、安宁市、呈贡区、晋宁县共 6 个区县。

按照水资源系统的完整性和独立性特点，将研究区划分为 10 个片区——昆明主城、西山海口、呈贡龙城、五华西翥、富民永定、晋宁昆阳、安宁连然、官渡小哨、盘龙松华和西山谷律，在研究过程中西山谷律片区不参加分析与配置计算，水资源的优化配置过程中主要考虑其余的 9 个片区（图 4-1）。

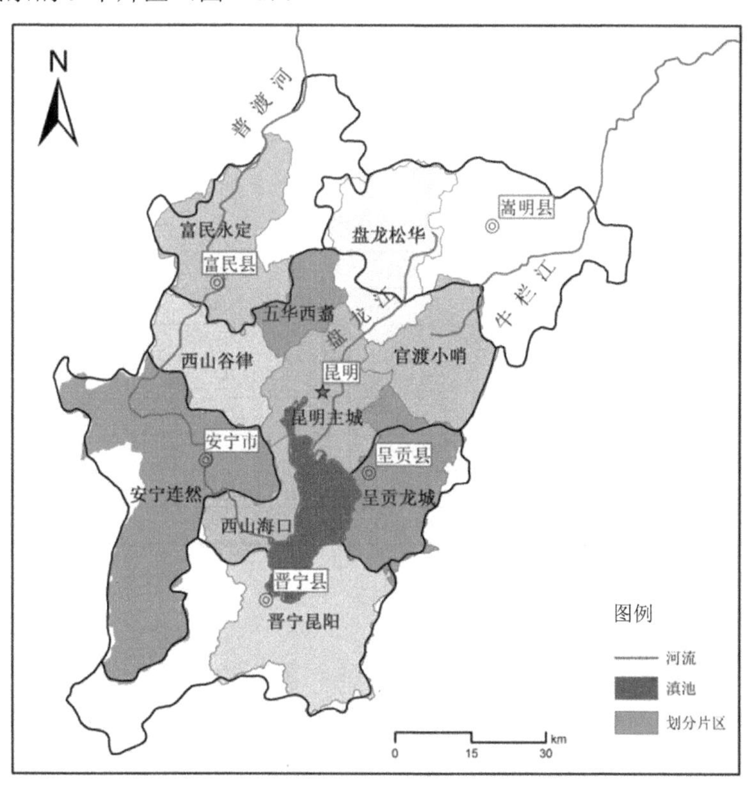

图 4-1 研究区片区化

其中滇池流域涉及计算单元有昆明主城、呈贡龙城、晋宁昆阳，盘龙松华，官渡小哨（部分属于牛栏江流域水资源四级区）；涉及普渡河流域的计算单元有西山海口、五华西翥、安宁连然和富民永定（仅为普渡河流域部分区域，下文无特别说明，专指安宁市、富民县和五华区部分）。

研究区内部的流域面积为 4 998 km^2，其中滇池流域面积为 2 996 km^2（占研究区总面积的 59.9%），普渡河流域面积为 2 002 km^2（占研究区总面积的 40.1%）；涉及人口数量达到 436 万人（2012 年），其中滇池流域人口为 383.57 万人（占研究区总人口的 88%），普渡河流域人口为 52.43 万人（占研究区总人口的 12%）。

（3）用水户的设定

在普渡—滇池流域的各个片区内，依据需求水源水质情况和用水用途，将需水用户划分为 6 类（表 4-2）：城镇生活用水、农村生活用水、河道生态基流用水、城镇工业用水、城镇生态用水和农业灌溉用水。河道生态基流主要考虑 7 条河流（根据云南省水利水电勘测设计研究院——《牛栏江—滇池补水工程生态用水分配方案》），分别为宝象河、梁王河、捞鱼河、洛龙河、马料河、盘龙江和东大河，其中东大河由双龙水库下泄补给，其余河道直接由牛栏江补水供给生态基流流量。其余各 5 个类别的用水户每个片区（共 9 个片区）一个节点，共计 45 个节点，再加上 7 个生态基流节点，总计 52 个需水节点。该 6 类需水用户在水资源配置过程中要满足一定的先后顺序，此处，将生活用水放在第一位，须优先满足；其次考虑河道基流，再次考虑城镇工业生产用水，然后是城镇生态用水，最后考虑农业灌溉用水，详见表 4-2。

表 4-2　需水用户概化

需水顺序	需水节点	节点个数	是否可使用再生水	模型中代码
1	城镇生活	9	否	CB_
2	农村生活	9	否	SN_
3	河道生态基流	7	部分可用	FR_
4	城镇工业	9	部分可用	G_
5	城镇生态	9	部分可用	CS_
6	农业灌溉	9	部分可用	N_
合计		52		

（4）供水节点的确定

结合研究区的实际情况，供水节点的设置主要根据水利工程类型来进行概化，并把每类水利工程的供水能力进行归并到片区尺度。供水节点主要包括 7 类：引水、大中型水库、再生水、小水库群、地下水、提水、外流域调水（表 4-3）。经过各类供水工程的维护、扩建后，对应的工程供水能力会有所增加外，到 2020 年和 2030 年还有一些新建的工程，这样就会更改模型配置网络，及节点数目。引水工程节点数目有8个，主要是因为晋宁昆阳片区没有引水工程，且在未来规划年没有新增引水工程节点；由于大中型水库供水能力十分可观，因此将其作为单独的供水水源处理，在2012年主要有12个节点，其中包括2个调水水库，1个松华坝大型水库，和9个中型水库节点；在未来规划年景，新增牛栏江调水工程的德泽大型水库，扩建、新建3个中型水库。

表4-3　供水节点概化

供水顺序	供水节点	2012年节点数目	2020年及2030年新增节点数目
1	引水	8	0
2	大中型水库	2（调）+1（大）+9（中）	1（调）+3（中）
3	再生水	2	4
4	小水库群	9	0
5	地下水	9	0
6	提水	主要是环滇池和螳螂川沿岸	0
7	外流域调水	2	1

2012年集中式再生水处理厂所涉及的片区只有两个（昆明主城、呈贡龙城），在未来规划年，随着污水处理设施的完善，再生水利用的普及，新增4个再生水利用片区，分别是西山海口、官渡小哨、晋宁昆阳和安宁连然。对于小水库群和地下水开采，各片区都是以分散式为主，因此将每个片区的小水库群和地下水开采进行打包化处理，每个片区一个节点，此外，随着引调水工程的上马及本地水库的升级和改造，局部地区（主要是可以大量使用再生水或滇池水的片区）要求对地下水进行一定的保护措施，主要包括西山海口、晋宁昆阳、安宁连然要减少地下水的开采，其他地区暂时维持现状（表4-4）。对于提水工程主要集中在环滇池的几个片区，分别是昆明主城、西山海口、呈贡龙城和晋宁昆阳，而普渡河流域的提水工程主要为安宁连然和富民永定的螳螂川沿岸提水，用途主要为农业灌溉和城镇工业用水。2012年外流域调水工程主要有掌鸠河引水工程和清水海引水工程，目的在于解决昆明主城及呈贡龙城片区生活、生产用水，未来年景新增了牛栏江引水工程，目的在于保障主要河道生态基流，改善滇池湖体水质。

表4-4　未来地下水工程管理

水资源四级区	计算单元	未来地下水工程措施
滇池流域	昆明主城	保持现状
	西山海口	关闭生活和工业地下水井
	盘龙松华	保持现状
	官渡小哨	保持现状

水资源四级区	计算单元	未来地下水工程措施
滇池流域	呈贡龙城	保持现状
	晋宁昆阳	关闭工业地下水井，从滇池取水
普渡河流域	五华西翥	保持现状
	安宁连然	关闭工业地下水井，减少生活地下水
	富民永定	保持现状

（5）污水处理厂的归并

2012 年，研究区内部的集中式污水处理厂主要分布在昆明主城、官渡小哨、呈贡龙城、晋宁昆阳、安宁连然 5 个片区（表 4-5），共计 24 座，合计处理能力 197.1 万 m^3/d，随着对人类生存环境的日渐重视，对污染治理力度的加大，污水处理设施也在不断地扩建和新建过程中，预计到 2020 年污水处理厂总数将达到 39 座，处理能力达到 342.51 万 m^3/d，且在西山海口片区新增污水处理设施，研究区内 6 个片区均有污水处理设施，以及配套建设的再生水处理设备。到 2030 年污水处理设施将增加到 40 座，处理能力将达到 387.1 万 m^3/d。

表 4-5　研究区污水处理设施情况

片区	2012 年		2020 年		2030 年	
	座	处理能力/（万 m^3/d）	座	处理能力/（万 m^3/d）	座	处理能力/（万 m^3/d）
昆明主城	10	110.5	14	180.5	14	180.5
西山海口	0	0	2	10	2	12.4
官渡小哨	1	4	2	5	4	8.2
呈贡龙城	6	31	6	64	5	64
晋宁昆阳	5	19	5	19	5	38
安宁连然	2	32.6	10	64.01	10	84
合计	24	197.1	39	342.51	40	387.1

增污水处理设施，研究区内 6 个片区均有污水处理设施，以及配套建设的再生水处理设备。到 2030 年污水处理设施将增加到 40 座，处理能力将达到 387.1 万 m^3/d。

污水处理设施的处理能力最大的为昆明主城区，占据研究区内部所有污水处理能力的 56.1%（2012 年，下同），其次为安宁连然，占据 16.5%；总体上（2012 年、2020 年和 2030 年平均水平），各片区的污水处理能力有多到少的顺序依次为：昆明主城、安宁连然、呈贡龙城、晋宁昆阳、西山海口、官渡小哨。

在利用 WEAP 模型进行水资源配置过程中，各个片区污水厂数量不一，规模不同，考虑到模型的运行速度和处理数据的能力，以及对现实世界的仿真程度，在模拟过程中，将各片区的污水厂处理能力归并统一到一个污水厂，处理能力随着规划年进行人工调节，以保证污水处理量与实际情况相符的水平。

4.2.2 技术创新之处

滇池流域水资源优化配置技术重点考虑了滇池流域多水源系统特点，全面地模拟了本地水利工程、调水工程、再生水资源利用等水源情况，此外，不仅可以模拟不同片区的用水需求、水资源供给能力，还添加了河道生态基流限制模块，以保障滇池流域的主要河道恢复生态环境功能。

综合考虑部门需求分析，水资源利用效率，针对不同需水用户分别考虑各水源的供水优先顺序，以及在同一水源情况下的不同用水户的需水优先顺序，能够有效、合理地解决优水优用问题，同时，模型可以考虑再生水利用的比例上限问题。

4.2.3 模型验证和应用

选择滇池地区 2012 年的实际情况对所构建的模型进行验证，评估模型在滇池地区的适用性，在模型的合理性评估时，选择较为权威的、社会经济用水的公报数据作为标准——《昆明市水资源公报》。

在行政分区上，主要涉及昆明主城、安宁市、呈贡区、晋宁县、嵩明县、富民县 6 个县区单元，也选择上述 6 个行政单元进行供水量和耗水量的核算，由于研究区与行政界线不完全一致，可能导致公报数据相对研究区出现略大偏差。《昆明市水资源公报（2012 年）》中，研究区供水总量为 11.94 亿 m^3，经过模拟的供水量结果为 11.59 亿 m^3，误差为偏低 2.97%；耗水量公报数据为 4.23 亿 m^3，模拟结果为 4.62 亿 m^3，误差为偏高 9.17%；计算出公报的综合耗水率为 35.43%，模拟结果耗水率为 39.86%，误差为偏高 4.43%；由于实际情况的复杂性和模型的模拟能力限制，该模拟准确性已经达到令人满意水平，可以反映真实世界的社会经济用水情况，可以用于普渡—滇池流域的水资源配置模拟工作。

在经过 2012 年的参数本地化之后，局部调整未来发展年景（2020 年和 2030 年）的部分参数（如用水定额、再生水资源利用率、耗水率等），成功模拟 2020 年和 2030 年的平水年和枯水年社会经济水循环情景，详细结果请见《滇池流域社会经济水循环系统优化配置方案》，此处仅简要介绍流域尺度模拟结果。

研究区在 2020 年多年平均水平情景下，需水总量为 152 520 万 m^3，缺水量为 2 554 万 m^3，平均缺水率水平为 1.7%。其中，滇池流域共需水 93 999 万 m^3，缺水 1 684 万 m^3，缺水率为 1.8%。普渡河流域共需水 58 521 万 m^3，缺水 871 万 m^3，占研究区总缺水量的 34.1%，缺水率为 1.5%。2020 年一般枯水年情景下，需水总量为 155 367 万 m^3，缺水量为 3 097 万 m^3，平均缺水率水平为 2.0%。其中，滇池流域共需水 96 173 万 m^3，占研究区总需水量的 61.9%，缺水 2 158 万 m^3，占研究区总缺水量的 69.7%，缺水率为 2.2%。普渡河流域共需水 59 194 万 m^3，缺水 939 万 m^3，缺水率为 1.6%，缺水量和缺水率都低于滇池流域，缺水格局与多年平均水平相似，无明显变化。

研究区在 2030 年多年平均水平情景下，需水总量为 179 931 万 m^3，缺水量为 4 810 万 m^3，平均缺水率水平为 2.7%。其中，滇池流域共需水 103 375 万 m^3，缺水 2 722 万 m^3，缺水率为 2.6%。普渡河流域共需水 76 556 万 m^3，缺水 2 088 万 m^3，缺水率为 2.7%，缺水水平高于滇池流域。在 2030 年一般枯水年情景下，需水总量为 182 717 万 m^3，缺水量为 5 176 万 m^3，平均缺水率水平为 2.8%。其中，滇池流域需水 105 195 万 m^3，缺水 3 001 万 m^3，缺水率为 2.9%。普渡河流域共需水 77 522 万 m^3，缺水 2 175 万 m^3，缺水率为 2.8%，缺水水平低于滇池流域，与多年平均水平有所不同。

通过对滇池流域水资源进行合理优化配置问题的研究，以该结果为依据，制定合理的水资源配置机制，不仅可以减少流域水资源浪费、优化利用流域外调水，还可以缓解滇池污染问题，使滇池环境污染问题得到逐步改善，并令水资源发挥最大经济效益。对昆明未来城市规划和发展起到指挥棒式的引导作用；依据流域宏观发展态势，对滇池流域进行水资源需求的预测分析，可以基本掌握不同时间节点下的水量要求，做到未雨绸缪，及时配备相应的供水保障设施；而且对于生活、生产使用后的水，必须要经过搜集、处理、达标后再排放，才能减少对滇池的污染负荷，达到人、水、环境和谐发展；应当以已有（或可提供）的水资源量为基础，制定昆明城市发展模式，划定各产业所占比重，依据量水发展、可持续发展为基本原则，打造崭新的、生态环境优美的昆明市。

5 流域水资源调度全过程多情景数值模拟技术

5.1 水文和养分输移模块开发

5.1.1 模型原理

（1）产流模块

WHSM 产流模块借鉴美国斯坦福模型Ⅳ（SWMⅣ），模拟地表、土壤及地下径流等一系列水文过程。模型中设计了 5 个固定蓄水层以控制垂向水分传输和水量平衡状态，这 5 个固定蓄水层分别是植被截流蓄积层、上土壤层蓄积层、下土壤层蓄积层、地下水（浅层）蓄积层和深层地下水蓄积层。此外还有两个临时性蓄积，即壤中流蓄积层和地表径流蓄积层。这两个临时蓄积与上土壤层蓄积特性密切相关，控制着坡面漫流与壤中流的发生与发展。模型的基本结构见图 5-1。

（2）汇流模块

汇流模块主要是流域自身槽蓄演算过程与流域之间的汇流拓扑关系演算。模型设计中将流域作为一个线性水库如图 5-2 所示。

进入某段河道的所有水量，通过唯一的河道入口进行输入，作为河道的入流总量，从入口进入的水量表示为 I，出口的水量总和表示为 O。由此，根据水文学的水量平衡原理，可以得到径流演算的基本水量平衡方程为：

$$V_t - V_0 = I + P - E - O \tag{5-1}$$

树状结构的逻辑特征关系与河网水系的结构特征非常相似，树状结构中结点之间的父子关系可以用来描述河网中的干支流关系，树状结构是一种与河网水系非常相近的分散性结构，可以用来描述河流水系中的结构层次和网状结构关系（图 5-3）。

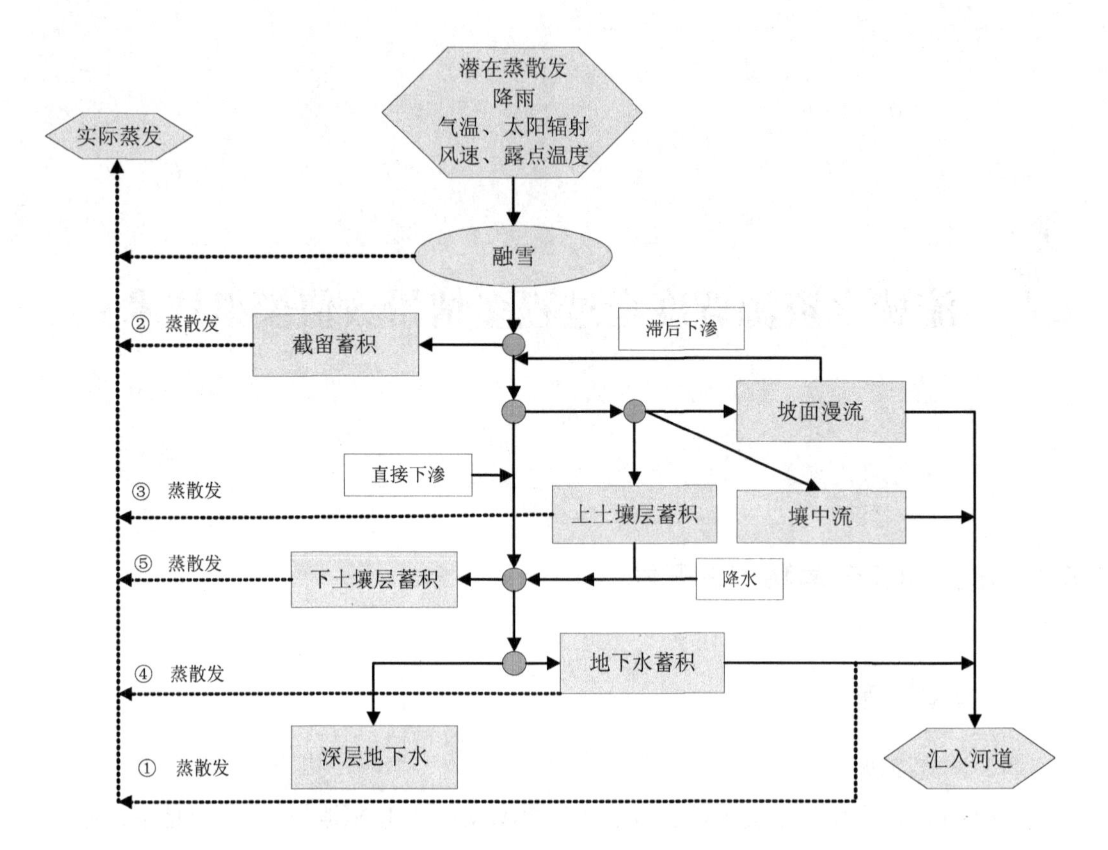

图 5-1　斯坦福模型Ⅳ模型

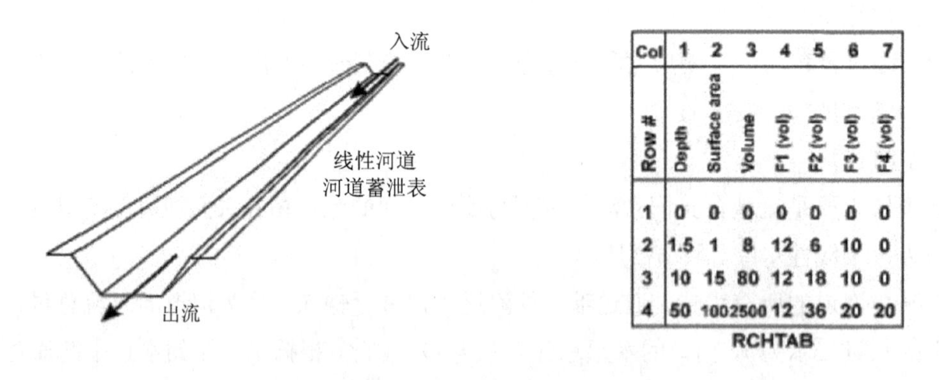

Col	1	2	3	4	5	6	7
Row #	Depth	Surface area	Volume	F1 (vol)	F2 (vol)	F3 (vol)	F4 (vol)
1	0	0	0	0	0	0	0
2	1.5	1	8	12	6	10	0
3	10	15	80	12	18	10	0
4	50	100	2500	12	36	20	20

RCHTAB

图 5-2　流域线性水库概化示意

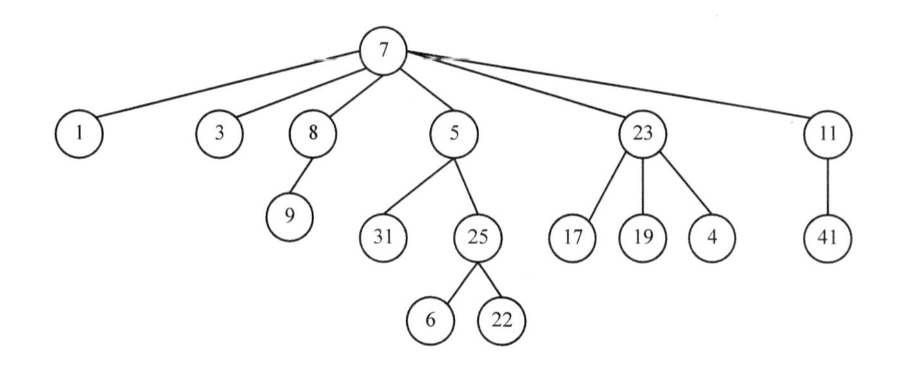

图 5-3 流域空间拓扑关系示意

整个算法主要包含三个步骤：第一步是按照自然子流域（或网格）顺序，建立子流域（或网格）之间的邻接表；第二步是子流域（或网格）间结点关系树的建立；第三步是对关系树进行遍历。根据流域产汇流的特性，采用后序遍历的算法进行遍历。后序遍历算法的中心思想是从根结点开始对于每一个结点先递归遍历其子树，然后再遍历其父结点。该序列的特点是：其最后一个元素值为树中根结点的值，而且结点在这个序列中的相互位置所反映出的结点之间的逻辑关系可以表达洪水在河流水系中的演算顺序。多叉树中各个节点的遍历，一般需要多次遍历搜索才能完成，因此需要设计多叉树递归遍历搜索算法。多叉树的后序递归遍历算法见图 5-4。

算法计算过程如下：

①算法中的核心部分就是要先计算树中叶结点。叶结点可分为物理叶结点和计算叶结点。物理叶结点表示在树形图示中，没有子结点的为物理叶结点。计算叶结点指的是为了形成一个树的递归运算，当一个父结点的子结点全部计算完毕后，则该父结点要依此计算。此时该父结点成为计算叶结点，成为下一个时段的要完成计算的结点。

②结点中属性值入流量 InFlow 初始化为 0，由于初始入流为 0，因此一开始计算时，叶结点实质上是没有外来入流，只有本子流域入流。

③结点的出流，包括两部分，一部分是子流域本身的产流，另一部分是流入本子流域的入流量。两部分的水量经调蓄后，产出本结点的出流量。

④将父结点所有子结点的入流量加起来，计算得出流量则成为其父结点的总入流量。

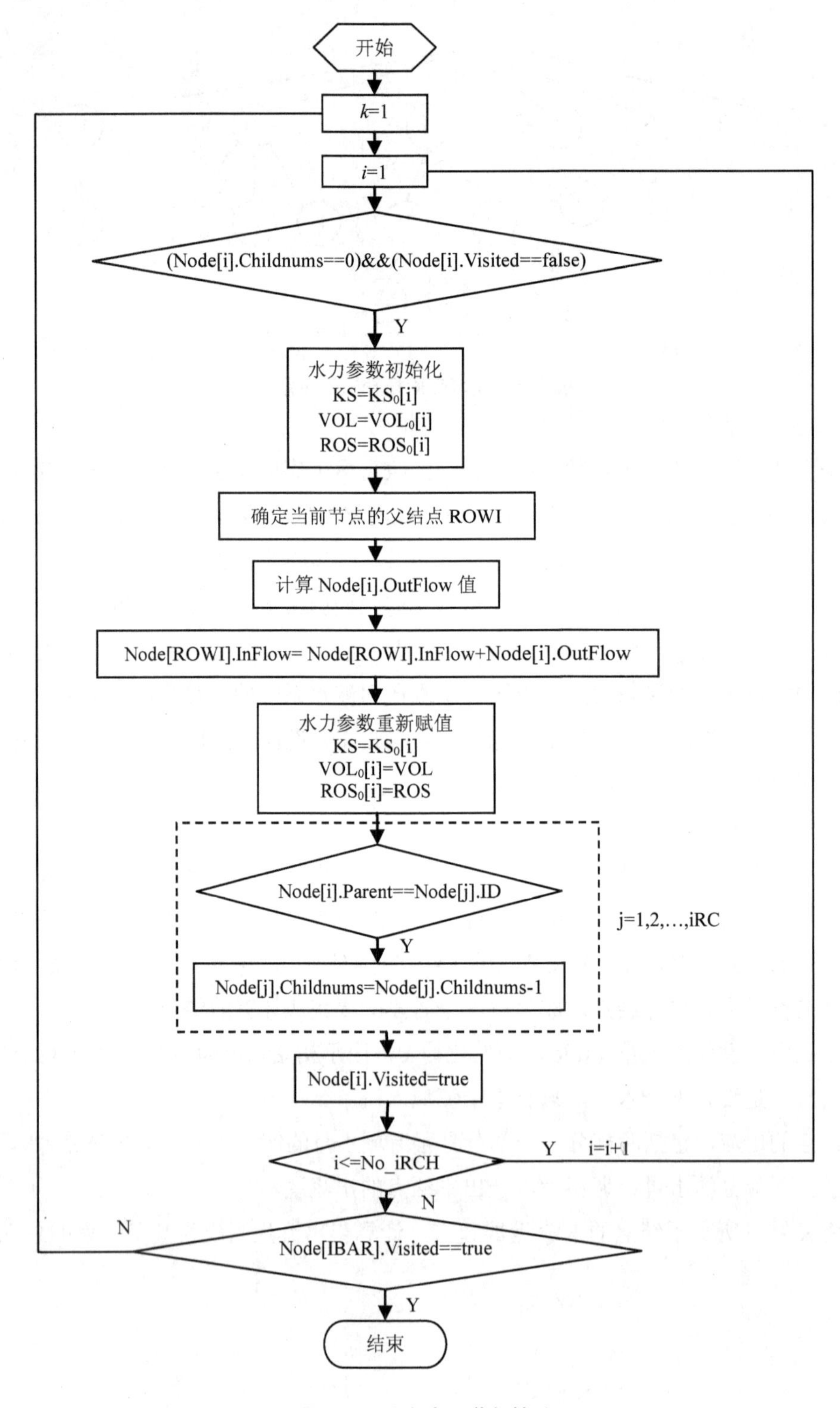

图 5-4 后序遍历递归算法

（3）水质模块

①基于子流域的主要污染源的物料平衡关系

$$L_{i,j}=L_{i,j-1}+\Delta S_{i,j} \tag{5-2}$$

式中：i，j—— 月份和子流域编号；

$L_{i,j}$ —— 该子流域出口的通量，kg 或 t；

$L_{i,j-1}$ —— 上游子流域入流通量，kg 或 t；

$\Delta S_{i,j}$ —— 该子流域面上通量，kg 或 t。

②子流域面上通量计算

空间显性水质（通量）模拟模型表达为如下：

$$\Delta S_{i,j}=[\mathrm{PS}_{i,j}+\mathrm{NPS}_{i,j}\cdot(1-T_{i,j})]\cdot(1-A_{i,j})\cdot\Delta t \tag{5-3}$$

式中：

点源排放量：$\mathrm{PS}_{i,j}=\sum_k \alpha_k \cdot S_{i,jk}$

非点源排放量：$\mathrm{NPS}_{i,j}=\sum_k \beta_k \cdot Z_{i,jk}$

地表非点源地表迁移和损失：$T_{i,j}=\exp(\sum_k \gamma_k \cdot W_{ijk})$

河道内污染物降解：$A_{i,j}=\exp(\sum_k \varphi_k \cdot R_{ijk})$

$S_{i,jk}$ —— 点源排放量，（以日为单位统计）；

$Z_{i,jk}$ —— 非点源非排放量，（以日为单位统计）；

$\mathrm{PS}_{i,j}$ 、$\mathrm{NPS}_{i,j}$ —— 点源和非点源入河负荷，也就是从流域面上进入河道的量；

α_k ，β_k —— 点源和非点源的入河系数，体现点源和非点源排放过程损失，如管网渗漏、挥发、植物提取等，非点源污染物入河系数可参照以前的研究成果（非点源污染物入河系数汇总）；

$T_{i,j}$ —— 非点源地表迁移和过程的损失系数，包括侵蚀、输移、吸附、沉降、降解等过程；

W_{ijk} —— 流域特征，包括地形、气象、土壤、土地利用等；

A_{ijk} —— 污染源河道综合降解系数，包括吸附、沉降、再悬浮、降解等过程；

R_{ijk} —— 河道特征，包括河床地形、下垫面、流量等。

（4）参数自动校准

模型参数的确定是模型运行过程中重要的一环。在运用水文模型模拟水文过程中，由于自然水循环过程复杂多变，存在高度的非线性和不确定性，为了与实际更相符，水文模型中涉及的参数一般较多，而且参数之间甚至存在相关性，并非独立，因此，在运用水文模型模拟流域水循环过程中，如何确定这众多参数的具体值，是一项复杂而艰巨的任务，而却又是非常关键的工作。本模型采用多目标遗传算法（NSGA）进行参数自动校准。

NSGA 与简单的遗传算法的主要区别在于：该算法在选择操作执行之前根据个体之间的支配关系进行了分层。其选择、交叉和变异运算与简单遗传算法没有本质区别。NSGA 的特点在于将多个目标函数计算转化为虚拟适应度计算。NSGA-Ⅱ采用的非支配分层方法，可以使好的个体有更大的机会遗传到代；适应度共享策略则使得准 Pareto 面上的个体均匀分布，保持了群体多样克服了超级个体的过度繁殖，防止了早熟收敛。算法流程如图 5-5 所示。

5.1.2 技术创新之处

（1）PKU-Hydro 模型较好解决了日模与次模统一模拟的问题。目前的 SWAT 模型，模拟最小尺度是日，因而对暴雨洪水模拟有一定限制。

（2）模型基于 OOP 的开发，便于模型的扩张，特别是与泥沙、氮、磷等污染源迁移转化的集成。

（3）模型实现了基于 NSGA 的多目标参数自动校准，实现了 NSGA 算法与模型的耦合，克服了 PEST 软件输入 ASCⅡ编码复杂的缺陷和不足。

5.1.3 数据与子流域划分

模拟过程包括如下的基本地理基础数据：①精度为 1∶50 000 的全流域 DEM 数据；②全流域边界及水系图；③精度为 30 m 的全流域 1999 年、2002 年、2005 年、2008 年、2010 年、2013 年 6 期土地利用类型。

气象数据主要来源于大观楼气象站（图 5-6），数据包括大观楼国家站的 1999—2013 年小时数据。为了体现降雨和蒸散发的空间差异性，还收集了 27 个雨量站（东白沙河、宝象河、柴河、大河、果林、松茂、横冲、海埂、海口、梁王山、双龙湾、双龙、南坝、三家村、白邑、中和、松花坝）的日数据和海口、海埂站的日蒸发数据。

水文数据包括河道流量和水库下泄量，其中河道流量涉及白邑、中和、盘龙江、宝象河、海口站、西园隧洞的 1999—2010 年日数据，以及昆明市水文局补充监测的海河、捞渔河、白鱼河、淤泥河、南冲河、大清河、金家河、马料河、洛龙河、柴河、东大河、古城河、中河等 19 条河流的 2009—2015 年的月数据；水库下泄量涉及大河、柴河、双龙、松茂、果林、横冲、松花坝 7 个大中型水库（1999—2015 年）。

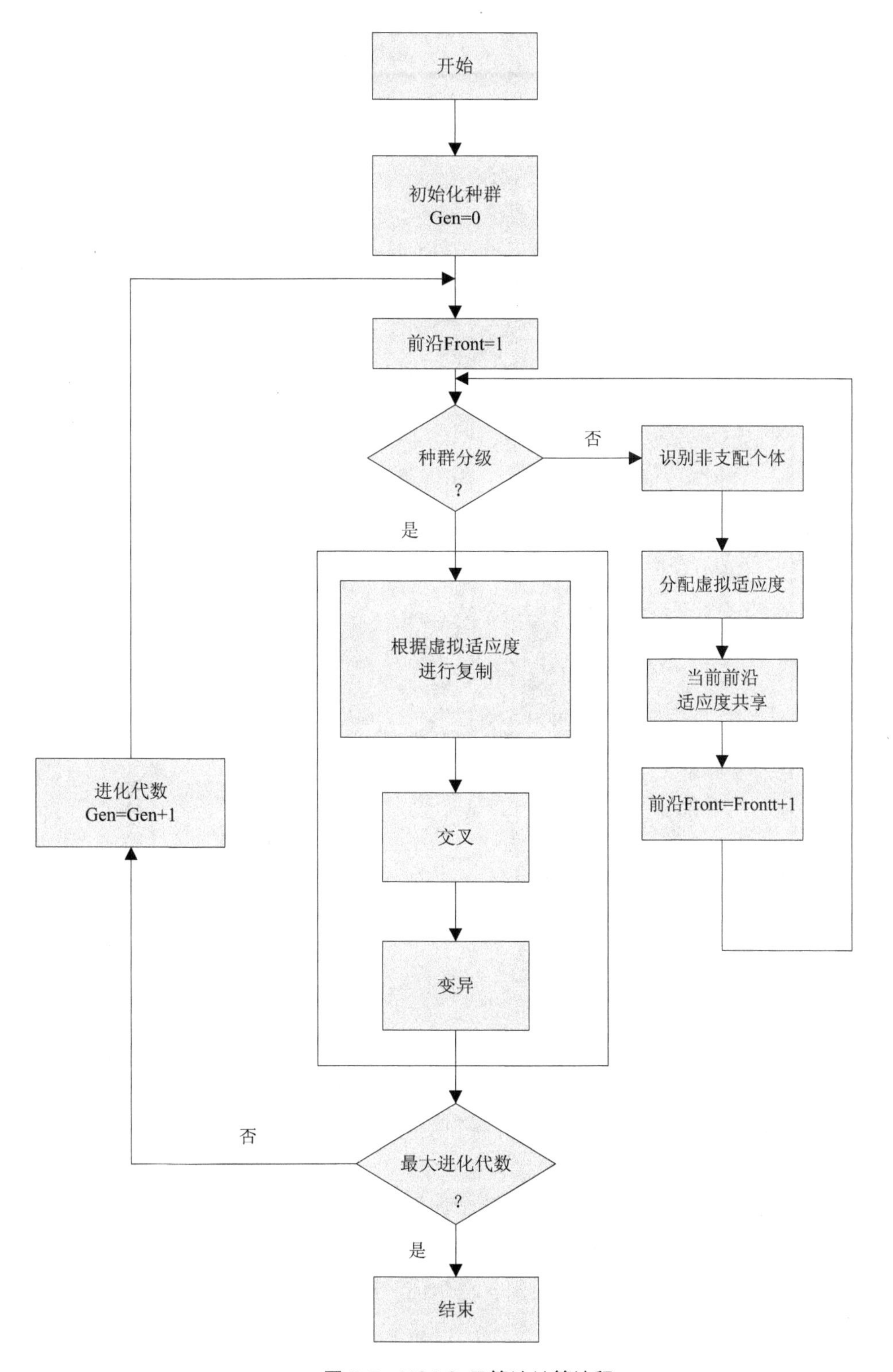

图 5-5 NSAG-Ⅱ算法计算流程

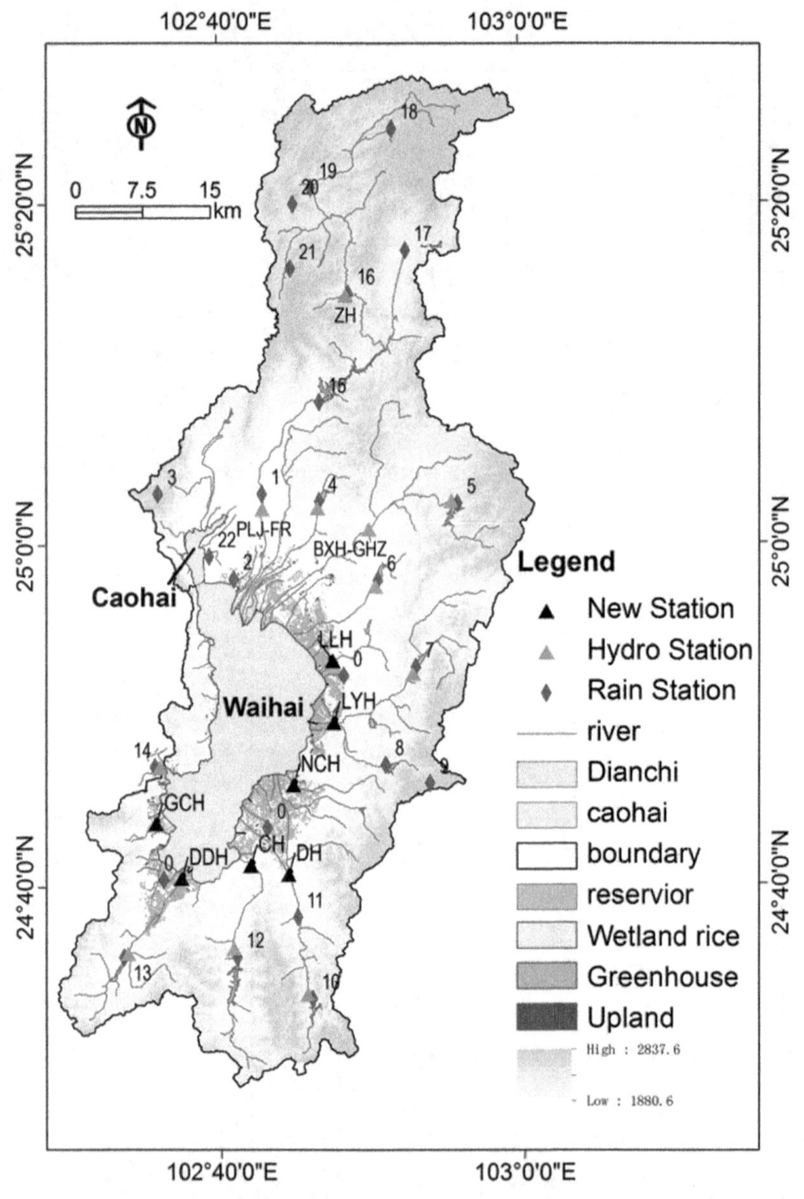

图 5-6 滇池流域水文气象站点分布

对于滇池流域全流域的模型，通过将整个流域划分成 15 个片区 110 个子流域分别进行模拟，各个片区的分布如图 5-7 所示，包括盘龙江、宝象河、海河、捞鱼河、新运粮河、大清河、柴河、马料河、洛龙河、东大河、白鱼河、南冲河、古城河、中河以及滇池沿岸直接入湖片区。

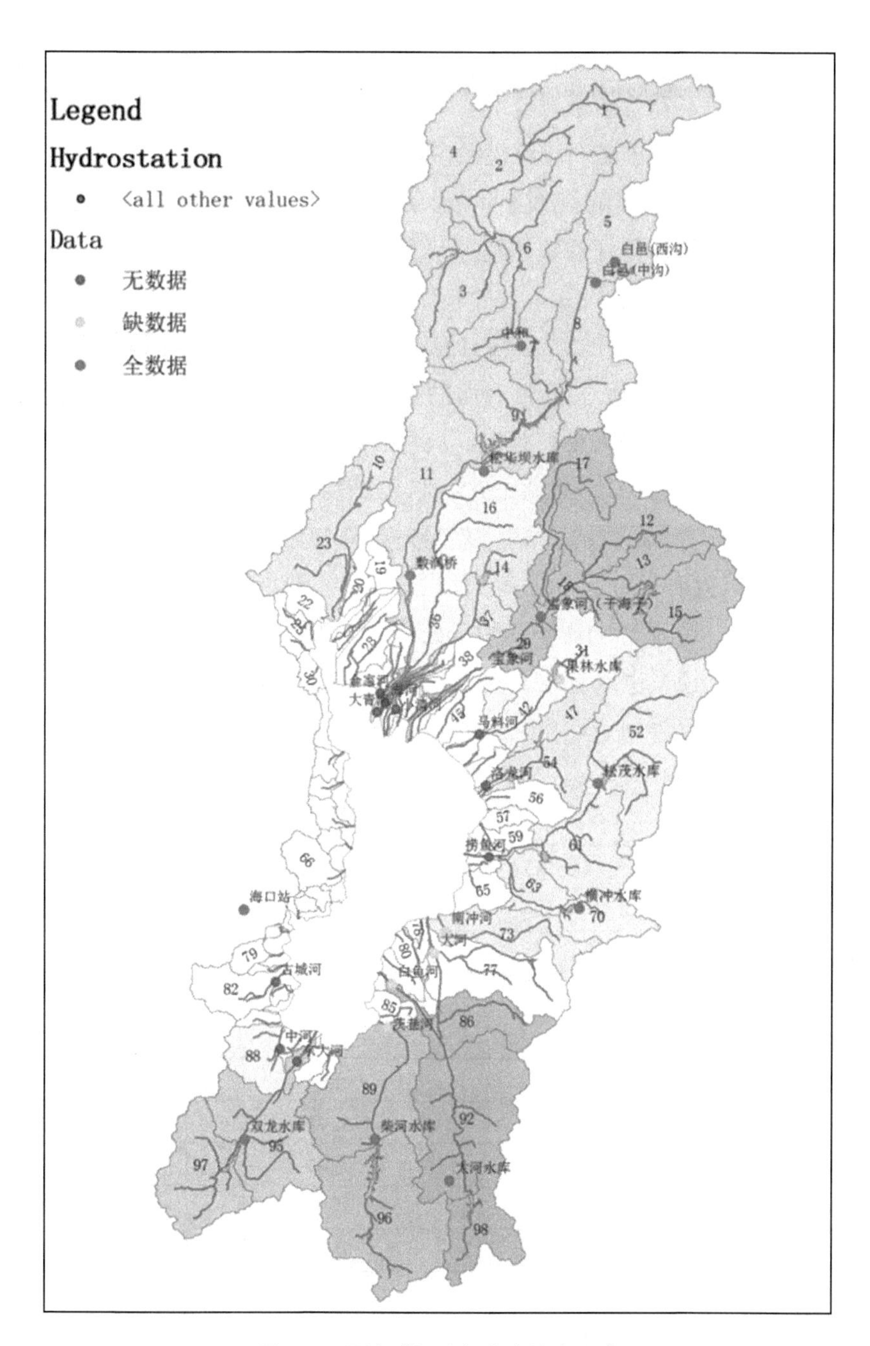

图 5-7　子流域划分与水文站点分布

5.1.4　模型验证和应用

基于建立的滇池流域数据库，开展了滇池流域 15 个片区的水文和污染物输移过程的模拟。其中，模拟率定期为 1999—2011 年（共 13 年，但草海片区无此数据），验证期为

2013—2015 年。首先，按照年径流总量、月平均径流量、日径流量的顺序依次校准，随后开展高锰酸盐指数、总氮和总磷水质校准。本研究采用 PEST-PKU-HYDRO 多目标自动校准算法进行 PKU-HYDRO 水文和点源模型参数校准，采用包括日流量偏差、月流量（浓度）偏差和流量（浓度）保证率偏差的多目标函数，其权重设定为各目标初始偏差的倒数，可以实现相对人工、单目标更好的整体模拟精度、变化趋势和一致性。校准过程选择相对偏差、变异性系数和效率系数（Ens）进行模型可靠性判断。

从图 5-8 来看，校准后的滇池流域 PKU-HYDRO 模型能准确滇池外海的 11 条河流（中河、盘龙江、宝象河、洛龙河、捞鱼河、南冲河、大河、柴河、东大河、古城河）的日径流过程，有效捕捉基流、洪峰大小和频次。从月径流过程来看（图 5-9 和图 5-10），除了捞鱼河之外，其他河流在精度、一致性、变异性、偏差 4 个方面都达到模型评价标准的“满意”水平，总量误差都控制在 10%以内，R^2 皆超过 0.75，E_{ns} 在 0.55 以上（详细结果见表 5-1）。2013—2015 年验证期的月径流模拟效也证明了滇池流域 PKU-HYDRO 模型的稳健性。由于充分考虑人工水循环的影响（污水处理厂排放、外排、补水、水库截留等），滇池流域 PKU-HYDRO 模型也能有效地模拟草海片区的河流水文过程（新运粮河、老运粮河、乌龙河、大观河、西坝河、船房河），如图 5-11 所示。

表 5-1 滇池流域月径流模拟效果

河流	相对偏差（25%）	变异性系数（0.7）	当前 E_{ns}（>0.5）
中河	4.3%	0.25	0.94
盘龙江	15.5%	0.36	0.87
宝象河	10.0%	0.53	0.72
洛龙河	19.5%	1.67	—
捞鱼河	32.2%	0.64	0.59
南冲河	−22%	0.71	0.51
大河	−12%	0.67	0.55
柴河	0.3%	0.69	0.53
东大河	−6.1%	0.73	0.46
古城河	9.7%	0.71	0.51
新运粮河	6.5%	0.36	0.72
老运粮河	5.5%	0.33	0.75
乌龙河	4.2%	0.3	0.80
大观河	6.9%	0.41	0.70
西坝河	4.8%	0.36	0.78
船房河	5.1%	0.38	0.74

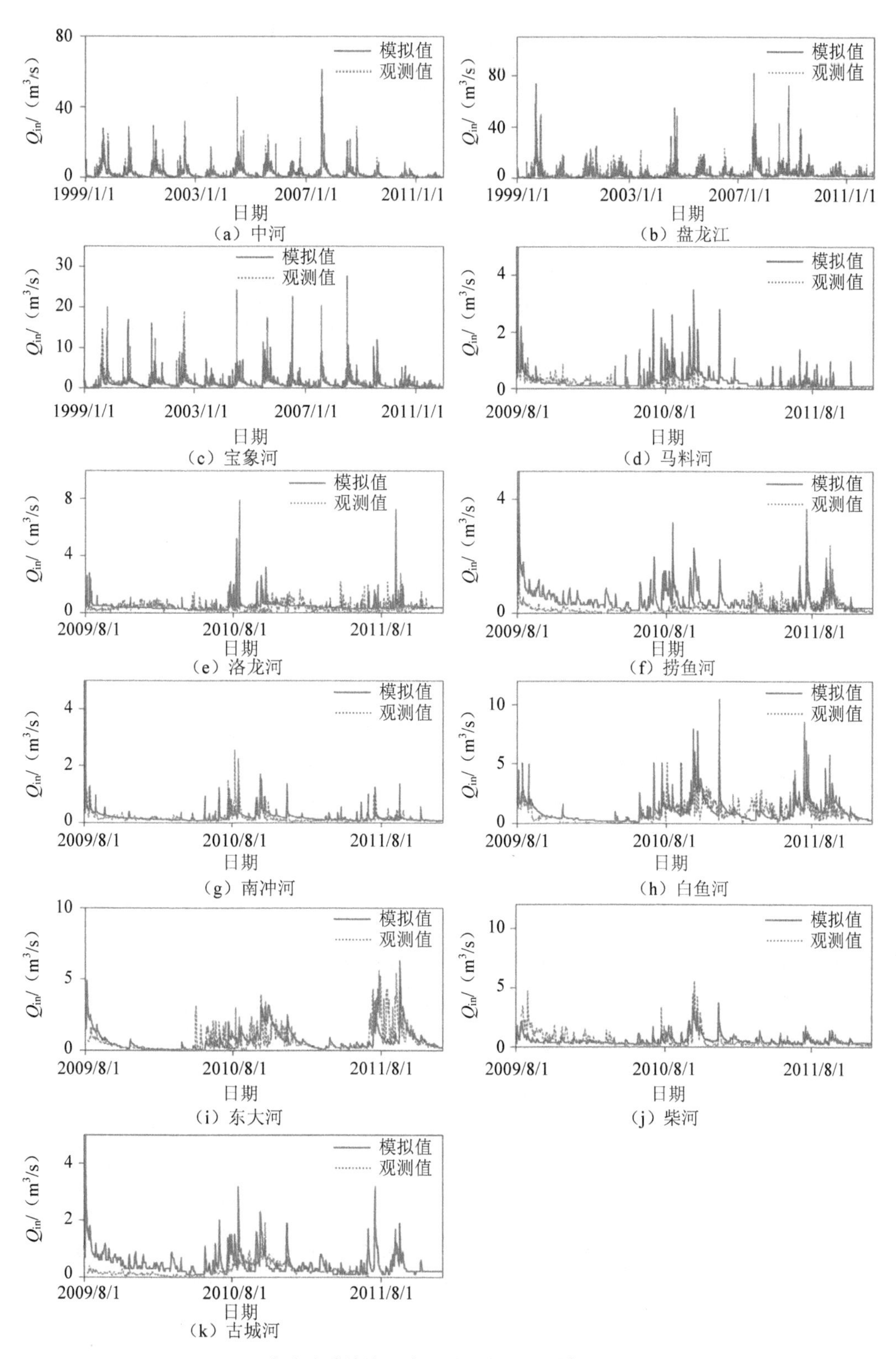

图 5-8 滇池流域外海入湖河流日径流量模拟与观测对比分析

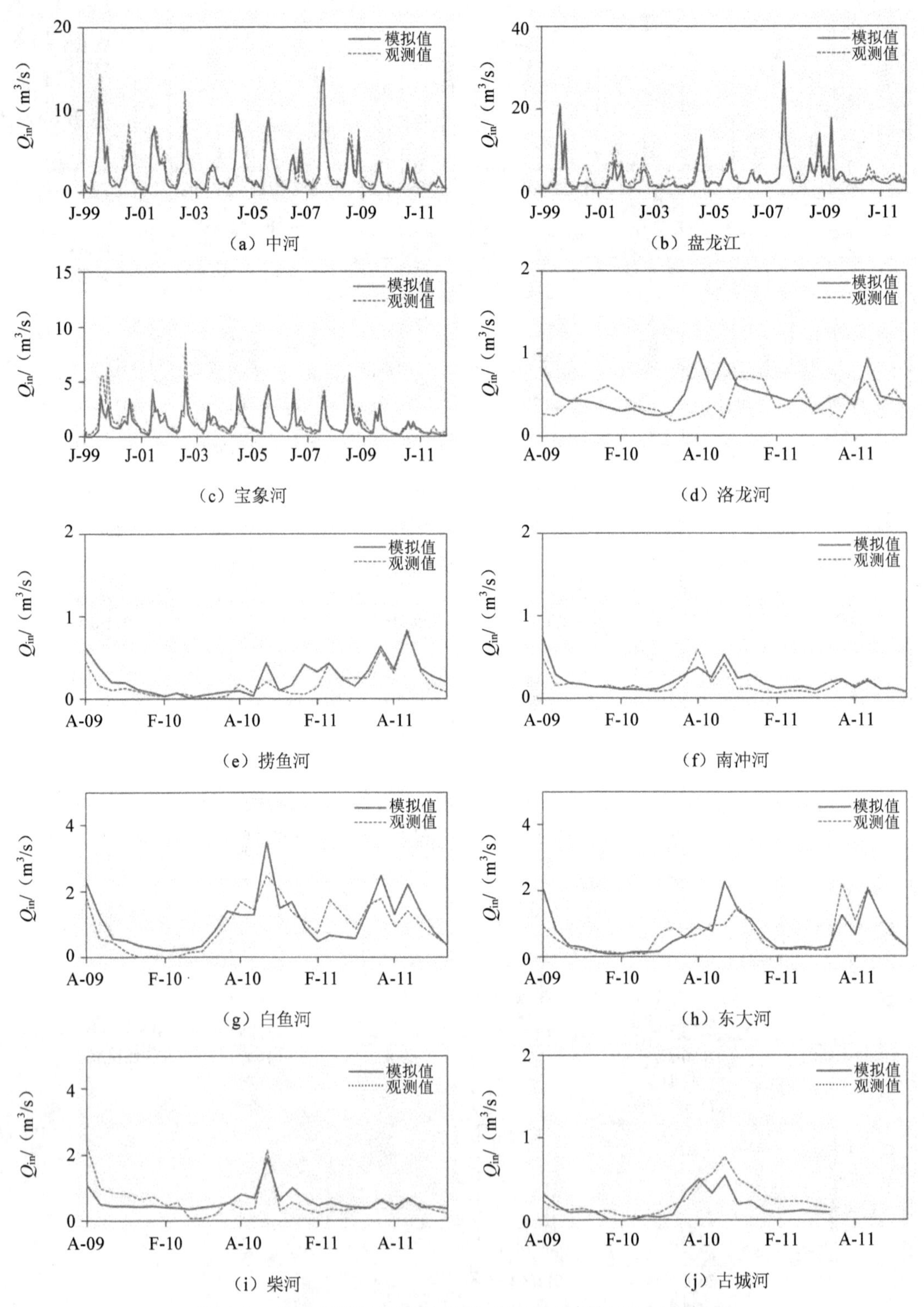

图 5-9 滇池流域外海入湖河流月径流量模拟与观测对比分析

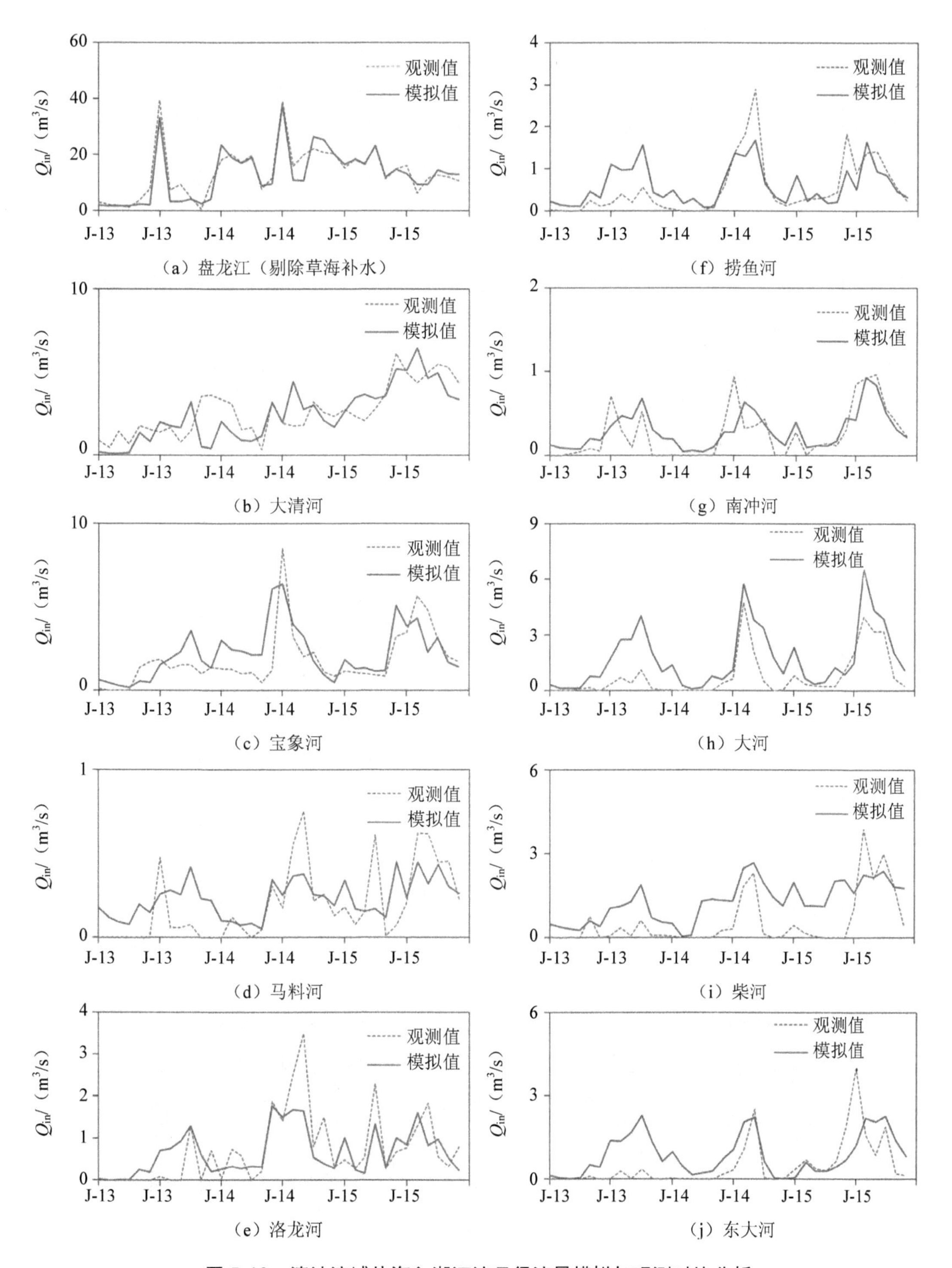

图 5-10 滇池流域外海入湖河流月径流量模拟与观测对比分析

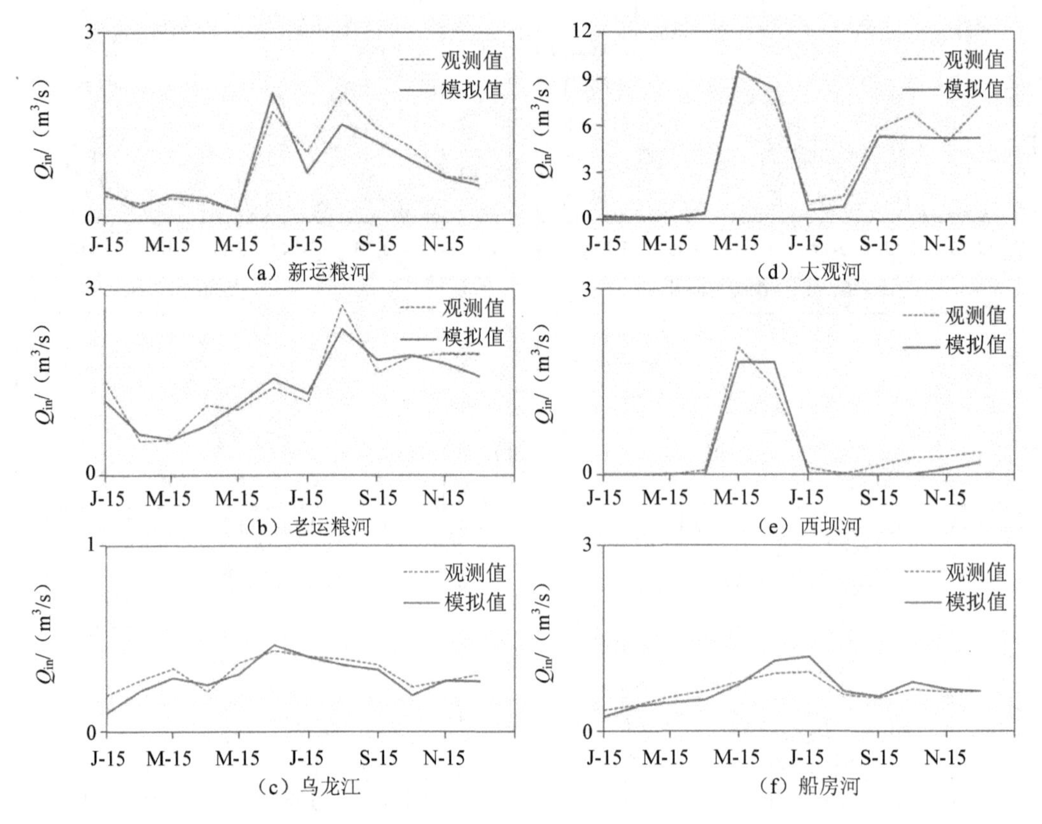

图 5-11 滇池流域草海入湖河流月径流量模拟与观测对比分析（2013—2015 年）

5.1.5 水质模拟

由于滇池流域每月进行一次入湖河流水质监测，因此，本研究采用 PKU-HYDRO 模型模拟的月平均值与观测值进行对比分析。整体来看，校准后的滇池流域 PKU-HYDRO 模型基本上能准确模拟滇池外海高锰酸盐指数（COD_{Mn}）、总氮和总磷浓度（2013—2015 年）。其中，高锰酸盐指数的相对误差控制在 5%以内，R^2 皆超过 0.80，E_{ns} 在 0.75 以上，主要是因为本研究采用了月尺度点源排放数据和实测的有机污染物降解系数。相比而言，PKU-HYDRO 模型模拟的总氮和总磷浓度的相对误差较大，在 18%左右，但模型有效捕捉了季节波动和年际变化。如从 2013—2015 年的观测数据来看，盘龙江在牛栏江—滇池补水工程通水前的总氮和总磷浓度比通水后高出近 2 倍，且在补水规模相对较小的雨季阶段其水质浓度有所上升，而校准后的 PKU-HYDRO 模型能准确模拟了这种变化特征。

与水文过程模拟相似，PKU-HYDRO 模型模拟的草海入湖河流水质浓度优于滇池外海入湖河流（图 5-12～图 5-17），主要因为草海入湖河流更多受控于点源排放，而外海入湖河流的水质浓度取决于点源和非点源排放。

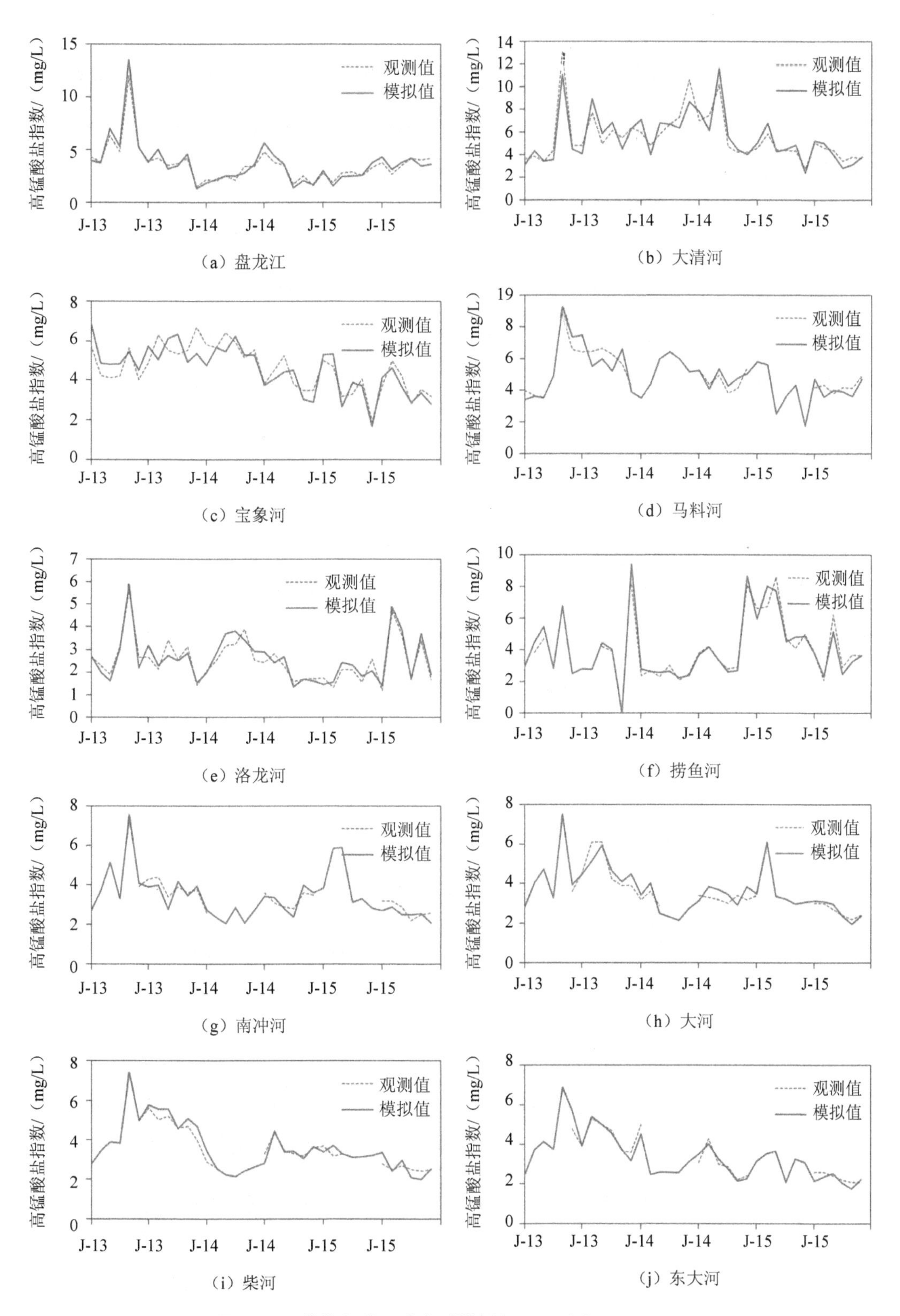

图 5-12 外海入湖河流水质模拟与观测对比（COD_{Mn}）

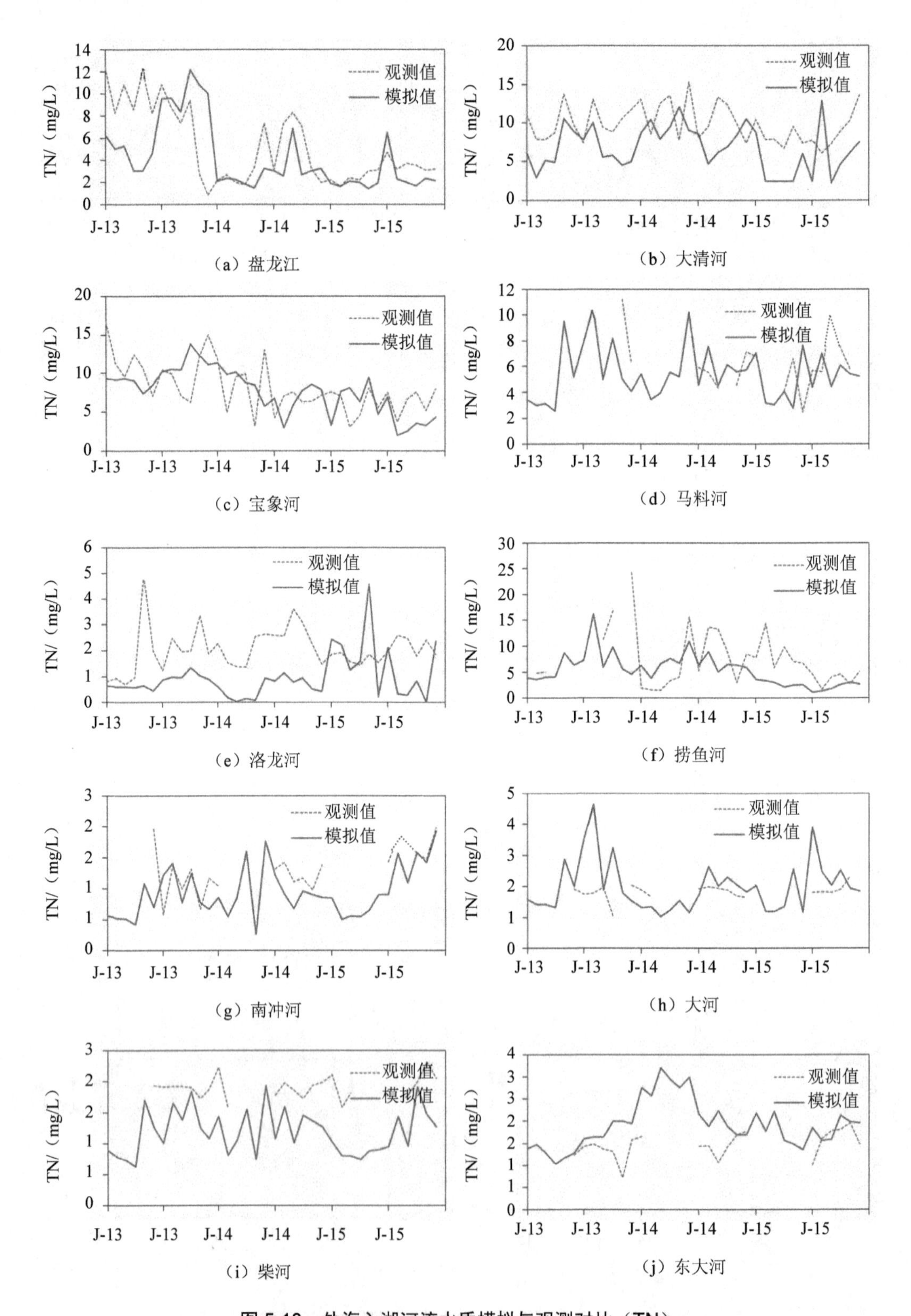

图 5-13　外海入湖河流水质模拟与观测对比（TN）

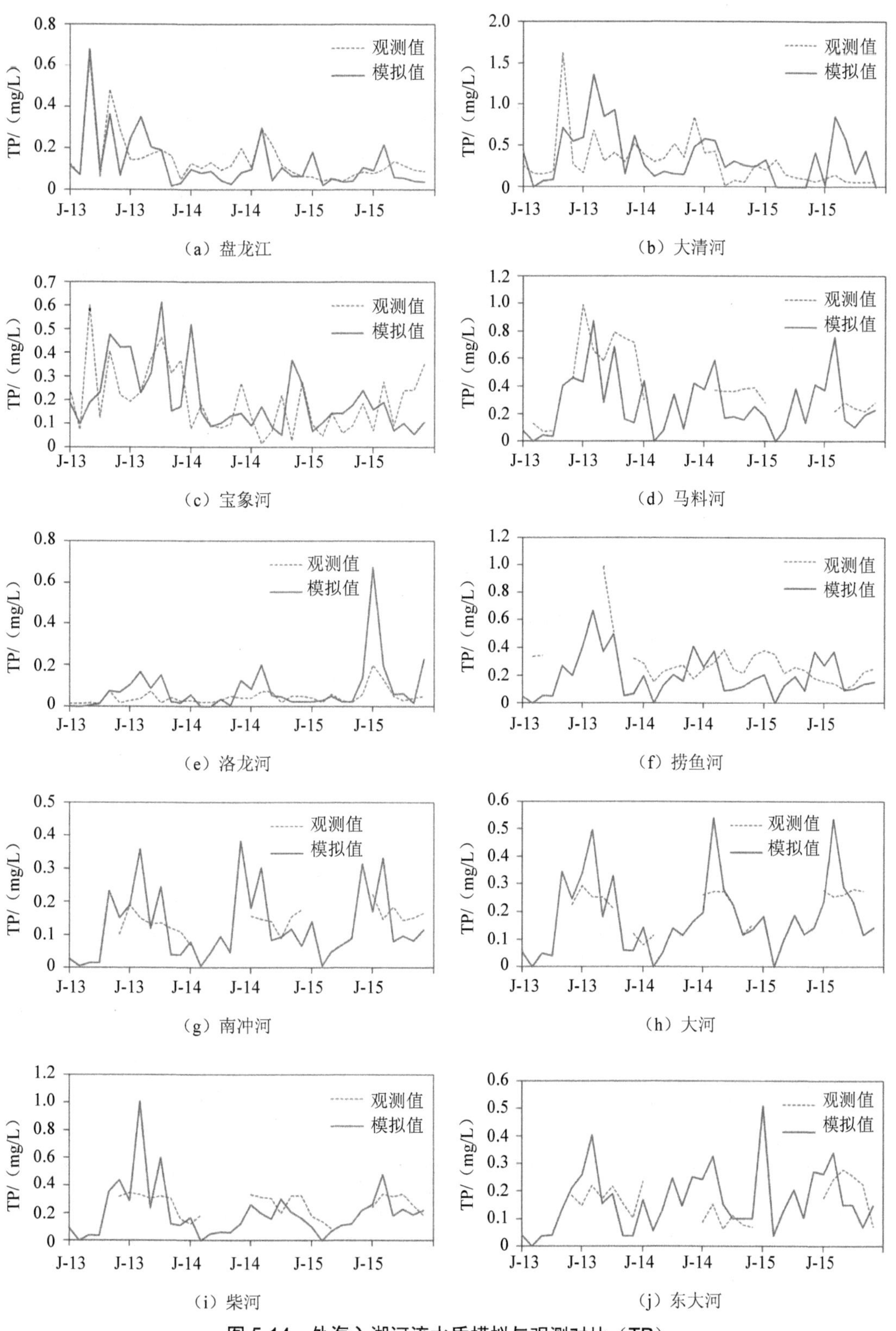

图 5-14 外海入湖河流水质模拟与观测对比（TP）

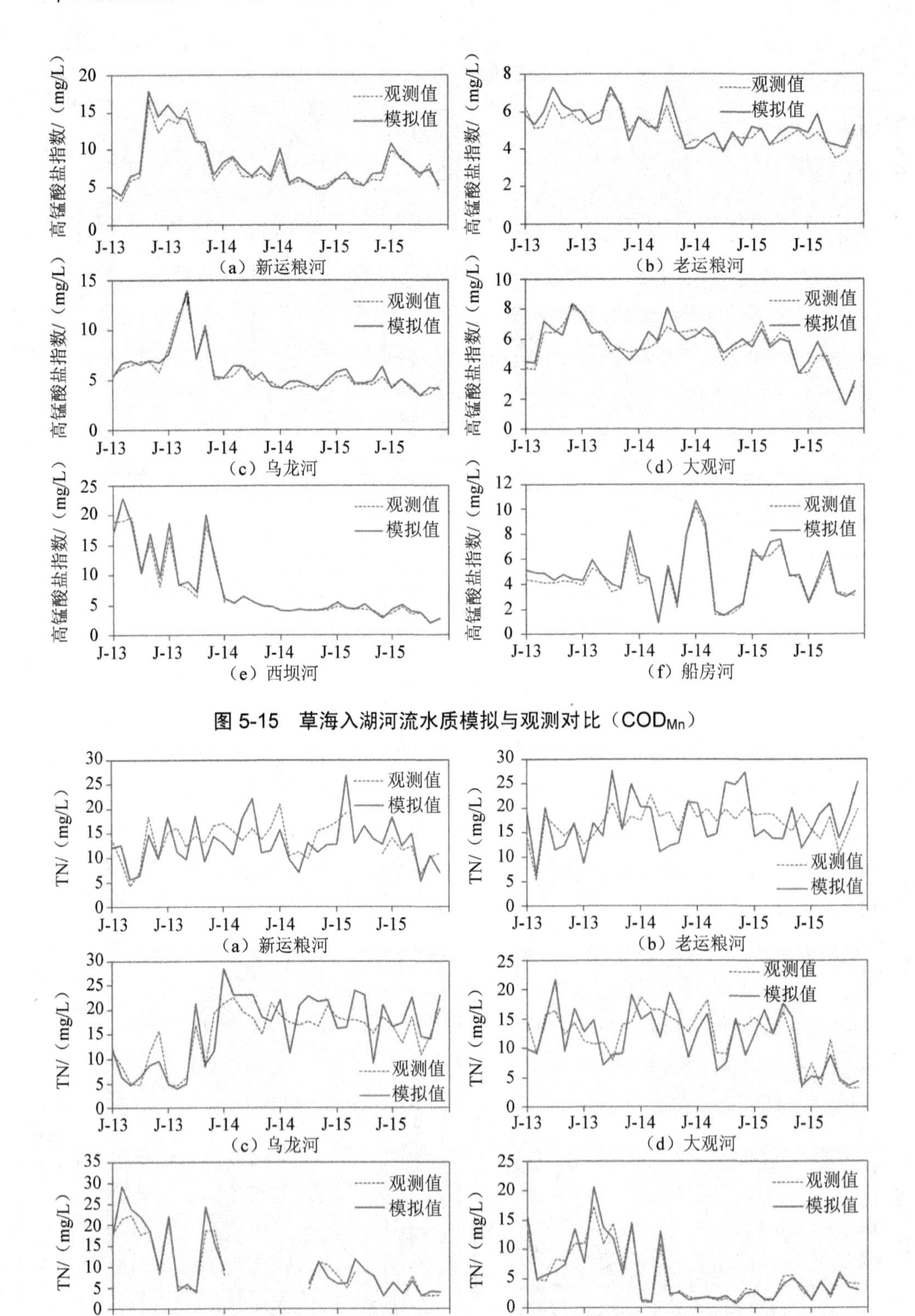

图 5-15 草海入湖河流水质模拟与观测对比（COD_{Mn}）

图 5-16 草海入湖河流水质模拟与观测对比（TN）

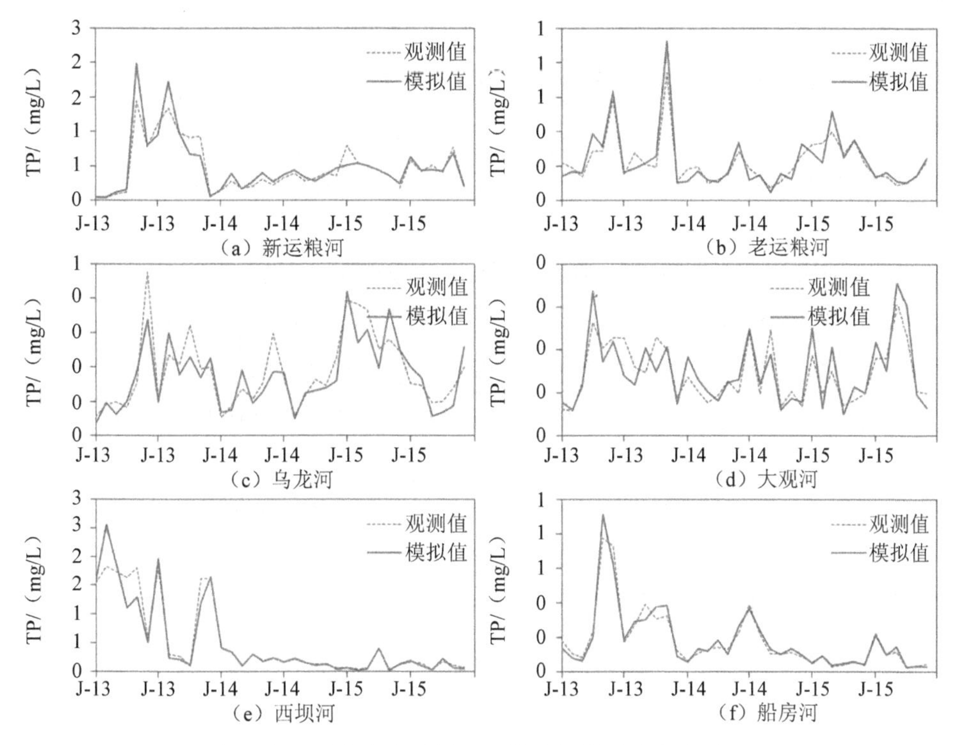

图 5-17　草海入湖河流水质模拟与观测对比（TP）

5.2　三维风场与水质水动力模块更新

5.2.1　模型原理

（1）研发思路

湖泊水面开阔，滇池水面面积为 309 km^2，湖流速度缓慢，湖泊水环境系统观测十分困难，目前在滇池只布置 10 个的水质固定测点，进行每月一次的常规水质观测，难以详细了解滇池水体时间和空间的动态变化，因而数值模拟一直成为滇池水环境研究的重要技术手段。数学模型研发技术流程包括以下 4 个方面。

①明确模拟指标，进行开发模块设计

污染物在湖体内的输移扩散等特性，很大程度上取决于湖流运动规律，滇池属大型的宽浅型湖泊，水流运动主要受湖面风场影响，以风生流为主。因此，滇池水环境数学模型除水流模型、水质模型外，还应包括风场模型，其中主要水质指标包括 COD_{Mn}、TP、TN。

从 3 个模块的影响作用特点来看，风场影响水流、水流影响水质，但在水流模拟过程中，水质对湖流影响是非常小的，可以不考虑水质影响；而在风场模拟时，水流、水质的影响基本可以忽略。因此，在进行滇池水环境数学模型开发时，可以分成风场模块、水流模块和水质模块相对独立地开发，通过模块间数据动态传输，反映风场、水流、水质作用特点。

②确定模型类型

滇池周围地形十分复杂，湖区湖面风场受到西山对气流运动的显著影响。为了能较好地模拟滇池湖面风场，拟采用前期开发的受滇池西岸西山地形影响的三维风场模型，为滇池水流模拟提供湖面风场条件。

对于滇池水体，考虑滇池属于典型的宽浅型湖泊，水体垂向混合相对较为均匀，空间平面的不均性分布比较显著。因此，从反映研究区域水流水质总体变化特征，以及满足实际需求角度考虑，采用水深平均的三维数学方程来描述滇池水流水质运动特点。

在确定数学模型类型的基础上，即可根据滇池水流水质演变的动力机理，选择适宜的数学方程来描述模拟指标的水环境变化过程。

③数学模型数值求解

首先是湖泊形状和地形的概化，以反映湖体自然特征；其次是对数学方程进行数值离散，寻求方程数值解。目前，随着数值模拟技术的飞速发展，有关数值解技术的研究成果很多，技术方法相对比较成熟。

④数学模型参数的率定与验证

湖泊水体内存在十分复杂的物理、化学及生物演变过程，数学模型是对这些过程的简化数学描述，需要利用实测资料对模型参数进行率定与验证，以保证建立的模型能够反映天然过程并且具有一定的模拟精度。

根据收集到的滇池水流水质资料，利用近年来固定点实测水质资料年变化过程和前期的研究成果，进行滇池水环境数学模型的验证计算，确保建立的滇池水环境数学模型能较好地反映滇池实际水质动态演变特征。

（2）滇池湖面三维风场模型

①气流模型简介

为了表现地形的作用，采用地形追随坐标

$$\overline{Z} = H(Z - Z_{g})/(H - Z_{g}) \tag{5-4}$$

式中：H—— 模式顶部高度；

Z_{g}—— 地面的相对高度。

假定模式大气干燥、不可压缩、满足静力平衡，忽略大气的辐射和凝结则在此坐标系下，三维大气的动力过程可用下面的方程组描述：

$$\frac{\mathrm{d}u}{\mathrm{d}t} = -\theta\frac{\partial \pi}{\partial x} + g\frac{\overline{z} - H}{H}\cdot\frac{\partial Z_{g}}{\partial x} + fv + F_{u} \tag{5-5}$$

$$\frac{\mathrm{d}v}{\mathrm{d}t}=-\theta\frac{\partial\pi}{\partial y}+g\frac{\bar{z}-H}{H}\frac{\partial Z_g}{\partial y}-fu+F_v \tag{5-6}$$

$$\frac{\partial u}{\partial x}+\frac{\partial v}{\partial y}+\frac{\partial\bar{\omega}}{\partial\bar{z}}-\frac{u}{H-Z_g}\cdot\frac{\partial Z_g}{\partial x}-\frac{v}{H-Z_g}\cdot\frac{\partial Z_g}{\partial y}=0$$

$$\frac{\mathrm{d}\theta}{\mathrm{d}t}=F_\theta \tag{5-7}$$

$$\frac{\partial\pi}{\partial\bar{z}}=-\frac{H-Z_g}{H}\cdot\frac{g}{\theta}$$

式中：u，v，ω——x，y，z 方向的风速；

$\bar{\omega}$——（x，y，$\bar{z}$）坐标系中 $\bar{z}$ 方向的风速；

f——柯氏力系数；

θ——位温。

$$\pi=C_P\left({P}/{P_0}\right)^{R/C_P} \tag{5-8}$$

其表示气压的 Exner 函数，P_0=1 000 hPa；

个别微商：

$$\frac{\mathrm{d}}{\mathrm{d}t}=\frac{\partial}{\partial t}+u\frac{\partial}{\partial x}+v\frac{\partial}{\partial y}+\bar{\omega}\frac{\partial}{\partial\bar{z}}$$

$$\bar{\omega}=\omega\frac{H}{H-Z_g}+\frac{\bar{z}-H}{H-Z_g}\cdot u\cdot\frac{\partial Z_g}{\partial x}+\frac{\bar{z}-H}{H-Z_g}\cdot v\cdot\frac{\partial Z_g}{\partial y} \tag{5-9}$$

式中：F_u，F_v，F_θ——u，v，θ 的湍流扩散项，可用下式表示：

$$F_\phi=K_H\cdot\left(\frac{\partial^2\phi}{\partial x^2}+\frac{\partial^2\phi}{\partial y^2}\right)+\left(\frac{H}{H-Z_g}\right)^2\cdot\frac{\partial}{\partial\bar{z}}\left(K_V\cdot\frac{\partial\phi}{\partial\bar{z}}\right) \tag{5-10}$$

式中：ϕ——u，v，θ 中的任一项；

K_H，K_V——水平和垂直扩散系数。

采用显式有限差分方法对方程进行求解。

②风场模拟

根据气流模型的要求及滇池湖区周围地形特征，选择包括滇池湖区及其周围复杂地形特征在内的 42×42 km^2 作为风场模拟的平面区域，网格尺度为 1×1 km^2。垂向高度取 3 km，采取不等距网格，分 16 层，地面附近网格较密，其中离地面 5 m、10 m、60 m 处均布有网格层。湖流模型计算中所需的风速、风向取离湖面 10 m 处的风速风向值作为边界条件。

取西南风 4.2 m/s 作为风场模拟的来流风速，初始地表温度取为：T_s=20℃，数值模拟离湖面 10 m 高处的风场见图 5-18。从风场的水平矢量图看出，湖区西部靠近西山 500 m 左右的范围内风速不同程度地降低，风向也有一定程度的变化，尤其在西山脚下，风向变为偏南风，这与实测风情资料是符合的。与人工构造的非均匀风场比较，两者基本一致，只是后者湖面风向不变的假定有一定的误差。

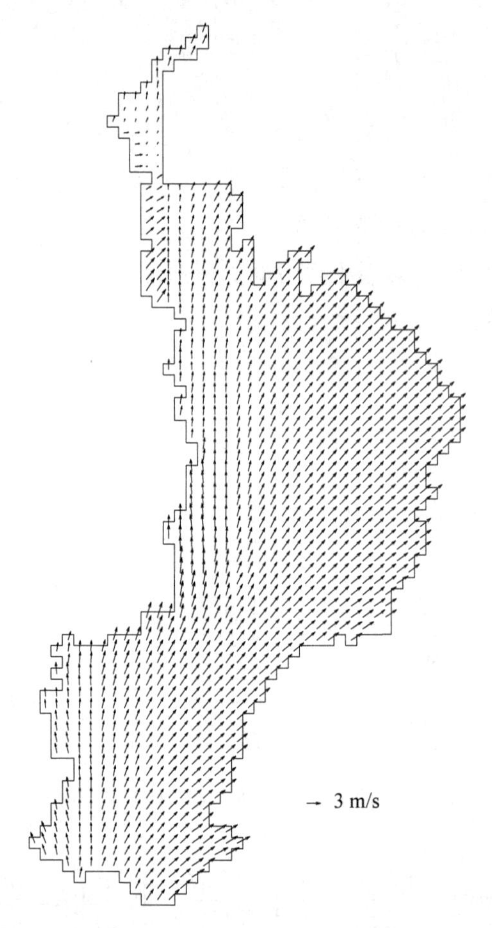

图 5-18　常年主导风向下滇池湖面风场分布（数值模拟）

EFDC（Environmental Fluid Dynamics Code）模型是由威廉玛丽大学维吉尼亚海洋科学研究所（Virginia Institute of Marine Science at the College of William and Mary，VIMS）的 John Hamriek 等开发的三维地表水水质数学模型，可实现河流、湖库、湿地系统、河口和海洋等水体的水动力学和水质模拟，是一个多参数有限差分模型。该模型系统主要包括水动力、泥沙、水质、底质、风浪等模块。模型系统由 FORTRAN 语言编写而成，包含 1 个主程序，110 个子程序。EFDC 模型如下：

$$\frac{\partial C}{\partial t}+\frac{\partial(uC)}{\partial t}+\frac{\partial(vC)}{\partial t}+\frac{\partial(wC)}{\partial t}=\frac{\partial\left(K_x\frac{\partial C}{\partial x}\right)}{\partial x}+\frac{\partial\left(K_y\frac{\partial C}{\partial y}\right)}{\partial y}+\frac{\partial\left(K_z\frac{\partial C}{\partial z}\right)}{\partial z}+S_c \tag{5-11}$$

式中：C—— 水质变量浓度，mg/L；

t—— 时间，s；

u，v 和 w —— x，y 和 z 方向上的速度分量，m/s；

K_x，K_y 和 K_z —— x，y 和 z 方向上的湍流扩散系数，m^2/s；

S_c—— 每单位体积上的内部外部源汇项，mg/（L·s）。

EFDC 模型其初始条件可以通过热启动的形式设定，也可以通过输入模拟开始的监测数据，比如初始水位，各网格初始水质浓度。湖泊概化数据，包括湖面轮廓，入湖和出湖河口位置，网格编码图、网格中心点坐标、网格分层情况，以及湖底地形数据（网格长、宽、深、糙率系数）等。边界条件包括入湖河流流量和水位边界，污染物入流浓度时间序列，以及气象数据（风速、风向、雨量、蒸发，日照和温度等）。另外，还需要 EFDC 模型的参数设定，比如水质反应参数，水动力的湍流参数。而且，还需要相应的水位数据，温度数据进行 EFDC 水动力模拟结果的检验，还需要营养盐浓度数据进行 EFDC 水质模拟结果的检验。

针对“基于水质改善的调水工程入湖通道优化及滇池水位调控”这个问题，本项目开发了 EFDC 和优化模型耦合的算法（图 5-19）。该算法框架分为 3 个部分：一是 EFDC 模拟与湖泊营养状态评估，二是统计推断建立代理模型，三是应用优化模型进行决策得到调水方案。

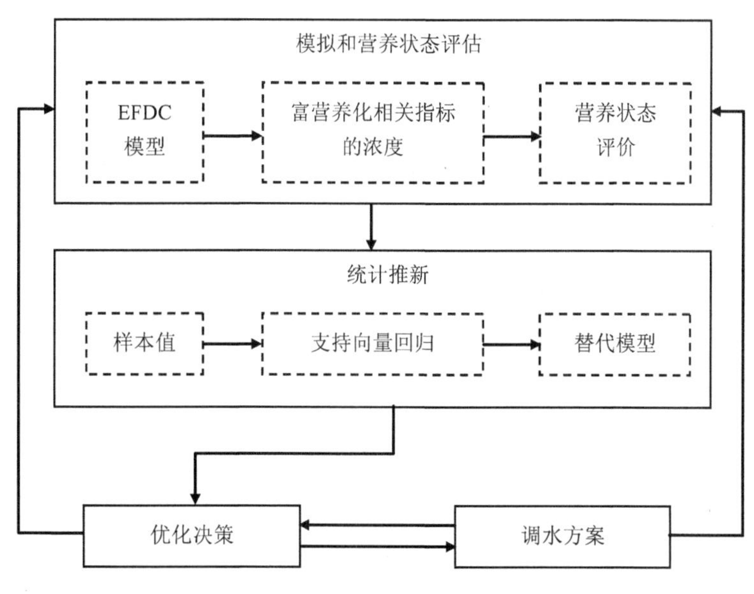

（a）

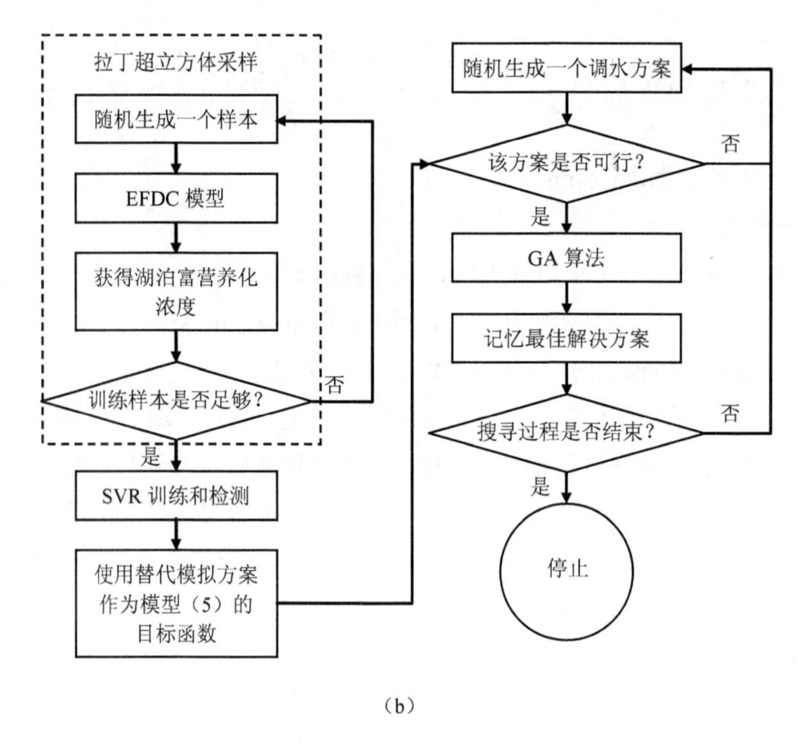

（b）

图 5-19　EFDC 和优化模型耦合算法步骤

图 5-19（b）展示了 EFDC 和优化模型耦合算法的计算步骤。首先，利用拉丁超立方抽样方法对决策变量 X_i（调水方案）进行随机抽样，然后运行 EFDC 模型模拟湖体水质浓度，接着计算营养化状态指数 TSI_l。通过 X_i 与 TSI_l 之间的对应样本建立代理模型，并将其导入模型 1 的目标函数，最后利用遗传算法进行求解得到最优调水方案。具体如下：

第一步：定义湖体边界条件，包括湖泊轮廓，湖底地形及入湖河流位置，并产生网格离散湖体；

第二步：利用拉丁超立方抽样产生 200 个 X_i 的样本，其中对每个 X_i 选择 10 个等概率抽样；

第三步：计算每条河流的径流量 Q_{ij}^*，而且每天 TP 和 TN 浓度（P_{ij}^*和 N_{ij}^*）同时计算。

第四步：运行 EFDC 模型，其中输入数据包括第三步计算的每条河流的径流量，TP 和 TN 浓度，以及气象条件，风场时间序列，还包括初始浓度场；

第五步，提取 EFDC 计算结果，主要是每天的 Chl-a、TP 和 TN 浓度，然后求平均浓度并得到相应的 TSI 值（TSI_l）

第六步，重复第二步到第五步 M 次，这里 M 表示训练样本和测试样本的总和。

第七步，基于随机抽取的 200 个样本训练和测试代理模型（支持向量机）的精度，其中解释变量为 X_i，响应变量为 TSI_l。

第八步，将代理模型导入到模型 1 的目标函数，并利用遗传算法对其求解，从而得到最佳调水方案。

5.2.2　技术创新之处

滇池属大型宽浅型湖泊，风是湖流运动的主要驱动力，风生湖流是滇池湖流的主流形态。针对滇池流域复杂的地形地势条件、典型高原湖泊特有的水文情势变化特征及城市下游湖泊复杂的水动力条件与污染物迁移扩散规律，基于三维过山气流模型和湖泊三维水动力学数学模型的联合运用下的滇池湖区流场模拟，结合滇池污染物迁移扩散规律和物理及生物化学反应机制，自主研发了具有功能模块化、前后处理模块的滇池三维水动力与水质数学模型。该模型能较好地反映出滇池西岸、外海北岸和南部沿岸区存在的补偿性局部小环流，并与湖区有限的实测湖流成果比较一致，能较好地反映和模拟预测湖周复杂地形遮挡影响下的滇池湖区水动力条件、年内与年际水位的动态变化过程，有利于提高滇池湖区污染物迁移扩散及水质变化的模拟和预测精度。同时能为 TECPLOT、SURFER 等多种绘图商用软件提供数据衔接，并与滇池湖面风场模拟技术、滇池湖泊三维水动力模拟技术一起构成了复杂地形条件影响下的滇池湖泊水动力与水质模拟预测关键技术。该技术计算时间短、运行效率高、模拟精度高，可较好模拟预测牛栏江来水后滇池水位连续、长时间、大幅度波动变化下的湖泊水质状况，已为滇池流域水资源综合规划、滇中调水工程规划、牛栏江—滇池补水工程规划设计及调度运行管理等提供了强有力的技术支撑，同时还广泛应用于太湖、大东湖（武汉市）、南四湖、呼伦湖（呼伦贝尔市）等诸多湖泊的水污染治理与水资源保护研究工作中，研究成果已被相关的设计部门应用和水环境主管部门采纳。

EFDC 和优化模型耦合技术的创新点包括了两个方面：①在模型框架上，目标函数为湖泊水质状况最好，约束条件涵盖了外流域调水、水库生态下泄水及自然基流等水源水量，和入湖河流的生态用水，已经污染负荷的时间变化。模型的计算结果能够得到入湖通道的水质水量最佳分配方案。②在模型求解算法上，本项目开发了基于代理模型的遗传算法，这种算法响应快速，克服了在优化迭代过程中多次模拟 EFDC 产生的计算量巨大难题，而且，本项目采用的代理模型是基于结构风险最小的支持向量机模型，支持向量机具有非常强大的泛化和预测能力，在计算过程中代替 EFDC 的运行可以降低系统误差。

5.2.3　滇池湖泊内源释放规律研究

（1）静态试验条件下 TN、TP、TOC 的释放规律

基于 5 个点位柱状芯样静态模拟释放试验成果，在 2010 年现状水质条件下滇池 TN、TP、TOC 的年释放量分别为 5 526.4 t/a、155.5 t/a 和 17 799.7t/a。从空间来看，贡献最大的集中在滇池南部、中部和东部，在北部和西部却相对较小；从释放速率来看，TN、TP、

TOC 在 2010 年处于 24.7～77.5 mg/(m^2·d)、0.72～2.54 mg/(m^2·d)和 89.7～314.6 mg/(m^2·d)（表 5-2）。

表 5-2　9 现状水质条件下 TN、TP、TOC 的释放速率和规模

点位	释放速率/[mg/（m^2·d）]			年释放量/（t/a）		
	TP	TN	TOC	TP	TN	TOC
观音山中	1.54	48.7	110.8	35.5	1 123.8	2 556.7
晖湾中	0.72	24.7	89.7	13.2	453.1	1 645.5
观音山西	1.14	45.9	143.6	23.4	940.5	2 942.5
观音山东	1.34	58.8	178.6	34.8	1 526.2	4 635.6
滇池南	2.54	77.5	314.6	48.6	1 482.8	6 019.3
合计	—	—	—	155.5	5 526.4	17 799.7

由于以往滇池沉积物静态释放实验结果不一致，于是本研究再进行了完全释放实验。为了得到最大释放潜力规模，首先选择了上覆水为蒸馏水进行释放，结果见表 5-3。结果表明，在 2010 年现状水质条件下滇池 TN、TP、TOC 的最大释放量分别为 8 398.7 t/a、426.2 t/a 和 35 256.2 t/a。从释放速率来看，TN、TP、TOC 在 2010 年最大值处于 51.0～94.4 mg/(m^2·d)、2.7～6.4 mg/（m^2·d）和 280.5～392.5 mg/（m^2·d）。

表 5-3　滇池沉积物最大释放速率和释放量（情景 1：上覆水为蒸馏水）

点位	释放速率/[mg/（m^2·d）]			水泥界面完全平衡后的释放量/t		
	TP	TN	TOC	TP	TN	TOC
观音山中	6.4	86.5	315.6	147.0	1 996.8	7 283.6
晖湾中	3.2	72.4	285.3	59.3	1 328.6	5 233.3
观音山西	3.2	51.0	280.5	64.9	1 044.4	5 748.3
观音山东	4.0	85.6	365.3	103.7	2 221.9	9 480.4
滇池南	2.7	94.4	392.5	51.3	1 807.1	7 510.6
合计	—	—	—	426.2	8 398.7	35 256.2

此外，选择了上覆水为 2010 年现状水质条件的原水进行释放，结果见表 5-4。结果表明：在 2010 年现状水质条件下滇池 TN、TP、TOC 的最大释放量分别为 6 427.1 t/a、198.4 t/a 和 24 073.3 t/a。从释放速率来看，TN、TP、TOC 在 2010 年最大值处于 33.0～75.8 mg/(m^2·d)、0.8～4.1 mg/（m^2·d）和 154.9～292.5 mg/（m^2·d）。

表 5-4 滇池沉积物最大释放速率和释放量（情景 2：上覆水为 2010 现状水质）

点位	释放速率/[mg/（m^2·d）]			水泥界面完全平衡后的释放量/t		
	TP	TN	TOC	TP	TN	TOC
观音山中	4.1	75.8	232.7	94.3	1 750.1	5 369.1
晖湾中	1.1	36.6	160.7	21.0	672.2	2 947.4
观音山西	1.0	33.0	154.9	19.5	676.2	3 174.6
观音山东	1.9	75.0	269.1	48.4	1 946.5	6 985.1
滇池南	0.8	72.2	292.5	15.2	1 382.1	5 597.1
合计	—	—	—	198.4	6 427.1	24 073.3

（2）动态试验条件下滇池内源 N、P 的释放规律

规划水平年（2030 年）滇池外海水质应达到水功能区规划水质保护目标要求（TP 0.05 mg/L，TN 1.0 mg/L）。图 5-20 为室内模拟滇池水质随时间变化过程图。从图中水质变化过程分析可知，当水流流速为 0.2 cm/s 时，水体交换周期较长，底泥对上覆水接触时间长，污染物释放对上覆水水质影响较大，TN、TP 浓度均有超标风险；当流速为 2 cm/s 和 4 cm/s 时，水体交换周期相对较短，水质较流速 0.2 cm/s 时好，TP 基本满足向下游输水的水质目标（TP0.05 mg/L），但 TN 有超标风险。

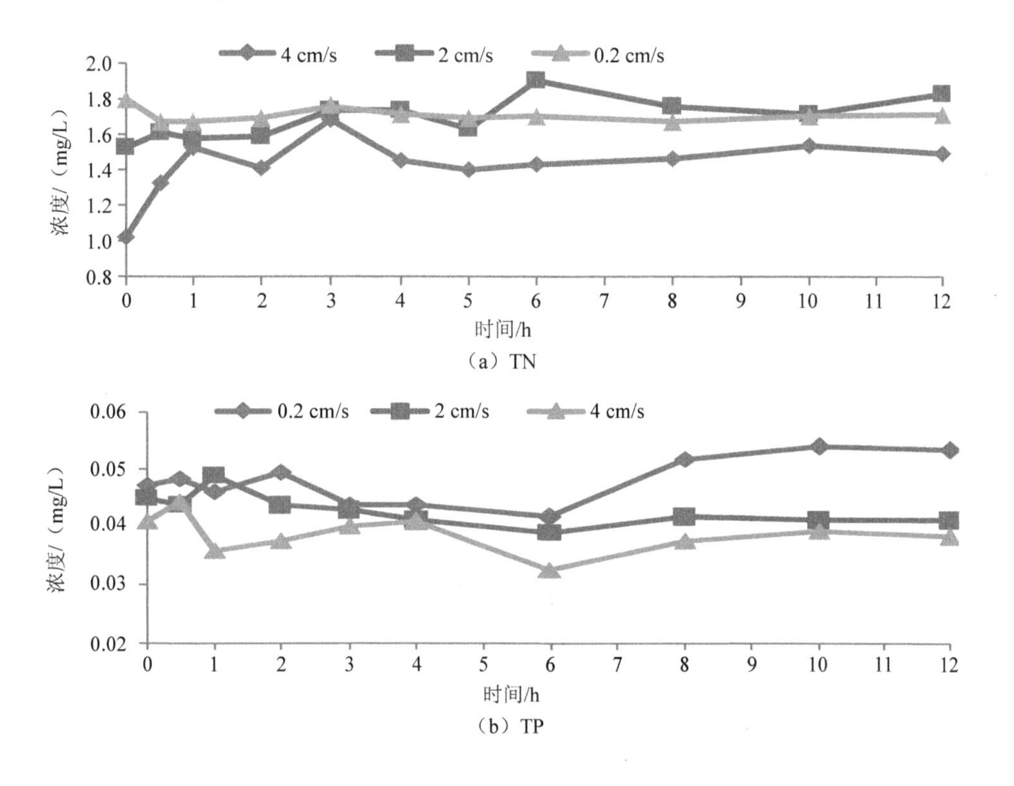

（a）TN

（b）TP

图 5-20　动态释放情况下上覆水浓度变化

按照湖泊水体的运动特征，可以将沉积物污染物动态释放机制分为两大类：第一，水体流动缓慢，泥-水界面上的剪切力较小时，底泥基本不动，释放主要以泥-水界面处污染物向上覆水体扩散迁移释放为主，释放过程、污染物扩散通量主要与上覆水体停留时间、水体污染物含量和水深有关；第二，水流流速较大，水流剪切和紊动引起底泥再悬浮，污染物与上覆水体发生动态交换，对上覆水体的水质造成比较大的影响。由于滇池平均流速为 2 cm/s，外海平均水深 5～6 m，所以沉积物-水界面流动缓慢，因此本研究是动水静态条件（水动力条件下底泥不发生再悬浮下）底泥污染物的释放。

如图 5-21 和图 5-22 所示，循环水条件下黏性底泥对上覆水水质影响较大。在实验初期，由于泥沙-水界面处污染物的浓度相差加大，污染物氮、磷的释放速率较快，随着上覆水体中磷浓度的增加，泥沙-水界面处的污染物梯度变小，底泥中污染物的释放被进一步抑制，释放速率变小，直至泥沙-水界面达到释放动态平衡（约 20 h）。达到释放动态平衡时，TN、TP 浓度分别达到 8 mg/L 和 0.7 mg/L，随后污染物浓度基本不随时间变化而变化。为了进一步研究动态情况下底泥的释放特性，引入单位面积底泥释放率 M，即单位时间内单位面积沉积物向上覆水体释放量。图 5-23 为不同取样时间段单位面积底泥的氮磷释放率。

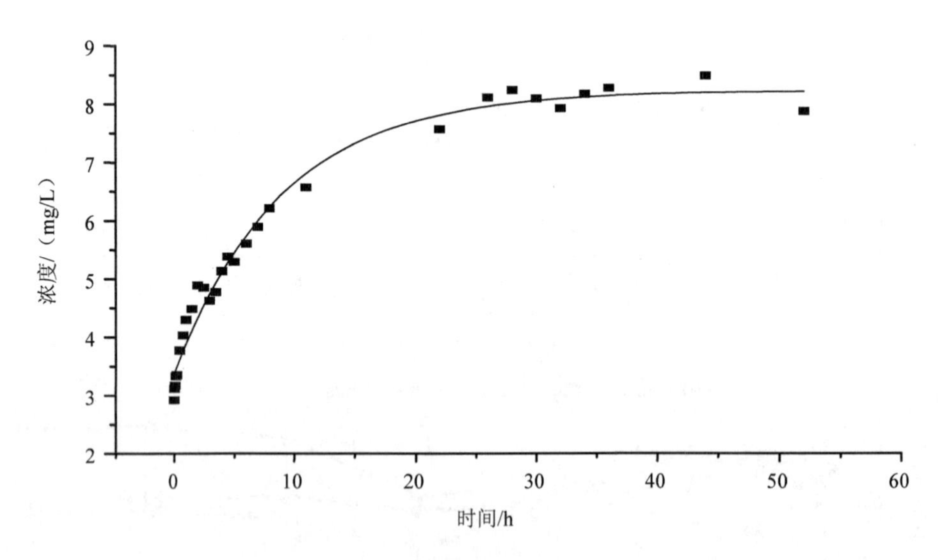

图 5-21　水体氮浓度随时间变化曲线

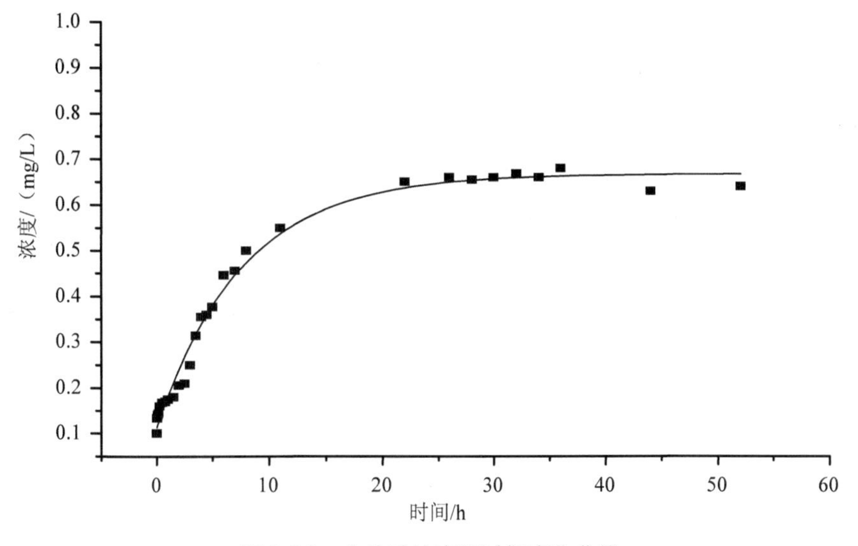

图 5-22 水体磷浓度随时间变化曲线

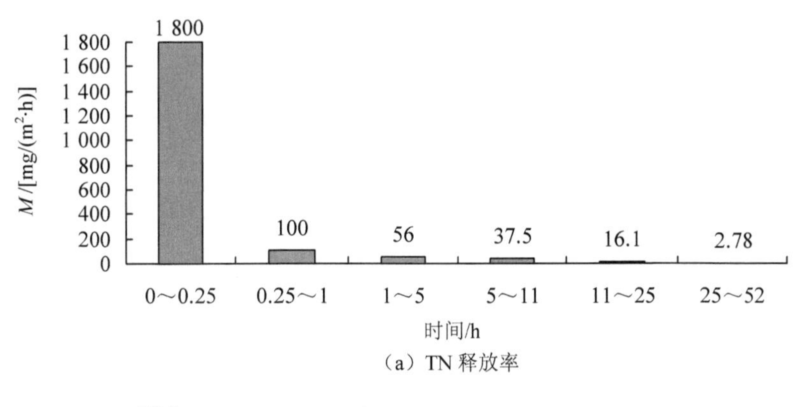

（a）TN 释放率

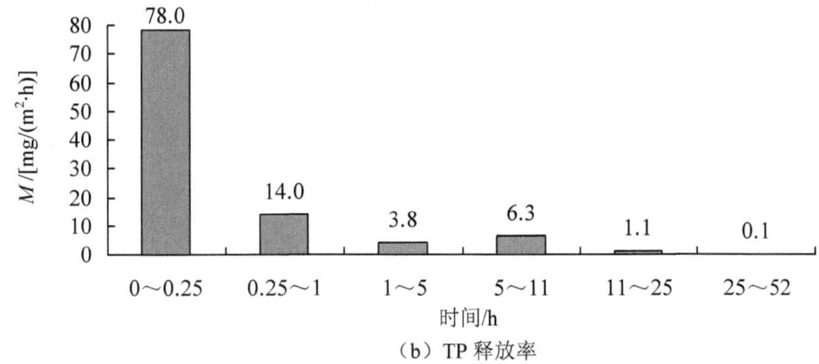

（b）TP 释放率

图 5-23 不同时间段单位面积底泥释放速率

从图 5-23 中可以直观地看出，动水静态条件下，在实验初始阶段（0～0.25 h），单位面积底泥的 TN、TP 释放率最大，分别可达 1 800 mg/（m^2·h）、78 mg/（m^2·h），主要是由于该阶段泥-水界面处污染物浓度较高，而水体中污染物浓度为零，两者之间的浓度梯度较大，造成泥沙中的污染物向上覆水体的释放量较大，单位面积的释放率最大。这与朱广伟等的研究结果相类似，即底泥中氮磷的释放量在实验初期最大。随后释放率呈现降低的趋势，这主要是因为随着底泥中的污染物扩散释放到水体中，泥中污染物含量降低，而水体中的污染物浓度增加，造成了底泥与上覆水体之间的浓度差变小，释放率下降。在最后一个时间段（25～52 h），单位面积底泥的氮、磷释放率分别为 2.78 mg/（m^2·h）、0.056 mg/（m^2·h）。该阶段的底泥中污染物质的释放量非常少，可以认为磷的释放达到动态平衡状态。在本实验的水动力条件下泥沙中磷对上覆水体水质达到动态平衡状态约为 25 h。在整个实验段内，单位面积的底泥氮磷释放率分别为 588 mg/（m^2·d）和 45 mg/（m^2·d）。

李一平等研究了太湖底泥水动力条件下释放通量，得到了氮磷释放率与流速的关系式与关系曲线。选取平均流速 10 cm/s，带入关系式得 TN、TP 释放速率分别为 251 mg/（m^2·d）和 50 mg/（m^2·d）；蔡莹等研究了不同上覆水浓度动水情况下巢湖底泥 TP 释放通量的计算，当上覆水浓度为 0.05 mg/L［满足规划水平年（2030 年）滇池外海水质达到水功能区规划水质保护目标］时，TP 的释放速率为 10 mg/（m^2·d）；孙跃飞等进行了巢湖西半湖底泥氮释放通量的计算，西半湖底泥氮平均释放速率为 13.7 mg/（m^2·d）。对滇池、巢湖、太湖 3 大浅水湖泊底泥释放通量对上覆水的影响进行比较，在动水条件下滇池单位面积的底泥氮磷释放率都处在较高水平。

综合北京大学、中国水利水电科学研究院和河海大学等研究团队近年来针对滇池内源释放规律的研究成果，从相对安全的角度，设计确定规划水平年 2030 年滇池内源的 N、P 负荷综合释放速率分别为 25 mg/（m^2·d）、2.0 mg/（m^2·d）。

5.2.4 模型验证和应用

滇池水质水生态模拟验证：滇池的水质模拟与校验是基于 8 个监测点位：海口西（HKX）、白鱼口（BYK）、观音山东（GYD）、观音山中（GYZ）、观音山西（GYX）、罗家营（LJY）、灰湾中（HWZ）；主要的模拟校验指标为 Chl-a、DO、TN 和 TP。图 5-20 展示滇池水质模拟值与观测值比较。滇池营养盐水质浓度的模拟采用逐日入湖负荷量核算结果，进行了年周期长时间系列的模拟，模拟结果与滇池每月一次的常规水质监测结果进行比较，校准时间为 2009 年，其变化规律基本一致。

该校验好的 EFDC 模型已经用于水质改善的调水工程入湖通道优化及滇池水位调控案例分析。

在大量研究工作的基础上，利用 2010 年和 2014 年滇池流域概化的入湖水量资料、环湖巡测水质资料及湖区实测的水质浓度资料和相应的湖区水文气象资料，对滇池水环境数学模型进行参数率定与模型验证。

基于基准年滇池沉积物 TP、TN 和 TOC 的沉积量和释放规律，并结合现状年的湖泊水质变化过程，率定与验证得到的水质模型参数值见表 5-5。

表 5-5 滇池水质模型参数率定结果

参数名称	参数值	单位
纵向和横向扩散系数	4	m^2/s
COD_{Mn} 衰减系数	0.002	d^{-1}
底泥释放 COD_{Mn} 速率	0～100	mg/（$m^2 \cdot d$）
TP 综合沉降系数	0.004	d^{-1}
底泥释放 TP 速率	0～10	mg/（$m^2 \cdot d$）
TN 综合沉降系数	0.005	d^{-1}
底泥释放 TN 速率	0～75	mg/（$m^2 \cdot d$）

在模拟精度方面，尽管受模型输入边界条件资料精度限制（如入湖水量是通过水量平衡反推的，入湖河流水质及湖区水质监测频次为 1 次/月等），湖区 10 个水质站点的模拟误差都基本控制在 20%以内（代表性站点年内水质模拟结果及湖区水质空间分布详见图 5-24～图 5-27），精度较高；同时数学模型在缺乏基础资料的前提下很难模拟偶然因素所带来的影响，诸如一次短历时降雨过程、突发污染事故等，而且水质资料受偶然因素影响显著，故在局部时段、局部区域往往模拟结果与实测资料偏差较大。

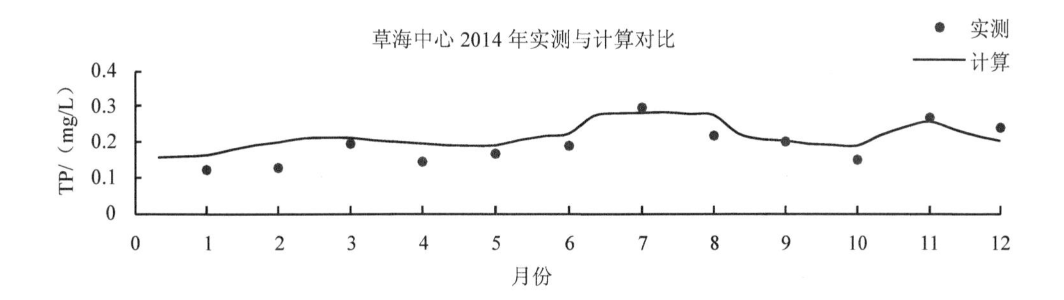

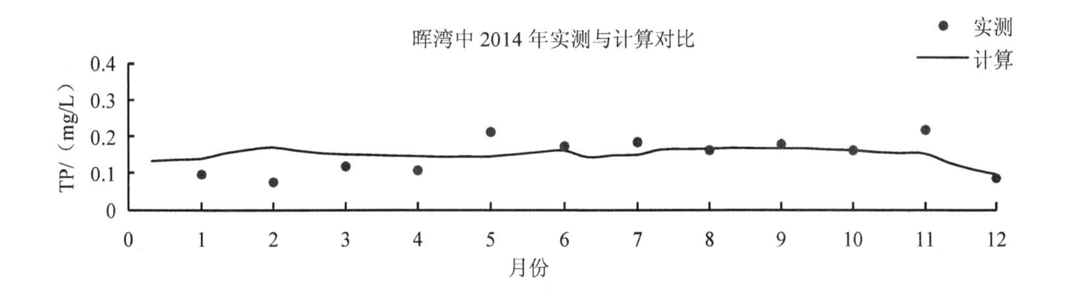

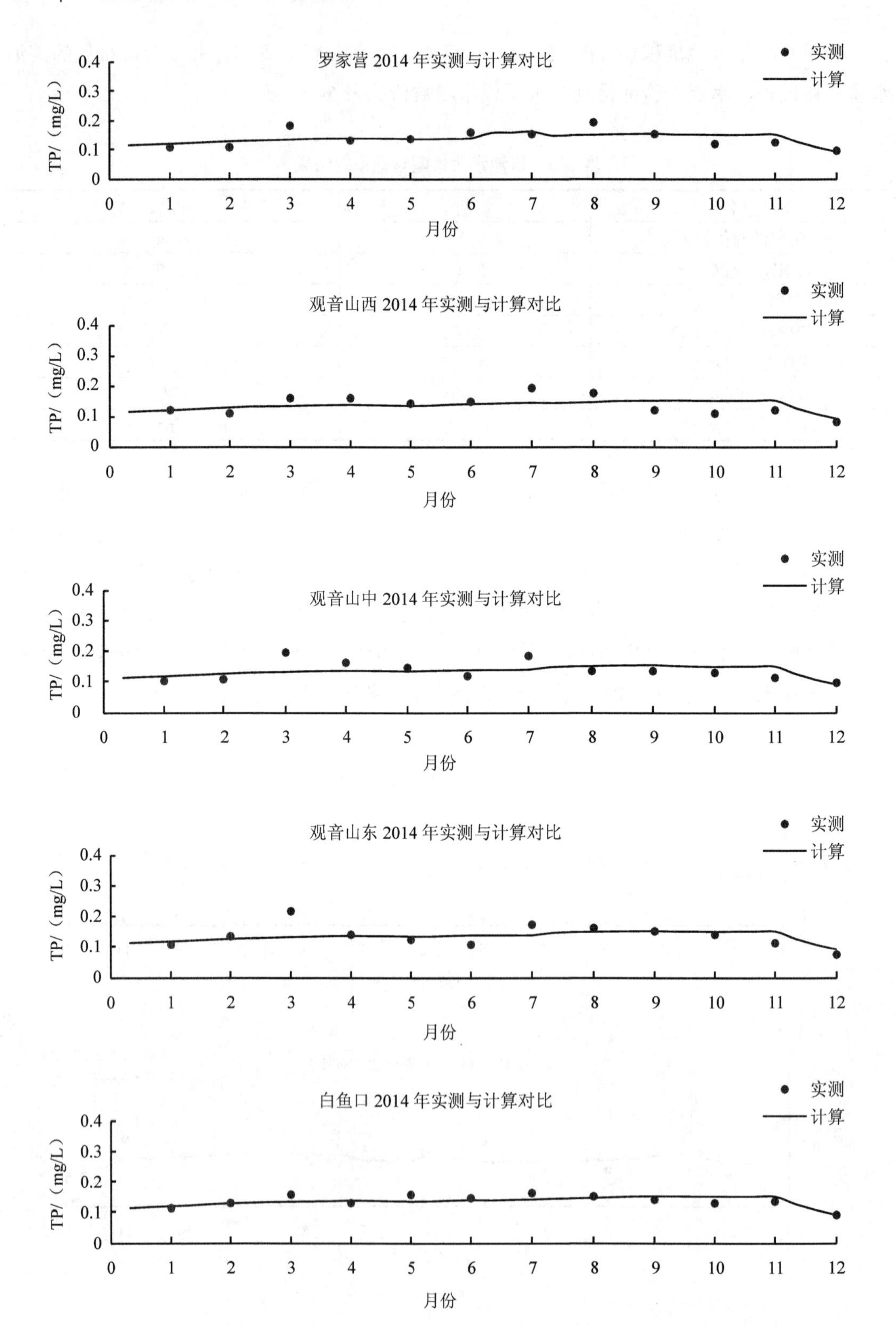
罗家营 2014 年实测与计算对比
实测
计算
TP/（mg/L）
0.4
0.3
0.2
0.1
0
0 1 2 3 4 5 6 7 8 9 10 11 12
月份
观音山西 2014 年实测与计算对比
实测
计算
TP/（mg/L）
月份
观音山中 2014 年实测与计算对比
实测
计算
TP/（mg/L）
月份
观音山东 2014 年实测与计算对比
实测
计算
TP/（mg/L）
月份
白鱼口 2014 年实测与计算对比
实测
计算
TP/（mg/L）
月份

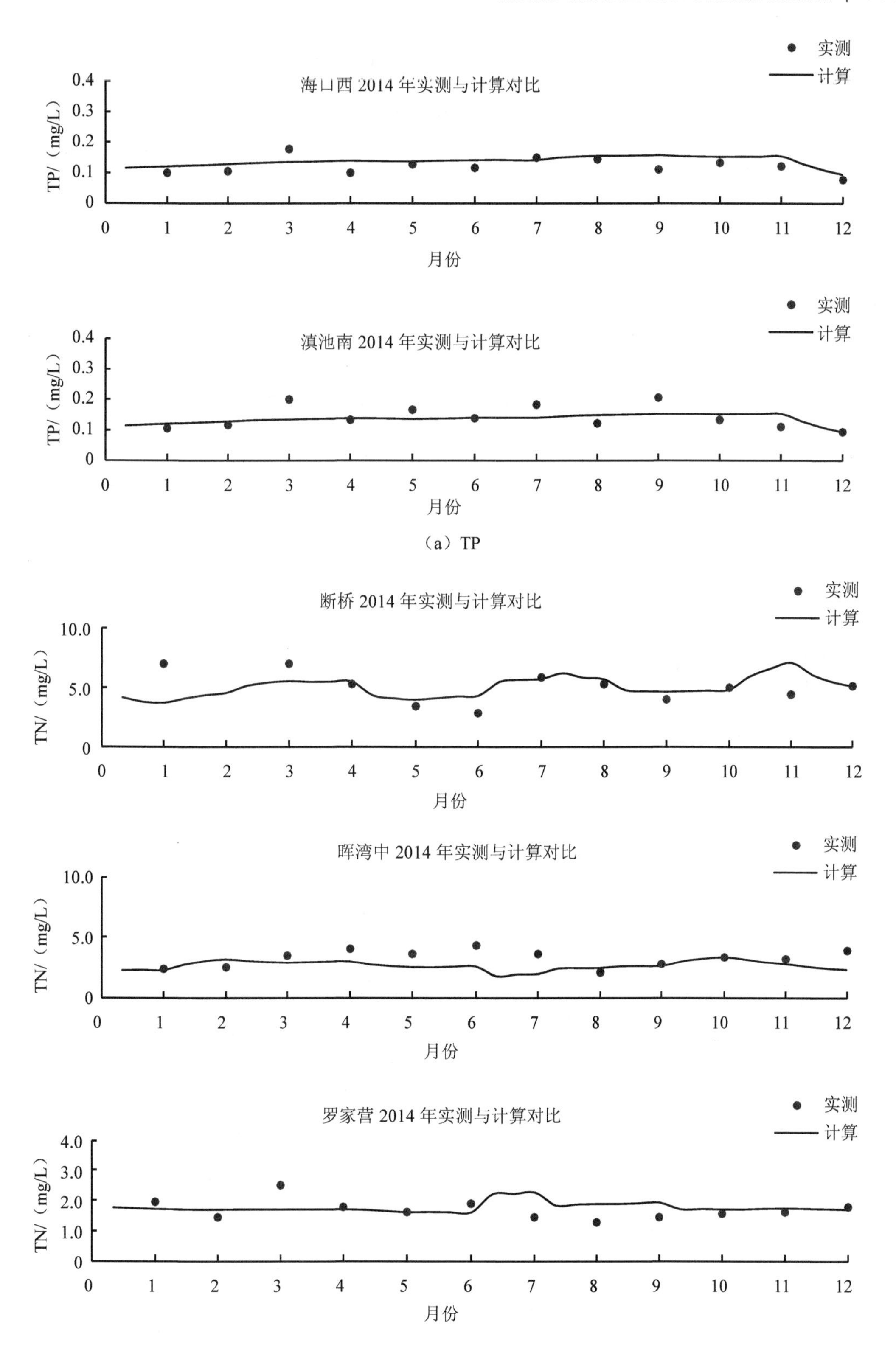
海口西 2014 年实测与计算对比
实测
计算
TP/（mg/L）
月份
滇池南 2014 年实测与计算对比
实测
计算
TP/（mg/L）
月份
（a）TP
断桥 2014 年实测与计算对比
实测
计算
TN/（mg/L）
月份
晖湾中 2014 年实测与计算对比
实测
计算
TN/（mg/L）
月份
罗家营 2014 年实测与计算对比
实测
计算
TN/（mg/L）
月份

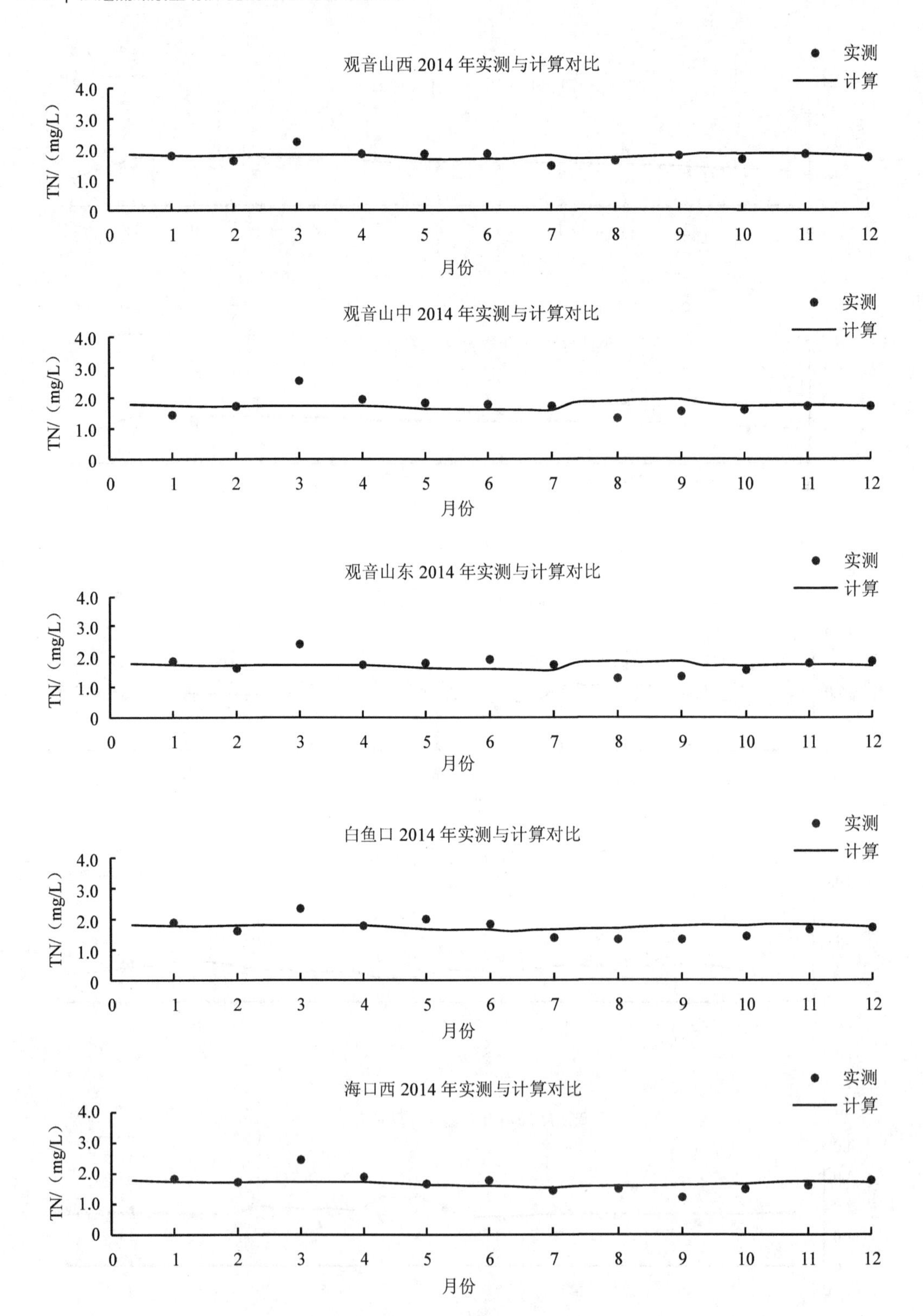
观音山西 2014 年实测与计算对比
实测
计算
TN/（mg/L）
4.0
3.0
2.0
1.0
0
0 1 2 3 4 5 6 7 8 9 10 11 12
月份
观音山中 2014 年实测与计算对比
实测
计算
TN/（mg/L）
月份
观音山东 2014 年实测与计算对比
实测
计算
TN/（mg/L）
月份
白鱼口 2014 年实测与计算对比
实测
计算
TN/（mg/L）
月份
海口西 2014 年实测与计算对比
实测
计算
TN/（mg/L）
月份

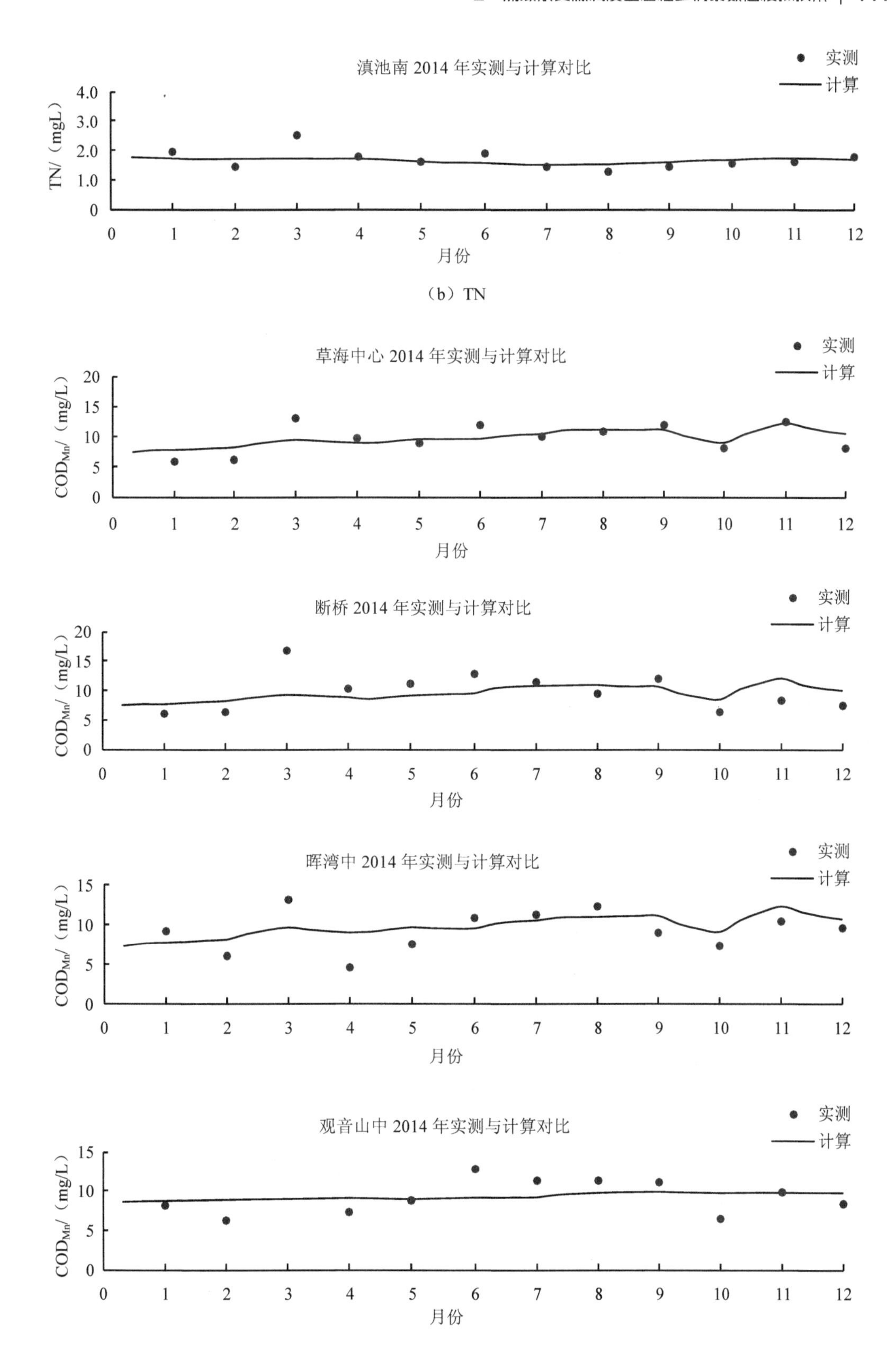

滇池南 2014 年实测与计算对比
实测
计算
TN/（mgL）
月份
（b）TN
草海中心 2014 年实测与计算对比
COD_{Mn}/（mg/L）
月份
断桥 2014 年实测与计算对比
COD_{Mn}/（mg/L）
月份
晖湾中 2014 年实测与计算对比
COD_{Mn}/（mg/L）
月份
观音山中 2014 年实测与计算对比
COD_{Mn}/（mg/L）
月份

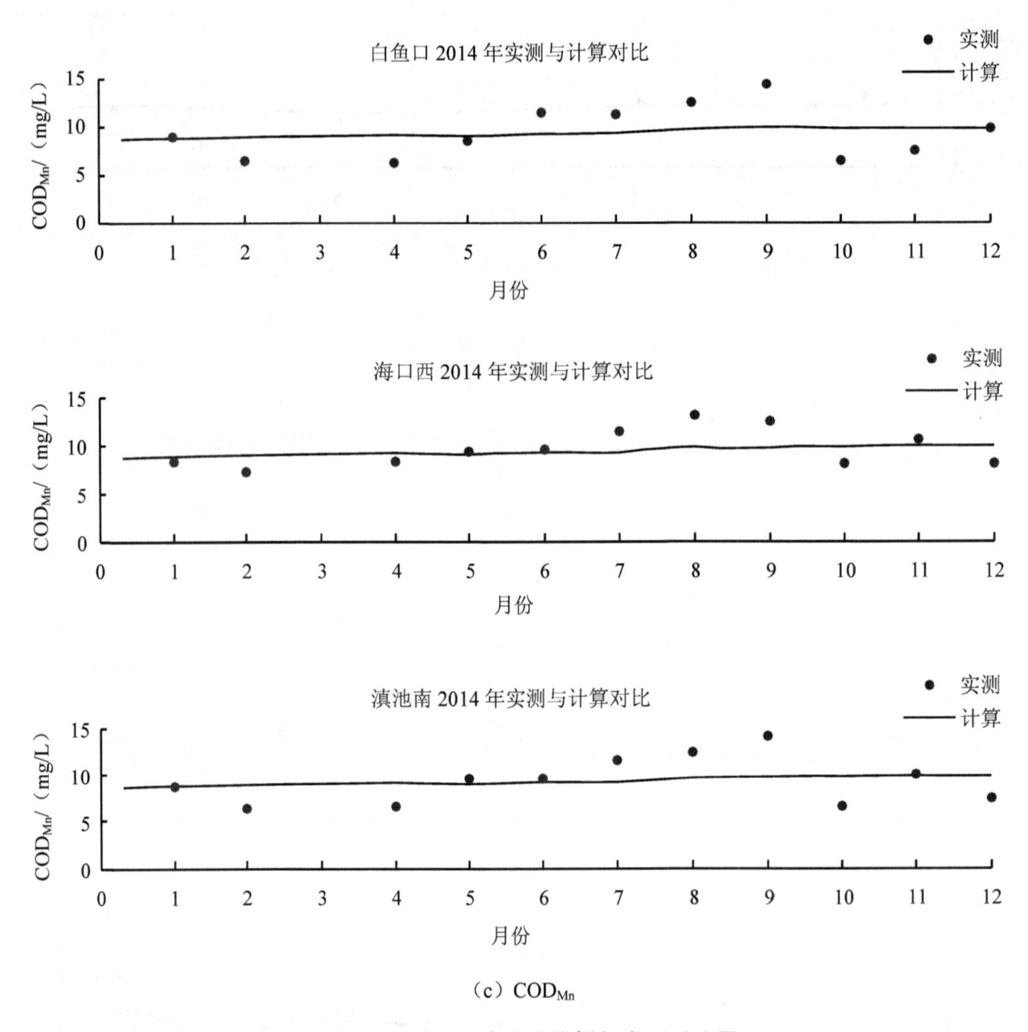

（c）COD_{Mn}

图 5-24　滇池代表站点模拟与实测对比图

从图 5-27 上的对比效果及湖区水质空间分布状况来看，利用滇池水环境模拟技术模拟计算结果与实测值拟合良好，表明建立的水质模型基本能够模拟滇池主要污染物的变化过程，可以用于滇池水质变化的数值模拟计算及水质变化的趋势预测。所以，本次采用的水流、水质模型均能够作为滇池水流、水质模拟的技术工具。

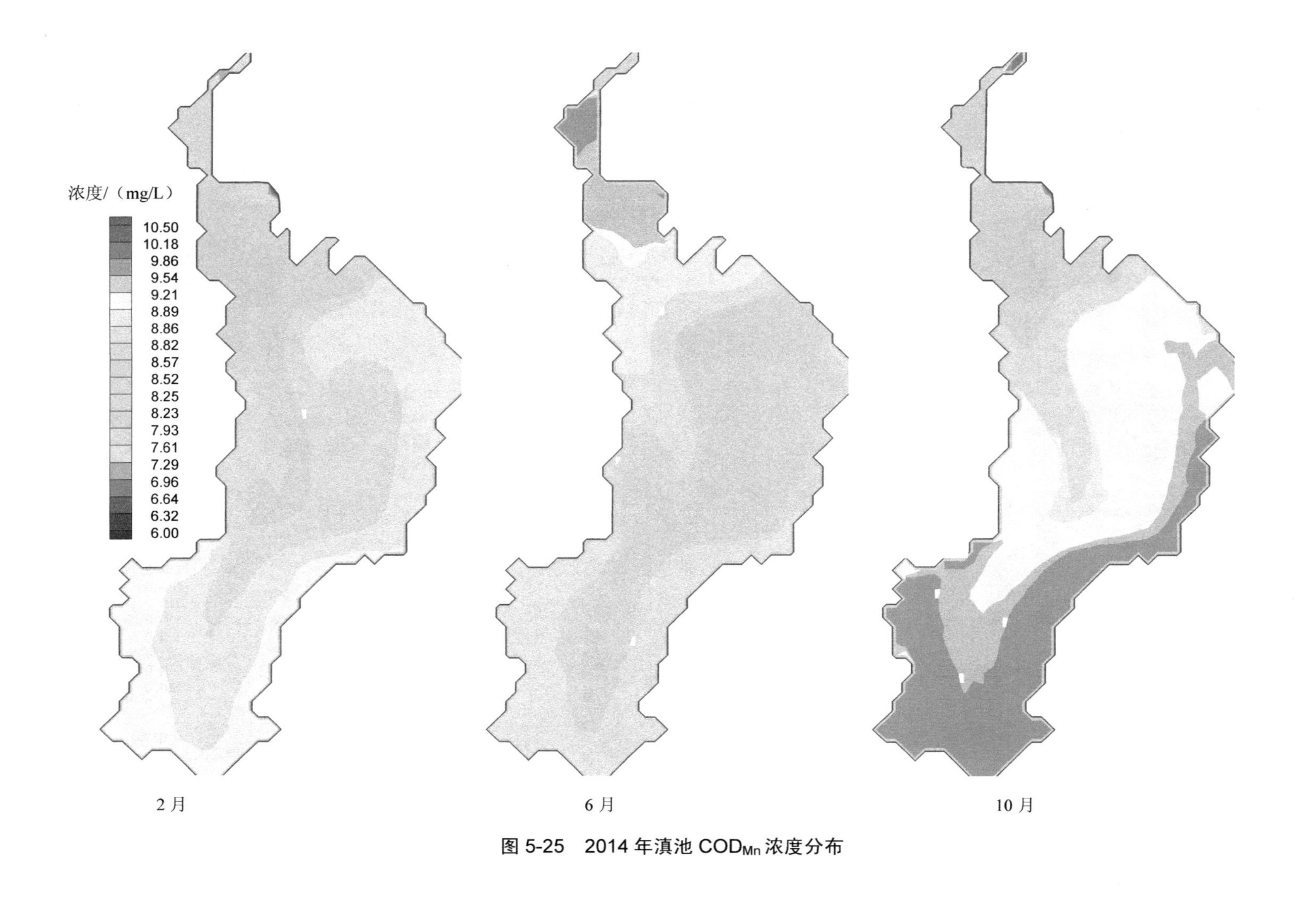

图 5-25 2014年滇池COD_{Mn}浓度分布

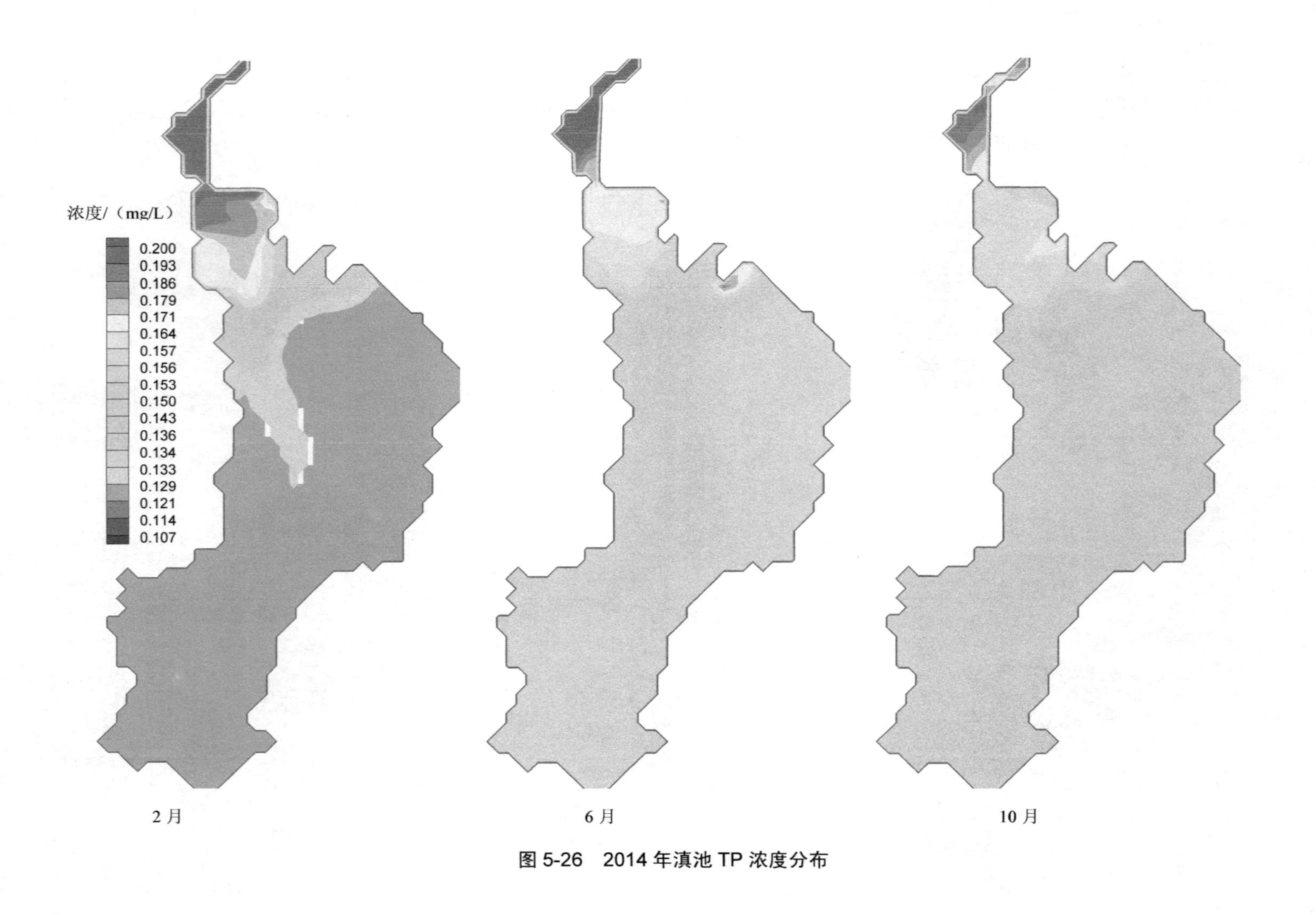

图 5-26 2014 年滇池 TP 浓度分布

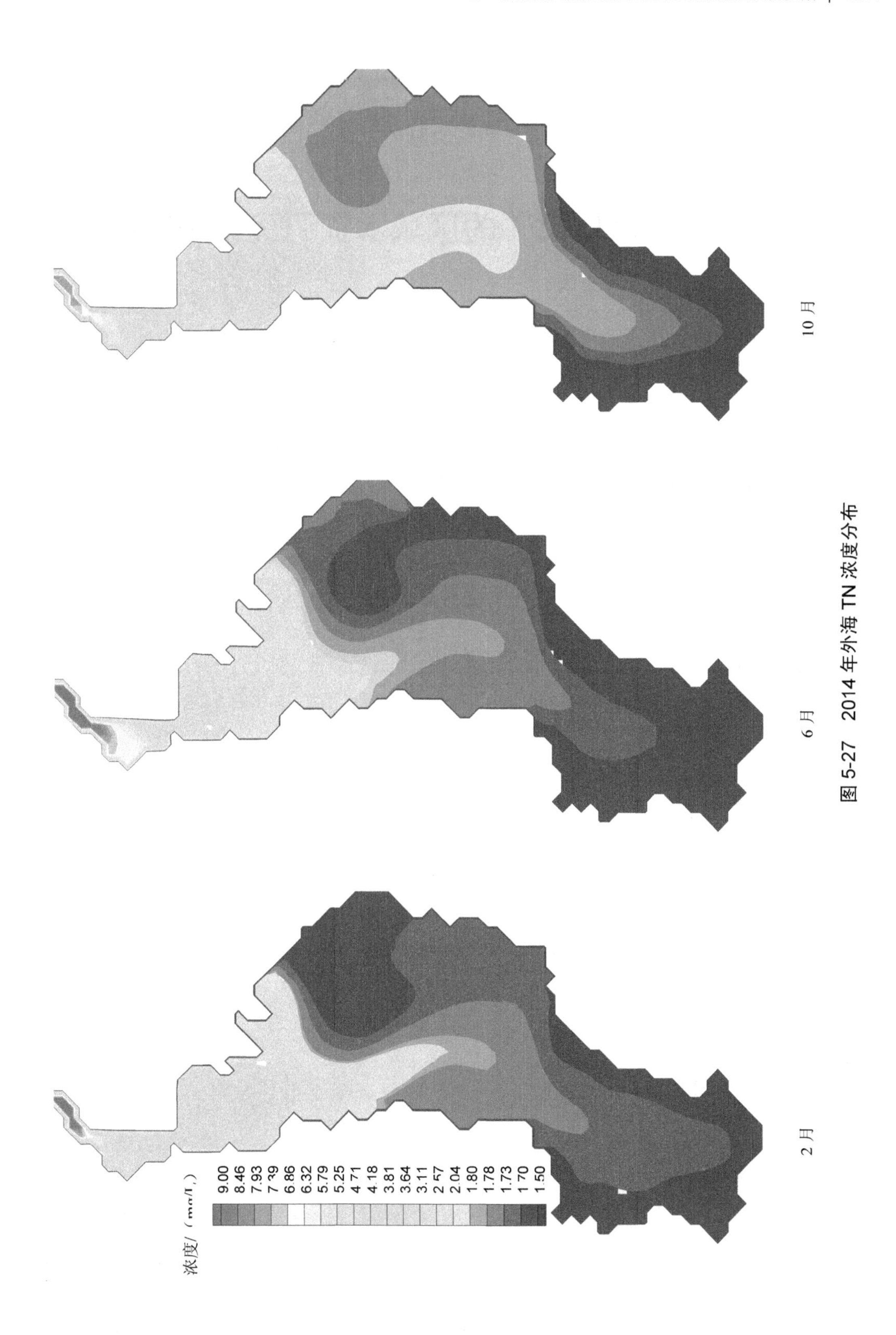

图 5-27 2014 年外海 TN 浓度分布

6 基于滇池水质改善的区域水资源优化调度技术

流域水资源调控就是在已明确的牛栏江入滇通道方案和《滇池保护条例》《牛栏江—滇池补水工程与滇池联合调度管理办法（试行）》和《德泽水库调度条例》的基础上，设计不同来水频率下改善滇池水环境的水资源调度方案，不同情景下的调度方案根据滇池湖体水动力模型计算，挑选出最佳的调度方案。具体来说包括：①研究不同水资源调度情境下不同补水、调水及水库下泄水方式下滇池湖体水资源量和水质浓度的变化响应关系；②调度效果评价体系研究；③综合调度方案制定。

6.1 模型原理

6.1.1 水量平衡约束条件

（1）德泽水库

水量平衡：

$$S_{t+1} = S_t + (I_t - q_t - q_t^{引}) \times \Delta t - E_t \tag{6-1}$$

式中：S_{t+1}、S_t —— 水库 t 时段的蓄水量，m^3；

I_t —— 入库流量，m^3/s；

q_t —— 下泄流量，m^3/s；

$q_t^{引}$ —— 引水流量，m^3/s；

E_t —— 蒸发量，m^3；

Δt —— 计算时段，s。

蓄水量约束：

$$1\,752 \leqslant Z_t \leqslant 1\,790 \tag{6-2}$$

式中：Z_t —— 水库运行水位，m。

下泄生态流量约束：

$$q_t \geqslant Q_t^{生态} \tag{6-3}$$

式中：$Q_t^{生态}$ —— 水库下游生态流量，m³/s。其中 11 月—翌年 5 月为 5.4 m³/s，6—9 月为 16.2 m³/s。

（2）引水量

水量损耗：

$$\overline{q}_t^{引} = (1-\alpha)q_t^{引} \tag{6-4}$$

式中：$\overline{q}_t^{引}$ —— 净引水量，m³/s；

α —— 损耗系数，取 3%。

昆明日供水量：

$$\overline{q}_t^{引} \geqslant q_{昆} \tag{6-5}$$

式中：现状年取水 10 950 万 m³，折算成流量，$q_{昆}$约为 3.47 m³/s；2020 年取水 1 048 万 m³，折算成流量，$q_{昆}$约为 0.33 m³/s。

外海、草海引水量：

$$\overline{q}_t^{引,总} = \overline{q}_t^{引} - q_{昆} = \overline{q}_t^{引,外海} + \overline{q}_t^{引,草海} \tag{6-6}$$

式中：$\overline{q}_t^{引,总}$ —— 入滇总引水流量，其中约 1 亿 m³ 进入草海，折算成流量；

$\overline{q}_t^{引,草海}$ —— 3.17 m³/s，其他流量进入外海。

由于草海的泄流通过西园隧洞排出滇池，则这部分引水流量占用了西园隧洞 3.17 m³/s 的泄洪能力。

河流生态补水量：

$$\overline{q}_t^{引,外海} \times \Delta t \geqslant \sum W_t^{补} \tag{6-7}$$

式中：$\sum W_t^{补}$ —— t 时段的河流生态补水量。

各河流生态补水量见表 6-1。

表 6-1 河流生态补水量月变化过程

方案	河流	1 月	2 月	3 月	4 月	5 月	6 月	7 月	8 月	9 月	10 月	11 月	12 月
生态补水	盘龙江	1 012	914	1 012	980	1 012	849	1 599	2 279	1 993	1 594	980	1 012
	宝象河	364	329	364	353	364	306	490	706	627	514	353	364
	马料河	134	121	134	130	134	112	112	119	121	134	130	134
	洛龙河	134	121	134	130	145	121	292	352	283	262	153	134
	捞鱼河	142	128	142	137	142	119	121	147	128	142	137	142
	梁王河	86	77	86	83	86	72	115	123	111	88	83	86

方案	河流	1月	2月	3月	4月	5月	6月	7月	8月	9月	10月	11月	12月
生态补水	总量/万 m³	1 872	1 691	1 872	1 812	1 883	1 579	2 729	3 726	3 264	2 735	1 835	1 872
	总流量/（m³/s）	7.13	6.44	7.13	6.90	7.17	6.01	10.39	14.19	12.43	10.41	6.99	7.13

（3）滇池

水量平衡：

$$\begin{cases} S_{t+1}^{dc} = S_t^{dc} + (I_t^{dc} - q_t^{dc}) \times \Delta t - E_t^{dc} \\ I_t^{dc} = \overline{q}_t^{\text{引,总}} + I_t^{dc,\text{天然}} \end{cases} \tag{6-8}$$

式中：S_{t+1}^{dc}、S_t^{dc} —— 滇池 t 时段的蓄水量，m³；

I_t^{dc} —— 入湖流量，m³/s，其中 I_t^{dc} 由 $\overline{q}_t^{\text{引,总}}$ 和 $I_t^{dc,\text{天然}}$ 构成；

$I_t^{dc,\text{天然}}$ —— 其他河流的天然入滇流量，m³/s；

q_t^{dc} —— 滇池下泄流量，m³/s；

E_t^{dc} —— 蒸发量，m³，日均蒸发量约为 75 万 m³，折算成流量，约为 8.7 m³/s。

外海水位约束：

$$\begin{cases} Z_t^{dc} \leqslant 1887.20\text{（5— 10月）} \\ Z_t^{dc} \leqslant 1887.50\text{（11月— 翌年4月）} \end{cases} \tag{6-9}$$

式中：Z_t^{dc} —— 滇池运行水位，其中 5—6 月尽可能控制在 1 887.00 m 运行，7—9 月尽可能降至 1 887.00 以下运行。

另外，当滇池水位 Z_t^{dc} >1 887.20 时，滇池转入防洪调度，控制海口闸、海埂船闸和西园隧洞开度，加大泄洪，使滇池水位尽快回落到法定汛期限制水位 1 887.20 m 以下，确保滇池防洪安全。当滇池预达到最大泄洪能力或超过下游行洪能力仍不能有效控制滇池水位时，牛栏江—滇池补水工程停止补水。

海口河生态流量：

$$q_t^{dc} \times \Delta t \geqslant W_t^{\text{海口河}} \tag{6-10}$$

式中：$W_t^{\text{海口河}}$ —— 海口河生态需水量，亿 m³。

其中，现状年最小生态水量 0.55 亿 m³，折算成流量，约为 1.74 m³/s；2020 年最小生态水量 0.364 7 亿 m³，折算成流量，约为 1.16 m³/s。

（4）其他约束

昆明主城区污水处理厂污水排入草海 96.5 万 m³/d。尾水提升泵站建成后，77.5 万 m³/d

的污水量不排入草海，直接提至西园隧洞排出滇池流域，折算成流量，约为 9 m^3/s。另外，2020 年昆明主城区规划污水处理回用 3 110 万 m^3 再生水量，若按比例缩放，则 2020 年仍有 70.7 万 m^3/d 的污水量直接提至西园隧洞，折算成流量，约为 8.2 m^3/s。因此，现状年排入西园隧洞的污水量占用了 9 m^3/s 的泄洪能力，2020 年则占用了 8.2 m^3/s 的泄洪能力。

6.1.2 模拟方法

本次引水情景模拟方法主要采用启发式方法。具体步骤如下：

Step1：拟定德泽水库初始引水调度情景。

Step2：设定调度始末水位 Z_0、Z_t 及各计算时段初始出库 $q_t=Q_t^{生态}$ （$t=0$，1，…，T）。本次模拟以充分调配德泽水库年内径流量为前提，因此，设置起调水位 $Z_0=Z_t=1\ 752$ m（死水位）。

Step3：德泽水库根据入库流量 I_t、决策出库 q_t、引水规则及水量平衡约束逐时段模拟调度。

Step4：根据水位约束及生态流量约束判断当前时段引水流量 $\overline{q}_t^{引}$ 是否需要调整。

Step5：判断末水位是否达到死水位及是否出现不必要弃水。若是，则调整 q_t($t=0,1,\cdots,T$)，增加水库发电量。

Step6：输出德泽水库引水过程，以此判断昆明用水、河流生态补水量等需求是否满足。若不满足，返回 Step1，对下一组情景方案模拟调度。

Step7：依据德泽—滇池联合调度规则模拟调度滇池运行方案。若滇池运行方案满足调度规则要求及海口河下泄生态流量要求，则判定该方案为可行方案，存入结果集。

模拟方法概化见图 6-1。

6.1.3 评价方法

调度评价方法采用归一化方法。

①选定方案优劣评判的指标$\{x_1, x_2, x_3, \cdots, x_M\}$，设置对应的权重系数$\{\delta_1, \delta_2, \delta_3, \cdots, \delta_M\}$；

②多个方案$\{P_1, P_2, P_3, \cdots, P_G\}$的相同指标构成样本集，即组合成样本集如下：

$$\begin{Bmatrix} P_1(x_1), P_2(x_1), P_3(x_1), \cdots, P_G(x_1) \\ P_1(x_2), P_2(x_2), P_3(x_2), \cdots, P_G(x_2) \\ P_1(x_3), P_2(x_3), P_3(x_3), \cdots, P_G(x_3) \\ \cdots\cdots \\ P_1(x_M), P_2(x_M), P_3(x_M), \cdots, P_G(x_M) \end{Bmatrix}$$

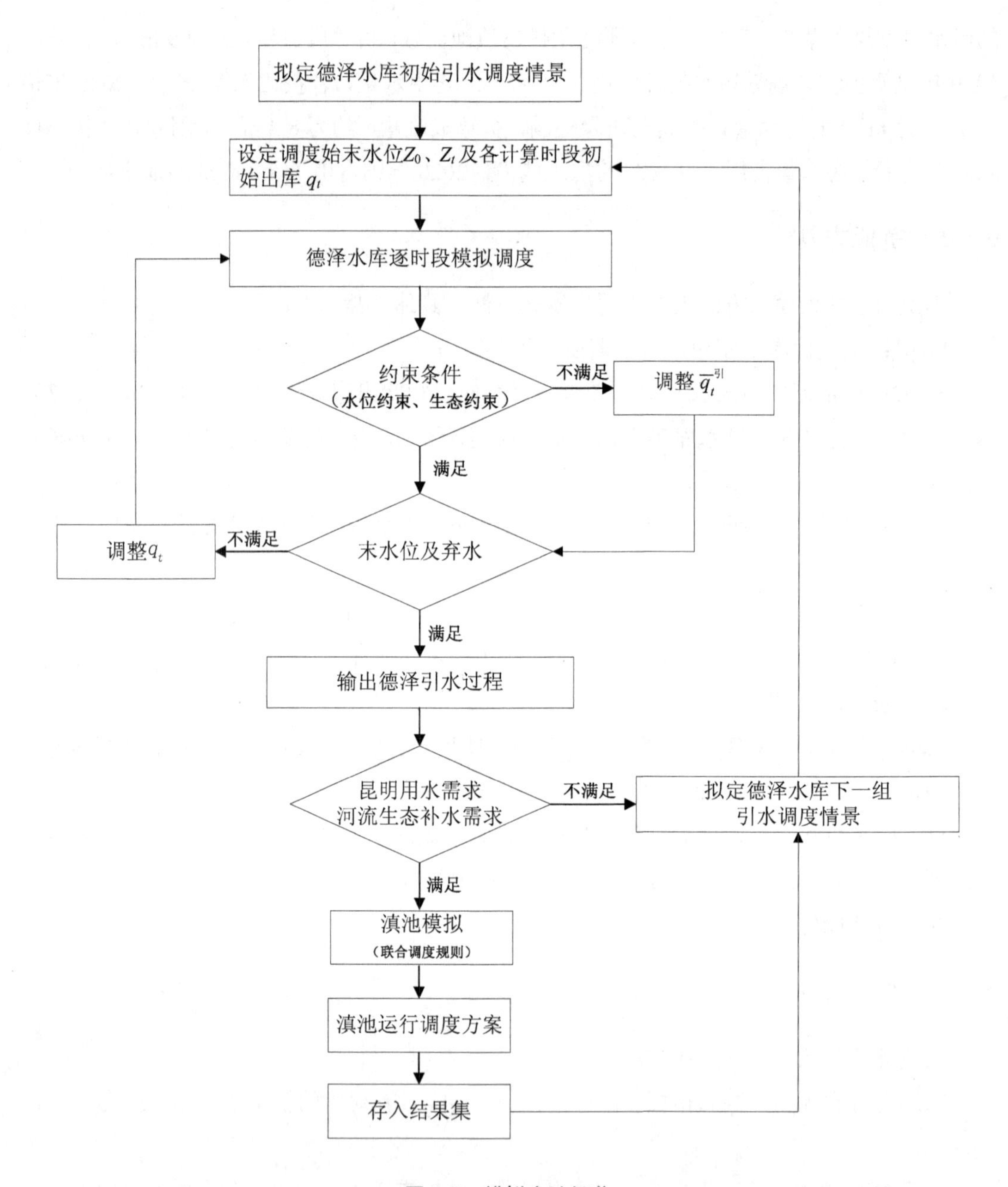

图 6-1　模拟方法概化

③采用计算公式归一化，归一化公式采用：$\dfrac{P_g(x_m)-P_{\min}(x_m)}{P_{\max}(x_m)-P_{\min}(x_m)}$，其中 $P_{\min}(x_m)=\mathrm{Min}[P_1(x_m),P_2(x_m),\cdots,P_G(x_m)]$，$P_{\max}(x_m)=\mathrm{Max}[P_1(x_m),P_2(x_m),\cdots,P_G(x_m)]$。

④计算方案优劣 $F=\sum\limits_{m=1}^{M}\delta_m\dfrac{P_g(x_m)}{\sum\limits_{g=1}^{G}P_g(x_m)}$，选取 Max$F$ 对应的引水规则为最优引水方案。

6.2 技术创新之处

①PKU-Hydro 模型较好地解决了日模与次模统一模拟的问题。目前的 SWAT 模型，模拟最小尺度是日，因而对暴雨洪水模拟有一定限制。

②模型基于 OOP 的开发，便于模型的扩张，特别是与泥沙、氮、磷等污染源迁移转化的集成。

③模型实现了基于 NSGA 的多目标参数自动校准，实现了 NSGA 算法与模型的耦合，克服了 PEST 软件输入 ASCⅡ编码复杂的缺陷和不足。

6.3 调度信息及依据

6.3.1 德泽水库

（1）天然径流

由于人类活动的影响，各水文站实测径流已非天然状况，其天然径流量采用水量平衡公式还原。针对流域内人类活动对径流的影响程度以及水文计算的精度要求，主要考虑七星桥水文站以上区域内中型水库工程的调蓄对天然径流过程的影响和有水库工程调节保证的农业灌溉耗水减小河道天然径流量。工业及城镇生活耗水相对天然径流量来说其量较小，还原中忽略不计。

德泽水库坝址断面的集水面积已占德泽水文站的 99.8%，可直接利用德泽水文站的径流成果到水库坝址断面，历年各月径流成果见表 6-2。

表 6-2　牛栏江德泽水库断面天然径流过程　　单位：万 m^3

年份	1月	2月	3月	4月	5月	6月	7月	8月	9月	10月	11月	12月	全年
1954	2 754	2 111	2 075	1 811	4 116	20 903	28 127	75 000	54 432	23 004	10 070	6 236	230 639
1955	5 147	3 498	3 113	2 649	2 522	8 905	36 400	37 457	14 064	20 069	49 655	15 033	198 511
1956	7 892	4 565	4 042	2 903	14 147	14 276	22 255	41 435	19 099	17 610	9 802	7 209	165 236
1957	5 993	3 979	3 376	2 787	2 456	19 150	55 297	48 364	21 226	35 882	9 377	7 417	215 304
1958	5 163	4 121	3 533	2 811	4 159	14 710	28 636	35 365	16 547	16 570	7 099	5 542	144 256
1959	4 033	3 869	4 113	2 790	3 428	19 434	24 929	19 098	15 854	15 417	6 665	4 349	123 979
1960	3 967	3 269	2 860	2 452	2 822	9 770	36 915	27 219	34 785	14 171	5 996	5 302	149 528
1961	4 471	3 920	3 693	3 115	5 324	9 432	19 437	53 621	47 693	51 053	28 070	12 694	242 523
1962	9 656	7 528	6 123	5 331	7 875	23 693	30 943	43 960	18 307	12 655	8 015	6 470	180 556

年份	1 月	2 月	3 月	4 月	5 月	6 月	7 月	8 月	9 月	10 月	11 月	12 月	全年
1963	6 000	5 214	4 840	3 938	6 144	12 964	24 404	14 002	10 091	20 341	13 310	6 825	128 073
1964	5 480	4 602	4 398	3 711	7 207	22 871	27 012	38 493	31 761	22 991	11 847	8 389	188 761
1965	7 053	5 912	5 107	4 565	7 451	26 321	26 908	40 205	27 195	55 820	28 899	13 184	248 622
1966	9 369	6 495	6 048	4 961	9 024	25 015	40 122	34 458	52 395	39 583	13 167	8 793	249 430
1967	7 496	5 993	5 521	4 965	7 378	10 113	14 682	26 912	15 611	34 884	13 462	9 271	156 287
1968	7 937	6 094	5 507	5 194	7 019	35 015	35 760	55 504	76 323	41 484	16 603	9 545	301 985
1969	7 930	6 083	5 400	5 130	6 918	7 618	20 747	25 399	26 797	16 829	7 114	6 129	142 093
1970	5 739	4 512	4 317	4 014	6 353	6 761	23 549	26 543	15 189	14 231	9 896	11 199	132 304
1971	7 295	5 786	4 939	4 492	6 782	17 712	19 413	65 366	41 181	22 874	13 446	9 204	218 490
1972	8 256	6 084	5 499	4 913	11 776	29 325	13 509	10 764	12 750	9 062	10 831	9 222	131 991
1973	6 029	4 506	4 529	3 927	6 269	8 730	15 126	34 555	25 348	12 944	12 518	8 546	143 028
1974	6 764	5 182	5 135	5 219	16 927	44 747	53 700	62 414	53 294	20 927	11 366	8 313	293 988
1975	7 230	5 723	4 849	4 444	8 550	25 782	8 888	9 839	6 560	5 821	9 273	4 934	101 893
1976	5 283	4 549	4 185	3 406	8 315	13 962	52 079	32 734	16 990	12 096	7 979	6 214	167 794
1977	4 963	4 942	4 408	4 093	5 696	5 710	14 040	19 479	20 464	19 048	11 434	8 404	122 682
1978	7 281	4 953	4 666	3 951	7 467	30 590	23 617	21 829	20 123	11 825	6 185	5 363	147 850
1979	4 726	3 839	3 684	3 456	5 813	13 970	41 823	48 753	51 014	21 926	10 950	8 931	218 882
1980	7 132	5 295	4 659	4 135	7 285	11 610	11 200	29 650	15 058	21 074	9 630	6 628	133 357
1981	5 822	4 675	4 243	3 975	10 440	28 702	26 277	21 734	17 359	11 120	8 943	5 658	148 946
1982	5 261	5 556	3 999	3 783	6 722	10 516	9 549	15 027	23 946	19 589	8 238	6 491	118 677
1983	6 375	5 135	6 739	4 450	7 143	11 481	9 922	38 233	36 285	18 699	12 722	7 815	164 999
1984	7 405	4 609	4 181	4 065	9 278	21 771	29 700	13 193	15 467	11 508	5 943	5 450	132 569
1985	4 799	4 521	4 890	4 368	8 958	26 471	39 719	28 996	28 597	13 958	8 300	6 758	180 334
1986	5 613	4 273	4 671	4 745	6 528	12 290	36 081	33 746	44 516	50 391	16 928	9 528	229 310
1987	7 843	5 067	5 203	3 643	3 906	7 359	27 986	17 119	15 420	15 202	7 088	6 749	122 585
1988	5 356	3 327	3 720	3 999	4 459	7 584	12 233	14 948	30 242	20 741	9 320	6 992	122 921
1989	4 862	3 564	4 765	3 232	6 282	14 666	14 133	10 711	7 219	14 682	4 793	4 649	93 559
1990	4 431	2 731	3 925	3 662	8 311	33 538	25 261	15 802	16 551	25 092	9 379	6 336	155 020
1991	5 047	3 821	3 349	3 067	3 526	9 150	47 021	29 288	51 617	37 870	18 135	8 790	220 680
1992	8 882	8 547	4 010	3 597	5 990	7 504	5 673	5 213	4 994	12 187	5 935	5 056	77 585
1993	4 531	4 778	3 300	2 824	3 459	4 988	6 434	24 007	27 790	15 369	8 564	6 574	112 618
1994	5 183	3 930	5 756	3 847	4 982	34 041	29 209	28 055	32 037	24 245	11 230	9 347	191 863
1995	8 522	6 023	4 886	3 315	6 781	13 289	40 846	35 695	36 504	30 533	15 685	10 963	213 042
1996	7 323	5 152	4 782	3 823	6 429	9 792	26 589	23 230	10 934	11 625	15 057	8 171	132 906
1997	6 867	4 237	3 703	3 975	5 181	16 073	63 002	38 336	32 373	41 371	13 573	8 877	237 568
1998	5 973	4 453	5 572	5 102	6 493	19 209	50 825	43 632	14 147	9 813	8 605	6 293	180 118
1999	7 232	4 398	3 152	2 143	11 918	11 933	37 165	68 876	47 192	20 835	26 089	11 319	252 252

年份	1月	2月	3月	4月	5月	6月	7月	8月	9月	10月	11月	12月	全年
2000	7 512	6 493	6 461	5 251	7 653	15 567	33 964	40 728	19 748	13 659	6 989	6 719	170 744
2001	5 332	4 937	5 094	3 745	9 678	43 225	42 641	35 342	23 285	26 185	22 170	8 646	230 280
2002	7 311	5 419	5 187	4 022	8 778	13 576	21 046	65 865	20 852	19 632	8 416	6 296	186 400
2003	6 713	5 327	4 776	4 294	6 407	30 888	17 218	12 718	13 886	7 864	4 227	3 938	118 258
2004	4 297	3 895	3 506	3 652	8 841	14 987	23 720	26 838	20 111	15 325	6 883	6 484	138 537
2005	6 626	5 094	4 839	2 996	3 207	12 110	26 724	21 521	32 153	27 336	8 981	6 637	158 226
2006	6 045	3 584	3 303	2 276	5 685	19 742	21 763	8 465	6 151	18 664	6 460	3 847	105 984
2007	4 175	3 696	2 538	2 907	5 642	7 674	21 372	39 950	19 391	11 571	6 853	5 849	131 618
平均	6 229	4 812	4 466	3 813	6 887	17 541	27 696	32 142	26 091	21 394	11 818	7 585	170 475

依据德泽水文站实测和插补的 1954—2010 年资料系列，进行年平均流量和 9—11 月平均流量的频率分析计算。经采用矩法初估均值及 C_v 值，C_s 取 $2C_v$，采用 P-III型频率曲线适线，最终确定德泽水文站各时段平均流量统计参数（表 6-3）。

表 6-3　德泽水文站时段平均流量统计参数及设计值成果

时段	平均流量/（m^3/s）	C_v	C_s	设计流量/（m^3/s）			
				25%	50%	75%	80%
年	51.3	0.34	$2C_v$	61.7	49.3	38.7	36.3
9—11 月	73.3	0.50	$2C_v$	93.6	67.3	46.5	42.1

德泽水文站实测水文资料短缺，而且观测年份距今较远。并经分析，德泽水文站实测期的流量过程，不适宜作为径流分配的典型使用。因而选取插补的 1964—1965 年、1978—1979 年、1972—1973 年径流过程，分别作为丰（25%）、平（50%）、枯（75%、80%）水年典型，用设计年平均流量和 9—11 月平均流量控制，推求出德泽水文站的设计径流年内分配月过程，并直接作为德泽水库坝址断面的成果使用。再依据七星桥和黄梨树水文站的实测流量资料，按面积内插法推求出德泽水库各年旬平均流量。考虑按典型年分配旬过程任意性很大，故根据长系列资料旬分配的统计规律，用表 6-4 中各月径流作控制，推求德泽水库设计年径流的各旬分配过程，见表 6-4。

表 6-4　德泽水库设计径流年内分配过程　　单位：m^3/s

频率	9月	10月	11月	12月	1月	2月	3月	4月	5月	6月	7月	8月	年平均
25%	133	96.2	51.0	28.9	26.0	19.3	14.3	12.8	15.2	93.2	96.7	154	61.7
50%	89.4	71.1	40.6	27.6	23.7	15.6	12.8	11.6	12.3	49.8	116.2	120	49.3
75%	53.9	43.4	37.6	25.7	19.2	14.1	12.6	10.7	12.7	37.1	66.0	130	38.7
80%	49.1	39.6	34.2	24.4	18.2	13.4	11.9	10.2	12.1	35.3	62.7	123	36.3

表 6-5　德泽水库设计径流旬分配过程　　单位：m^3/s

频率	旬	9 月	10 月	11 月	12 月	1 月	2 月	3 月	4 月	5 月	6 月	7 月	8 月
P=25%	上旬	146	113	63.7	32.6	27.6	20.6	15.1	13.3	10.1	61.5	100	147
	中旬	125	93.5	47.9	28.6	26.5	19.2	14.3	12.9	13.4	86.3	92.5	158
	下旬	129	83.4	41.4	25.7	24.1	17.8	13.5	12.2	21.4	132	97.9	156
	月平均	133	96.2	51.0	28.9	26.0	19.3	14.3	12.8	15.2	93.2	96.7	154
P=50%	上旬	98.1	83.5	50.7	31.1	25.2	16.7	13.5	12.0	8.24	32.8	120	114
	中旬	83.7	69.0	38.1	27.3	24.2	15.6	12.9	11.7	10.9	46.0	111	123
	下旬	86.5	61.6	33.0	24.6	22.0	14.4	12.1	11.0	17.4	70.4	118	121
	月平均	89.4	71.1	40.6	27.6	23.7	15.6	12.8	11.6	12.3	49.8	116	120
P=75%	上旬	59.1	51.1	46.9	29.0	20.4	15.0	13.3	11.1	8.47	24.5	68.0	124
	中旬	50.4	42.2	35.3	25.5	19.6	14.0	12.6	10.8	11.2	34.4	63.1	134
	下旬	52.1	37.7	30.5	22.9	17.7	12.9	11.9	10.2	17.9	52.5	66.8	132
	月平均	53.9	43.4	37.6	25.7	19.2	14.1	12.6	10.7	12.7	37.1	66.0	130
P=80%	上旬	53.8	46.5	42.8	27.6	19.3	14.3	12.6	10.6	8.05	23.3	64.6	118
	中旬	46.0	38.5	32.1	24.2	18.6	13.3	12.0	10.3	10.6	32.7	60.0	127
	下旬	47.5	34.3	27.8	21.8	16.9	12.3	11.3	9.73	17.0	49.9	63.4	125
	月平均	49.1	39.6	34.2	24.4	18.2	13.4	11.9	10.2	12.1	35.3	62.7	123

（2）建设规模

①德泽水库

德泽水库坝址断面控制径流面积 4 551 km^2，多年平均天然来水量 17.05 亿 m^3，规划水平年扣除上游地区用水消耗和外调水量，2020 水平年多年平均入库水量 12.95 亿 m^3，2030 年多年平均入库水量 12.79 亿 m^3。德泽水库正常蓄水位为 1 790 m，正常库容 41 597 万 m^3，死水位为 1 752 m，相应死库容 18 902 万 m^3，兴利库容 21 236 万 m^3（泥沙淤积前的兴利库容 22 695 万 m^3），水库设计洪水位为 1 791.49 m，校核洪水位 1 793.91 m，最大下泄流量为 2 020 m^3/s，水库总库容 44 788 万 m^3，调洪库容 3 191 万 m^3。水库多年平均滇池补水量为 5.72 亿 m^3，其中枯期引水 2.47 亿 m^3，占总引水量的 43.2%，供水保证率为 70%，基本满足 2020 年滇池补水的水量及引水过程要求，下游生态用水 7.02 亿 m^3。

以德泽水库坝址断面 2030 年的来水量，考虑下游生态用水、蒸发增损及渗漏损失后，进行远期供水复核，远期德泽水库在满足曲陆坝区 3.06 亿 m^3 供水量的基础上，还有 1.38 亿 m^3 水补给滇池，加上金沙江调水工程的滇池补水量，满足滇池 2030 水平年的补水需求。

②坝后电站

为了增加工程效益，弥补运行经费问题，对增加坝后电站方案进行分析。德泽水库的供水任务为滇池补水，在德泽水库规模不变的情况下，水库调节库容只能满足滇池生态补水所需的调节库容，坝后电站只能利用下游生态补水量和弃水量发电。

坝后电站装机 20 MW，额定发电流量 21 m³/s，发电额定水头 111 m，多年平均发电用水量 3.72 亿 m³，多年平均理论发电量 9 270 万 kW·h，理论年利用小时 4 635 h。

③干河泵站

德泽水库库内泵站站址选择在天生桥干河处，泵站厂区位于天生桥暗河出口以下约 1.2 km 处干河右岸，泵站取水口位于牛栏江左岸、干河河口下游约 330 m 处。泵站取水口距德泽水库大坝 17.6 km（河道距离）。干河泵站设计提水流量 23 m³/s，初选机型为单吸单级立式离心泵，设置 4 台 7.67 m³/s、221.2 m 扬程的立式水泵（1 台为备用），装机容量为 4×22.5 MW，设计扬程 221.2 m，最大扬程 233.31 m，最小扬程 187.4 m。

④输水线路

德泽—昆明输水线路规模原则上主要依据德泽水库近期引水的引水流量，按照要求的最大引水流量确定，输水系统设计引水流量 23 m³/s（图 6-2）。

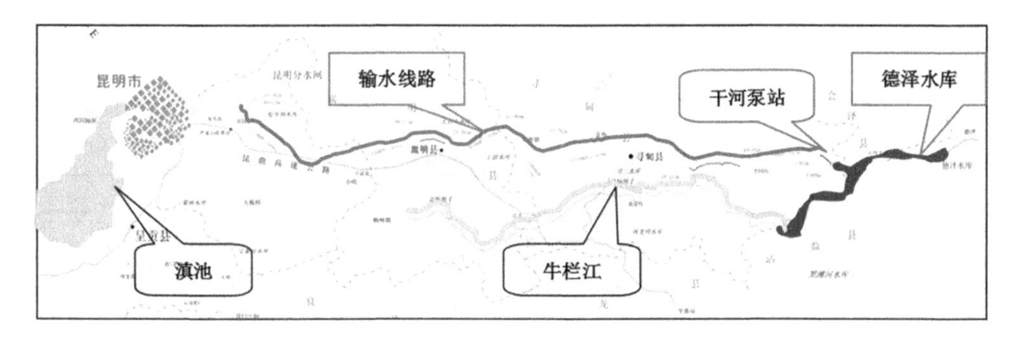

图 6-2 牛栏江—滇池引水工程布置平面示意

⑤工程主要特征水位及相关参数

牛栏江—滇池补水工程主要特征水位及参数见表 6-6。

表 6-6 牛栏江—滇池补水工程主要特征水位及参数

项　目	数　量	备　注
德泽水库		
死水位/m	1 752	
死库容/万 m³	18 902	
正常蓄水位/m	1 790	
正常蓄水位相应库容/万 m³	41 597	
兴利库容/万 m³	22 695	50 年泥沙淤积后为 21 236 万 m³
设计洪水位（P=1%）/m	1 791.49	
校核洪水位（P=0.05%）/m	1 793.91	
调洪库容/万 m³	3191	

项　目	数　量	备　注
总库容/万 m^3	44 788	
干河泵站		
取水口形式	竖井式进水口	
取水口进口底板高程/m	1 744.0	
闸门孔口尺寸（宽×高）/m	4×4	矩形断面
引水流量/（m^3/s）	23	
最大扬程/m	233.3	
设计扬程/m	221.2	单机容量 22.5 MW，单机流量 7.67 m^3/s
最小扬程/m	187.42	
总装机容量/MW	4×22.5	
坝后电站		
装机规模/MW	20	2×10 MW
设计引用流量/（m^3/s）	21	单机流量 10.5 m^3s
额定水头/m	111	
年利用小时/h	4 635	
多年平均发电量/万 kW·h	9 270	
机组安装高程/m	1 661.00	
发电限制水位/m	1 752	
正常尾水位/m	1 663.07	
最低尾水位/m	1 662.50	
发电放空隧洞断面尺寸（洞径）	4.0	圆形有压洞
发电取水口高程/m	1 741.0	
洞身断面尺寸（洞径）/m	4.0	
设计流量/（m^3/s）	21.0	

⑥德泽水库库容-水位关系曲线

德泽水库库容-水位关系曲线见表 6-7 和图 6-3。

表 6-7　德泽水库库容曲线

水位/m	面积/万 m^2	库容/万 m^3	水位/m	面积/万 m^2	库容/万 m^3	水位/m	面积/万 m^2	库容/万 m^3
1 664	0.0	0	1 710	228.9	5 071	1 756	466.5	20 724
1 666	4.7	3	1 712	237.5	5 538	1 758	479.1	21 670
1 668	11.9	19	1 714	245.6	6 021	1 760	489.8	22 639
1 670	21.5	52	1 716	254.9	6 521	1 762	503.8	23 632
1 672	32.6	106	1 718	264.1	7 040	1 764	520.6	24 657
1 674	39.7	178	1 720	272.7	7 577	1 766	538.0	25 715
1 676	47.4	265	1 722	281.2	8 131	1 768	557.2	26 811
1 678	67.0	379	1 724	290.1	8 702	1 770	573.2	27 941
1 680	76.2	522	1 726	299.0	9 292	1 772	592.2	29 106
1 682	84.5	682	1 728	308.2	9 899	1 774	614.9	30 313

水位/m	面积/万 m^2	库容/万 m^3	水位/m	面积/万 m^2	库容/万 m^3	水位/m	面积/万 m^2	库容/万 m^3
1 684	93.8	861	1 730	319.2	10 526	1 776	643.3	31 571
1 686	101.1	1 056	1 732	332.9	11 178	1 778	665.9	32 881
1 688	108.6	1 265	1 734	344.2	11 855	1 780	685.6	34 232
1 690	125.2	1 499	1 736	354.7	12 554	1 782	704.1	35 622
1 692	137.6	1 761	1 738	364.2	13 273	1 784	723.6	37 049
1 694	147.5	2 046	1 740	373.9	14 011	1 786	745.5	38 518
1 696	157.9	2 352	1 742	383.6	14 769	1 788	770.6	40 034
1 698	168.3	2 678	1 744	395.1	15 547	1 790	792.3	41 597
1 700	179.6	3 026	1 746	407.9	16 350	1 792	816.8	43 206
1 702	189.5	3 395	1 748	419.5	17 178	1 794	839.4	44 863
1 704	199.2	3 784	1 750	430.4	18 027	1 796	862.7	46 565
1 706	210.2	4 193	1 752	444.0	18 902	1 798	887.1	48 315
1 708	219.7	4 623	1 754	456.1	19 802	1 800	909.2	50 111

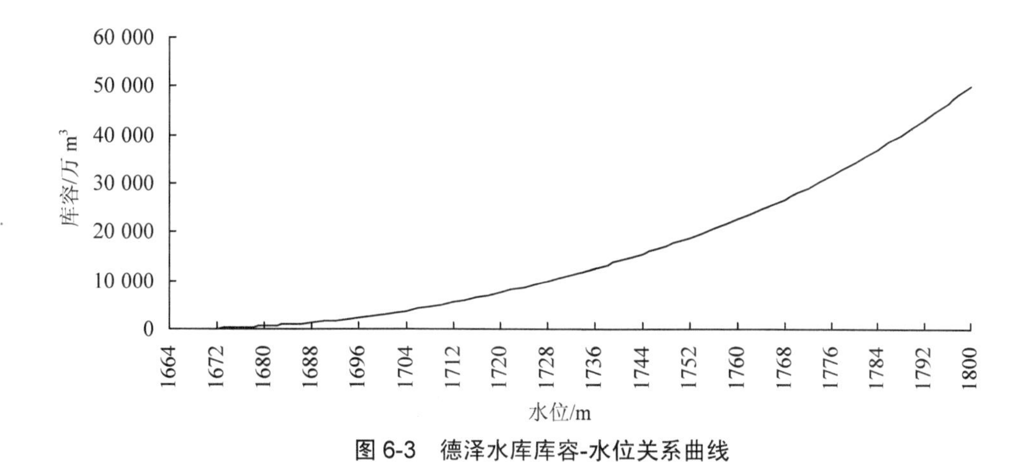

图 6-3 德泽水库库容-水位关系曲线

⑦德泽水库不同来水水平年入库径流（已扣除上游耗水），如图 6-4 所示。

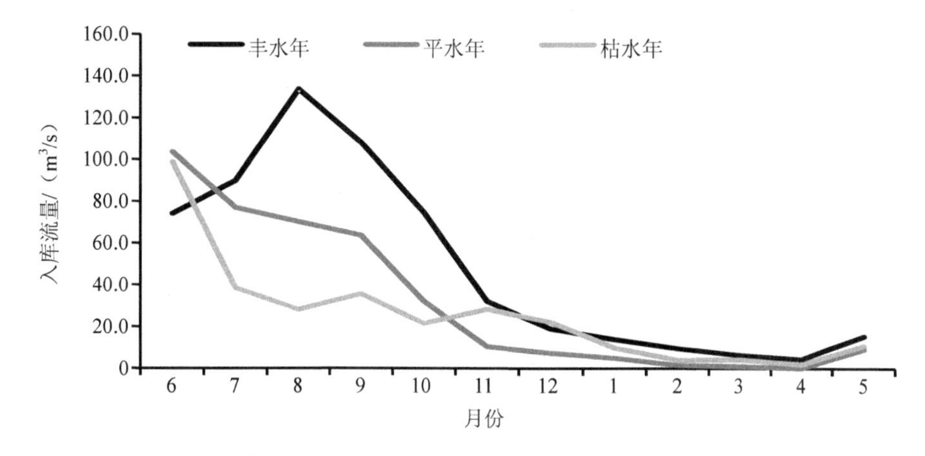

图 6-4 德泽水库不同来水水平年入库径流

6.3.2 滇池信息

（1）水位-水量曲线

滇池的水位-水量关系曲线见图 6-5。

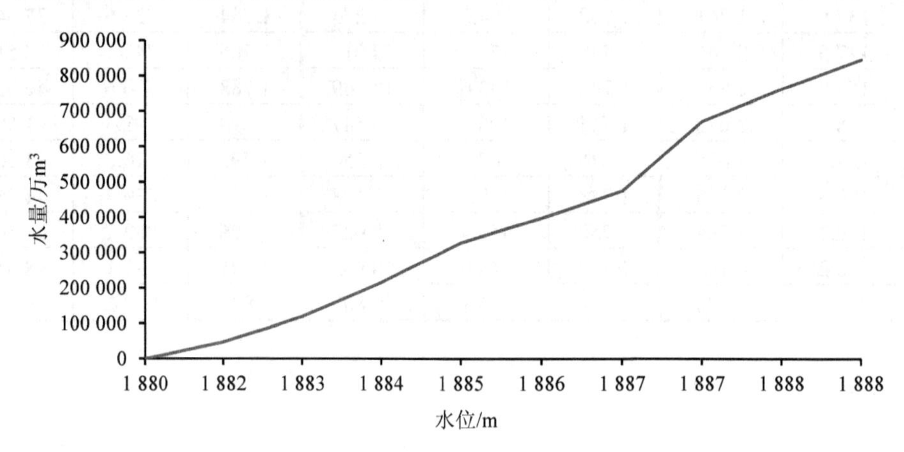

图 6-5 滇池水位-库容曲线

（2）滇池泄流能力曲线

滇池泄流能力曲线见图 6-6。

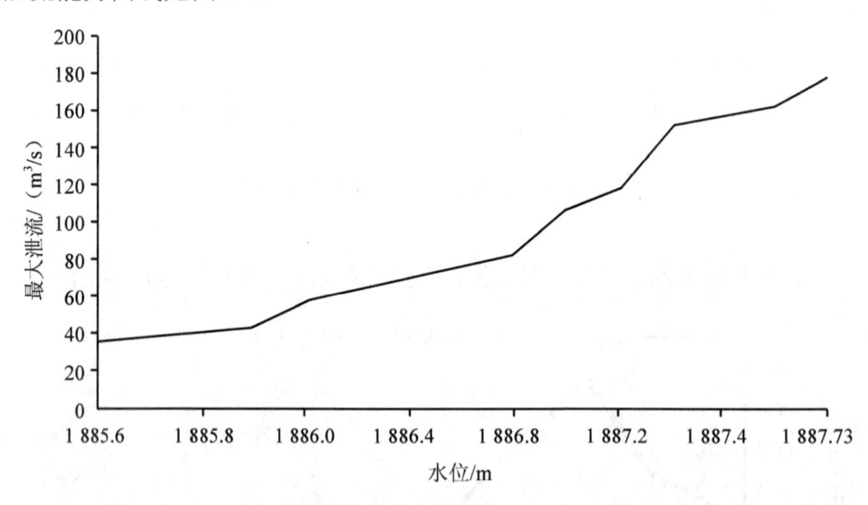

图 6-6 滇池水位-泄流能力曲线

表 6-8 滇池典型年内径流分配过程及净雨量 单位：m^3/s

频率	类别	11 月	12 月	1 月	2 月	3 月	4 月	5 月	6 月	7 月	8 月	9 月	10 月	年平均
25%	入库	30.2	11.2	6.9	6.2	6.1	5.9	17.6	45.6	51.0	37.7	26.3	28.1	22.7
	净雨	−2.5	−10.0	−11.1	−8.8	−16.5	−25.9	11.7	13.5	8.1	−2.7	2.3	5.6	−3.0
50%	入库	15.6	14.2	11.6	9.4	12.5	9.8	11.2	21.8	35.7	47.8	32.6	23.6	20.5
	净雨	−9.2	−7.0	−9.5	−11.2	−6.7	−10.6	−8.3	10.9	5.7	13.8	−2.6	−3.9	−3.2
75%	入库	12.3	13.2	6.4	5.2	5.9	5.3	5.7	8.8	13.7	21.0	12.6	27.0	11.4
	净雨	−5.3	−2.1	−10.1	−16.7	−15.7	−13.3	−12.1	1.3	6.1	2.1	0.1	7.5	−4.9

（3）入滇诸河污染负荷

根据《滇池流域水环境承载力与容量总量控制优化方案建议》（2008ZX07102-001），选取水文保证率为 90%的 2009 年作为水文特征年，以此年污染物浓度为基准，要实现外海III类水环境功能要求，滇池外海 TN、TP 陆域最大允许入湖负荷分别为 1 507 t/a 和 62 t/a（表 6-9～表 6-13）。

表 6-9 不同水质目标下滇池最大允许入湖量

水体	污染物	2009 年陆域入湖负荷/（t/a）	最大允许入湖量/（t/a）		
			III类	IV类	V类
外海	TN	5 202	1 507	1 815	2 262
	TP	551.3	62	83.6	97

表 6-10 滇池“流域-子流域”尺度容量总量削减控制方案建议

控制单元	基准年入湖量 TN	基准年入湖量 TP	最大允许入湖总量 TN	最大允许入湖总量 TP	最小入湖削减量 TN	最小入湖削减量 TP	削减率 TN/%	削减率 TP/%
外海	5 202.1	551.3	1 507.2	61.6	3 694.9	491.1	71.0	89.1
松华坝水源保护区	489.6	13.6	142.9	4.3	346.7	9.3	70.8	68.4
外海北岸重污染排水区	2 620	249	908	35	1 712	214	65.3	85.9
外海东北岸城市-城郊-农村复合污染区	365.4	52.6	113.2	6	252.2	46.6	69.0	88.6
外海东岸新城控制区	328	6	130	7.4	198	0	60.4	0.0
外海东南岸农业面源控制区	1 146.7	187.5	138.1	5.8	1 008.6	181.7	88.0	96.9
外海西南岸高富磷区	203	39.1	57.2	2.2	145.8	36.9	71.8	94.4
外海西岸湖滨散流区	49.4	3.5	17.8	0.9	31.6	2.6	64.0	74.3

表 6-11 入滇诸河污染浓度 TN（2009 年）

单位：mg/L

年份	序号	RCH35	RCH46	RCH48	RCH86	RCH89	RCH94	RCH82	RCH62	RCH54	RCH73	RCH88	RCH36	RCH23
		盘龙江	宝象河	马料河	白鱼河	柴河	东大河	古城河	捞鱼河	洛龙河	南冲河	中河	大清河	新运粮河
2009	1	0.174	10.049	1.806	1.408	0.891	1.572	0.572	1.868	0.803	0.604	0.597	1.414	0.849
2009	2	0.072	8.845	1.378	1.013	0.701	1.289	0.466	1.526	0.612	0.475	0.463	1.030	0.553
2009	3	0.263	9.211	1.530	1.030	0.688	1.240	0.500	1.549	0.569	0.432	0.517	1.013	0.701
2009	4	0.010	5.921	0.928	0.842	0.572	0.997	0.397	1.658	0.612	0.470	0.383	0.839	0.447
2009	5	0.760	9.243	2.066	1.141	0.822	1.237	0.540	2.500	0.895	0.559	0.561	2.717	1.148
2009	6	0.865	12.431	5.138	1.816	1.632	1.806	0.599	4.589	1.691	1.361	0.654	4.543	4.405
2009	7	1.352	9.845	2.470	3.543	3.286	4.664	0.632	4.411	1.243	0.856	0.493	3.257	2.161
2009	8	2.030	10.747	2.579	2.586	2.638	2.461	0.708	3.332	1.046	0.836	0.660	2.707	1.319
2009	9	0.878	9.247	2.020	1.385	0.961	1.543	0.580	2.135	0.783	0.567	0.554	3.053	1.447
2009	10	0.349	13.681	2.178	2.046	1.286	2.158	0.711	3.049	1.079	0.829	0.705	1.641	0.931
2009	11	0.500	13.730	2.362	1.786	1.158	2.000	0.745	2.569	1.020	0.797	0.751	1.671	1.003
2009	12	0.155	12.105	1.796	1.572	1.043	1.688	0.620	2.398	0.924	0.633	0.615	1.401	0.740

表 6-12 入滇诸河污染浓度 TP（2009 年）

单位：mg/L

年份	序号	RCH35	RCH46	RCH48	RCH86	RCH89	RCH94	RCH82	RCH62	RCH54	RCH73	RCH88	RCH36	RCH23
		盘龙江	宝象河	马料河	白鱼河	柴河	东大河	古城河	捞鱼河	洛龙河	南冲河	中河	大清河	新运粮河
2009	1	0.003	0.145	0.066	0.191	0.069	0.115	0.009	0.049	0.013	0.021	0.011	0.036	0.109
2009	2	0.000	0.092	0.000	0.000	0.000	0.000	0.005	0.000	0.000	0.005	0.005	0.000	0.000
2009	3	0.010	0.174	0.036	0.013	0.016	0.026	0.010	0.010	0.007	0.005	0.012	0.020	0.013
2009	4	0.000	0.099	0.003	0.036	0.053	0.063	0.011	0.043	0.013	0.017	0.011	0.000	0.000
2009	5	0.036	0.326	0.072	0.086	0.053	0.033	0.023	0.237	0.066	0.042	0.026	0.155	0.201
2009	6	0.056	5.322	3.539	0.579	0.901	0.618	0.032	2.671	1.030	0.820	0.033	3.049	3.668
2009	7	0.612	2.714	0.944	2.671	2.431	3.526	0.290	2.385	0.451	0.412	0.147	1.747	1.507
2009	8	1.039	3.908	1.194	1.438	1.727	1.280	0.313	1.681	0.365	0.430	0.246	1.490	0.895
2009	9	0.250	0.362	0.105	0.168	0.105	0.069	0.082	0.102	0.023	0.016	0.055	1.378	0.789
2009	10	0.000	0.102	0.000	0.082	0.066	0.030	0.005	0.082	0.020	0.015	0.005	0.049	0.010
2009	11	0.013	0.155	0.030	0.036	0.033	0.046	0.009	0.039	0.013	0.014	0.010	0.066	0.079
2009	12	0.000	0.102	0.000	0.030	0.046	0.000	0.005	0.036	0.010	0.005	0.005	0.000	0.000

表 6-13　入滇池诸河削减方案及范围

控制单元	削减率 TN/%	削减率 TP/%	河流划分
松华坝水源保护区	70.8	68.4	盘龙江
外海北岸重污染排水区	65.3	85.9	大清河、新运粮河
外海东北岸城市-城郊-农村复合污染区	69.0	88.6	宝象河
外海东岸新城控制区	60.4	0.0	马料河、捞鱼河、洛龙河、南冲河
外海东南岸农业面源控制区	88.0	96.9	白鱼河、柴河
外海西南岸高富磷区	71.8	94.4	东大河
外海西岸湖滨散流区	64.0	74.3	中河、古城河

（4）调度依据

①《滇池保护条例》；

②《牛栏江—滇池补水工程与滇池联合调度管理办法（试行）》；

③《德泽水库调度条例》；

④《昆明市 海口河治理工程可行性研究报告》；

⑤《云南省昆明市滇池流域城乡供水水资源保障规划》。

6.4　模型验证与应用

6.4.1　现状年调度方案优选

根据河流生态补水月过程需求，汛期牛栏江引水工程的补水量大于枯期，因此，本次各情景方案拟定的原则是“汛期多补，枯期少补”，同时按等引水流量方式拟定情景方案。枯期（11 月—翌年 5 月）初始拟定引水 15 m^3/s、17 m^3/s、19 m^3/s、21 m^3/s 及 23 m^3/s，汛期（6—10 月）初始拟定引水 22 m^3/s 及 23 m^3/s，因此，不同频率典型年的引水方案模拟情景各有 10 种。根据本次联合调度拟定情景及模拟方法，各情景德泽—滇池联合调度方案结果见表 6-14。

从表中可以看到，不同来水条件下，不同情景方案的补水量及发电量有所不同，且各方案对于德泽下游生态流量、昆明及海口河用水需求、河流生态补水需求、滇池水位调度控制要求等满足状况有所不同，部分情景方案不满足要求。因此，筛选出可行方案参与优选，其中，可行方案调度过程见图 6-7～图 6-24。

表 6-14 不同情境下的德泽-滇池联合调度方案结果

频率	方案集	引水规则（初拟方案）	德泽					滇池
			年引水流量（扣除损耗）/万 m^3	年发电量/（万 kW·h）	下游河道生态需求	昆明用水	河流生态逐月补水	
25%	方案一	①枯期 11 月—翌年 5 月引 15 m^3/s；②汛期 6—10 月引 23 m^3/s	5.607	14 440.45	满足	满足	满足	满足滇池运行要求，最高水位 1 887.50 m；满足海口河生态用水要求
	方案二	①枯期 11—翌年 5 月引 17 m^3/s；②汛期 6—10 月引 23 m^3/s	5.965	13 787.19	满足	满足	满足	满足滇池运行要求，最高水位 1 887.50 m；满足海口河生态用水要求
	方案三	①枯期 11—翌年 5 月引 19 m^3/s；②汛期 6—10 月引 23 m^3/s	6.322	13 131.13	满足	满足	满足	满足滇池运行要求，最高水位 1 887.50 m；满足海口河生态用水要求
	方案四	①枯期 11—翌年 5 月引 21 m^3/s；②汛期 6—10 月引 23 m^3/s	6.679	12 367.35	满足	满足	满足	满足滇池运行要求，最高水位 1 887.50 m；满足海口河生态用水要求
	方案五	①枯期 11 月—翌年 5 月引 23 m^3/s；②汛期 6—10 月引 23 m^3/s	7.036	11 447.70	满足	满足	满足	满足滇池运行要求，最高水位 1 887.50 m；满足海口河生态用水要求
	方案六	①枯期 11 月—翌年 5 月引 15 m^3/s；②汛期 6—10 月引 22 m^3/s	5.481	14 451.42	满足	满足	满足	满足滇池运行要求，最高水位 1 887.50 m；满足海口河生态用水要求
	方案七	①枯期 11 月—翌年 5 月引 17 m^3/s；②汛期 6—10 月引 22 m^3/s	5.838	13 798.86	满足	满足	满足	满足滇池运行要求，最高水位 1 887.50 m；满足海口河生态用水要求
	方案八	①枯期 11 月—翌年 5 月引 19 m^3/s；②汛期 6—10 月引 22 m^3/s	6.194	13 142.01	满足	满足	满足	满足滇池运行要求，最高水位 1 887.50 m；满足海口河生态用水要求

频率	方案集	引水规则（初拟方案）	德泽					滇池
			年引水流量（扣除损耗）/万 m^3	年发电量/（万 kW·h）	下游河道生态需求	昆明用水	河流生态逐月补水	
25%	方案九	①枯期 11 月—翌年 5 月引 21 m^3/s；②汛期 6—10 月引 22 m^3/s	6.551	12 378.32	满足	满足	满足	满足滇池运行要求，最高水位 1 887.50 m；满足海口河生态用水要求
	方案十	①枯期 11 月—翌年 5 月引 23 m^3/s；②汛期 6—10 月引 22 m^3/s	6.908	11 458.67	满足	满足	满足	满足滇池运行要求，最高水位 1 887.50 m；满足海口河生态用水要求
50%	方案一	①枯期 11 月—翌年 5 月引 15 m^3/s；②汛期 6—10 月引 23 m^3/s	5.607	10 992.06	满足	满足	满足	满足滇池运行要求，最高水位 1 887.50 m；满足海口河生态用水要求
	方案二	①枯期 11 月—翌年 5 月引 17 m^3/s；②汛期 6—10 月引 23 m^3/s	5.965	10 219.42	满足	满足	满足	满足滇池运行要求，最高水位 1 887.50 m；满足海口河生态用水要求
	方案三	①枯期 11 月—翌年 5 月引 19 m^3/s；②汛期 6—10 月引 23 m^3/s	6.322	9 427.85	满足	满足	满足	满足滇池运行要求，最高水位 1 887.50 m；满足海口河生态用水要求
	方案四	①枯期 11 月—翌年 5 月引 21 m^3/s；②汛期 6—10 月引 23 m^3/s	6.442	9 083.81	满足	满足	不满足	—
	方案五	①枯期 11 月—翌年 5 月引 23 m^3/s；②汛期 6—10 月引 23 m^3/s	6.442	9 038.73	满足	满足	不满足	—
	方案六	①枯期 11 月—翌年 5 月引 15 m^3/s；②汛期 6—10 月引 22 m^3/s	5.481	11 310.75	满足	满足	满足	满足滇池运行要求，最高水位 1 887.50 m；满足海口河生态用水要求
	方案七	①枯期 11 月—翌年 5 月引 17 m^3/s；②汛期 6—10 月引 22 m^3/s	5.838	10 454.44	满足	满足	满足	满足滇池运行要求，最高水位 1 887.50 m；满足海口河生态用水要求
	方案八	①枯期 11 月—翌年 5 月引 19 m^3/s；②汛期 6—10 月引 22 m^3/s	6.194	9 555.67	满足	满足	满足	满足滇池运行要求，最高水位 1 887.50 m；满足海口河生态用水要求

频率	方案集	引水规则（初拟方案）	德泽					滇池
			年引水流量（扣除损耗）/万 m^3	年发电量/（万 kW·h）	下游河道生态需求	昆明用水	河流生态逐月补水	
5%	方案九	①枯期 11 月—翌年 5 月引 21 m^3/s；②汛期 6—10 月引 22 m^3/s	6.536	9 150.22	满足	满足	不满足	—
	方案十	①枯期 11 月—翌年 5 月引 23 m^3/s；②汛期 6—10 月引 22 m^3/s	6.536	9 103.63	满足	满足	不满足	—
75%	方案一	①枯期 11 月—翌年 5 月引 15 m^3/s；②汛期 6—10 月引 23 m^3/s	5.607	7 524.74	满足	满足	满足	满足滇池运行要求，最高水位 1 887.50 m；满足海口河生态用水要求
	方案二	①枯期 11 月—翌年 5 月引 17 m^3/s；②汛期 6—10 月引 23 m^3/s	5.757	7 185.32	满足	满足	不满足	—
	方案三	①枯期 11 月—翌年 5 月引 19 m^3/s；②汛期 6—10 月引 23 m^3/s	5.757	7 139.68	满足	满足	不满足	—
	方案四	①枯期 11 月—翌年 5 月引 21 m^3/s；②汛期 6—10 月引 23 m^3/s	5.757	7 106.13	满足	满足	不满足	—
	方案五	①枯期 11 月—翌年 5 月引 23 m^3/s；②汛期 6—10 月引 23 m^3/s	5.757	7 084.46	满足	满足	不满足	—
	方案六	①枯期 11 月—翌年 5 月引 15 m^3/s；②汛期 6—10 月引 22 m^3/s	5.481	7 874.21	满足	满足	满足	满足滇池运行要求，最高水位 1 887.50 m；满足海口河生态用水要求
	方案七	①枯期 11 月—翌年 5 月引 17 m^3/s；②汛期 6—10 月引 22 m^3/s	5.934	7 284.50	满足	满足	不满足	满足滇池运行要求，最高水位 1 887.50 m；满足海口河生态用水要求
	方案八	①枯期 11 月—翌年 5 月引 19 m^3/s；②汛期 6—10 月引 22 m^3/s	5.934	7 233.59	满足	满足	不满足	—
	方案九	①枯期 11 月—翌年 5 月引 21 m^3/s；②汛期 6—10 月引 22 m^3/s	5.934	7 196.66	满足	满足	不满足	—
	方案十	①枯期 11 月—翌年 5 月引 23 m^3/s；②汛期 6—10 月引 22 m^3/s	5.756	7 166.65	满足	满足	不满足	—

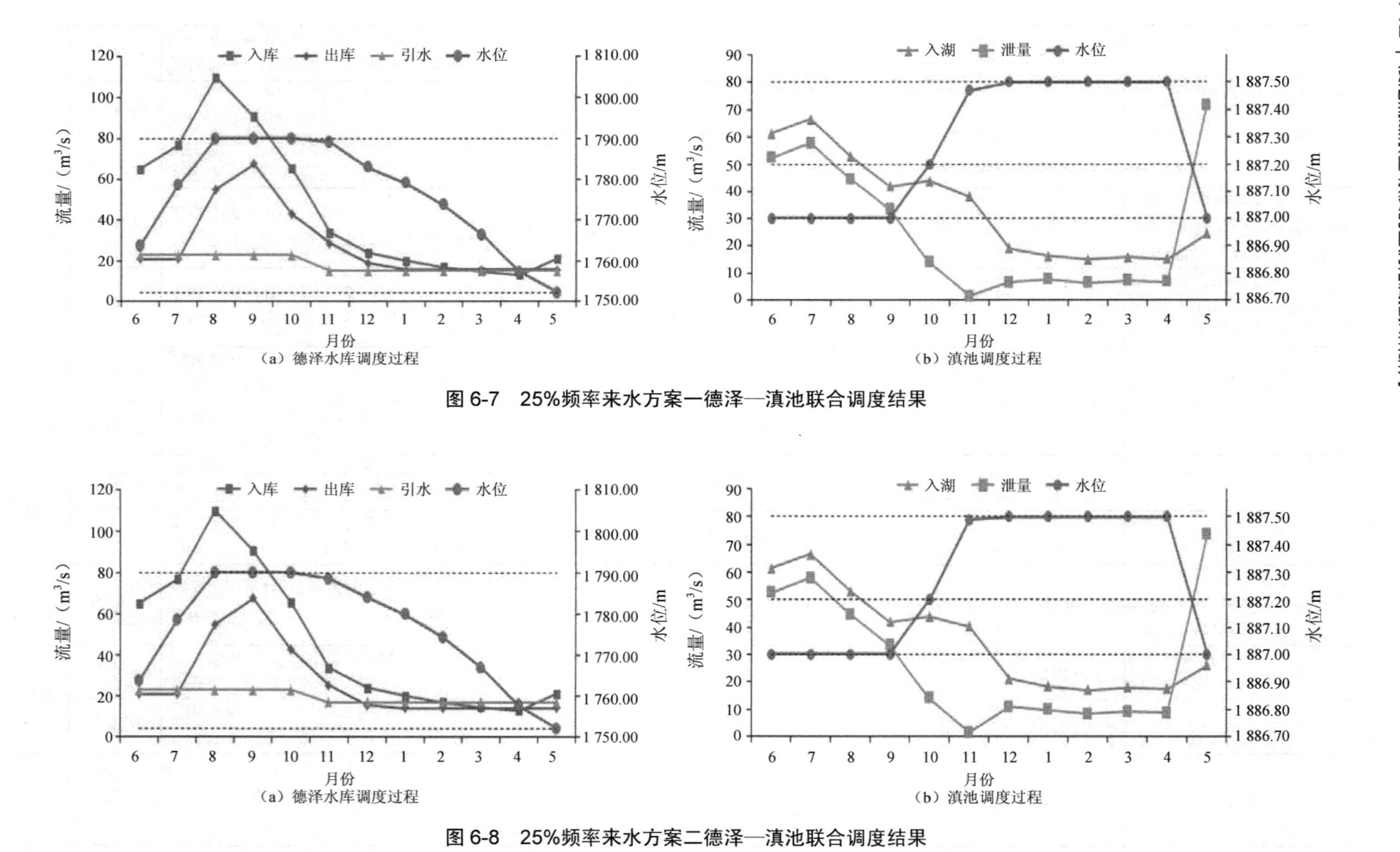

图 6-7　25%频率来水方案一德泽—滇池联合调度结果

图 6-8　25%频率来水方案二德泽—滇池联合调度结果

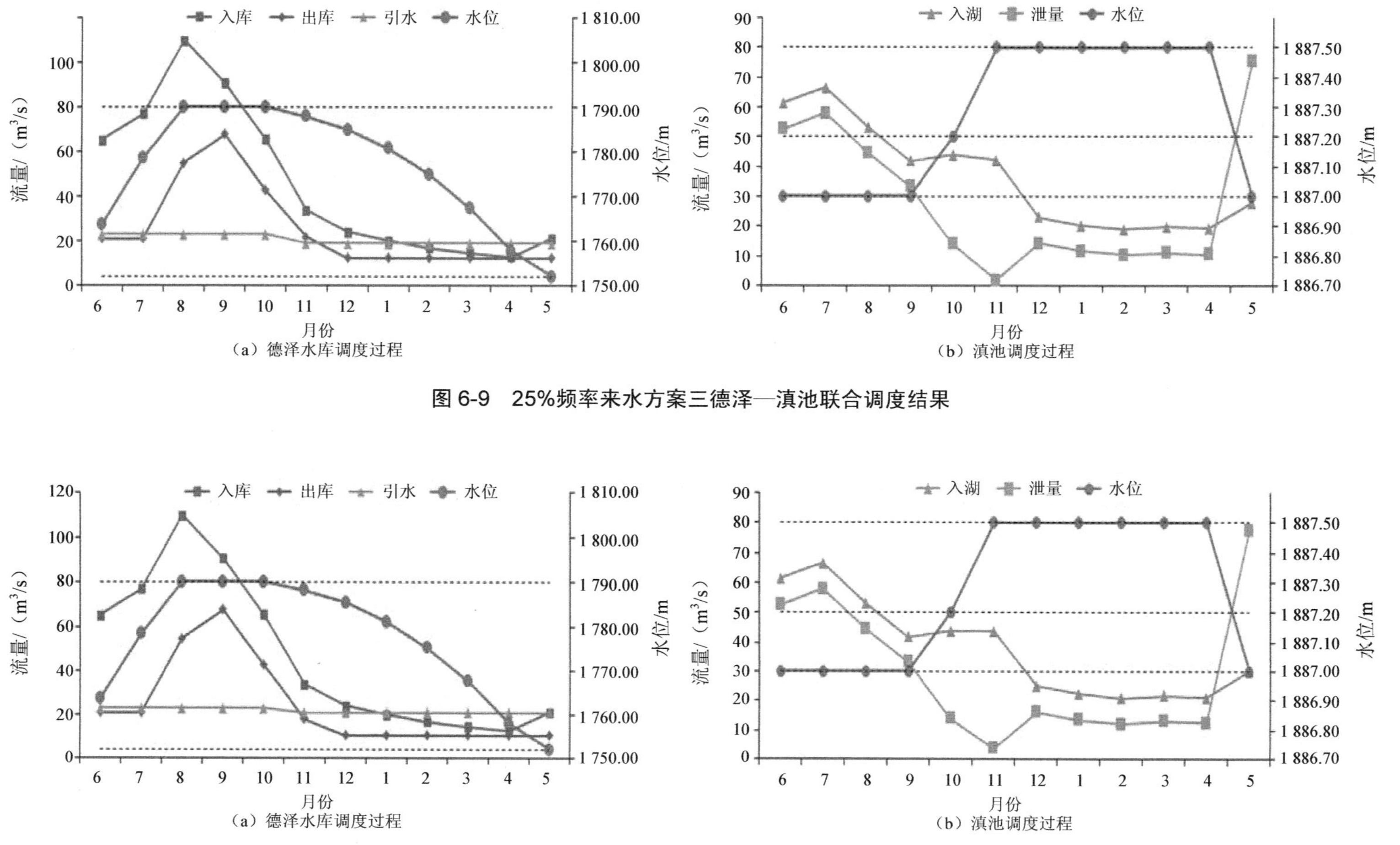

图 6-9 25%频率来水方案三德泽—滇池联合调度结果

图 6-10 25%频率来水方案四德泽—滇池联合调度结果

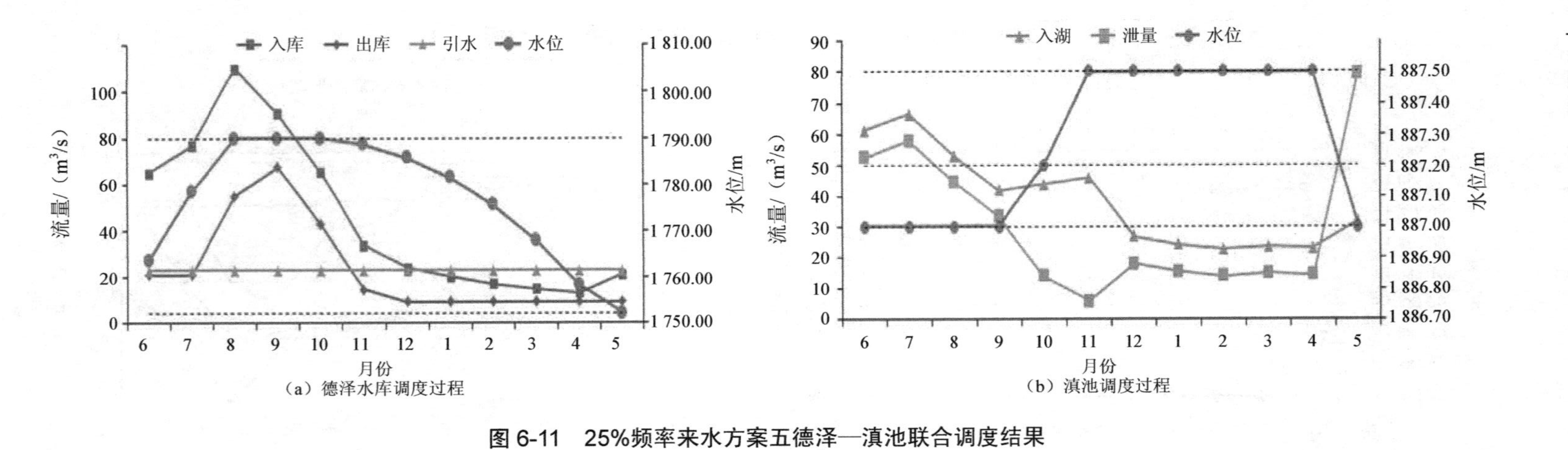

图 6-11　25%频率来水方案五德泽—滇池联合调度结果

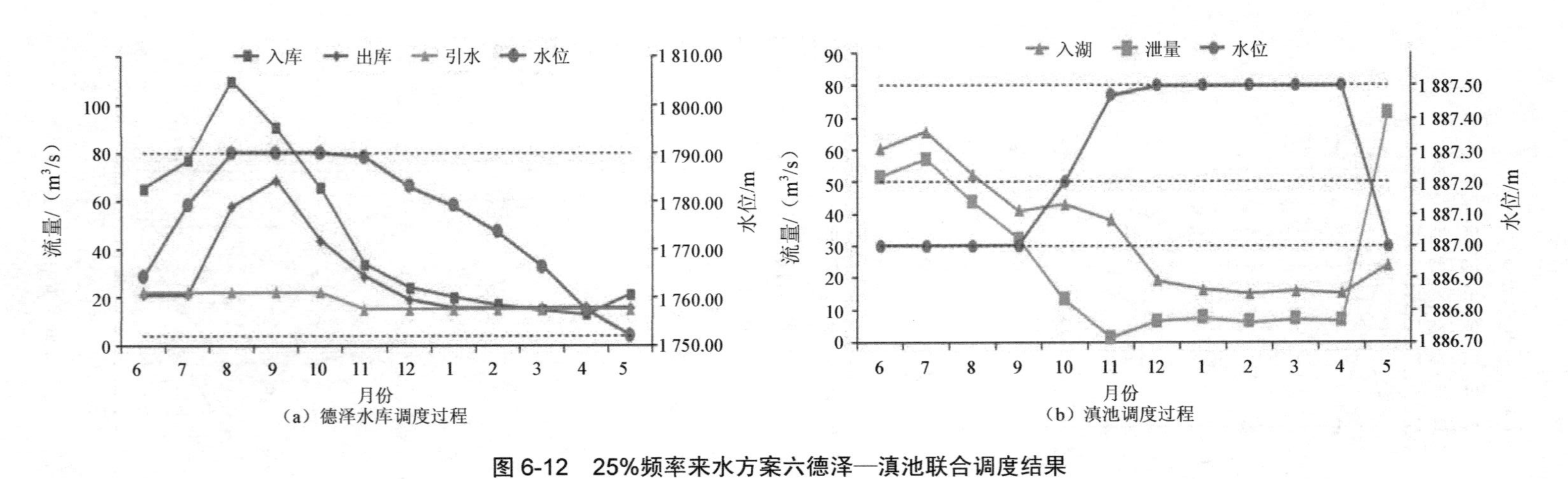

图 6-12　25%频率来水方案六德泽—滇池联合调度结果

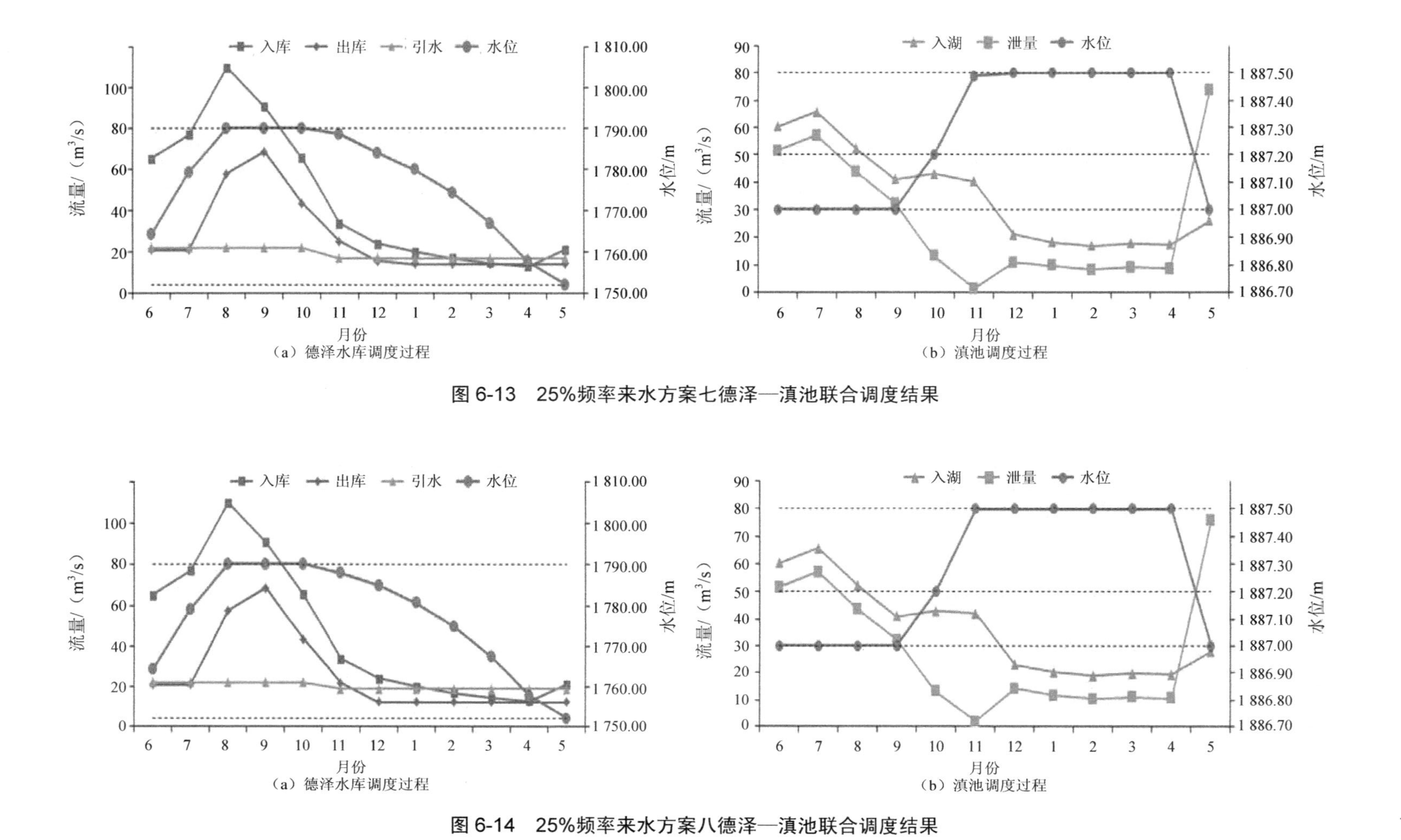

图 6-13 25%频率来水方案七德泽—滇池联合调度结果

图 6-14 25%频率来水方案八德泽—滇池联合调度结果

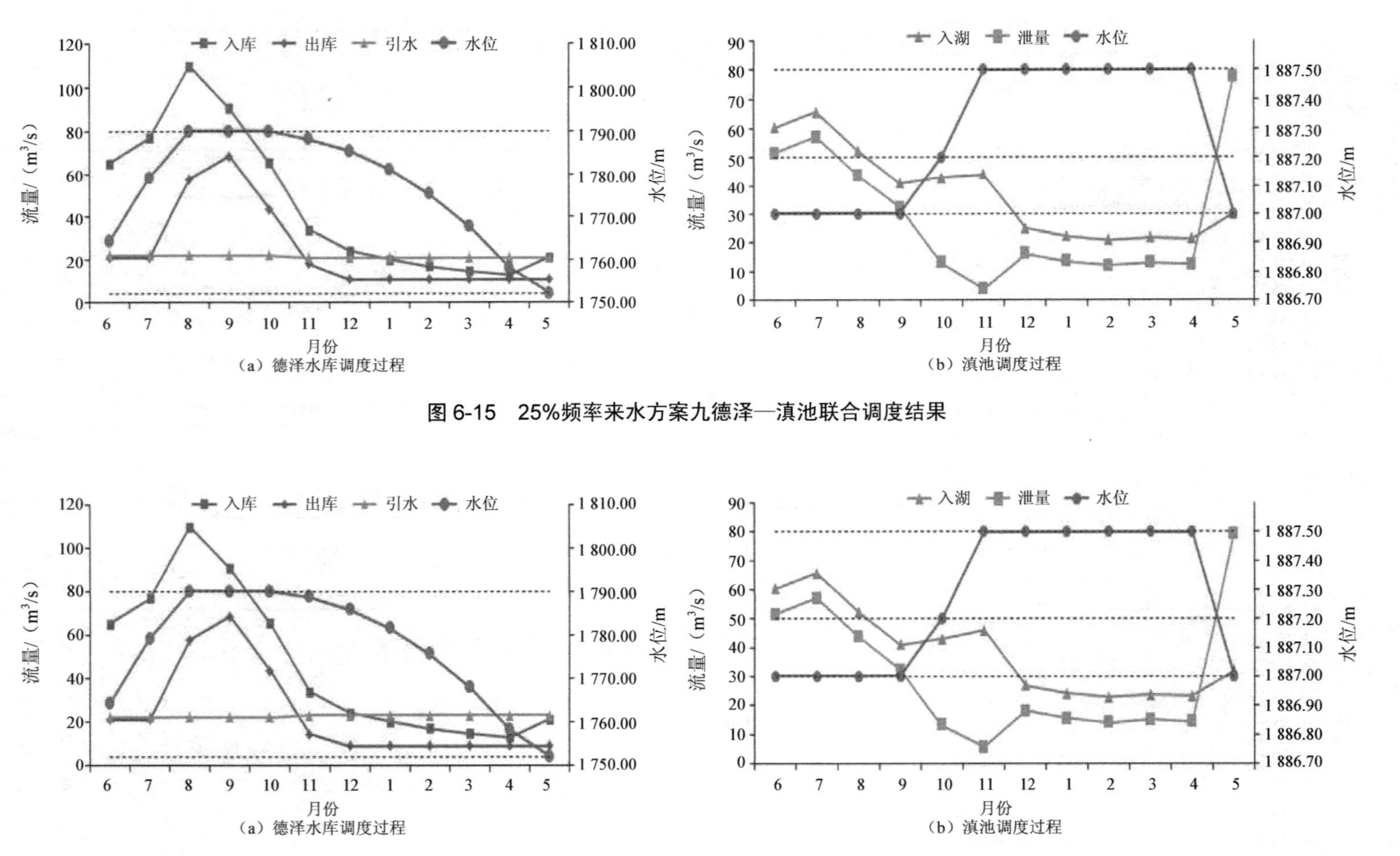

图 6-15　25%频率来水方案九德泽—滇池联合调度结果

图 6-16　25%频率来水方案十德泽—滇池联合调度结果

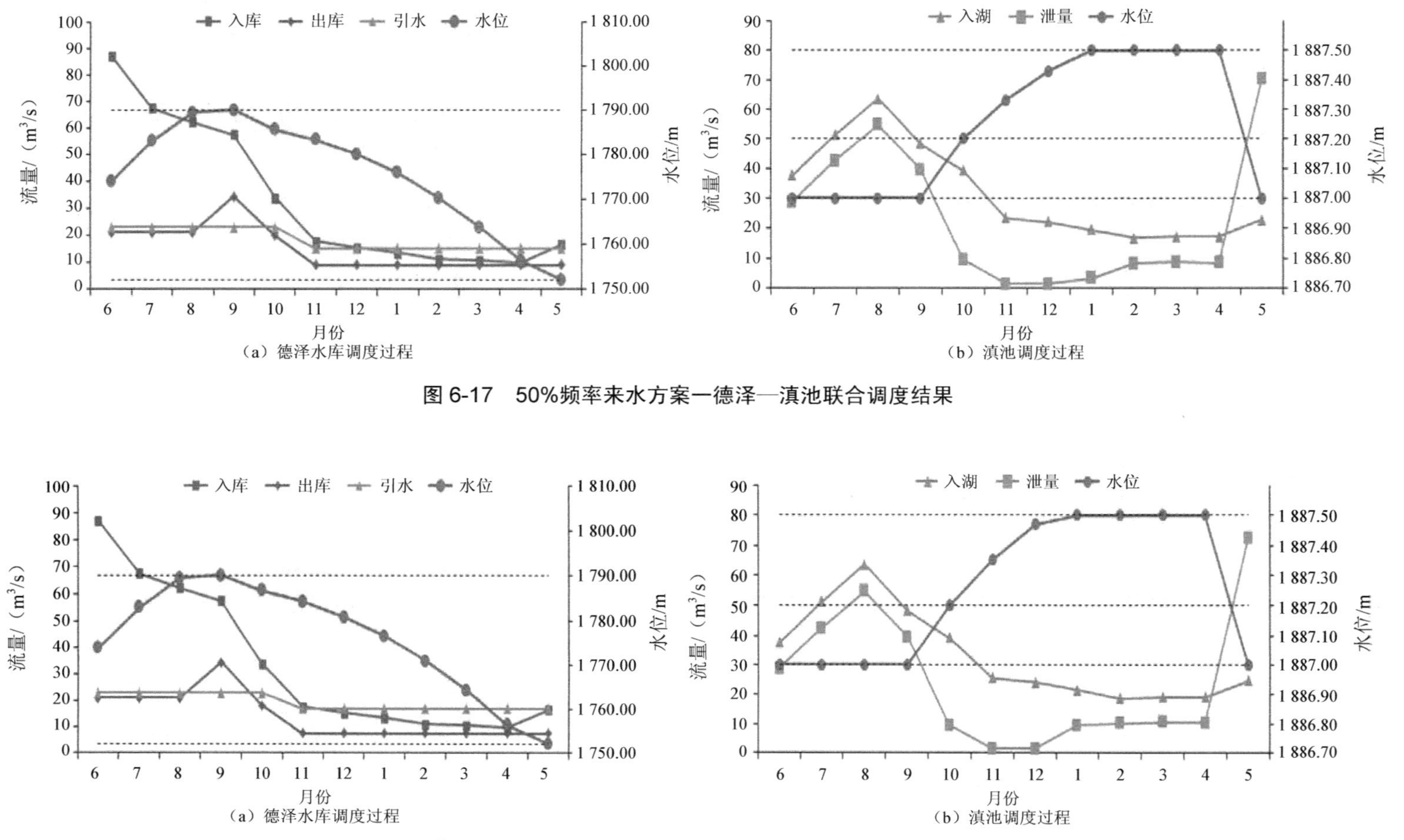

图 6-17 50%频率来水方案一德泽—滇池联合调度结果

图 6-18 50%频率来水方案二德泽—滇池联合调度结果

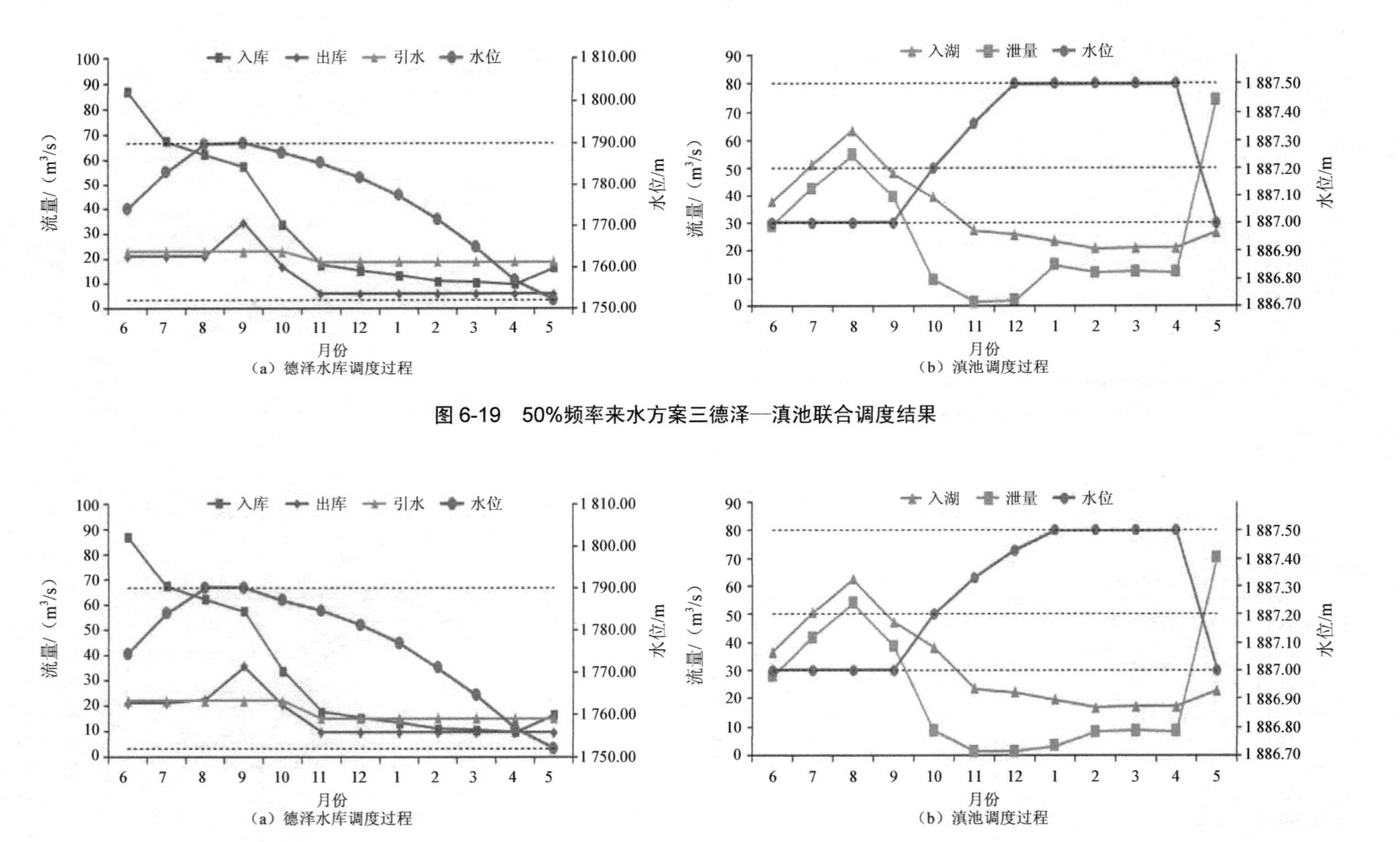

图 6-19　50%频率来水方案三德泽—滇池联合调度结果

图 6-20　50%频率来水方案六德泽—滇池联合调度结果

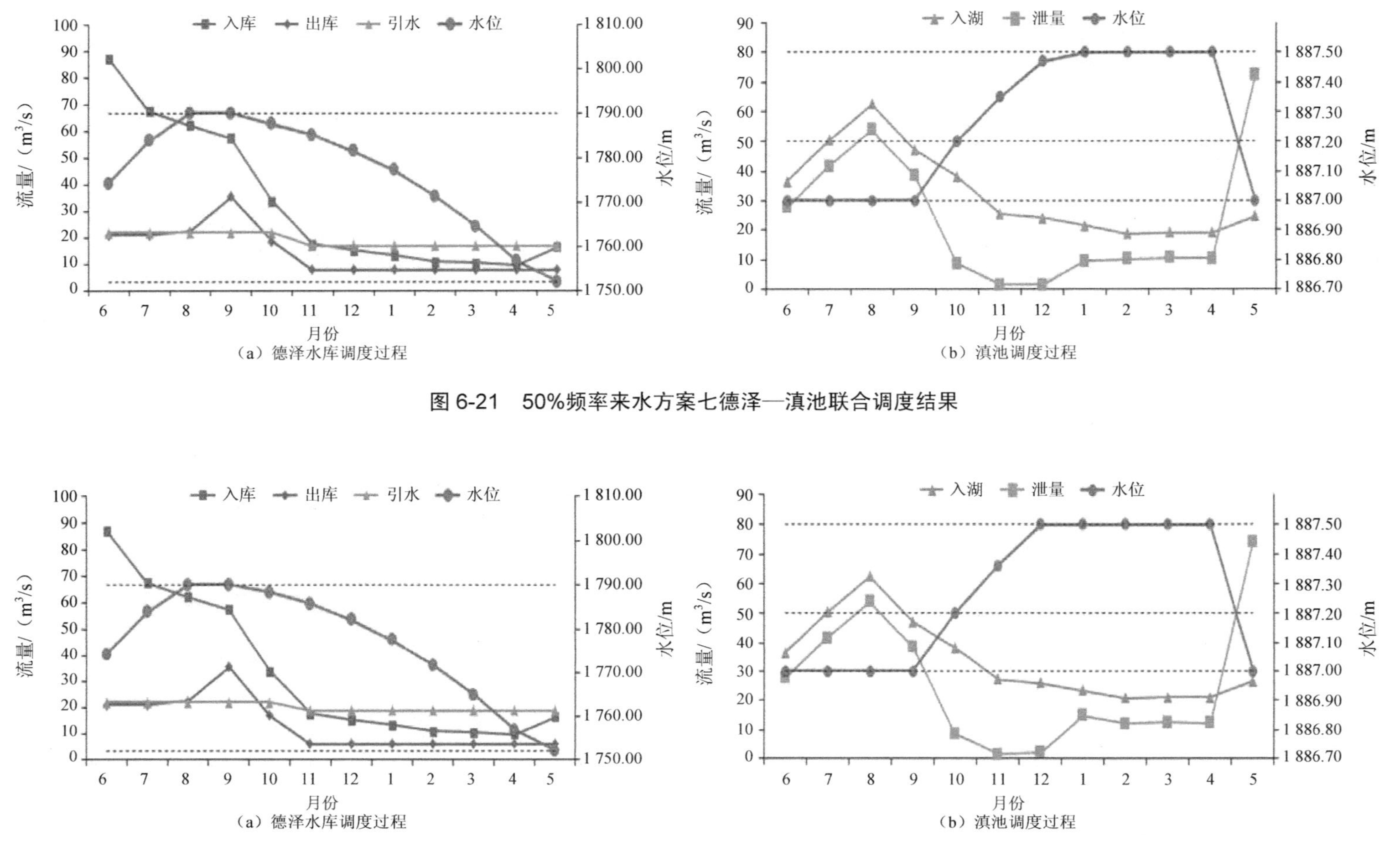

图 6-21　50%频率来水方案七德泽—滇池联合调度结果

图 6-22　50%频率来水方案八德泽—滇池联合调度结果

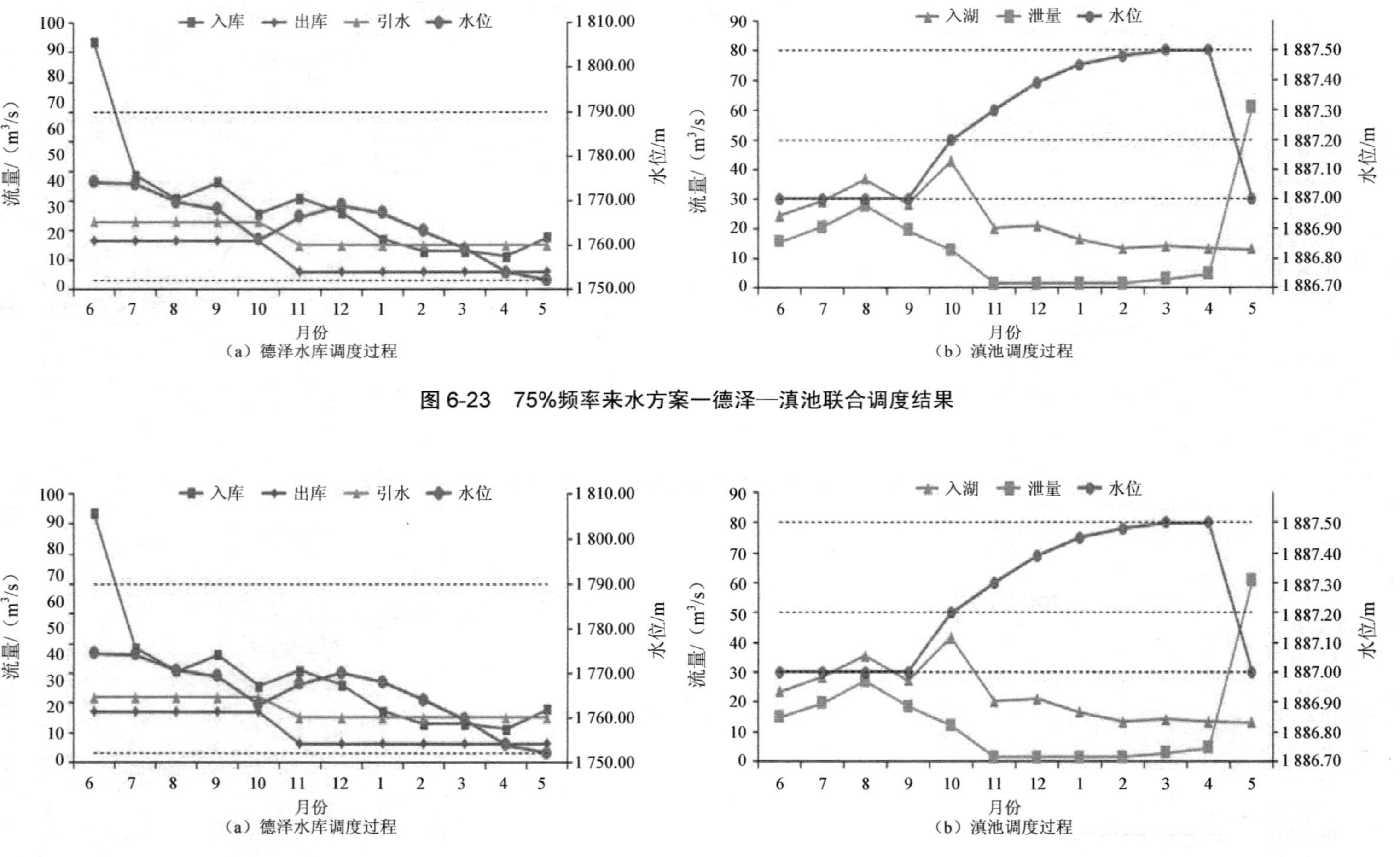

图 6-23　75%频率来水方案一德泽—滇池联合调度结果

图 6-24　75%频率来水方案六德泽—滇池联合调度结果

选取德泽水库年引水总量（指标一）和年发电量（指标二）作为评价联合调度方案优劣的判别指标，并分析 3 种不同权重组合下（0.4，0.6）、（0.5，0.5）、（0.6，0.4）的方案优劣度，见表 6-15。采用归一化方法计算各情境方案的优劣，若不同方案优劣度相同，为了兼顾工程本身发电效益，则选取发电量更大的方案，不同权重组合下的计算结果分别见表 6-15～表 6-18。

表 6-15 3 种不同权重组合

权重组合一		权重组合二		权重组合三	
指标一	指标二	指标一	指标二	指标一	指标二
0.4	0.6	0.5	0.5	0.6	0.4

表 6-16 权重组合一（0.4，0.6）的德泽—滇池联合调度方案优劣结果

频率	方案集	指标		归一化		优劣度
		指标一	指标二	指标一	指标二	
25%	方案一	5.607	14 440.45	0.150 92	0.992 76	0.656 03（最优）
	方案二	5.965	13 787.19	0.363 64	0.776 06	0.611 09
	方案三	6.322	13 131.13	0.575 76	0.558 43	0.565 36
	方案四	6.679	12 367.35	0.787 88	0.305 07	0.498 19
	方案五	7.036	11 447.7	1.000 00	0.000 00	0.400 00
	方案六	5.481	14 451.42	0.076 05	0.996 40	0.628 26
	方案七	5.838	13 798.86	0.288 18	0.779 93	0.583 23
	方案八	6.194	13 142.01	0.499 70	0.562 04	0.537 11
	方案九	6.551	12 378.32	0.711 82	0.308 71	0.469 95
	方案十	6.908	11 458.67	0.923 95	0.003 64	0.371 76
50%	方案一	5.607	10 992.06	0.149 82	0.830 75	0.558 38
	方案二	5.965	10 219.42	0.575 51	0.420 40	0.482 44
	方案三	6.322	9 427.85	1.000 00	0.000 00	0.400 00
	方案六	5.481	11 310.75	0.000 00	1.000 00	0.600 00（最优）
	方案七	5.838	10 454.44	0.424 49	0.545 22	0.496 93
	方案八	6.194	9 555.67	0.847 80	0.067 88	0.379 85
75%	方案一	5.607	7 524.74	1.000 00	0.000 00	0.400 00
	方案六	5.481	7 874.21	0.000 00	1.000 00	0.600 00（最优）

表 6-17　权重组合二（0.5，0.5）的德泽—滇池联合调度方案优劣结果

频率	方案集	指标		归一化		优劣度
		指标一	指标二	指标一	指标二	
25%	方案一	5.607	14 440.45	0.150 92	0.992 76	0.571 84（最优）
	方案二	5.965	13 787.19	0.363 64	0.776 06	0.569 85
	方案三	6.322	13 131.13	0.575 76	0.558 43	0.567 09
	方案四	6.679	12 367.35	0.787 88	0.305 07	0.546 47
	方案五	7.036	11 447.7	1.000 00	0.000 00	0.500 00
	方案六	5.481	14 451.42	0.076 05	0.996 40	0.536 23
	方案七	5.838	13 798.86	0.288 18	0.779 93	0.534 05
	方案八	6.194	13 142.01	0.499 70	0.562 04	0.530 87
	方案九	6.551	12 378.32	0.711 82	0.308 71	0.510 27
	方案十	6.908	11 458.67	0.923 95	0.003 64	0.463 79
50%	方案一	5.607	10 992.06	0.149 82	0.830 75	0.490 28
	方案二	5.965	10 219.42	0.575 51	0.420 40	0.497 95
	方案三	6.322	9 427.85	1.000 00	0.000 00	0.500 00
	方案六	5.481	11 310.75	0.000 00	1.000 00	0.500 00（最优）
	方案七	5.838	10 454.44	0.424 49	0.545 22	0.484 86
	方案八	6.194	9 555.67	0.847 80	0.067 88	0.457 84
75%	方案一	5.607	7 524.74	1.000 00	0.000 00	0.500 00
	方案六	5.481	7 874.21	0.000 00	1.000 00	0.500 00（最优）

表 6-18　权重组合三（0.6，0.4）的德泽—滇池联合调度方案优劣结果

频率	方案集	指标		归一化		优劣度
		指标一	指标二	指标一	指标二	
25%	方案一	5.607	14 440.45	0.150 92	0.992 76	0.487 66
	方案二	5.965	13 787.19	0.363 64	0.776 06	0.528 61
	方案三	6.322	13 131.13	0.575 76	0.558 43	0.568 83
	方案四	6.679	12 367.35	0.787 88	0.305 07	0.594 75
	方案五	7.036	11 447.7	1.000 00	0.000 00	0.600 00（最优）
	方案六	5.481	14 451.42	0.076 05	0.996 40	0.444 19
	方案七	5.838	13 798.86	0.288 18	0.779 93	0.484 88
	方案八	6.194	13 142.01	0.499 70	0.562 04	0.524 64
	方案九	6.551	12 378.32	0.711 82	0.308 71	0.550 58
	方案十	6.908	11 458.67	0.923 95	0.003 64	0.555 82
50%	方案一	5.607	10 992.06	0.149 82	0.830 75	0.422 19
	方案二	5.965	10 219.42	0.575 51	0.420 40	0.513 46
	方案三	6.322	9 427.85	1.000 00	0.000 00	0.600 00（最优）
	方案六	5.481	11 310.75	0.000 00	1.000 00	0.400 00
	方案七	5.838	10 454.44	0.424 49	0.545 22	0.472 78
	方案八	6.194	9 555.67	0.847 80	0.067 88	0.535 83
75%	方案一	5.607	7 524.74	1.000 00	0.000 00	0.400 00
	方案六	5.481	7 874.21	0.000 00	1.000 00	0.600 00（最优）

通过表 6-16～表 6-18 计算结果汇总，得到不同权重组合、来水频率下的最优引水方案，见表 6-19。

表 6-19 不同权重组合、来水频率下的最优引水方案

权重组合	频率	最优方案集	引水规则
权重组合一（0.4，0.6）	25%	方案一	枯期 11 月—翌年 5 月引 15 m^3/s；汛期 6—10 月引 22 m^3/s
	50%	方案六	枯期 11 月—翌年 5 月引 15 m^3/s；汛期 6—10 月引 22 m^3/s
	75%	方案六	枯期 11 月—翌年 5 月引 15 m^3/s；汛期 6—10 月引 22 m^3/s
权重组合二（0.5，0.5）	25%	方案一	枯期 11 月—翌年 5 月引 15 m^3/s；汛期 6—10 月引 23 m^3/s
	50%	方案六	枯期 11 月—翌年 5 月引 15 m^3/s；汛期 6—10 月引 22 m^3/s
	75%	方案六	枯期 11 月—翌年 5 月引 15 m^3/s；汛期 6—10 月引 22 m^3/s
权重组合三（0.6，0.4）	25%	方案五	枯期 11 月—翌年 5 月引 23 m^3/s；汛期 6—10 月引 23 m^3/s
	50%	方案三	枯期 11 月—翌年 5 月引 19 m^3/s；汛期 6—10 月引 23 m^3/s
	75%	方案六	枯期 11 月—翌年 5 月引 15 m^3/s；汛期 6—10 月引 22 m^3/s

本次研究现状年推荐权重组合（0.6，0.4）条件下的最优调度方案，即：
①丰水年，情景方案五：枯期 11 月—翌年 5 月引 23 m^3/s，汛期 6—10 月引 23 m^3/s；
②平水年，情景方案三：枯期 11 月—翌年 5 月引 19 m^3/s，汛期 6—10 月引 23 m^3/s；
③枯水年，情景方案六：枯期 11 月—翌年 5 月引 15 m^3/s，汛期 6—10 月引 22 m^3/s；
各方案补水配置及滇池运行结果见表 6-20～表 6-25。

表 6-20 丰水年推荐方案补水配置结果

单位：m^3/s

时段	昆明用水	草海	外海						德泽引水（扣除损耗）
			盘龙江	宝象河	马料河	洛龙河	捞鱼河	梁王河	
6 月	3.47	3.17	8.43	3.04	1.11	1.20	1.18	0.71	22.31
7 月	3.47	3.17	9.18	2.81	0.64	1.68	0.69	0.66	22.31
8 月	3.47	3.17	9.58	2.97	0.50	1.48	0.62	0.52	22.31
9 月	3.47	3.17	9.57	3.01	0.58	1.36	0.61	0.53	22.31
10 月	3.47	3.17	9.13	2.94	0.77	1.50	0.81	0.50	22.31
11 月	3.47	3.17	8.37	3.01	1.11	1.31	1.17	0.71	22.31

时段	昆明用水	草海	外海						德泽引水（扣除损耗）
			盘龙江	宝象河	马料河	洛龙河	捞鱼河	梁王河	
12 月	3.47	3.17	8.47	3.05	1.12	1.12	1.19	0.72	22.31
1 月	3.47	3.17	8.47	3.05	1.12	1.12	1.19	0.72	22.31
2 月	3.47	3.17	8.47	3.05	1.12	1.12	1.19	0.71	22.31
3 月	3.47	3.17	8.47	3.05	1.12	1.12	1.19	0.72	22.31
4 月	3.47	3.17	8.47	3.05	1.12	1.12	1.18	0.72	22.31
5 月	3.47	3.17	8.42	3.03	1.12	1.21	1.18	0.72	22.31
均值	3.47	3.17	8.75	3.01	0.95	1.28	1.02	0.66	22.31
总水量/亿 m^3	1.09	1.00	2.76	0.95	0.30	0.40	0.32	0.21	7.04

注：昆明用水+草海+外海=德泽引水，其中引水流量先分配到盘龙江、宝象河、马料河、洛龙河、捞鱼河、梁王河 6 条河流再进入外海。

表 6-21 丰水年推荐方案滇池调度结果

单位：m^3/s

P=25%	滇池						
	入湖	蒸发	水位	海口河下泄	西园隧洞		
					泄洪	清污置换	排污
6 月	61.30	8.70	1 887.00	24.77	27.83	3.17	9.00
7 月	66.60	8.70	1 887.00	30.07	27.83	3.17	9.00
8 月	53.30	8.70	1 887.00	16.77	27.83	3.17	9.00
9 月	41.90	8.70	1 887.00	5.37	27.83	3.17	9.00
10 月	43.80	8.70	1 887.20	1.74	12.11	3.17	9.00
11 月	38.10	8.70	1 887.47	1.74	0.00	3.17	9.00
12 月	19.10	8.70	1 887.50	6.61	0.00	3.17	9.00
1 月	16.40	8.70	1 887.50	7.70	0.00	3.17	9.00
2 月	15.10	8.70	1 887.50	6.40	0.00	3.17	9.00
3 月	15.90	8.70	1 887.50	7.20	0.00	3.17	9.00
4 月	15.40	8.70	1 887.50	6.70	0.00	3.17	9.00
5 月	24.20	8.70	1 887.00	71.75	0.00	3.17	9.00
均值	34.26	8.70	—	15.55	10.30	3.17	9.00
总量/亿 m^3	10.804	2.744		4.90	3.25	1.00	2.84

表 6-22 平水年推荐方案补水配置结果

单位：m^3/s

时段	昆明用水	草海	外海						德泽引水（扣除损耗）
			盘龙江	宝象河	马料河	洛龙河	捞鱼河	梁王河	
6 月	3.47	3.17	8.43	3.04	1.11	1.20	1.18	0.71	22.31
7 月	3.47	3.17	9.18	2.81	0.64	1.68	0.69	0.66	22.31
8 月	3.47	3.17	9.58	2.97	0.50	1.48	0.62	0.52	22.31
9 月	3.47	3.17	9.57	3.01	0.58	1.36	0.61	0.53	22.31
10 月	3.47	3.17	9.13	2.94	0.77	1.50	0.81	0.50	22.31

时段	昆明用水	草海	外海						德泽引水（扣除损耗）
			盘龙江	宝象河	马料河	洛龙河	捞鱼河	梁王河	
11 月	3.47	3.17	6.30	2.27	0.84	0.98	0.88	0.53	18.43
12 月	3.47	3.17	6.37	2.29	0.84	0.84	0.89	0.54	18.43
1 月	3.47	3.17	6.37	2.29	0.84	0.84	0.89	0.54	18.43
2 月	3.47	3.17	6.37	2.29	0.84	0.84	0.89	0.54	18.43
3 月	3.47	3.17	6.37	2.29	0.84	0.84	0.89	0.54	18.43
4 月	3.47	3.17	6.38	2.30	0.85	0.85	0.89	0.54	18.43
5 月	3.47	3.17	6.34	2.28	0.84	0.91	0.89	0.54	18.43
均值	3.47	3.17	7.53	2.57	0.79	1.11	0.85	0.56	20.05
总水量/亿 m^3	1.09	1.00	2.38	0.81	0.25	0.35	0.27	0.18	6.32

注：昆明用水+草海+外海=德泽引水，其中外海引水流量先分配到盘龙江、宝象河、马料河、洛龙河、捞鱼河、梁王河 6 条河流再进入外海。

表 6-23　平水年推荐方案滇池调度结果　　单位：m^3/s

P=50%	滇池						
	入湖	蒸发	水位	海口河下泄	西园隧洞		
					泄洪	清污置换	排污
6 月	37.5	8.7	1 887.00	1.74	27.06	3.17	9.00
7 月	51.3	8.7	1 887.00	14.77	27.83	3.17	9.00
8 月	63.4	8.7	1 887.00	26.87	27.83	3.17	9.00
9 月	48.3	8.7	1 887.00	11.77	27.83	3.17	9.00
10 月	39.3	8.7	1 887.20	1.74	7.98	3.17	9.00
11 月	27.4	8.7	1 887.36	1.74	0	3.17	9.00
12 月	25.9	8.7	1 887.50	1.93	0	3.17	9.00
1 月	23.5	8.7	1 887.50	14.8	0	3.17	9.00
2 月	20.8	8.7	1 887.50	12.1	0	3.17	9.00
3 月	21.2	8.7	1 887.50	12.5	0	3.17	9.00
4 月	21.1	8.7	1 887.50	12.4	0	3.17	9.00
5 月	26.6	8.7	1 887.00	74.15	0	3.17	9.00
均值	33.86	8.7	—	15.54	9.88	3.17	9.00
总量/亿 m^3	10.678	2.744		4.90	3.11	1.00	2.84

表 6-24　枯水年推荐方案补水配置结果　　单位：m^3/s

时段	昆明用水	草海	外海						德泽引水（扣除损耗）
			盘龙江	宝象河	马料河	洛龙河	捞鱼河	梁王河	
6 月	3.47	3.17	7.90	2.85	1.04	1.13	1.11	0.67	21.34
7 月	3.47	3.17	8.61	2.64	0.60	1.57	0.65	0.62	21.34
8 月	3.47	3.17	8.99	2.79	0.47	1.39	0.58	0.49	21.34
9 月	3.47	3.17	8.98	2.82	0.54	1.27	0.58	0.50	21.34

时段	昆明用水	草海	外海						德泽引水（扣除损耗）
			盘龙江	宝象河	马料河	洛龙河	捞鱼河	梁王河	
10 月	3.47	3.17	8.57	2.76	0.72	1.41	0.76	0.47	21.34
11 月	3.47	3.17	4.22	1.52	0.56	0.66	0.59	0.36	14.55
12 月	3.47	3.17	4.28	1.54	0.57	0.57	0.60	0.36	14.55
1 月	3.47	3.17	4.28	1.54	0.57	0.57	0.60	0.36	14.55
2 月	3.47	3.17	4.28	1.54	0.57	0.57	0.60	0.36	14.55
3 月	3.47	3.17	4.28	1.54	0.57	0.57	0.60	0.36	14.55
4 月	3.47	3.17	4.28	1.54	0.57	0.57	0.60	0.36	14.55
5 月	3.47	3.17	4.25	1.53	0.56	0.61	0.60	0.36	14.55
均值	3.47	3.17	6.08	2.05	0.61	0.91	0.66	0.44	17.38
总水量/亿 m^3	1.09	1.00	1.92	0.65	0.19	0.29	0.21	0.14	5.48

注：昆明用水+草海+外海=德泽引水，其中外海引水流量先分配到盘龙江、宝象河、马料河、洛龙河、捞鱼河、梁王河 6 条河流再进入外海。

表 6-25　枯水年推荐方案滇池调度结果　　单位：m^3/s

P=75%	滇池						
	入湖	蒸发	水位	海口河下泄	西园隧洞		
					泄洪	清污置换	排污
6 月	23.51	8.70	1 887.00	1.74	13.06	3.17	9.00
7 月	28.36	8.70	1 887.00	1.74	17.96	3.17	9.00
8 月	35.70	8.70	1 887.00	1.74	25.26	3.17	9.00
9 月	27.32	8.70	1 887.00	1.74	16.86	3.17	9.00
10 月	41.72	8.70	1 887.20	1.74	10.28	3.17	9.00
11 月	20.25	8.70	1 887.30	1.74	0	3.17	9.00
12 月	21.09	8.70	1 887.39	1.74	0	3.17	9.00
1 月	16.55	8.70	1 887.45	1.74	0	3.17	9.00
2 月	13.30	8.70	1 887.48	1.74	0	3.17	9.00
3 月	14.18	8.70	1 887.50	2.90	0	3.17	9.00
4 月	13.32	8.70	1 887.50	4.60	0	3.17	9.00
5 月	13.10	8.70	1 887.00	60.65	0	3.17	9.00
均值	22.37	8.70	—	6.98	6.95	3.17	9.00
总量/亿 m^3	7.053	2.744		2.20	2.19	1.00	2.84

6.4.2　2020 年调度方案优选

2020 年的情境方案设置与现状年相同，且情境模拟方法、方案评价方法及方案优选与现状年一致。但与现状年相比，2020 年的补水方案主要体现在以下几个需求发生了变化：①现状年取水 10 950 万 m^3，而 2020 年取水 1 048 万 m^3；②海口河现状年最小生态水量

0.55 亿 m^3，而 2020 年最小生态水量 0.3647 亿 m^3；③2020 年规划生产再生水 3 110 万 m^3，扣除这部分再生水后，仍占用了西园隧洞 8.2 m^3/s 的泄洪能力。

由于 2020 年补水需求量比现状年更小，因此，通过模拟计算，2020 年的可行方案数比现状年更多。通过方案评价，本次研究 2020 年推荐权重组合（0.6，0.4）条件下的最优调度方案，即：

①丰水年，情景方案五：枯期 11 月—翌年 5 月引 23 m^3/s，汛期 6—10 月引 23 m^3/s；

②平水年，情景方案四：枯期 11 月—翌年 5 月引 21 m^3/s，汛期 6—10 月引 23 m^3/s；

③枯水年，情景方案八：枯期 11 月—翌年 5 月引 19 m^3/s，汛期 6—10 月引 22 m^3/s。

7 滇池区域水资源系统利用分配现状评价

7.1 水文与水资源概况

7.1.1 降水

（1）季节变化

自 1953 年以来的 35 年期间，滇池流域春（3—5 月）、夏（6—8 月）、秋（9—11 月）、冬（12 月—翌年 2 月）4 个季节的气候倾向率分别为 8.36 mm/10a，−2.34 mm/10a，0.75 mm/10a 和 3.00 mm/10a（图 7-1）；可见该流域春、秋和冬季降水量有升高趋势，且春季降水量增加明显；唯有夏季降水量有减少趋势；多年平均四季降水贡献率依次为 12.64%、58.76%、24.69%和 3.91%，其中夏季降水量所占比例最大，冬季最小；雨季（6—9 月）降水量达 674.55 mm，占年降水量的 71.20%。

2007—2012 年，各季节气候倾向率变幅较大，增减不一，春、夏、冬季呈减少趋势，秋季为增加趋势。流域春、夏、冬季降水减少明显，气候倾向率数值大于秋季；多年平均四季降水贡献率依次为 14.93%、59.58%、21.12%和 4.38%，其中夏季降水量所占比例最大，冬季最小；雨季（6—9 月）降水量达 536.60 mm，占年降水量的 70.96%，比前期有所下降。

两个时间段中，各季节降水占年降水量的比例大致相当，没有明显变化（3%以内）；但是二者雨季降水量却相差 137.95 mm（约占长系列雨季降水量的 1/6，短系列的 1/4）。可以看出滇池流域降水的季节分配极不均匀；此外，近期降水量有明显减少趋势。

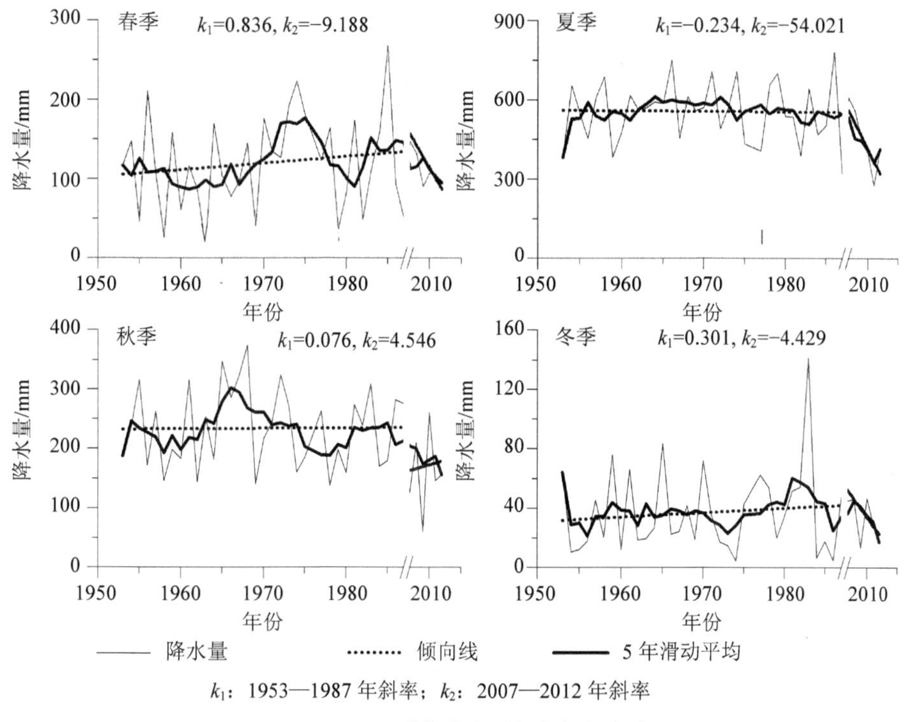

k_1：1953—1987 年斜率；k_2：2007—2012 年斜率

图 7-1 不同季节降水量与气候倾向率

（2）年际变化

滇池流域降水量在 1953—1987 年呈现增加趋势（图 7-2），气候倾向率为 11.12 mm/10a，降水量最大值为 1 204.13 mm（1983 年），最小值为 695.90 mm（1987 年），二者的极值差为 508.23 mm，占据多年平均降水量（951.48 mm）的 53.41%；可见，该流域降水量年际间变化较大。从滑动平均曲线和累计距平曲线可以看出，该区历年降水量有一定的趋势性，如 1953—1963 年呈现下降趋势，1964—1974 年呈现上升趋势，1975 年之后又转而下降，总体呈现下降-上升-下降趋势；由距平和累计距平曲线可看出，在 1963 年以前，流域降水都处于多年平均降水量水平以下，为枯水期；在 1964—1979 年，降水量都大于多年平均值，为丰水期；1980 年之后，降水量少于多年平均值，又转为枯水期；总体经历了枯水期-丰水期-枯水期过程。

雨季降水量在 1953—1987 年呈现增加趋势，气候倾向率为 2.32 mm/10a，降水量最大值为 925.76 mm（1966 年），最小值为 458.49 mm（1953 年），极值比为 2.02，二者的极差值为 467.27 mm，占雨季多年平均降水量（674.55 mm）的 69.27%；可见，该流域雨季降水量年际间变化较为剧烈。从图 7-2 可看出，该区历年雨季降水量相对平稳，1953—1968 年呈现缓慢上升趋势，1969—1987 年呈现缓慢下降趋势，总体呈现上升-下降趋势；由距平和累计距平曲线可以看出，在 1964 年以前，降水都处于多年平均降水量水平以下；在

1965—1974 年，降水量都大于多年平均值；1975 年之后，降水量又转为少于多年平均值；雨季降水总体经历了少-多-少过程。

2007—2012 年，流域降水量呈显著的锯齿状减少趋势，在 2011 年达到最小值（556.37 mm），最大值发生于 2008 年（948.92 mm），二者相差 392.55 mm（小于 35 年系列极差），但是该系列最大、最小值都小于 35 年系列极值，在 2011 年昆明地区发生大旱，该年降水量为 35 年和 6 年系列中最小值，可能与全球气候变暖，导致降水极端事件发生频率变大有关。雨季降水量也呈锯齿状减少趋势，最小值发生于 2011 年（384.67 mm），最大值发生于 2007 年（688.91 mm），极值差为 304.24 mm（小于 35 年系列），极值比达 1.79（小于 35 年系列）。对比分析可见，短系列降水量小于长系列，可能为枯水期，降水极差、极值比也都小于长系列，但依然可表明该流域雨季降水量年际间变化较为剧烈。

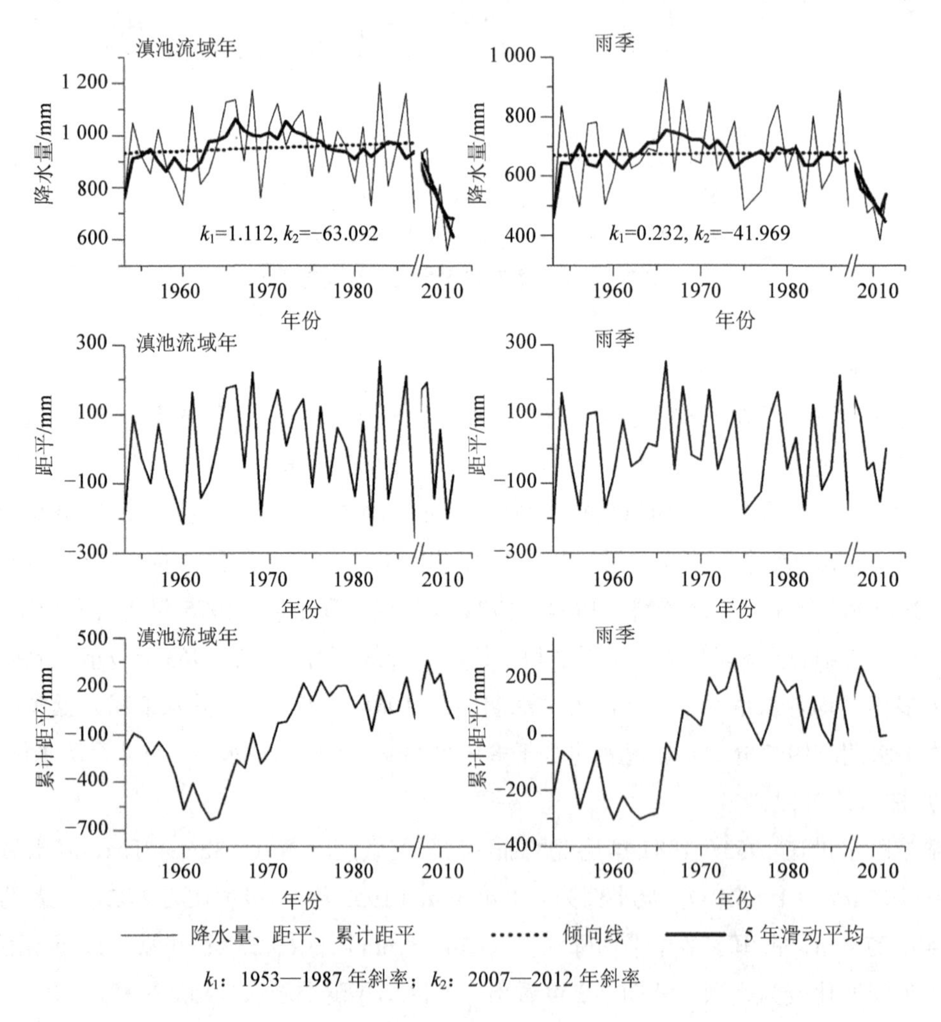

图 7-2 滇池流域年和雨季降水特征曲线

（3）空间差异

从图 7-3 可以看出，研究区 2001—2012 年平均降水量 806.5 mm，各市、县、区多年平均降水量从多到少依次为嵩明县（918.7 mm）、安宁市（810.0 mm）、富民县（805.0 mm）、四区（794.8 mm）、晋宁县（785.5 mm）、呈贡区（725.2 mm）。其中滇池流域主要涉及四区、呈贡县（区）、晋宁县、嵩明县 4 个地区，该 4 个地区年均水资源量为 44.4 亿 m^3，占昆明水资源量（178.7 亿 m^3）的 24.83%，尚不足昆明水资源总量的 1/4，但却供养着昆明 55.04%（2012 年户籍人口）的人口、27.55%的耕地（2012 年耕地）、31.10%的灌溉面积（2012 年有效灌溉面积）；因此，滇池地区水资源量已经超过其理论承载能力，水资源保障问题已经十分突出，光靠本地水资源来维持经济、农业、人口发展是不太可能的。

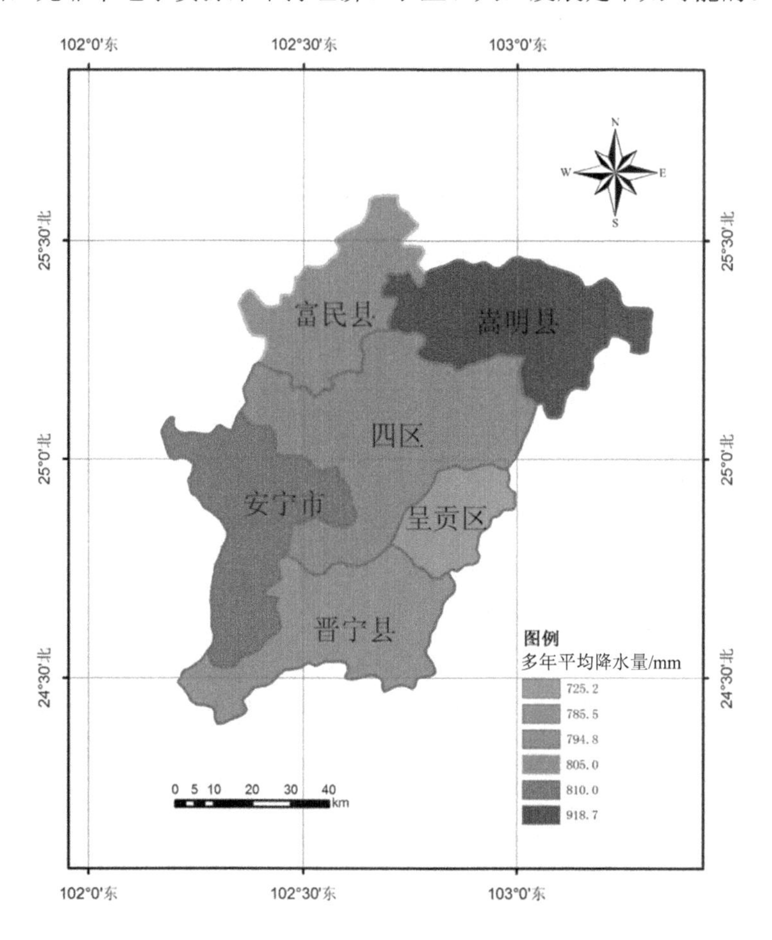

图 7-3 各区、县（市）多年平均降水量

产水模数是指水资源总量与行政区土地面积之比，反应不同雨量条件下，单位面积下垫面对降水转化为水资源量的能力。由图 7-4 可见，2001—2012 年各地区产水模数总体呈现下降趋势，多年平均产水模数由多到少依次为：嵩明县（28.9 万 m^3/km^2）、四区（24.9

万 m^3/km^2)、晋宁县(22.5 万 m^3/km^2)、富民县(19.6 万 m^3/km^2)、呈贡区(18.1 万 m^3/km^2)、安宁市(14.1 万 m^3/km^2)。

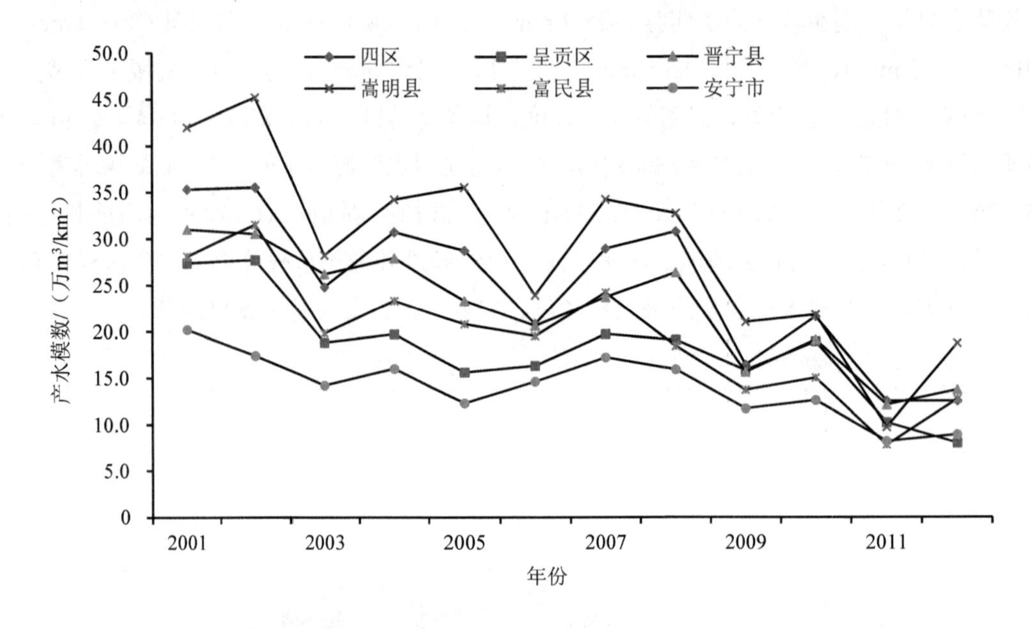

图 7-4 各区、县(市)历年产水模数

7.1.2 当地水资源

2001—2012 年多年平均状态下，单位面积上的水资源量空间差异见图 7-5，由图 7-5 可以看出，嵩明县的单位面积水资源量最多，为 29.10 万 m^3/km^2，其次是主城四区，为 23.30 万 m^3/km^2，安宁市的最少，为 14.10 万 m^3/km^2。

多年平均水资源总量由多到少依次为：四区(5.22 亿 m^3)、嵩明县(3.93 亿 m^3)、晋宁县(2.80 亿 m^3)、富民县(1.97 亿 m^3)、安宁市(1.86 亿 m^3)、呈贡区(0.85 亿 m^3)。滇池地区涉及区县其水资源总量合计为 12.80 亿 m^3，还不及一个寻甸县(13.28 亿 m^3)的水资源量大，占据昆明市总水资源量(57.10 亿 m^3)比例为 22.42%，而对于 2012 年，滇池地区水资源总量为 7.16 亿 m^3，占据当年昆明市总水资源量(33.86 亿 m^3)的 21.15%，小于 2001—2012 年平均值所占比例(22.42%)。

各区、县(市)历年水资源量见表 7-1。从表 7-1 可以看出，各区、县(市)2001—2012 年水资源总量均呈现不同程度的减小趋势。

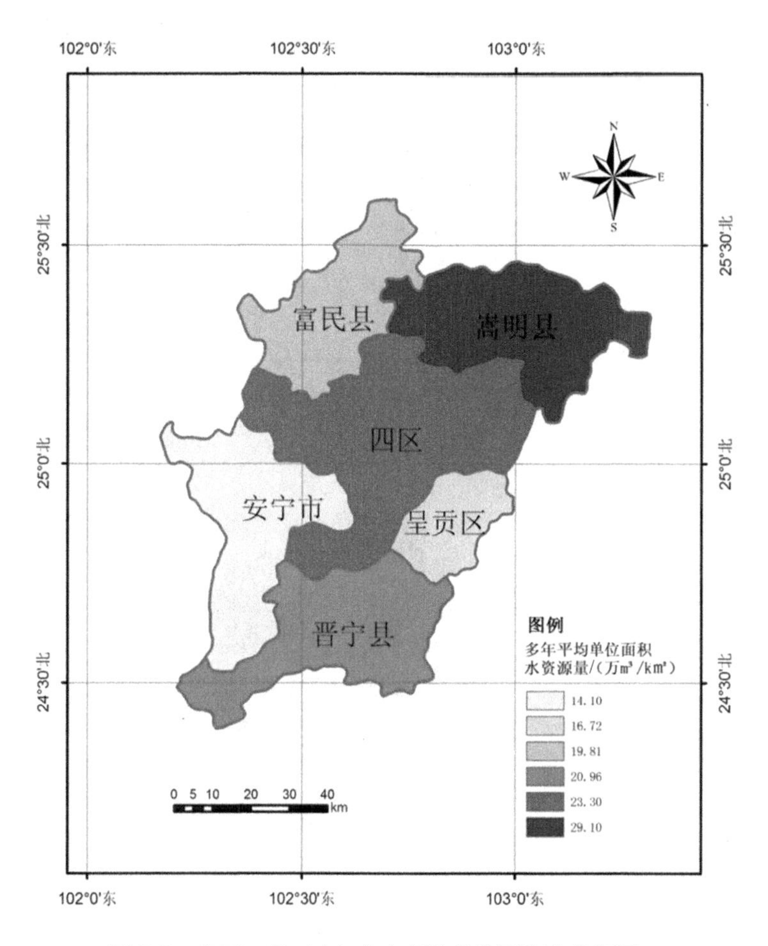

图 7-5 各区、县（市）多年平均单位面积水资源量

表 7-1 各区、县（市）历年水资源量 单位：亿 m^3

年份	行政区					
	四区	呈贡区	晋宁县	嵩明县	富民县	安宁市
2001	7.74	1.48	4.31	6.05	2.89	2.65
2002	7.38	1.28	3.76	6.13	3.17	2.29
2003	5.19	0.87	3.21	3.79	1.99	1.88
2004	6.41	0.91	3.42	4.60	2.34	2.12
2005	5.99	0.72	2.85	4.78	2.09	1.63
2006	4.34	0.75	2.52	3.22	1.96	1.93
2007	6.04	0.91	2.91	4.60	2.43	2.27
2008	6.41	0.88	3.23	4.40	1.83	2.10
2009	3.42	0.73	1.91	2.82	1.37	1.55
2010	4.51	0.87	2.34	2.93	1.50	1.67
2011	2.60	0.47	1.48	1.30	0.78	1.08
2012	2.60	0.37	1.68	2.51	1.27	1.18

各地区人均水资源量差异性较大，主体趋势表现为逐年减少。各地区多年平均人均水资源量（图 7-6）从多到少依次为：富民县（1 338 m^3/人）、嵩明县（1 166 m^3/人）、宜良县（1 115 m^3/人）、晋宁县（986 m^3/人）、安宁市（612 m^3/人）、呈贡区（439 m^3/人）、四区（225 m^3/人），都处于缺水程度，其中晋宁县和安宁市为重度缺水，四区为极度缺水状态，滇池地区人均水资源量远低于云南省（3 627 m^3/人）及全国（2 100 m^3/人）的人均水平。上述简要分析足以说明滇池地区水资源的紧缺程度十分严重。

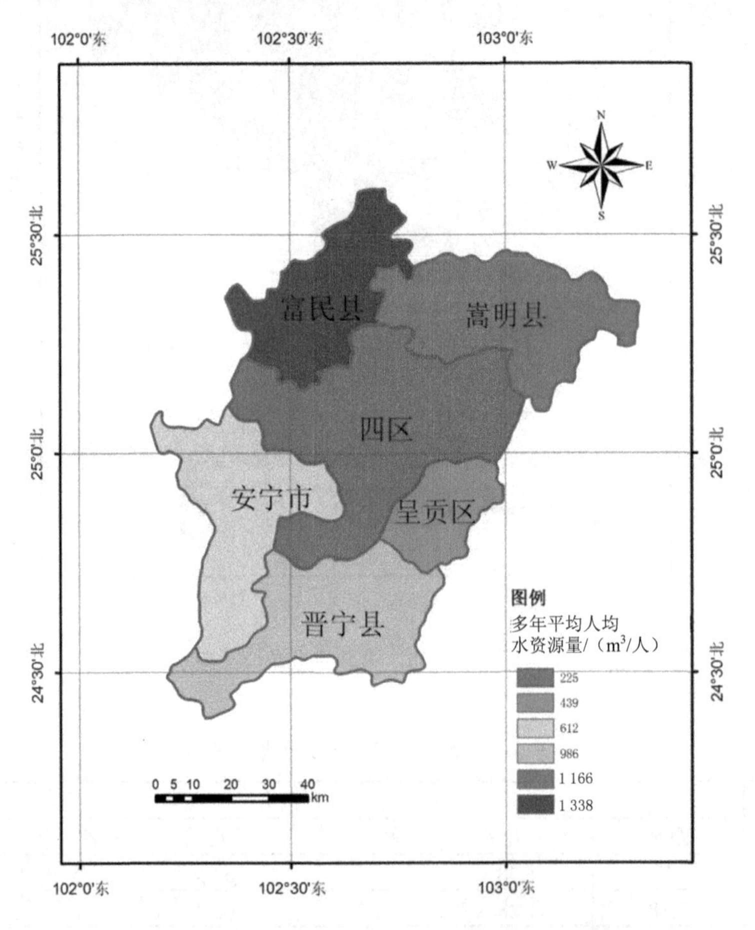

图 7-6　各区、县（市）多年平均人均水资源量

7.1.3　再生水与外调水

（1）再生水

目前滇池流域面临着资源性、水质性和工程性缺水的多重压力，处于极度缺水状态，迫切需要不断寻找新的水源替代。滇池流域内市政污水处理设施出水水质达到《城镇污水处理厂污染物排放标准》（GB1 8918—2002）一级 A 标准，大量污水处理厂尾水能够基本

满足回用要求。研究区范围内共有集中式污水处理设施 30 座，污水处理能力达到 214 万 m^3/d。具体情况见表 7-2。

表 7-2 各区、县（市）污水处理厂建设情况汇总

行政单元	名称	设计处理能力/（万 m^3/d）
四区	第一污水处理厂	12
	第二污水处理厂	10
	第三污水处理厂	21
	第四污水处理厂	6
	第五污水处理厂	18.5
	第六污水处理厂	13
	第七污水处理厂	20
	第八污水处理厂	10
	第九污水处理厂	10
	第十污水处理厂	15
	阿拉片区污水处理厂	1.5
	大板桥集镇污水处理厂	0.5
	空港经济区（南片区）污水处理厂	3.0
	环湖截污白鱼口污水处理厂	0.25
	环湖截污海口污水处理厂	3
	昆明海口工业园新区污水处理厂	1.5
呈贡区	经开区污水处理厂（倪家营污水处理厂）	5
	呈贡新城捞鱼河污水处理厂	4.5
	呈贡新城洛龙河污水处理厂	6
	呈贡区污水处理厂	1.5
	昆明高新技术产业基地（马金铺）污水处理厂	3
	呈贡工业园区七甸片区污水处理厂	0.5
晋宁县	晋宁县污水处理厂	1.5
	环湖截污昆阳雨污水处理厂	2.5
	环湖截污古城雨污水处理厂	1.5
	环湖截污淤泥河雨污水处理厂	5
	环湖截污白鱼河雨污水处理厂	5
安宁市	安宁市污水处理厂	5
	昆钢组团污水处理站	27.6
	安宁工业园区青龙污水处理站	0.15

现阶段，研究区内污水处理能力持续提升，除了上述 30 座集中式污水处理设施，到 2013 年，分散式污水处理设施达到 410 座，预计处理量增加到 13.37 万 m^3/d。这些再生水主要用于景观河道补水和绿化用水，部分用于市政道路冲洗、公共卫生间冲厕、车辆清洁等。虽然污水处理能力不断提升，但是再生水供需矛盾依然突出。

（2）跨流域调水

为了解决滇池流域水资源短缺问题，昆明市政府已经开启了跨流域调水工程，小范围主要包括掌鸠河引水供水工程、清水海引水工程、牛栏江—滇池补水工程，大范围主要是滇中引水工程。掌鸠河引水工程从云龙水库水源地引水，水库位于掌鸠河上游云龙乡境内，控制径流面积 745 km^2，多年平均产水量 3.08 亿 m^3，掌鸠河引水工程于 2007 年 3 月建成投入使用，可调毛水量 2.20 亿 m^3，输水线路全长 97.7 km，设计流量 10 m^3/s，年输水能力可达 3.15 亿 m^3；清水海引水工程是清水海供水及水资源环境管理项目的重要组成部分，工程区主要位于在小江流域及洗马河流域，工程以清水海为中心的清水海水源工程组，设计供水能力 1.04 亿 m^3，工程已于 2012 年 4 月建成通水，依靠清水海引水工程从清水海水库、金钟山水库等 6 座水库群组调水 1.04 亿 m^3 供应昆明市经济发展；牛栏江—滇池补水工程是一项水资源综合利用工程，工程分布于曲靖市的沾益县、会泽县及昆明市的寻甸县、嵩明县和昆明市盘龙区境内，由德泽水库水源枢纽工程、德泽干河提水泵站工程及德泽干河提水泵站到昆明盘龙江的输水线路组成，工程多年平均设计引水量为 5.72 亿 m^3，其中枯季水量为 2.47 亿 m^3，汛期水量为 3.25 亿 m^3，供水保证率为 70%，在 2014 年年初正式开通引水，在平水年设计每年可以供给昆明市 6.41 亿 m^3 优质水量（表 7-3）；上述 3 种调水工程可以为滇池流域调水 9.65 亿 m^3/a。大范围的跨流域调水工程——滇中引水工程目前正在进行前期工作。

表 7-3　牛栏江引水工程不同保证率下供水量

保证率/%	供水量/亿 m^3
25	6.81
50	6.41
75	6.11

7.2　水资源利用概况

研究区内水资源开发利用率最高的为四区，在 2012 年已经达到 254.6%，其次为呈贡县（区）208.1%，还有安宁市也超过 100%（125.4%），处于 50%～70%的有晋宁县、嵩明县两县，富民县在 40%以下。滇池地区水资源开发利用率全部超过国际公认的 40%的合理限度，因此滇池地区的水资源短缺问题已经十分严峻，并且日益突出。

7.2.1　农业用水

依据 2001—2013 年《昆明统计年鉴》摘录其中各县区的不同农作物类型播种面积，

由于作物面积种类较多（20 种农作物），不便详细列出各作物种植面积，此处仅利用不同年份各地区种植面积总值进行分析（图 7-7），并选择 2013 年发布的《云南省地方标准用水定额》（DB53）（表 7-4）。

由图 7-7 可以看出，研究区中农作物种植面积最多的为嵩明县，2000—2012 年主城四区和呈贡区农作物种植面积呈下降趋势，晋宁县农作物种植面积波动中呈现上升趋势，安宁市和富民县农作物种植面积变化比较平稳。

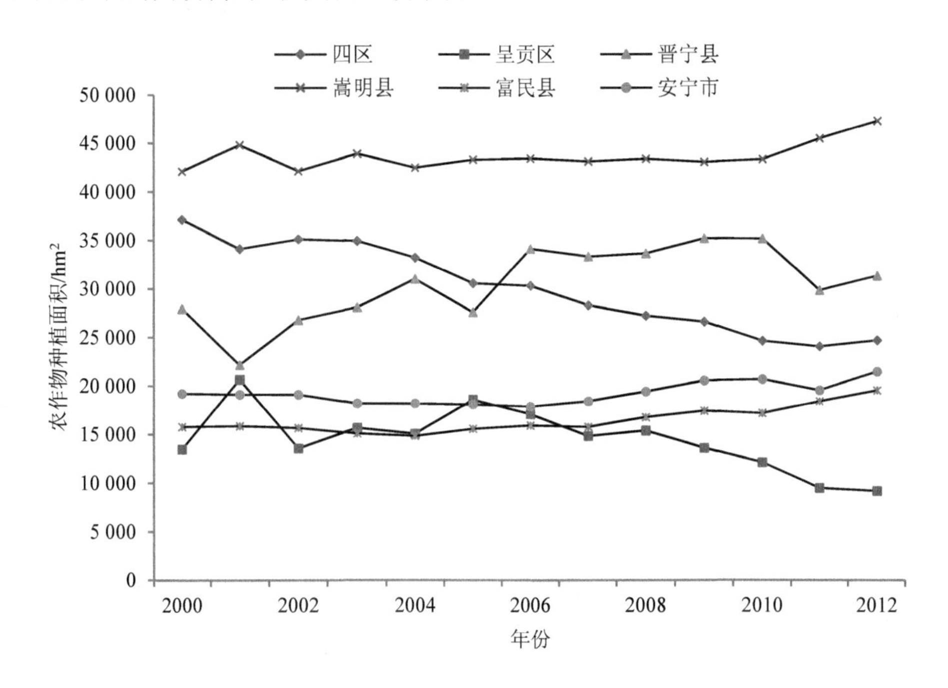

图 7-7 历年各地区农作物种植面积

表 7-4 农作物用水定额

单位：m^3/hm^2

序号	类别	P=50%	P=75%	P=90%
1	谷物-稻谷	6 000	6 600	7 200
2	谷物-小麦	2 775	3 150	3 600
3	谷物-玉米	2 025	2 250	2 625
4	谷物-其他谷物	2 025	2 250	2 625
5	大豆	1 350	1 500	1 725
6	蚕豆	2 550	2 850	3 300
7	马铃薯	1 125	1 200	1 425
8	油菜	2 925	3 300	3 825
9	麻类	1 650	1 800	2 100
10	烤烟	1 650	1 800	2 100

序号	类别	P=50%	P=75%	P=90%
11	药材类	1 650	1 800	2 100
12	蔬菜（含菜用瓜）	4 350	4 875	5 625
13	花卉	4 800	5 400	6 225
14	青饲料	1 125	1 200	1 425
15	茶叶	2 550	2 850	3 300
16	水果-苹果	1 500	1 650	1 950
17	水果-柑橘	2 925	3 150	3 750
18	水果-梨园	1 500	1 650	1 950
19	水果-葡萄	4 575	5 025	5 850
20	水果-其他	3 450	3 900	4 500

通过已有的 13 年耕作面积数据与相应的定额标准可以计算得出该时段内各年份用于农业灌溉的水量（表 7-5～表 7-7）。

表 7-5 P=50%情况下各地区农业用水　　单位：万 m^3/a

年份	地区						总量
	主城四区	呈贡区	晋宁县	嵩明县	富民县	安宁市	
2000	12 737	5 322	9 811	12 846	4 765	6 412	51 893
2001	11 490	9 700	6 929	13 855	4 767	6 357	53 098
2002	12 191	5 670	9 521	12 793	4 607	6 465	51 247
2003	11 371	5 940	9 725	13 363	4 447	5 989	50 836
2004	10 625	5 718	10 943	12 659	4 309	5 813	50 067
2005	9 205	6 941	7 878	12 941	4 491	5 812	47 267
2006	9 110	5 913	11 735	12 933	4 732	5 723	50 147
2007	8 674	5 867	11 699	13 064	4 626	5 833	49 762
2008	8 300	5 798	11 566	13 100	5 000	6 025	49 789
2009	7 950	5 230	12 324	12 881	5 239	6 456	50 081
2010	7 244	4 732	11 924	12 811	5 025	6 430	48 168
2011	6 762	3 622	9 714	13 459	5 231	5 925	44 713
2012	7 245	3 623	10 247	13 873	5 484	6 539	47 011
平均	9 454	5 698	10 309	13 121	4 825	6 137	49 545

表 7-6 *P*=75%情况下各地区农业用水 单位：万 m^3/a

年份	地区						总量
	主城四区	呈贡区	晋宁县	嵩明县	富民县	安宁市	
2000	14 179	5 959	10 890	14 239	5 297	7 128	57 693
2001	12 803	10 785	7 716	15 366	5 301	7 068	59 041
2002	13 584	6 353	10 579	14 181	5 122	7 191	57 010
2003	12 668	6 644	10 806	14 823	4 947	6 664	56 551
2004	11 841	6 395	12 166	14 034	4 795	6 468	55 699
2005	10 260	7 732	8 788	14 345	4 996	6 461	52 581
2006	10 147	6 601	13 049	14 336	5 266	6 363	55 762
2007	9 671	6 567	13 025	14 485	5 147	6 490	55 384
2008	9 259	6 486	12 882	14 530	5 565	6 705	55 427
2009	8 870	5 852	13 743	14 292	5 834	7 191	55 782
2010	8 080	5 299	13 304	14 226	5 597	7 167	53 673
2011	7 545	4 053	10 841	14 951	5 823	6 608	49 821
2012	8 090	4 056	11 441	15 424	6 106	7 292	52 414
平均	10 538	6 368	11 479	14 556	5 369	6 831	55 141

表 7-7 *P*=90%情况下各地区农业用水 单位：万 m^3/a

年份	地区						总量
	主城四区	呈贡区	晋宁县	嵩明县	富民县	安宁市	
2000	14 179	5 959	10 890	14 239	5 297	7 128	57 693
2001	12 803	10 785	7 716	15 366	5 301	7 068	59 041
2002	13 584	6 353	10 579	14 181	5 122	7 191	57 010
2003	12 668	6 644	10 806	14 823	4 947	6 664	56 551
2004	11 841	6 395	12 166	14 034	4 795	6 468	55 699
2005	10 260	7 732	8 788	14 345	4 996	6 461	52 581
2006	10 147	6 601	13 049	14 336	5 266	6 363	55 762
2007	9 671	6 567	13 025	14 485	5 147	6 490	55 384
2008	9 259	6 486	12 882	14 530	5 565	6 705	55 427
2009	8 870	5 852	13 743	14 292	5 834	7 191	55 782
2010	8 080	5 299	13 304	14 226	5 597	7 167	53 673
2011	7 545	4 053	10 841	14 951	5 823	6 608	49 821
2012	8 090	4 056	11 441	15 424	6 106	7 292	52 414
平均	10 538	6 368	11 479	14 556	5 369	6 831	55 141

为了能够看清各区县（市）历年农业用水变化趋势，选取 *P*=75%保证率下农业用水量进行分析（图 7-8），其中四区和呈贡区农业用水量呈下降趋势，这与其农作物播种面积呈下降趋势一致，晋宁县农业用水量波动较大，2009 年最大，为 13 743 万 m^3，2001 年最小，为 7 716 万 m^3，嵩明县、富民县和安宁市农业用水变化比较平稳。

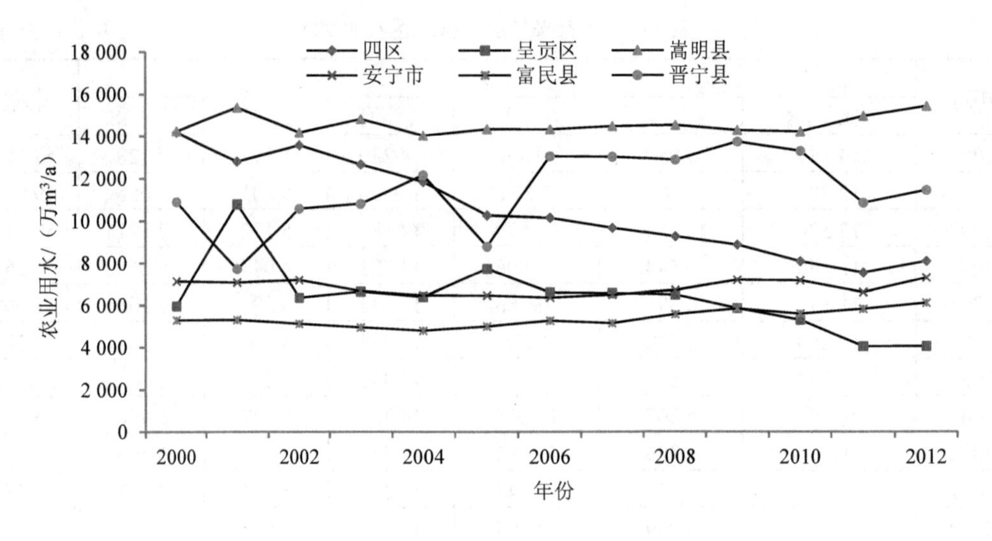

图 7-8　各地区历年农业用水（*P*=75%）

7.2.2　工业用水

对于工业需水问题主要采用“工业产值×工业万元产值用水”的方法计算，但由于年鉴中并没有 2009—2011 年的工业产值数据，采用工业产值占第二产业产值比例方法推求缺失年份的工业产值数据，具体计算后的结果见图 7-9。从图 7-9 可以看出，各区（县、市）工业产值都呈上升趋势，其中四区工业产值 2004—2005 年飞速增长，从 49.3 亿元增长到 278.7 亿元。

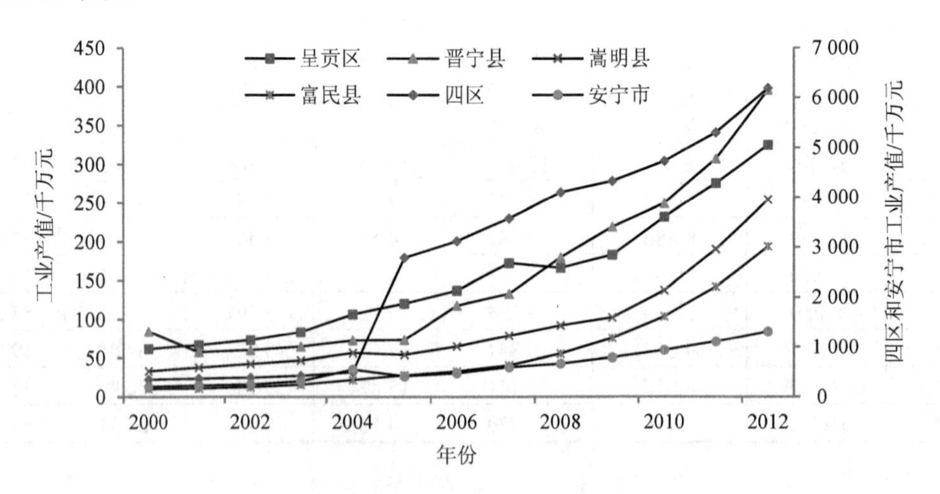

图 7-9　各区（县、市）工业产值

各区县（市）近 5 年来工业用水量见图 7-10。从图 7-10 可以看出，2008—2012 年各区县（市）工业用水呈现增加的趋势。其中主城四区 2010 年工业用水量比 2009 年有所减少，之后又逐渐增加。

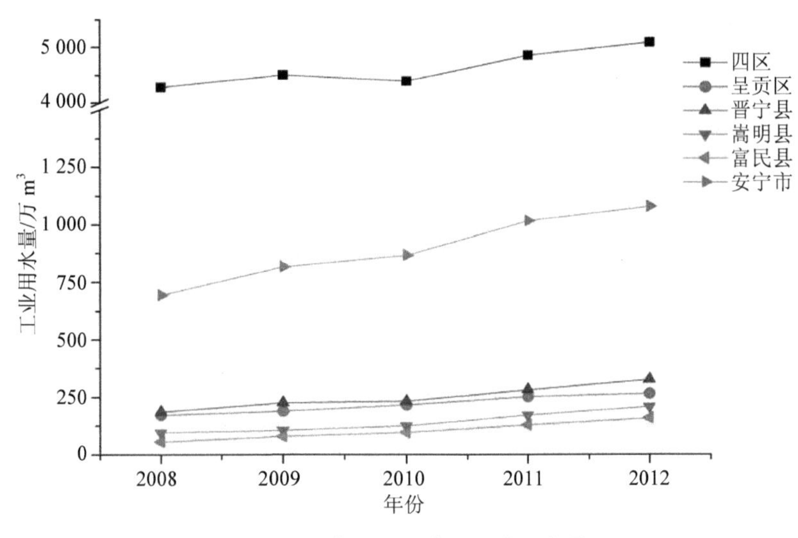

图 7-10 各区县（市）工业用水量

7.2.3 生活用水

2000—2012 年各区县（市）居民生活用水情况见图 7-11。从图 7-11 可以看出，各区县（市）居民生活用水总体呈现出减小-增多-减小-增多的趋势。从多年平均水平来看，居民生活用水最多的为四区（17 303.67 万 m^3），然后依次是嵩明县（2 837.32 万 m^3）、晋宁县（2 349.38 万 m^3）、安宁市（2 259.06 万 m^3）、呈贡区（1 440.81 万 m^3）、富民县（1 215.41 万 m^3）。

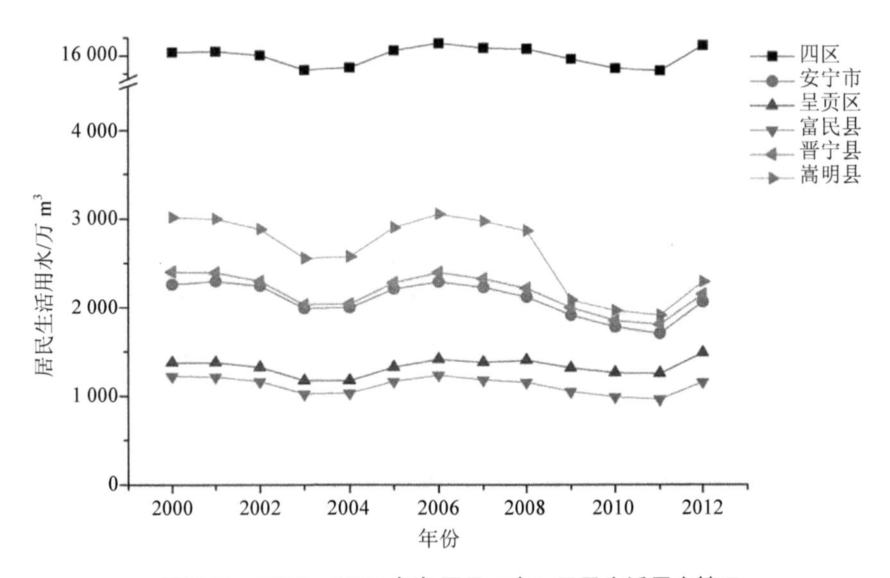

图 7-11 2000—2012 年各区县（市）居民生活用水情况

7.3 水资源短缺空间格局

7.3.1 水资源短缺评价

针对滇池流域特点，选取人均水资源占有量、水资源开发利用率、水资源负载指数 3 个指标，分别从丰富程度、开发潜力、承载状态 3 个角度评价各县区水资源短缺状况，指标项及打分标准如表 7-8 所示。

表 7-8　水资源短缺评价指标项打分标准

评价指标	丰富程度		开发潜力		承载状态	
评价内容	人均水资源量/m^3		水资源开发利用率/%		水资源负载指数	
1	缺乏	＜500	极低	＞70	超载	＞20
2	较缺乏	500～1 000	低	40～70	临界超载	10～20
3	中等	1 000～1 700	中等	20～40	适度承载	5～10
4	较丰富	1 700～3 000	较高	10～20	条件可载	2～5
5	丰富	＞3 000	高	5～10	可载	＜2

图 7-12 为县区单元水资源丰富程度评价结果。研究区内所有县区单元水资源丰富程度均为缺乏、较缺乏、中等水平，无丰富、较丰富水平，可见，滇池流域水资源数量条件较差，与区域人口水平不相匹配。特别是，该区域几乎无入境水资源，区域发展受到水资源条件的制约。其中，四区、呈贡水资源丰富程度最差，人均水资源数量不足 500 m^3，主城区发展受到了严重制约。晋宁、安宁水资源丰富程度较差，人均水资源数量不足 1 000 m^3，缺水问题较为突出。富民、嵩明水资源丰富程度一般，人均水资源数量不足 1 700 m^3，存在阶段性、区域性缺水问题。

图 7-13 为县区单元水资源开发潜力评价结果。研究区所有县区单元水资源开发潜力均为极低、中等，无开发潜力高、较高的县区。可见，滇池流域水资源开发利用程度整体偏高，潜力较小。其中，四区、呈贡、安宁开发潜力极低，开发利用率超过 70%，水资源开发利用已经导致区域水生态遭到破坏。富民、嵩明、晋宁水资源开发潜力为中等，目前开发利用率在 20%～40%，尚有一定潜力可挖。从流域格局上，嵩明、晋宁地处滇池流域上游，用水与下游地区相关联，因此基本无潜力可挖。

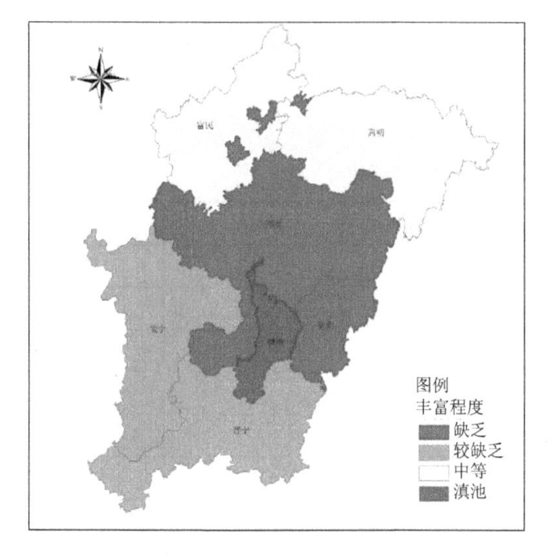

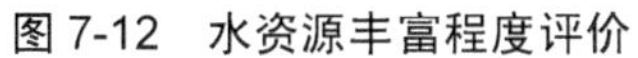
图 7-12　水资源丰富程度评价

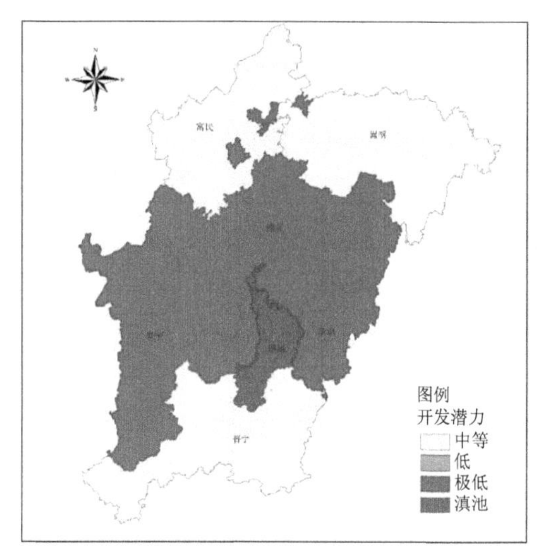

图 7-13　水资源开发潜力评价

图 7-14 为县区单元水资源承载状态评价结果，各单元有临界超载与条件可载两种状态。其中，四区、呈贡、安宁为临界超载；富民、嵩明、晋宁为条件可载。

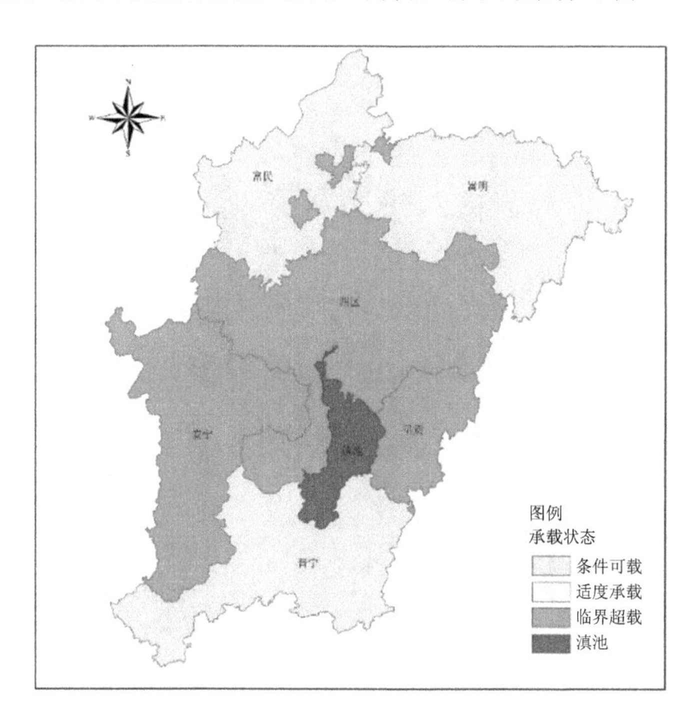

图 7-14　水资源承载状态评价

综合 3 项指标评价结果，按照表 7-8 标准进行打分，等权重计算综合指标，综合评价水资源短缺结果如表 7-9 所示。

表 7-9　县区单元水资源短缺综合评价

县级行政	丰富程度	利用程度	承载状态	综合指标	短缺状况
四区	1	1	2	1.3	高
呈贡	1	1	2	1.3	高
晋宁	2	3	4	3.0	一般
富民	3	3	4	3.3	一般
嵩明	3	3	4	3.3	一般
安宁	2	1	2	1.7	较高

县区单元水资源短缺状况评价结果如图 7-15 所示。其中，四区、呈贡水资源高度短缺，安宁水资源较高度短缺，富民、嵩明、晋宁为一般短缺。

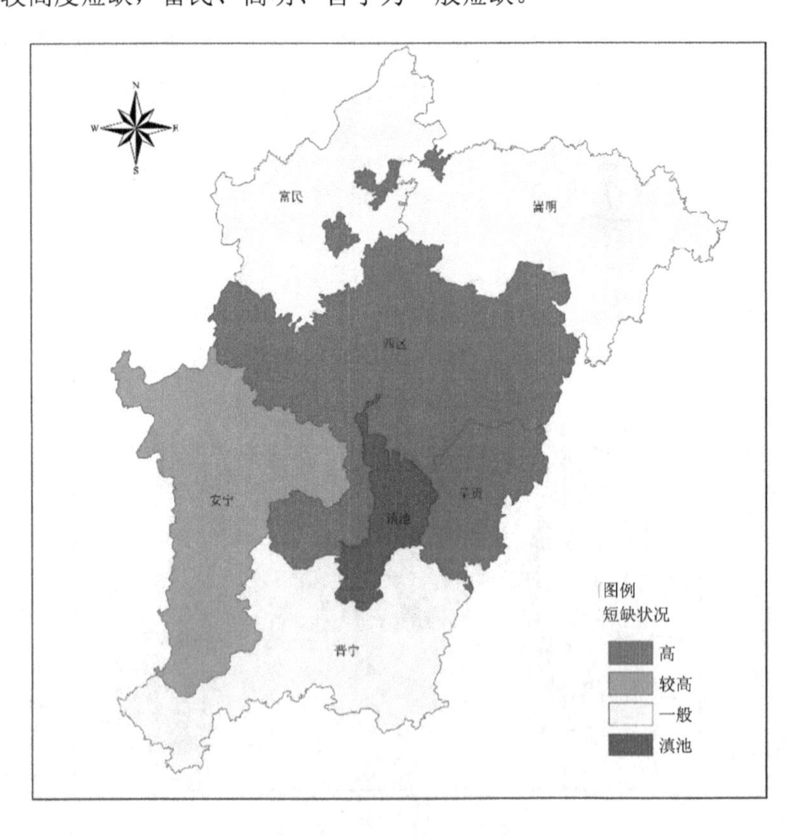

图 7-15　县区单元水资源短缺状况评价

县区单元评价结果较为粗略，本研究进一步在乡镇单元尺度上分析滇池流域水资源短缺空间格局。由于乡镇单元数据较少，本研究通过乡镇人口密度的测算，估算乡镇单元人均水资源量。

图 7-16 为滇池流域各县区乡镇单元人口密度图。四区的城区街道（研究中对单元进行了合并处理）人口密度最高，人口密度均在 4 000 人/km^2 以上，其中，五华、官渡、西山超过了 5 000 人/km^2。官渡区的小板桥、六甲、矣六、官渡、阿拉，呈贡区的龙城、斗南、吴家营，晋宁的新街，安宁的连然等街道人口密度超过 1 000 人/km^2，也是人口集中分布区域。其他乡镇（街道）的人口密度低于 1 000 人/km^2，其中大部分低于 500 人/km^2，部分少于 200 人/km^2。

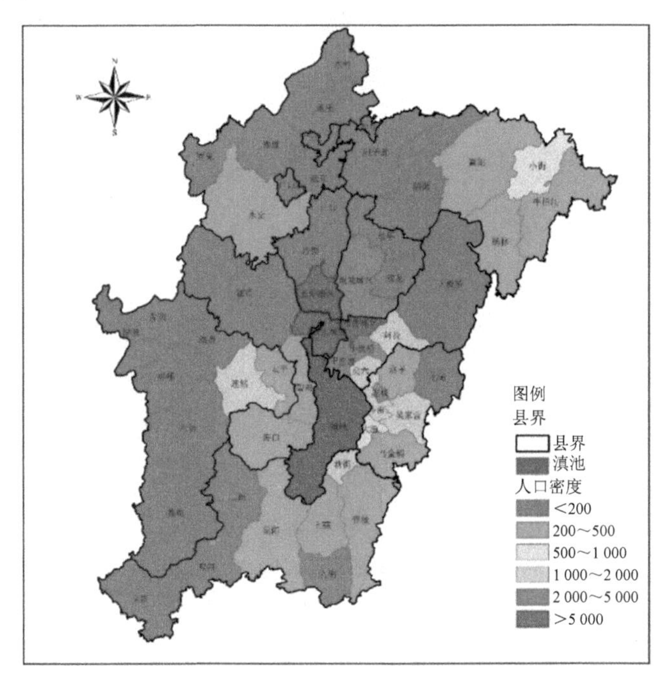

图 7-16 乡镇单元人口密度分级

根据县区单元人均水资源量数据与乡镇人口密度数据估算乡镇单元人口水资源量，公式见式（7-1）。

$$\mathrm{WRC}_{ij}=\frac{\mathrm{WRC}_i\cdot D_i}{D_{ij}} \tag{7-1}$$

式中：WRC_{ij} —— 乡镇单元人均水资源量；

WRC_i —— 所在县区人口水资源量；

D_i —— 所在县区人口密度；

D_{ij} —— 乡镇单元人口密度。

乡镇单元人均水资源量计算结果如图 7-17 所示。主城片区、呈贡新城片区、安宁连然—太平片区人均水资源数量低于 500 m^3，是水资源短缺问题最突出的区域，表现为极度缺水，水资源成为区域社会经济发展的瓶颈因素。富民县的永定，嵩明县的嵩阳、小街、杨林，呈贡区的马金铺，晋宁县的晋城、上蒜、昆阳，西山区的海口、碧鸡，安宁市的草铺人均水资源量在 500～1 000 m^3，表现为重度缺水，区域发展受到一定制约。

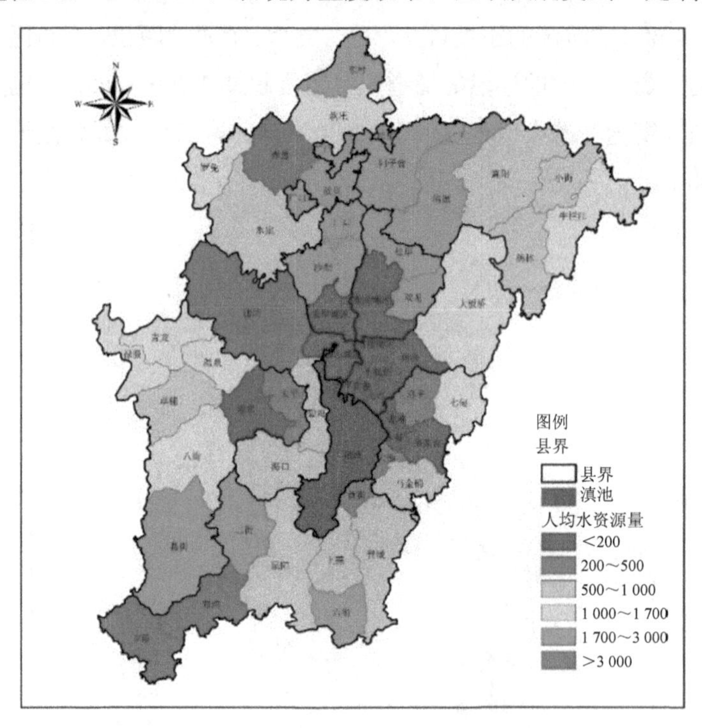

图 7-17 乡镇单元人均水资源量

7.3.2 水资源短缺风险

在风险评估理论框架下，水资源短缺风险研究一般通过分析缺水危险性与承灾体脆弱性两方面要素综合确定。本研究根据滇池流域特点，选择水资源量、工程条件两个要素表征缺水危险性，选择人口、耕地两个要素表征承灾体脆弱性，分别计算乡镇单元的危险性与脆弱性等级，如式（7-2）～式（7-5）所示

$$R = H \cdot V \tag{7-2}$$

$$H = H_{\mathrm{H}} \cdot H_{\mathrm{S}} \tag{7-3}$$

$$H_S = (\alpha \cdot H_B + \beta \cdot H_T) \tag{7-4}$$

$$V = (\gamma \cdot V_C + \delta \cdot V_P) \tag{7-5}$$

式中：R —— 风险性；

H —— 危险性；

V —— 脆弱性；

H_H —— 水资源数量危险性，采用产水模数进行评估；

H_S —— 供水危险性，由 H_B、H_T 两项分指标构成，分别以流域位置与平均坡度进行评估；

α、β —— 权重系数，均取 0.5；

V_C、V_P —— 采用耕地密度、人口密度进行评估；

γ、δ —— 权重系数，均取 0.5。

H_B 用于表征流域位置，位于上游的地区对自然来水的依赖较强，取值较大；位于下游的地区有过境水资源可以利用，取值较小。H_H 主要通过县区单元平均海拔与河流情况进行评价，结果如图 7-18 所示。

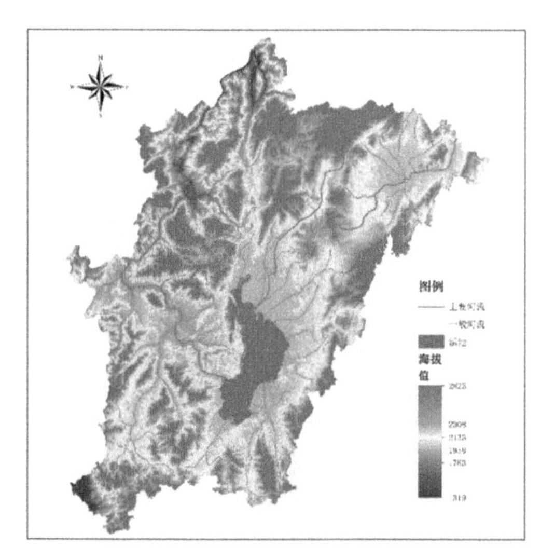

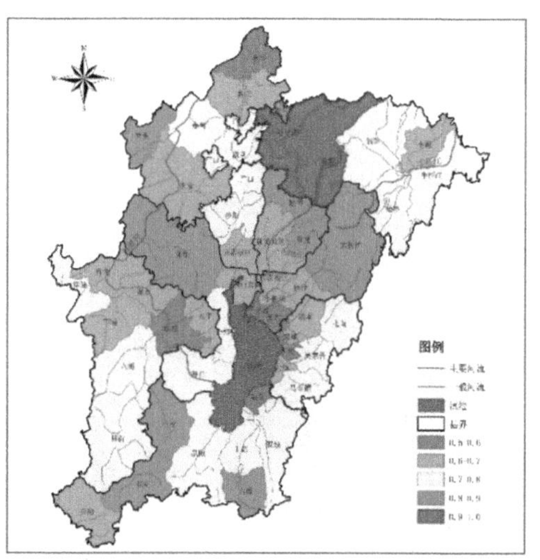

图 7-18 DEM（左）与危险性因子 H_B（右）评价结果

H_T 用于表征取水难度，主要通过坡度状况进行评价，坡度较大的地区，取用水困难，危险性加大，取值较高；坡度较小的地区，取用水相对容易，取值较低。评价结果如图 7-19 所示。

H_H 用于表征水资源丰富程度，根据径流模数进行评价，结果如图 7-20（左）所示。根据上述结果，按照公式计算危险性指标，结果如图 7-20（右）所示。

V_C 用于表征农业生产脆弱性，采用耕地密度指标进行标价，耕地密度大的地区，脆弱性高，取值较高；反之，耕地密度小的地区，取值较低，评价结果如图 7-21 所示。

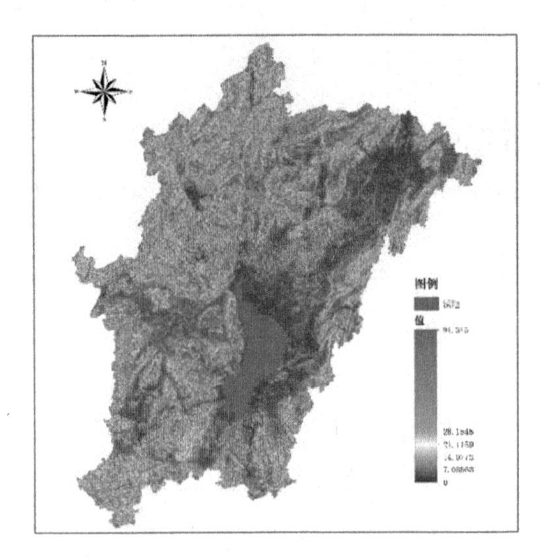

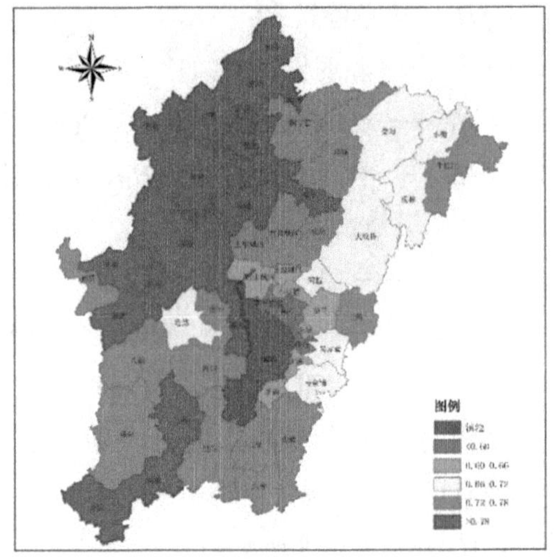

图 7-19　坡度（左）与危险性因子 H_T（右）评价结果

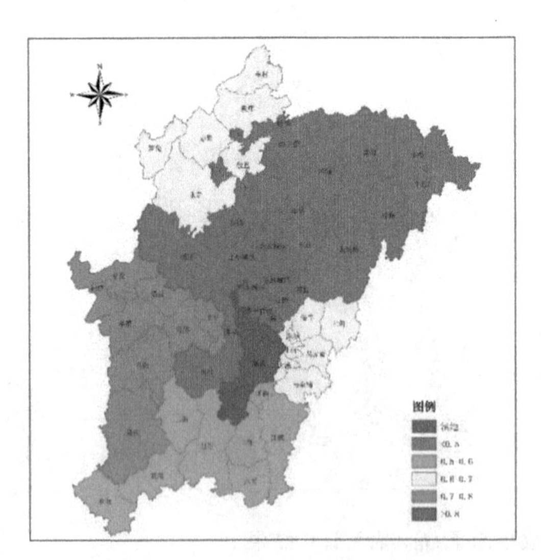

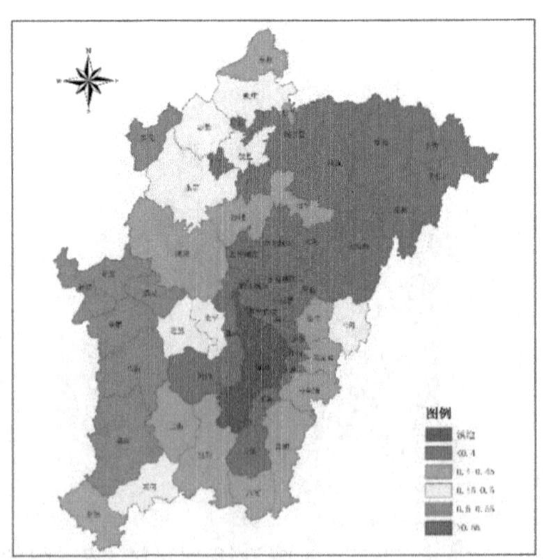

图 7-20　危险性因子 H_H（左）与 H（右）评价结果

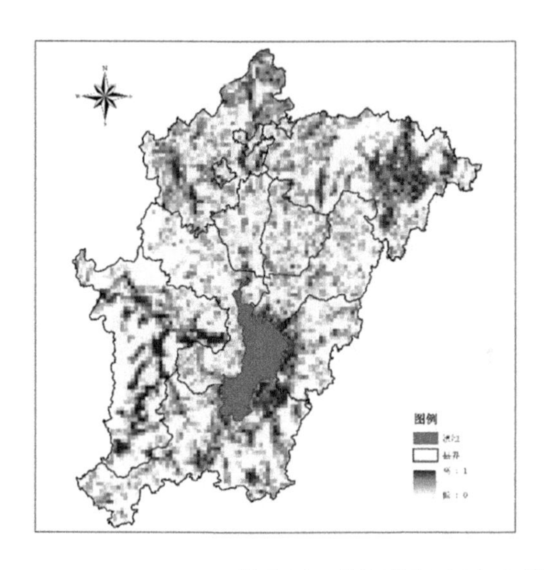

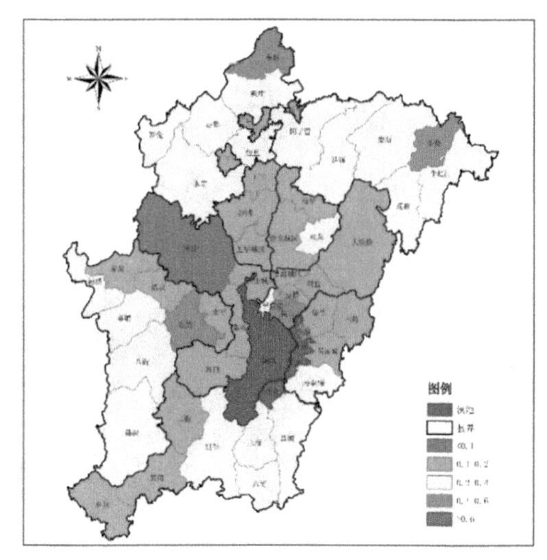

图 7-21　耕地密度（左）与脆弱性因子 V_C（右）评价结果

V_P 用于表征人口集聚脆弱性，采用人口密度指标进行评价，人口密度大的地区，脆弱性高，取值较高；反之则越低，评价结果如图 7-22（左）所示。按照公式，计算脆弱性指标，如图 7-22（右）所示。

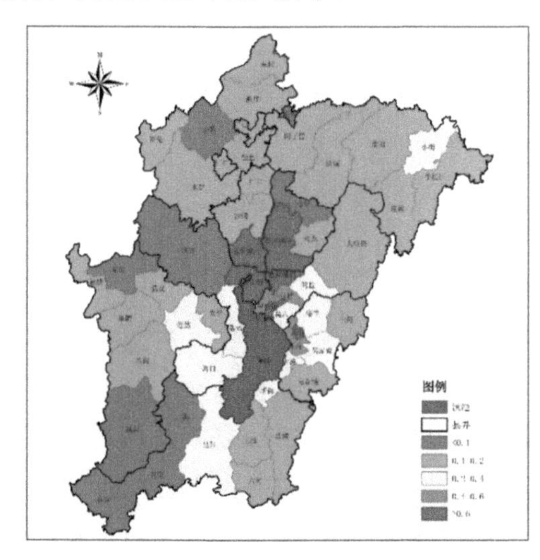

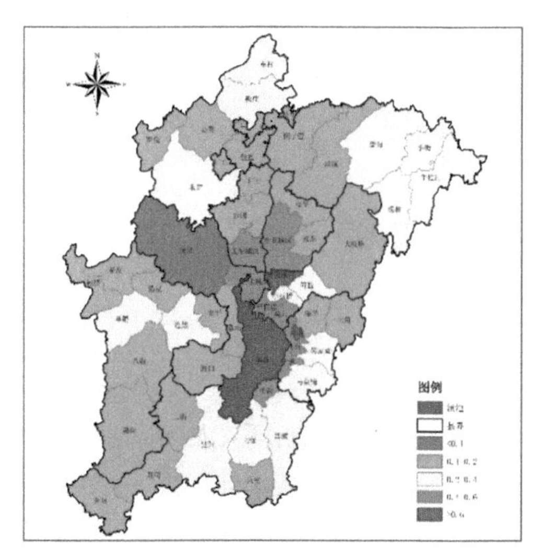

图 7-22　脆弱性因子 V_P（左）与 V（右）评价结果

综合危险性与脆弱性评价结果，按照公式计算乡镇单元水资源短缺风险性，评价结果如图 7-23 所示。

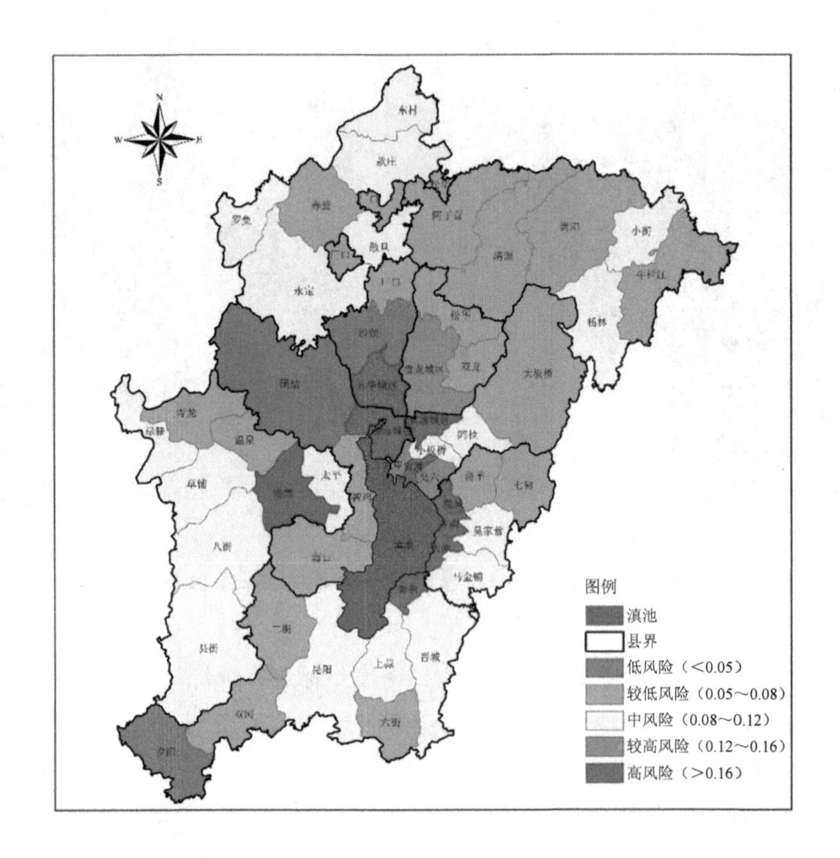

图 7-23 乡镇单元水资源短缺风险分级评价

7.4 水资源适宜性评价

7.4.1 研究方法

水资源适宜性研究重在揭示水资源条件对城镇布局、农业发展等生产活动的适宜性，与水资源短缺评价有所区别。第一，在研究尺度上，水资源短缺通常从分区单元入手，而水资源适宜性研究一般基于栅格尺度，再集成到行政或流域单元。第二，从研究范围上，水资源短缺重在分析水资源禀赋，而水资源适宜性则需要进一步考虑工程基础、供水成本与水资源质量等要素。

根据滇池流域水资源与区域发展问题，构建水资源适宜性评价指标体系，如表 7-10 所示。评价栅格范围及其与乡镇单元、水资源分区的空间关系如图 7-24 所示。

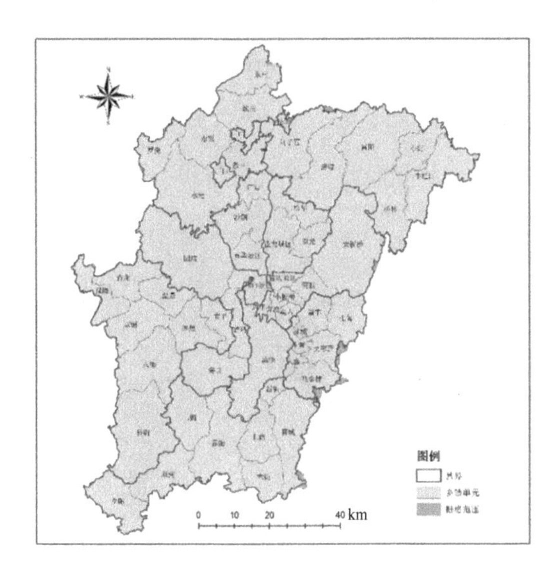

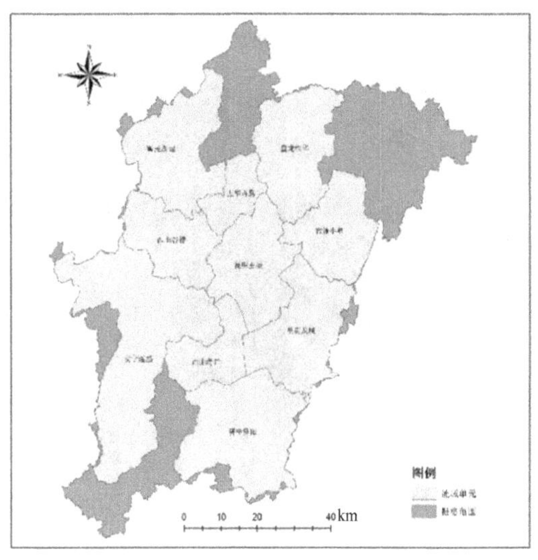

图 7-24 评价栅格范围与乡镇单元、流域分区位置

表 7-10 水资源适宜性评价指标体系

一级指标	二级指标	指标内涵
资源禀赋	当地资源	多年平均降水量，表征当地水资源丰度
	过境资源	根据模型模拟的流量，表征过境水资源丰度
供水条件	提水条件	与河流的距离，表征河流提水条件
	蓄水条件	与水库的距离，表征水库引水条件
用水条件	供水成本	通过模型计算供水成本，表征用水条件

7.4.2 单项指标计算

（1）当地资源

基于雨量站多年平均降水量数据，根据反距离权重法插值降水量空间数据，如图 7-25（左）所示。根据式（7-6）计算“当地资源”指标项，计算结果如图 7-25（右）所示。

$$W_l=\begin{cases}R/1\,000, R\leqslant 800\\(R-800)/2\,000+0.8, 800<R\leqslant 1\,200\\1, R>1\,200\end{cases}\tag{7-6}$$

式中：W_l——“当地资源”指标项；

R——降水量。

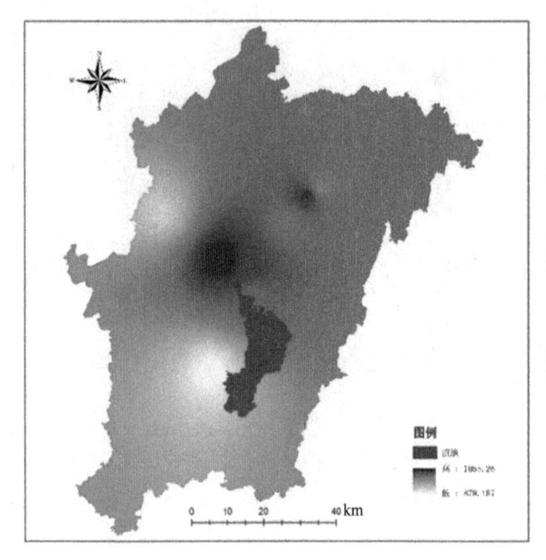

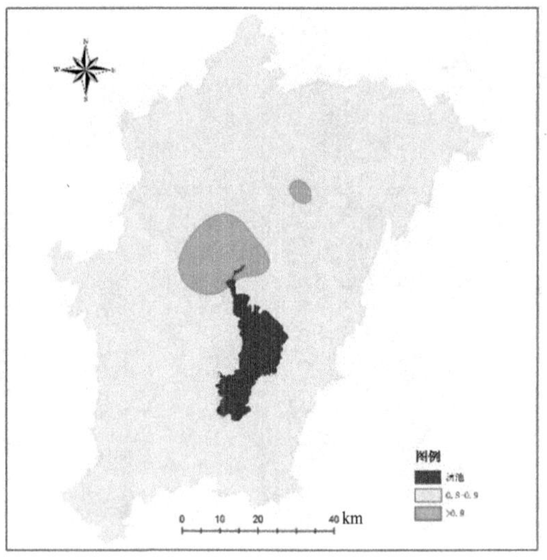

图 7-25　降水量插值结果（左）与“当地资源”指标项（右）

（2）过境资源

基于 Arcmap 系统，对流域 DEM 数据进行填洼处理、流向分析与流量分析，结果如图 7-26 所示。流量分析结果大的栅格，说明有河流经过，过境资源丰富；结果小的栅格，位于流域上游，缺少过境水资源。不过，由于栅格尺度较小（30 m），该结果并不能真实反映过境水资源的丰富程度。现实中可以利用邻近栅格的水资源，需要考虑这一要素，对图 7-26 的结果进行进一步分析。

图 7-26　DEM 填洼（左）、坡向分析（中）与流量分析（右）

不同地形条件下，水资源利用的难度有所不同，研究引入坡度要素，对应不同的过境水资源可利用距离，指标阈值选取如表 7-11 所示。坡度数据与不同距离 buffer 处理结果如图 7-27 所示。

表 7-11 不同坡度下的过境水资源可利用距离

取水难度	极大	大	较大	较小	小	很小
对应坡度/（°）	＞25	15～25	8～15	4～8	2～4	＜2
距离/m	—	100	300	1 000	3 000	5 000

坡度分级

流量分析数据 buffer 100 m

流量分析数据 buffer 300 m

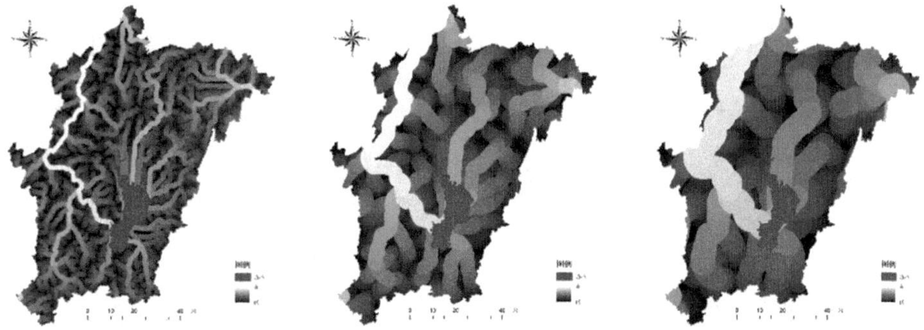

流量分析数据 buffer 1 000 m

流量分析数据 buffer 3 000 m

流量分析数据 buffer 5 000 m

图 7-27 坡度分级与“流量分析”数据 buffer

根据表 7-11 与图 7-27 进行进一步耦合，可以得到对应到栅格的“可利用过境流量”指标。根据式（7-7）进行进一步处理，可以得到“过境资源”指标项结果，如图 7-28 所示。

$$W_f = \frac{\ln(F) - \ln(F_{\min})}{\ln(F_{\max}) - \ln(F_{\min})} \tag{7-7}$$

式中：W_f—— “过境资源”指标项；

F—— 栅格结果；

$F_{\max}$、$F_{\min}$—— 区域内栅格结果的最大、最小值。

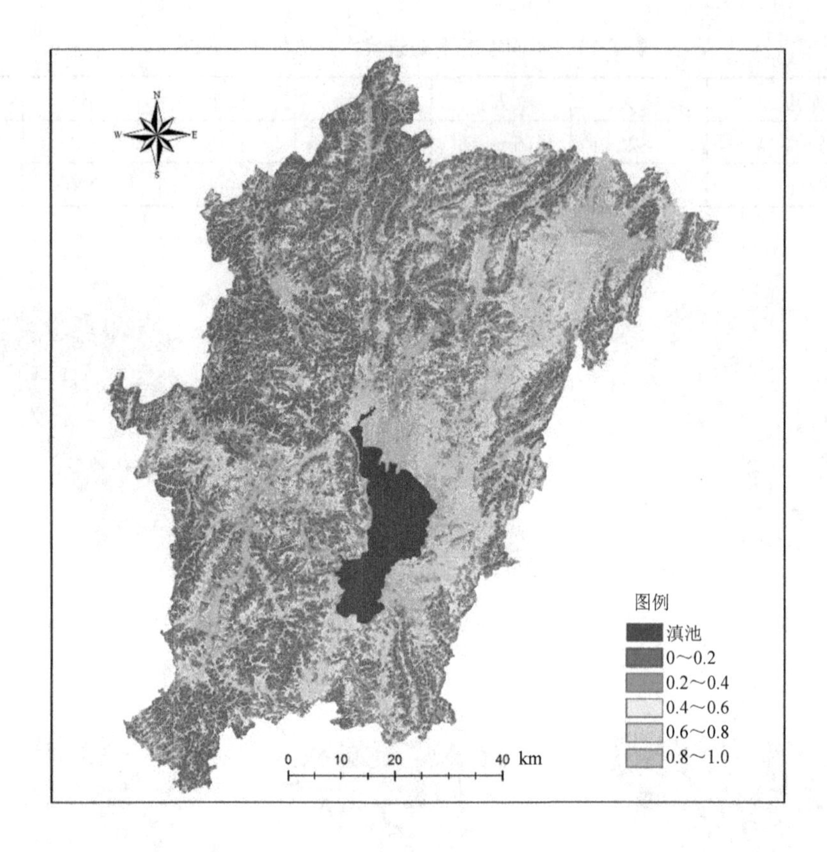

图 7-28 “过境资源”指标项评价结果

（3）提水条件

提水条件的评价主要参考河流距离条件，赋分方法如式（7-8）、式（7-9）所示。

$$U_{ri}=\begin{cases}1, D_i<500\\ \dfrac{\ln(20\,000)-\ln(D_i)}{\ln(20\,000)-\ln(500)}, 500\leqslant D_i<20\,000\\ 0, D_i\geqslant 20\,000\end{cases} \tag{7-8}$$

$$U_r=\mathrm{Max}(U_{r1}, 0.7U_{r2}) \tag{7-9}$$

式中：U_{r1} —— 干线河流距离分值；

U_{r2} —— 一般河流距离分值；

D_i —— 栅格与河流的距离，m。

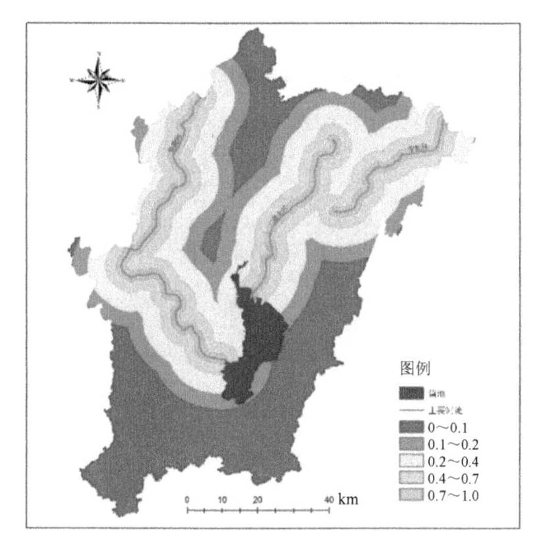

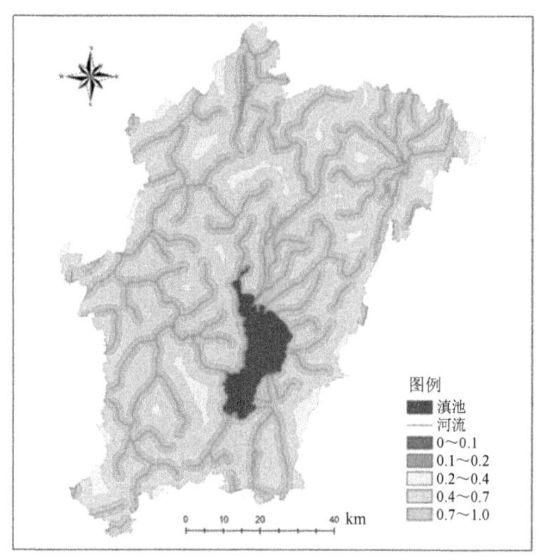

图 7-29 干线河流距离（左）与一般河流距离（右）

计算各栅格与河流的欧氏距离，根据上述公式计算分值，干线河流与一般河流结果如图 7-29 所示。在此基础上，进一步计算“提水条件”指标项得分，结果如图 7-30 所示。

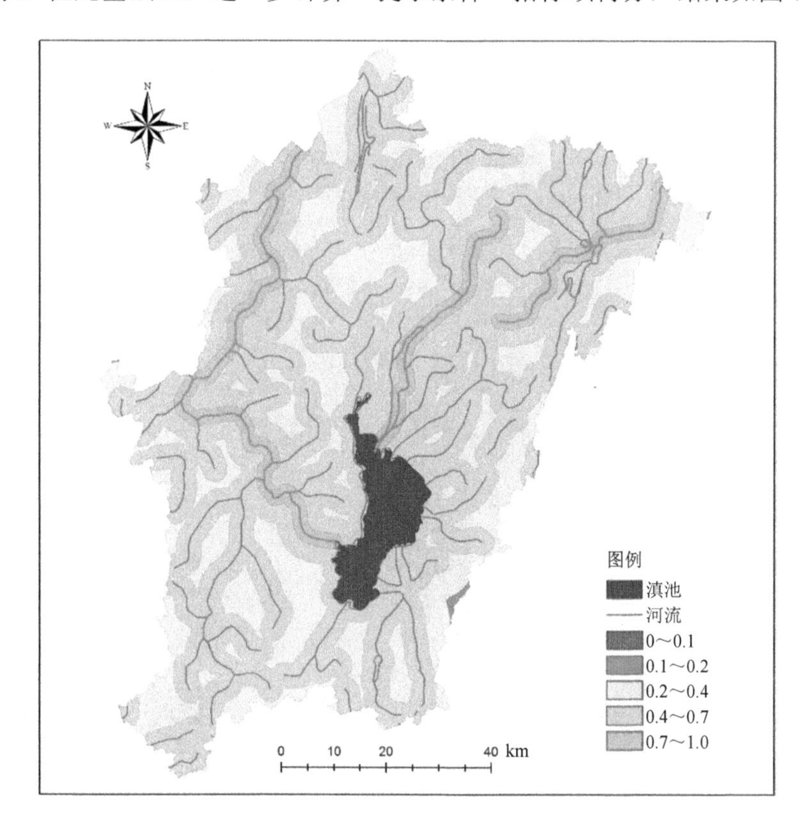

图 7-30 “提水条件”指标项分级结果

（4）蓄水条件

蓄水条件的评价主要参考与大型、中型、小型水库的距离，计算方法如式（7-10）、式（7-11）所示。

$$U_{si}=\begin{cases}1, D_i<1\,000\\ \dfrac{\ln(40\,000)-\ln(D_i)}{\ln(40\,000)-\ln(1\,000)}, 1\,000\leqslant D_i<40\,000\\ 0, D_i\geqslant 40\,000\end{cases} \tag{7-10}$$

$$U_s=\mathrm{Max}(U_{s1}, 0.7U_{s2}, 0.5U_{s3}) \tag{7-11}$$

式中：U_{s1} —— 大型水库距离分值；

U_{s2} —— 中型水库距离分值；

U_{s3} —— 小型水库距离分值；

D_i —— 栅格与水库的距离，m。

计算各栅格与不同等级水库的欧氏距离，并根据式（7-10）、式（7-11）计算“蓄水条件”指标项，结果如图 7-31 所示。

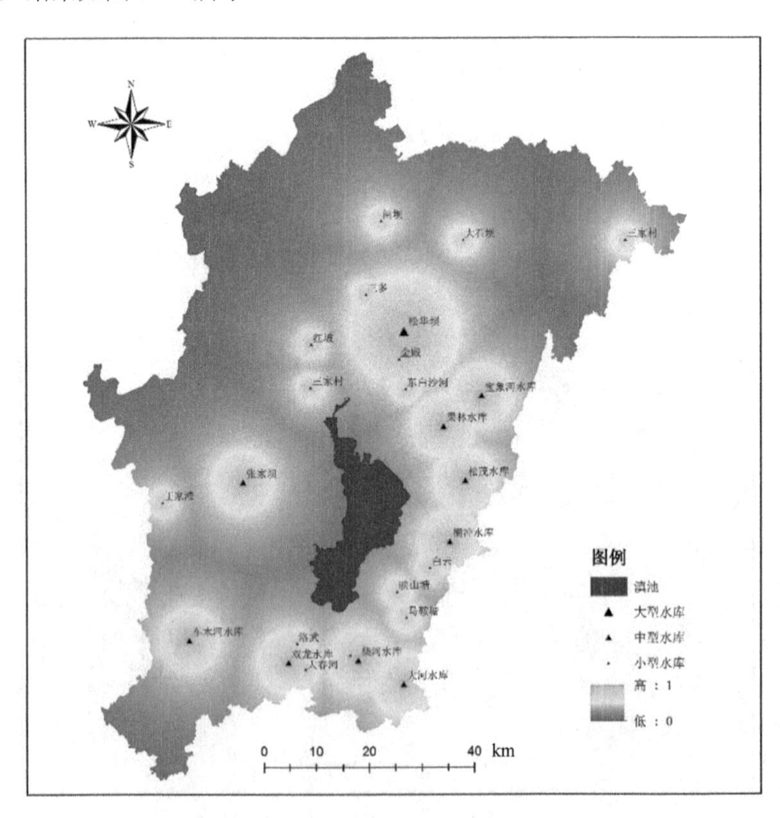

图 7-31 “蓄水条件”指标项分级结果

（5）供水成本

在 Arcmap 环境下，按照成本距离法，综合考虑地形坡度与供水距离两大要素，模拟供水成本的空间差异性。其中，成本函数按照坡度进行构建，公式如下：

$$C = 0.000\,5 + 0.005\tan(L) \tag{7-12}$$

式中：C —— 成本变量，元/m；

L —— 栅格坡度。

建立成本函数，如图 7-32（左）所示，模拟供水成本如图 7-32（右）所示。需要说明的是，该分析旨在揭示空间差异性，而非真实供水成本。

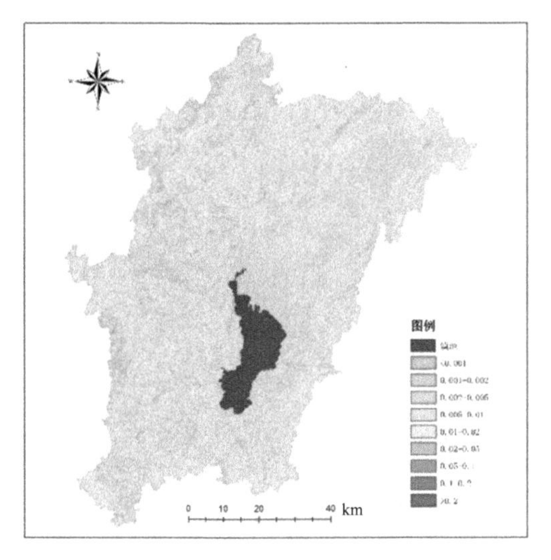

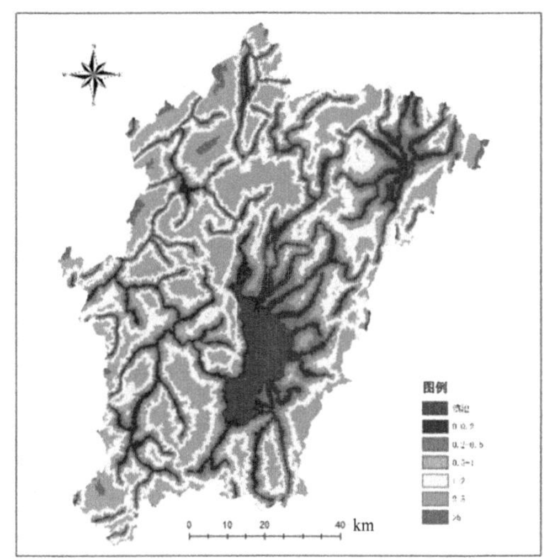

图 7-32　成本函数与供水成本模拟

在此基础上，进一步将结果进行归一化处理，公式如下：

$$S = \begin{cases} 0, T > 500 \\ \dfrac{\ln(5) - \ln(T)}{\ln(5) - \ln(0.2)}, 0.2 < T \leqslant 5 \\ 1, T \leqslant 0.2 \end{cases} \tag{7-13}$$

根据式（7-13）计算栅格尺度“供水成本”指标项，结果如图 7-33 所示。可以看到，滇池周边、嵩明东部以及安宁连然、富民永定等地供水成本较低，这与实际情况较为吻合，说明方法较为合理，真实反映了区域供水成本的空间差异性。

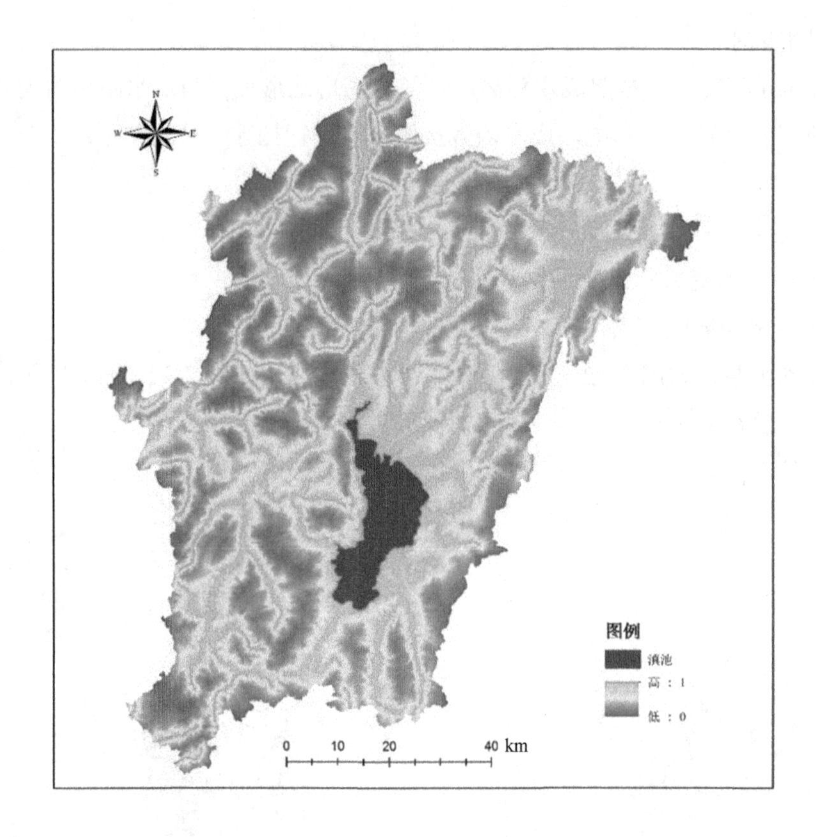

图 7-33 “供水成本”指标项评价结果

7.4.3 评价结果与适宜性分级

本研究将水资源适宜性的一级指标分为资源禀赋、供水条件、用水条件 3 项，并据此建立相乘模型计算水资源适宜性指标，公式如下：

$$A = WUS \quad (7\text{-}14)$$

式中：A —— 水资源适宜性指标；

W —— 资源禀赋指标；

U —— 供水条件指标；

S —— 用水条件（供水成本）指标。

W 和 U 的计算公式如下：

$$W = \frac{W_l + W_f}{2} \quad (7\text{-}15)$$

$$U = \mathrm{Max}(U_r, U_s) \quad (7\text{-}16)$$

评价结果如图 7-34 所示。可以看出，适宜、较适宜区、条件适宜区主要集中在昆明主城区、呈贡和晋宁环湖地带、嵩明东部、安宁连然、富民永定等地。较不适宜区、不适宜区位于滇池流域与普渡河流域上游山区。

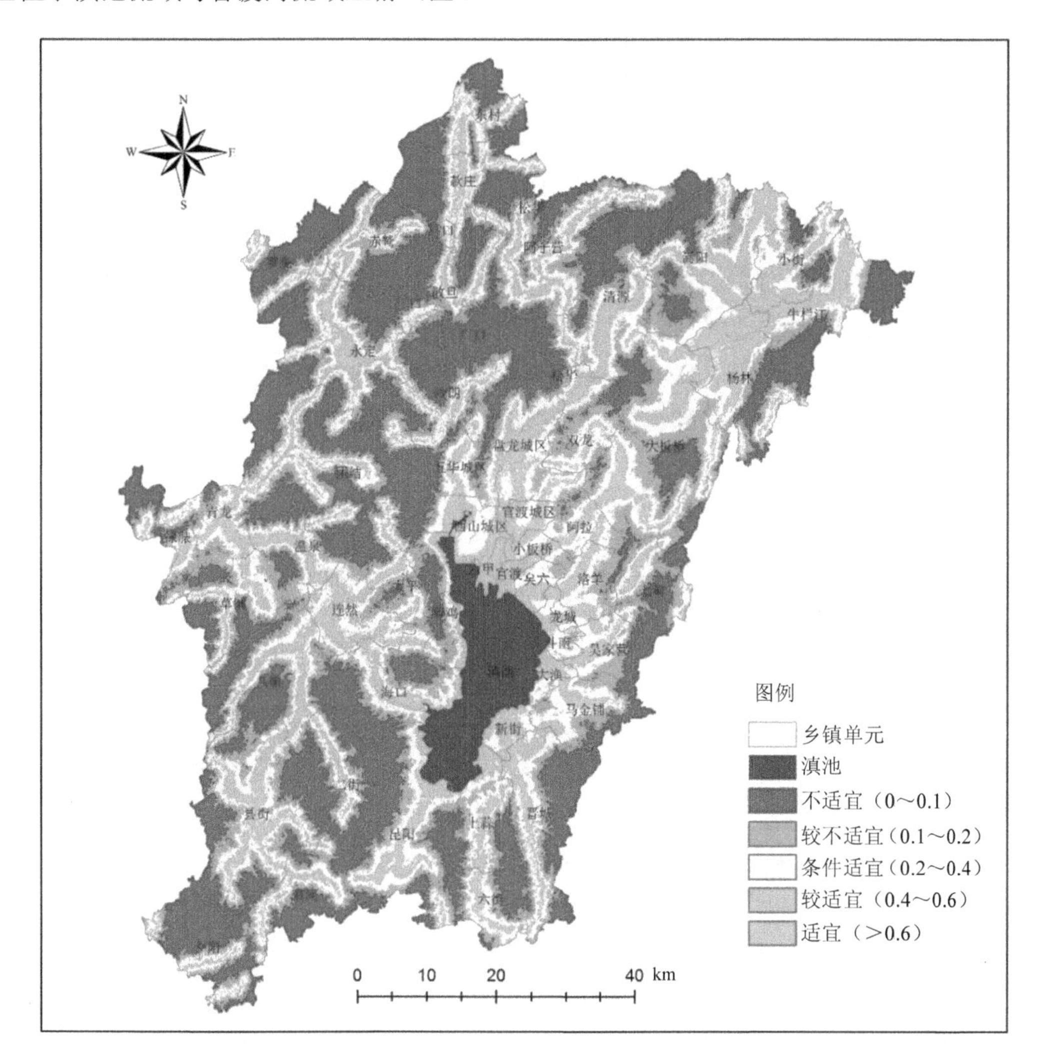

图 7-34　水资源适宜性分级评价结果

①水资源适宜区。水资源适宜区指水资源适宜性指数大于 0.6 的区域，面积 311.9 km^2，占区域总面积的 4.2%。水资源适宜区主要分布在牛栏江、盘龙江、普渡河周边，呈带状分布。在地形条件较好时，较为宽阔；地形条件较差时，较为狭窄。该类型区同时具有优良的资源条件、工程条件与用水条件，水资源对城市发展、农业生产的支撑能力强。

②水资源较适宜区。水资源较适宜区指水资源适宜性指数在 0.4～0.6 的区域，面积 1 177.8 km^2，占区域总面积的 15.7%。水资源较适宜区主要沿其他中小型河流呈带状分布，在地形条件较好时条带较宽阔，地形条件受制约受则较为狭长。该类型区资源条件、工程

条件和用水条件较好，能够较好地支撑城市和农业发展。

③水资源条件适宜区。水资源条件适宜区指水资源适宜性指数在 0.2～0.4 的区域，面积 1 617.4 km^2，占区域总面积的 21.6%。水资源条件适宜区分布在适宜区、较适宜区周边，对人口集聚、经济发展与农业生产活动也有较好的支撑能力，是城市和农业集中发展区的良性拓展区域。

④水资源较不适宜区。水资源较不适宜区指水资源适宜性指数在 0.1～0.2 的区域，面积 1 820.9 km^2，占区域总面积的 24.3%。水资源较不适宜区主要分布在滇池流域上游山区、半山区，受工程基础条件等因素的制约，对区域发展的支撑能力较差。

⑤水资源不适宜区。水资源不适宜区指水资源适宜性指数小于 0.1 的区域，面积 2 559.1 km^2，占区域总面积的 34.2%。水资源不适宜区主要分布在滇池流域、普渡河流域上游山区，水资源综合利用条件极差，对区域发展的支撑能力十分有限。

7.4.4 乡镇单元水资源适宜性

上一节评价了栅格尺度的水资源适宜性等级，为进一步评估乡镇单元尺度的水资源适宜性，定义水资源适宜性指数如下：

$$A_{oi} = \omega_{ij} A_{ij} \tag{7-17}$$

$$Z_i = \frac{A_{oi}}{A_i} \tag{7-18}$$

式中：A_{oi} —— 乡镇单元适宜区折算面积；

A_{ij}—— 乡镇单元不同适宜类型面积；

ω_{ij} —— 其对应的折算系数，从不适宜到适宜 5 个等级分别取 0、0.25、0.5、0.75、1；

A_i —— 乡镇单元总面积；

Z_i —— 乡镇单元水资源适宜性指数。

为评估水资源适宜性与现状人口分布格局的匹配性，计算人均适宜区面积指标，公式如下：

$$A_{opi} = \frac{A_{oi}}{P_i} \tag{7-19}$$

式中：A_{opi} —— 人均适宜区面积；

P_i —— 人口数量。

指标计算与分级结果如表 7-12 所示。

表 7-12 乡镇单元水资源适宜性指标与分级结果

县域单元	乡镇名称	面积/km²	适宜区面积/km²	适宜性指标	适宜性等级	人均适宜区面积/hm²	发展潜力
官渡	大板桥	404.3	159.7	0.395	较好	22.7	大
	六甲	16.7	16.3	0.976	好	3.0	较小
	阿拉	61.9	28.9	0.467	较好	3.0	较小
	矣六	32.4	18.9	0.582	好	3.9	较小
	官渡城区	36.7	24.7	0.673	好	0.6	小
	官渡	16.9	13.6	0.807	好	1.9	小
	小板桥	30.0	18.7	0.623	好	1.9	小
盘龙	松华	118.8	25.3	0.213	差	22.6	大
	双龙	77.3	29.0	0.375	较好	25.5	大
	盘龙城区	159.6	87.7	0.550	好	1.2	小
五华	沙朗	145.2	38.1	0.263	较差	18.9	大
	厂口	129.6	15.7	0.121	差	11.0	较大
	五华城区	82.1	29.9	0.364	较好	0.4	小
西山	团结	430.6	87.4	0.203	差	27.6	大
	西山城区	76.1	45.9	0.603	好	0.8	小
	海口	180.4	58.0	0.321	较差	7.4	一般
	碧鸡	88.3	28.5	0.322	较差	8.0	一般
呈贡	洛羊	77.6	36.1	0.465	较好	9.6	较大
	马金铺	108.2	41.1	0.380	较好	12.1	较大
	七甸	119.5	30.3	0.254	较差	13.6	较大
	斗南	30.5	17.5	0.574	好	3.2	较小
	吴家营	76.1	31.1	0.408	较好	3.3	较小
	龙城	10.2	6.5	0.630	好	1.4	小
	大渔	24.1	15.0	0.624	好	7.1	一般
晋宁	二街	169.1	27.0	0.160	差	17.6	大
	六街	109.6	28.7	0.262	较差	25.2	大
	夕阳	161.0	25.7	0.160	差	34.2	大
	双河	156.5	35.8	0.229	差	42.0	大
	晋城	213.3	64.3	0.301	较差	10.4	较大
	上蒜	126.3	45.6	0.361	较好	13.7	较大
	新街	34.1	23.3	0.683	好	6.7	一般
	昆阳	268.9	87.9	0.327	较差	7.9	一般
富民	款庄	177.2	37.4	0.211	差	17.7	大
	东村	124.5	29.8	0.239	差	23.8	大
	散旦	95.6	26.8	0.280	较差	26.1	大
	赤鹫	161.3	37.8	0.234	差	42.1	大
	永定	330.5	91.8	0.278	较差	11.6	较大
	罗免	112.4	16.1	0.143	差	11.9	较大

县域单元	乡镇名称	面积/km^2	适宜区面积/km^2	适宜性指标	适宜性等级	人均适宜区面积/hm^2	发展潜力
嵩明	清源	290.3	85.4	0.294	较差	25.5	大
	阿子营	236.2	85.2	0.361	较好	31.3	大
	小街	119.9	63.5	0.529	好	10.2	较大
	嵩阳	312.4	122.0	0.390	较好	10.6	较大
	牛栏江	214.6	68.8	0.321	较差	14.4	较大
	杨林	179.3	95.7	0.534	好	15.3	较大
安宁	禄脿	109.8	24.0	0.218	差	18.4	大
	草铺	159.1	47.9	0.301	较差	20.0	大
	八街	246.4	69.4	0.282	较差	22.4	大
	温泉	98.5	39.3	0.399	较好	35.8	大
	县街	345.0	112.3	0.325	较差	43.2	大
	青龙	127.9	52.0	0.407	较好	46.6	大
	太平	83.3	30.0	0.360	较好	12.1	较大
	连然	129.7	72.1	0.556	好	3.6	较小

分级结果如图 7-35 所示。

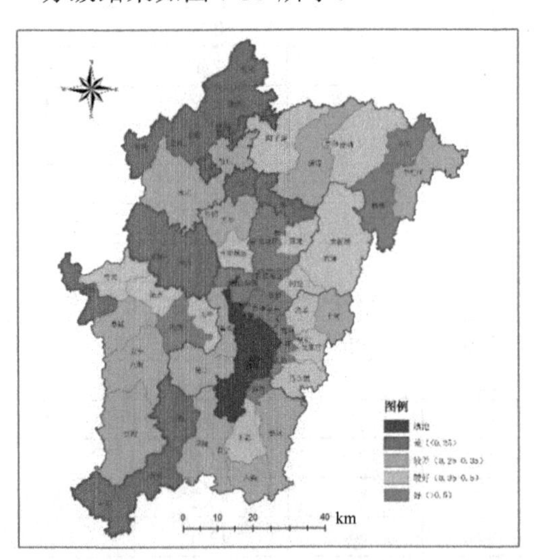

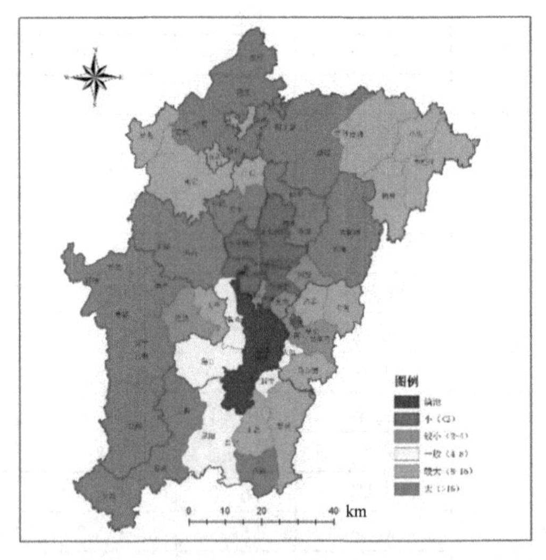

图 7-35　乡镇单元水资源适宜性分级（左）与潜力分级（右）

由图 7-35 可以看出，研究区水资源适宜性最好的行政单元集中在昆明市主城区、滇池沿湖单元、安宁连然与嵩明的小街和杨林。这些单元中，除嵩明县的两个乡镇单元外，潜力为小、较小、一般，说明虽然这些区域的水资源适宜性较高，但现状人口密度较大，进一步发展的空间有限。

7.4.5 流域单元水资源适宜性

按照乡镇单元评价方法，进行流域分区单元的水资源适宜性分区与潜力分析，评价结果如表 7-13 与图 7-36 所示。

表 7-13 流域单元水资源适宜性指标与分级结果

乡镇名称	面积/km^2	适宜区面积/km^2	适宜性指标	适宜性等级	人均适宜区面积/hm^2	发展潜力
昆明主城	483.1	260.7	0.539 679	好	0.9	小
西山海口	244.2	78.0	0.319 152	较差	6.0	一般
呈贡龙城	504.4	202.5	0.401 414	较好	6.3	一般
五华西翥	210.2	37.1	0.176 719	差	7.5	一般
富民永定	615.1	136.8	0.222 445	差	9.2	较大
晋宁昆阳	713.1	237.3	0.332 745	较差	9.7	较大
安宁连然	1 176.9	426.7	0.362 524	较好	13.1	较大
官渡小哨	463.2	184.4	0.398 005	较好	14.5	较大
盘龙松华	587.7	188.8	0.321 155	较差	23.2	大
西山谷律	415.0	88.5	0.2133	差	27.9	大

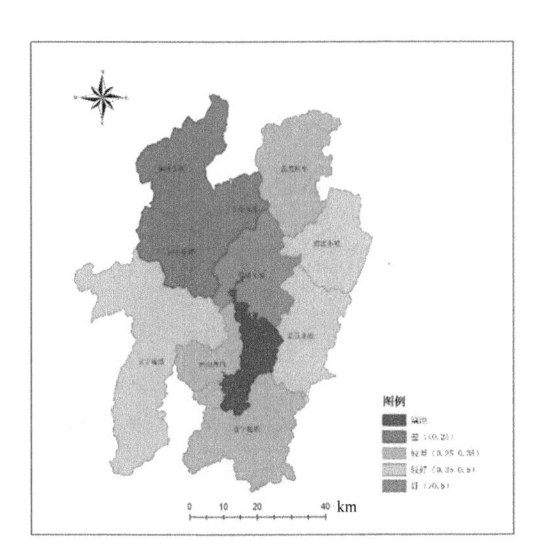

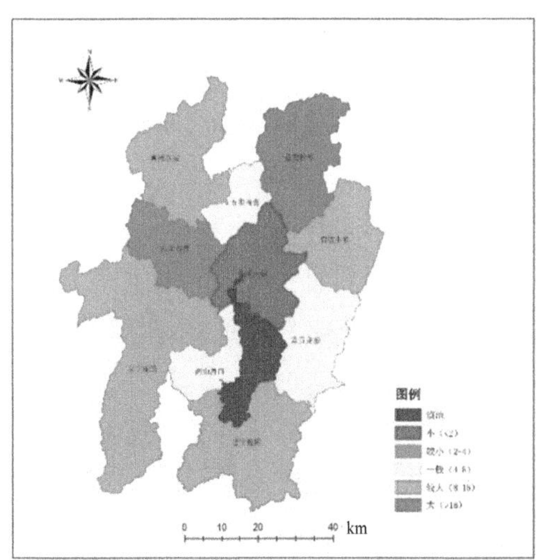

图 7-36 流域单元水资源适宜性分级（左）与潜力分级（右）

补水条件下滇池区域水资源系统的分质供需预测与评估

8.1 常规水源可供水量

8.1.1 蓄水工程

（1）昆明主城片区

该片区内目前有大型水库 1 座，即松华坝水库。另有小（一）型水库 6 座，总库容 1 515 万 m^3，兴利库容 1 314 万 m^3，原设计供水量 1 430 万 m^3，全部为农业供水。小（二）型水库 15 座，设计供水量为 286 万 m^3。小坝塘 105 座，设计供水量 233 万 m^3。

（2）西山海口片区

该片区内目前有小（二）型水库 7 座，设计供水量 104 万 m^3。小坝塘 12 座，设计供水量 80 万 m^3，全部为农业灌溉用水。

（3）盘龙松华片区

该片区内目前有小（一）型水库 3 座，总库容 1 181 万 m^3，兴利库容 1 026 万 m^3，设计供水量 1 025 万 m^3，全部为农业供水。小（二）型水库 21 座，设计供水量 402 万 m^3。小坝塘 59 座，设计供水量 170 万 m^3。

（4）官渡小哨片区

该片区内目前有中型水库 1 座，即宝象河水库。小（一）型水库 3 座，总库容为 497 万 m^3，兴利库容 421 万 m^3，设计供水量 325 万 m^3。小（二）型水库 8 座，设计供水量 220 万 m^3。小坝塘 116 座，设计供水量 254 万 m^3。

（5）呈贡龙城片区

该片区内目前有中型水库 3 座，总库容 3 740 万 m^3，兴利库容 1 848 万 m^3，设计供水量 2 205 万 m^3，全部为农业供水。小（一）型水库 9 座，总库容 2 014 万 m^3，兴利库容 1 255 万 m^3，设计供水量 1 318 万 m^3。小（二）型水库 35 座，设计供水量 822 万 m^3。小坝塘 85 座，设计供水量 233 万 m^3。

（6）晋宁昆阳片区

该片区内目前有中型水库 3 座，总库容 5 274 万 m^3，兴利库容 4 406 万 m^3，设计供水量为 5 274 万 m^3，原设计为农业供水，现已改为城市供水。有小（一）型水库 8 座，总库容 1 276 万 m^3，兴利库容 1 074 万 m^3，设计供水量 1 033 万 m^3。有小（二）型水库 42 座，设计供水量 808 万 m^3。小坝塘 136 座，设计供水量 470 万 m^3。

（7）五华西翥片区

该片区内目前有小（一）型水库 5 座，总库容为 1 344 万 m^3，兴利库容 1 217 万 m^3，设计供水量 1 892 万 m^3。小（二）型水库 9 座，设计供水量 205 万 m^3。小坝塘 89 座，设计供水量 160 万 m^3。

（8）安宁连然片区

该片区内目前有中型水库两座，即车木河水库和张家坝水库。车木河水位控制径流面积 253 km^2，总库容 4 400 万 m^3，为农业供水 3 500 万 m^3，现状灌溉面积 2.4 万亩。张家坝水库主要是草铺大黄磷基地的工业用水水源，总库容 1 349.4 万 m^3，兴利库容 1 229.5 万 m^3，设计供水量 1 920 万 m^3。本区来水量小，主要靠汛期从鸣矣河水量蓄水，设计供水量 1 600 万 m^3，全部为工业供水。小（一）型水库 18 座，总库容 3 974 万 m^3，兴利库容 3 347 万 m^3，设计供水量 3 722 万 m^3。小（二）型水库 104 座，设计供水量 2 138 万 m^3。小坝塘 389 座，设计供水量 629 万 m^3。

（9）富民永定片区

该片区内目前有小（一）型水库 6 座，总库容 975 万 m^3，兴利库容 794 万 m^3，设计供水量 1 084 万 m^3。小（二）型水库 22 座，设计供水量 701 万 m^3。小坝塘 212 座，设计供水量 275 万 m^3。

8.1.2 引水工程

目前，从数量来看，研究区引水工程有 175 件，设计供水量为 9 749 万 m^3，其中引水流量小于 0.3 m^3/s 的引水工程 118 件，设计供水量 2 875 万 m^3；大于 0.3 m^3/s 的引水工程 57 件，设计供水量为 6 224 万 m^3。各片区引水工程状况见表 8-1。从流域看，研究区中的滇池流域有引水工程 120 件，设计供水能力 2 895 万 m^3，主要为农业灌溉供水。研究区中的普渡河流域有引水工程 55 件，设计供水量为 6 422 万 m^3，主要为鸣矣河、螳螂川沿岸的农业灌溉和工业供水。

表 8-1 各片区引水工程状况

片区	规模	件数	设计供水能力/万 m³				
			城镇绿化	城镇工业	农业灌溉	农村生活	合计
昆明 主城	≥0.3 m³/s	7	—	230	854	—	1 084
	<0.3 m³/s	—	—	560	—	—	560
西山 海口	≥0.3 m³/s	2	—	—	204	—	204
	<0.3 m³/s	4	—	—	—	—	0
盘龙 松华	≥0.3 m³/s	—	—	—	—	—	0
	<0.3 m³/s	42	105	—	370	45	520
官渡 小哨	≥0.3 m³/s	0	—	—	—	—	0
	<0.3 m³/s	15	57		330	50	437
呈贡 龙城	≥0.3 m³/s	—	—	—	—	—	0
	<0.3 m³/s	50	—	—	—	90	90
晋宁 昆阳	≥0.3 m³/s	0	—	—	—	—	0
	< 0.3 m³/s	0	—	—	—	—	0
五华 西翥	≥0.3 m³/s	—	—	—	140	—	140
	<0.3 m³/s	—	48	480	100	45	673
安宁 连然	≥0.3 m³/s	25	—	1 820	316	76	2 349
	<0.3 m³/s	—	259	103	—	41	689
富民 永定	≥0.3 m³/s	23	—	—	2 602	—	2 602
	<0.3 m³/s	7	39	268	75	19	401
合计	≥0.3 m³/s	57	0	2 050	4 116	76	6 224
	<0.3 m³/s	118	508	1 411	875	290	2 875

8.1.3 提水工程

滇池流域的提水工程主要为滇池沿岸的西山海口、昆明主城、呈贡龙城、晋宁昆阳 4 个片区的环湖提水工程，供水对象以农业灌溉为主，设计年提水量为 1.29 亿 m³，设计灌溉面积为 15.34 万亩，设计工业供水量为 0.42 亿 m³。普渡河流域的提水工程主要为安宁连然、富民永定螳螂川沿岸的提水工程。各片区提水工程状况见表 8-2。

表 8-2 各片区提水工程状况

片区	农业灌溉			城镇工业	
	泵站数量	年提水量/万 m³	提灌面积/万亩	泵站数量	年提水量/万 m³
西山海口	25	813	1.14	29	1 542
昆明主城	29	2 975	3.55	11	660
呈贡龙城	32	1 044	1.24	0	0
晋宁昆阳	143	8 029	9.50	7	1 045
安宁连然	239	721	1.83	15	7 040
富民永定	176	1 236	2.82	15	2 187
合计	644	14 818	20.08	77	12 464

8.1.4　外流域引调水

研究区的外流域引调水工程主要包括 3 个部分：滇池流域内本区的水资源利用措施、小范围的跨流域调水工程、大范围的跨区域跨流域调水工程。研究区内主要包括掌鸠河引水供水工程一期工程、清水海供水及水源环境管理项目、牛栏江—滇池补水工程 3 个小范围的跨流域调水工程和滇中引水工程。目前，3 个引调水工程均已建成通水，滇中引水工程正在开展前期工作。

为了解决昆明的水资源短缺，2007 年开始投入运行掌鸠河引水工程。掌鸠河引水工程的水源地为云龙水库，水库位于掌鸠河上游云龙乡境内，控制径流面积 745 km^2，多年平均产水量 3.08 亿 m^3。掌鸠河引水供水工程可调毛水量 2.20 亿 m^3，输水渠（管）全长 97.7 km，设计流量 10 m^3/s，年输水能力可达 3.15 亿 m^3。

继掌鸠河引水供水工程后，为解决昆明空港经济区、新机场、东城区及部分主城区的工业和生活用水，开始实施清水海引水工程。工程区主要位于小江流域及洗马河流域。工程为以清水海为中心的清水海水源工程组，设计供水能力 1.04 亿 m^3。工程水源点位于小江流域的大白河和块河源头段，包括自流引水的清水海本区径流、塌鼻子龙潭泉水、新田河引水、板桥河引水和石桥河引水及金钟山水库。工程先在新田河、板桥河兴建日调节水库，在石桥河兴建无调节引水枢纽，恢复塌鼻子龙潭引水渠把这些水源点的水量引入清水海水库，加上本区径流进行多年调节，在留足寻甸县本区用水的前提下，通过麦冲隧洞向受水区均匀引水 9 487 万 m^3。引水到嵩明县白邑乡同心闸后，转向金钟山调蓄水工程附近设分水闸，主管进入下游自来水厂，分一支管引入金钟山调蓄水工程，重建金钟山调蓄水工程作为引水系统的末端事故备用水库，并充分调蓄水库本区水量，新增航空城供水 197 万 m^3，共向主城、空港经济区和东城供水 9 684 万 m^3。

为了遏制滇池水环境恶化，改善滇池水环境，提出了滇中引水工程。滇中引水工程分近、中、远 3 期实施，牛栏江—滇池补水工程是近、中期的一项重要工程。牛栏江—滇池补水工程近期任务是向滇池补水，改善滇池水环境和水资源条件，配合滇池水污染防治的其他措施，达到规划水质目标，并具备为昆明市应急供水的能力；远期任务主要是向曲靖市供水，并与金沙江调水工程共同向滇池补水，同时作为昆明市的备用水源。工程的水源地为德泽水库，水库总库容为 44 788 万 m^3；正常蓄水位 1 790 m，相应库容 41 597 万 m^3；死水位 1 752 m，死库容 18 902 万 m^3；兴利库容 21 236 万 m^3，调洪库容 3 191 万 m^3。工程多年平均设计引水量为 5.72 亿 m^3，其中枯季水量为 2.47 亿 m^3，汛期水量为 3.25 亿 m^3，供水保证率为 70%，水量汛枯比为 56.8∶43.2，P=50%保证率下可向滇池引水 6.09 亿 m^3，扣除 1%的输水损失后，进入滇池的多年平均补水量为 5.72 亿 m^3，基本满足 2020 年滇池补水的水量及引水过程要求。德泽水库 2030 年在满足曲陆坝区 3.1 亿 m^3 供水量的基础上，还有 1.38 亿 m^3 水补给滇池，加上滇中引水工程的滇池补水量，可满足滇池 2030 水平年的补水需求。

滇中引水工程是解决滇中地区水资源短缺的根本途径，工程建设任务以解决城镇生活与工业缺水为主，兼顾生态和农业用水。滇中引水工程建成后，可有效解决滇中区的水资源短缺危机。根据滇中引水工程《引水规模及水资源配置专题报告》的成果，掌鸠河引水工程退回水源区供水、清水海引水工程转供嵩明嵩阳，牛栏江—滇池补水工程转向曲靖供水，仅向滇池多年平均补水 1.38 亿 m^3。滇中引水工程建成通水是这些工程退出滇池流域供水的前提条件。

滇池流域属于滇中引水工程的主要受水区，按照水系独立性和行政区划完整性的原则，滇池流域划分为昆明四城区、官渡小哨、呈贡龙城、晋宁昆阳 4 个受水小区，其中官渡小哨为间接受水区，2030 水平年滇池流域受水区生产生活引水水量（小区水量）为 4.95 亿 m^3，其中城镇生活 2.67 亿 m^3，城镇工业 2.28 亿 m^3。此外，2030 年牛栏江向滇池补水 1.38 亿 m^3（2030 年后，牛栏江滇池补水工程约有 3.1 亿 m^3 水将转供曲靖）的情景下，为实现滇池水质目标，滇中引水工程需向滇池补充生态环境水量：2030 平水年 3.12 亿 m^3、枯水年 2.43 亿 m^3。

8.1.5 地下水

地下水工程主要包括城市集中式地下水工程、分散式地下水工程和城市地下水应急工程。

研究区城市集中式地下水工程主要包括海源寺水厂、雪梨山水厂、石江水厂和甸心水厂。海源寺水厂和雪梨山水厂的设计处理能力为 5 万 m^3/d，年地下水取水量为 1 825 万 m^3。石江水厂、甸心水厂的设计处理能力为 4 万 m^3/d，年地下水取水量为 1 460 万 m^3。各水厂取水情况见表 8-3。

表 8-3 各水厂取水情况

水厂	地址	水源	设计处理能力/（万 m^3/d）	
			2012 年	2020 年
海源寺	海源寺	海源寺	3	3
雪梨山	吴黄公路	呈贡黑龙潭	2	2
石江	安宁市石江村	地下水	3	3
甸心	安宁市甸心村	地下水	1	1

研究区存在一些分散式地下水取水工程用于生活和生产用水。目前，研究区内城镇分散式地下水工程取水 8 165 万 m^3，其中城镇生活供水 5 220 万 m^3，工业供水 2 147 万 m^3。

工程主要集中在昆明主城、西山海口、呈贡龙城和安宁连然。农村分散式地下水取水主要以人工井取水为主，目前，农村生活取用地下水 798 万 m^3。各片区分散式地下水取水量见表 8-4。

表 8-4　各片区分散式地下水取水量

小区名称	分散式地下水供水量/万 m^3			
	城镇生活（城市公共）	城镇工业	农村生活	合计
昆明主城	1 507	767	76	2 350
西山海口	845	407	72	1 324
盘龙松华	0	0	36	36
官渡小哨	40	332	55	427
呈贡龙城	1 192	191	76	1 459
晋宁昆阳	87	364	243	694
五华西翥	9	0	43	52
安宁连然	1 519	0	117	1 636
富民永定	21	86	80	187
合计	5 220	2147	798	8 165

为应急抗旱，2012 年昆明市实施了地下水应急水源地取水工程，在晋宁新街、牛恋，盘龙白邑和官渡金钟山 4 处地下水富集区域，开凿 34 口地下水水井，设计每天开采地下水 5.05 万 m^3 的供水能力，保障昆明的城市供水。其中，新街、牛恋开凿水井 8 口，设计取水量为 1 万 m^3/d，通过 12 km 输水管道进入晋宁石子河泵站输送至晋宁水厂，代替大河、柴河水库对晋宁片区供水，从而保障直接以大河、柴河水库为供水水源的马金铺水厂的供水安全。盘龙白邑开凿水井 15 口，设计取水水量为 3 万 m^3/d，补充松华坝水库水源，保障昆明主城片区的供水安全。官渡金钟山开凿水井 9 口，设计取水量 1 万 m^3/d，取水后就近接入清水海供水管道，官渡工业园区开凿水井两口，设计取水水量 0.05 万 m^3/d，作为园区内非正常停水时的备用水源。此外，还实施了灵源备用水源应急工程以保证空港抗旱供水，供水量为 3 万～4 万 m^3/d。

8.1.6　拟、在建工程

根据《西南五省（自治区、直辖市）重点水源工程规划》《云南省小康水利建设规划》《云南省小型水库建设规划》等，2020 年研究区内滇池流域新建小（一）型水库 7 座，扩建小（一）型水库两座，主要集中在晋宁昆阳片区，总库容 1 623 万 m^3，兴利库容 1 130 万 m^3，新增供水量 1 633 万 m^3。研究区内普渡河流域规划 3 座中型水库，新建 12 座小（一）型水库，扩建 2 座小（一）型水库，总库容 9 530 万 m^3，兴利库容 6 903 万 m^3，新增供水量 8 689 万 m^3。2020—2030 年无新增蓄水工程。

海口—草铺引水及水环境综合利用工程是为利用牛栏江—滇池补水工程进入滇池的生态修复补水下泄的稳定水量，从滇池出口——海口河引水保障滇中产业新区安宁新城草铺片区及易门集聚区的工业用水，同时兼顾改善新区生态环境及人居环境的综合利用工程。工程取水口布置在海口镇大营庄下游的螳螂川左岸，设计引水流量为 10 m^3/s。2020 年多年平均可引水量为 7.02 亿 m^3，可供水量为 3 亿 m^3（含生态景观用水、输水损失，实际工业供水量为 2.50 亿 m^3），结合调蓄、城市水系、河湖生态、城市水景观，以核心区布置的人工调蓄湖为核心，在解决易门集聚区工业缺水 0.51 亿 m^3 后，将其余 1.99 亿 m^3 用于解决核心区安宁新城草铺片区（包括草铺、安丰营、土官片）的工业缺水问题。

对于地下水工程，考虑到城市集中式地下水工程的取水量占其所在区域地下水资源量的比重较小，按照其设计取水能力取水不足以对当地的地下水资源带来威胁。因此，未来这些水厂将继续按其设计取水能力取水。对于城市分散式地下水工程，2020 年，除城乡集中式公共管网通达或有替代水源的地区，关停地下水开采外，其余地区仍开采地下水。2030 年，滇中引水工程通水后，除个别不能采用自来水的科研院所外，全部关停城市分散式地下水取水井。考虑到未来农村人口逐渐减少，农村用水量也将逐渐减少，未来不再增加地下水开采量。

8.2 水资源需求预测

8.2.1 生活需水量

生活用水分为城镇生活用水和农村生活用水。城镇生活用水包括居民日常生活用水和城镇居民公共生活用水。

（1）城镇生活需水量

城镇生活需水量取决于城镇人口的数量、城镇生活用水定额及城镇生活配水管网的漏失情况。

城镇生活需水量=（城镇居民生活用水定额+城镇公共用水定额）×城镇人口/管网漏损率

城镇人口由研究区内的总人口与城镇化水平得到，即

城镇人口=区域总人口×城镇化水平

人口的增长包含人口自然增长和人口流动带来的机械增长两个部分。区域人口的增长主要受根据区域人口数量的历史变化与现状及未来经济社会发展模式、区域城市发展战略定位等对机械增长的影响决定。研究区内各个片区的经济发展及城市发展定位不同，再加上区域产业布局调整转移等对人口的机械迁移的影响，使得各个片区内人口增长率存在显著的差异。昆明主城区的人口自然增长率相对稳定，人口变化主要受产业向工业园区转移、

物流市场向外搬迁等带来的人口流转影响。盘龙松华属于松华坝水源保护区，人口迁移被限制，人口以自然增长为主。呈贡龙城为昆明新城区，人口增长主要靠外来人口迁移增加。官渡小哨、安宁连然位于桥头堡滇中产业集聚区，五华西翥、西山海口、晋宁昆阳、富民永定位昆明市“一县一园区”的工业集聚区，这些区域除人口自然增长外，主要考虑产业集聚带来的人口机械增长。研究区未来总人口与城镇人口数量，预测成果见表 8-5。

表 8-5　城镇化水平与城镇人口预测成果

片区	城镇化水平/%			城镇人口/万人		
	2012 年	2020 年	2030 年	2012 年	2020 年	2030 年
昆明主城	99.3	99.4	99.6	291.08	302.77	307.33
西山海口	79.6	92.9	96.0	10.36	15.64	21.31
盘龙松华	40.1	58.1	75.7	3.27	4.83	6.40
官渡小哨	70.8	74.8	88.0	9.01	13.80	17.84
呈贡龙城	58.5	88.9	94.0	18.85	34.22	42.34
晋宁昆阳	64.0	90.1	93.0	15.63	27.61	35.52
五华西翥	27.7	56.6	84.7	1.38	3.76	7.66
安宁连然	77.2	84.8	87.5	25.13	35.11	47.22
富民永定	27.6	31.1	34.0	4.12	5.32	6.81
合计	86.9	91.8	93.6	378.82	443.06	492.44

综合研究区城镇人口数量变化、城镇生活用水定额、城镇生活配水管网漏失率，得出研究区内 2012 年城镇生活需水量为 3.83 亿 m^3，2020 年为 4.57 亿 m^3，2030 年为 5.56 亿 m^3。研究区内各片区城镇生活需水量见表 8-6。

表 8-6　城镇生活需水量　　单位：万 m^3

片区	2012 年			2020 年			2030 年		
	居民生活	城镇公共	合计	居民生活	城镇公共	合计	居民生活	城镇公共	合计
昆明主城	16 874	9 874	26 748	18 209	10 298	28 507	19 319	13 087	32 406
西山海口	556	289	845	876	461	1 337	1 253	665	1 918
盘龙松华	175	91	266	270	142	412	376	200	576
官渡小哨	484	290	774	773	464	1237	1049	680	1 729
呈贡龙城	1 093	559	1 652	1 987	1 022	3 009	2 662	1 374	4 036
晋宁昆阳	906	396	1 302	1626	687	2 313	2 161	908	3 069
五华西翥	74	39	113	211	111	322	451	224	675
安宁连然	1 457	658	2115	2111	917	3 028	2 911	1 360	4 271
富民永定	239	103	342	313	130	443	414	171	585
合计	21 857	12 299	34 156	26 377	14 231	40 608	30 596	18 669	49 265

（2）农村生活需水量

农村生活用水主要是由农村居民家庭自己提水实现，一般无集中式供水管网，不考虑供水管网的漏失情况。此外，与城镇生活用水不同的是，农村还存在一部分牲畜用水。农村生活需水量主要由农村居民日常生活用水与牲畜日常用水组成。

牲畜日常用水量由牲畜数量与牲畜用水定额计算得到，由于牲畜种类繁多，每种用水量有一定的差异，统计计算每一种的用水量非常困难，仅将牲畜分为大小两种。

牲畜需水量=大牲畜数量×大牲畜用水定额+小牲畜数量×小牲畜用水定额

根据2008—2012年研究区的统计年鉴资料，结合2008年《昆明市人民政府关于加强“一湖两江”流域禁止畜禽养殖的规定》中对滇池、盘龙江、牛栏江流域保护区范围内畜禽养殖的要求，预测研究区各个片区的大小牲畜数量。2012年，滇池流域共有大小牲畜39.73万头，其中大牲畜4.89万头，小牲畜34.84万头，主要集中在五华西翥、晋宁昆阳两个片区。牲畜数量现状与预测成果如表8-7所示。

表8-7 牲畜数量预测成果 单位：万头

片区	2012 年牲畜			2020 年牲畜			2030 年牲畜		
	大牲畜	小牲畜	合计	大牲畜	小牲畜	合计	大牲畜	小牲畜	合计
昆明 主城	0.10	7.62	7.72	0.03	5.18	5.21	0.03	4.68	4.67
西山 海口	0.27	1.97	2.24	0.29	2.12	2.41	0.30	2.29	2.59
盘龙 松华	1.40	6.70	8.10	1.50	7.21	8.72	1.58	7.64	9.22
官渡 小哨	0.68	5.96	6.64	0.77	6.76	7.53	0.80	7.17	7.97
呈贡 龙城	0.12	0.54	0.67	0.14	0.64	0.79	0.15	0.70	0.85
晋宁 昆阳	2.31	12.05	14.36	2.71	14.29	17.00	2.91	15.44	18.36
五华 西翥	0.81	8.57	9.38	0.90	9.55	10.45	0.95	10.09	11.04
安宁 连然	1.53	20.36	21.89	1.80	24.10	25.89	1.93	26.02	27.95
富民 永定	2.41	18.36	20.77	2.82	21.73	24.55	3.04	23.46	26.50
合计	9.65	82.13	91.78	10.95	91.60	102.54	11.71	97.49	109.16

研究区2012年，大牲畜用水定额为40 L/（头·d），小牲畜用水定额为20 L/（头·d）。牲畜用水量一般保持不变，因此，未来牲畜用水量仍采用2012年的定额。根据牲畜数量及其用水定额，得到2012年研究区牲畜用水量为740万m^3，2020年需水量为829万m^3，2030年需水量为883万m^3。

农村生活需水量主要取决于农村居民生活用水定额与农村人口数量。

农村生活需水量=农村居民生活用水定额×农村人口数量

农村人口数量由总人口与城镇人口数量的差值得到。研究区2012年，农村居民生活用水定额为55 L/(人·d)，随着生活水平的提高，预计到2020年用水定额提高到65 L/(人·d)，2030年提高到70 L/（人·d）。根据预测的农村人口数量及用水定额，得到研究区2012年农村居民用水量 1 148 万 m^3，2020 年农村居民需水量 911 万 m^3，2030 年 633 万 m^3。

根据农村居民生活需水量以及牲畜需水量，得到农村生活需水量，研究区 2012 年用水量为 1 888 万 m^3，2020 年需水量为 1 739 万 m^3，2030 年 1 516 万 m^3。各片区农村需水量见表 8-8。

表 8-8 农村生活需水量预测成果　　单位：万 m^3

片区	2012 年			2020 年			2030 年		
	居民生活	牲畜	合计	居民生活	牲畜	合计	居民生活	牲畜	合计
昆明主城	40	57	98	42	38	81	35	35	70
西山海口	53	18	72	28	20	48	0	21	21
盘龙松华	98	69	167	82	75	157	52	79	131
官渡小哨	74	53	128	86	61	147	0	64	64
呈贡龙城	268	6	274	102	7	108	0	7	7
晋宁昆阳	176	122	298	72	144	216	0	155	155
五华西翥	72	74	147	69	83	151	35	88	123
安宁连然	149	171	320	149	202	351	172	218	390
富民永定	216	169	386	280	200	480	338	216	554
合计	1 148	740	1 888	911	829	1 739	633	883	1 516

8.2.2 生产需水量

生产用水主要包括工业用水和农业用水两个部分。农业用水包括灌溉和鱼塘补水两个部分。

（1）工业需水量

本次研究对工业需水量的预测主要采用工业增加值与万元工业增加值用水定额来推算。此外，根据实际配水情况，工业用水量还受供水管网的漏失情况影响。

工业需水量=工业增加值×万元工业增加值用水定额/管网漏损率

2012 年，昆明市第二产业总产值 1 378.48 亿元，工业增加值 1 008.42 亿元，较上年增长 15.6%；滇池流域工业总产值 964.14 亿元，工业增加值 723.66 亿元，占昆明市工业增加值的 71.7%。工业产值的变化除了受产业增长的影响，还受产业结构的影响。2012 年昆明市工业产值量比较大的行业主要包括烟草加工、金属冶炼及压延加工、化学原料及化学制品制造、采矿、机械制造、医药制造、食品加工、造纸等。并与 2000 年相比，这些行业占规模以上工业产值的比重没有实质性变化。根据《云南桥头堡滇中产业集聚区发展规划（2013—2030）》《昆明市工业布局规划纲要（2010—2020）》及相关地区的工业园区规划，预测未来研究区的工业产值（2000 年不变价），2020 年工业增加值为 1 310 亿元，2030 年为 2529 亿元。各片区工业增加值见表 8-9。

表 8-9　工业增加值预测成果　　单位：亿元

片区	工业增加值		
	2012 年	2020 年	2030 年
昆明主城	398	531	695
西山海口	8	42	90
盘龙松华	0	0	0
官渡小哨	3	16	55
呈贡龙城	17	43	78
晋宁昆阳	16	71	153
五华西翥	15	47	92
安宁连然	52	500	1 239
富民永定	8	60	127
合计	457	1 310	2 529

通过调查研究区各行业万元产值取水量，结合云南省、昆明市工业用水效率的要求，预测研究区未来工业万元增加值用水定额，2020 年为 50 m^3/万元，2030 年为 33 m^3/万元。

供水管网的漏失情况根据城镇生活配水管网漏失率确定。根据预测的工业产值、万元工业产值用水定额及供水管网漏失率，得到研究区工业需水量，2020 年为 7.31 亿 m^3，2030 年为 9.03 亿 m^3。各片区工业需水量见表 8-10。

表 8-10　工业需水量预测成果

片区	工业需水净定额/（m^3/万元）			工业毛需水量/万 m^3		
	2012 年	2020 年	2030 年	2012 年	2020 年	2030 年
昆明主城	43	32	25	20 306	19 320	19 300
西山海口	212	90	45	1 987	4 291	4 477
盘龙松华	90	45	32	0	0	0
官渡小哨	50	40	30	170	719	1 828
呈贡龙城	132	60	38	2 620	2963	3 306
晋宁昆阳	146	70	40	2 717	5 638	6 779
五华西翥	51	40	30	910	2 138	3 060
安宁连然	225	60	33	13 804	34 087	45 443
富民永定	325	58	43	2 959	3 931	6 090
合计	85	50	33	45 473	73 086	90 283

（2）农业需水量

农业需水由农田灌溉、林果地灌溉、鱼塘补水 3 部分组成。本研究采用 3 部分的面积、单位面积所需的用水量及灌溉水利用系数 3 个要素求得：

农业需水量=农田灌溉面积×农田灌溉用水定额/灌溉水利用系数+林果地灌溉面积×林果地灌溉定额/灌溉水利用系数+鱼塘补水面积×鱼塘补水定额

并且根据《云南省水利水电统计年鉴》发现，2000 年以后，由于城市建设的发展，农田相继被占用，灌溉面积逐渐减少。2012 年，研究区内耕地灌溉面积为 158.39 万亩。未来，随着环湖湿地的进一步建设，灌溉面积仍会有一定幅度的减少。在分析研究区内相关地区的农田规划及《云南省水利发展“十二五”规划》《云南省水中长期供求规划》等后，从供给和需求两方面，综合分析确定研究区未来的灌溉面积，2020 年为 51.88 万亩，2030 年为 55.28 万亩。各片区的灌溉面积见表 8-11 和表 8-12。

表 8-11　2020 年灌溉面积预测成果　　单位：万亩

片区	灌溉面积						鱼塘补水
	农田有效灌溉面积			林果地	草场	合计	
	滇池提灌	蓄引灌溉	小计				
昆明主城	3.35	0.82	4.17	0.40	0.00	4.57	0.30
西山海口	0.94	0.75	1.69	0.28	0.00	1.97	0.00
盘龙松华	0.00	4.64	4.64	1.52	0.00	6.16	0.00
官渡小哨	0.00	1.86	1.86	0.54	0.00	2.40	0.00
呈贡龙城	1.18	3.02	4.20	2.07	0.00	6.27	0.45
晋宁昆阳	9.46	2.98	12.44	0.15	0.00	12.59	0.45
五华西翥	0.00	1.68	1.68	0.19	0.00	1.87	0.00
安宁连然	0.00	10.02	10.02	1.16	0.00	11.18	0.35
富民永定	0.00	11.18	11.18	0.31	0.00	11.49	0.10
合计	14.93	36.95	51.88	6.63	0.00	58.51	1.65

表 8-12　2030 年灌溉面积预测成果　　单位：万亩

片区	灌溉面积						鱼塘补水
	农田有效灌溉面积			林果地	草场	合计	
	滇池提灌	蓄引灌溉	小计				
昆明主城	3.25	0.57	3.82	0.44	0.00	4.26	0.50
西山海口	0.84	0.65	1.49	0.29	0.00	1.78	0.00
盘龙松华	0.00	4.52	4.52	1.77	0.00	6.29	0.00
官渡小哨	0.00	1.75	1.75	0.58	0.00	2.33	0.00
呈贡龙城	0.98	2.81	3.79	3.73	0.00	7.52	0.60
晋宁昆阳	8.82	3.51	12.33	0.16	0.00	12.49	0.80
五华西翥	0.00	1.69	1.69	0.20	0.00	1.89	0.00
安宁连然	0.00	12.46	12.46	1.79	0.00	14.25	0.60
富民永定	0.00	13.43	13.43	0.42	0.00	13.85	0.20
合计	13.89	41.39	55.28	9.36	0.00	64.64	2.70

农田的灌溉定额主要受降水量、蒸发量、作物种植种类、复种指数影响。农田综合灌溉定额通过式（8-1）求得：

$$m_{综合}=\sum_{i=1}^{N}\alpha_i m_i \tag{8-1}$$

式中：$m_{综合}$ —— 综合灌溉定额；

α_i —— 第 i 种农作物的种植比例；

m_i —— 第 i 种作物的灌水定额；

N —— 种植的作物种类总数。

根据得出的农田灌溉需水量、林果地灌溉需水量和鱼塘补水量及灌溉水利用系数，得到研究区的农业需水量。P=75%频率下，2012 年需水 3.69 亿 m^3，2020 年为 3.49 亿 m^3，2030 年为 3.51 亿 m^3。各片区农业需水量见表 8-13 和表 8-14。

表 8-13　多年平均农业需水量　　单位：万 m^3

片区	多年平均农业需水量											
	2012 年				2020 年				2030 年			
	农田灌溉	林果灌溉	鱼塘补水	合计	农田灌溉	林果灌溉	鱼塘补水	合计	农田灌溉	林果灌溉	鱼塘补水	合计
昆明主城	3 573	64	117	3 754	2 546	61	306	2 913	2 164	61	475	2 700
西山海口	1 112	46	0	1 158	919	43	0	962	755	40	0	795
盘龙松华	1 806	196	0	2 002	1 636	230	0	1 866	1 456	248	0	1 704
官渡小哨	1 218	82	0	1 300	1 009	82	0	1 091	888	80	0	968
呈贡龙城	3 468	165	0	3 633	2 998	313	459	3 770	2 591	522	570	3 683
晋宁昆阳	9 821	20	351	10 192	7 837	23	459	8 319	7 129	23	760	7 912
五华西翥	710	29	0	739	637	28	768	1 433	549	27	0	576
安宁连然	4 986	117	117	5 220	5 553	175	357	6 085	6 231	250	570	7 051
富民永定	5 783	35	0	5 818	6 193	47	102	6 342	6 714	58	190	6 962
合计	32 479	754	585	33 818	29 327	1 001	1 683	32 011	28 476	1 309	2 565	32 350

表 8-14　P=75%农业需水量　　单位：万 m^3

片区	P=75%农业需水量											
	2012 年				2020 年				2030 年			
	农田灌溉	林果灌溉	鱼塘补水	合计	农田灌溉	林果灌溉	鱼塘补水	合计	农田灌溉	林果灌溉	鱼塘补水	合计
昆明主城	4 027	64	117	4 209	2 858	61	306	3 225	2 423	61	475	2 959
西山海口	1 247	46	0	1 292	1 050	43	0	1 093	861	40	0	901
盘龙松华	2 035	196	0	2 230	1 857	230	0	2 088	1 640	248	0	1 888
官渡小哨	1 364	82	0	1 446	1 144	82	0	1 225	1 002	80	0	1 083
呈贡龙城	3 902	165	0	4 067	3 411	313	459	4 182	2 849	522	570	3 940

片区	P=75%农业需水量											
	2012 年				2020 年				2030 年			
	农田灌溉	林果灌溉	鱼塘补水	合计	农田灌溉	林果灌溉	鱼塘补水	合计	农田灌溉	林果灌溉	鱼塘补水	合计
晋宁昆阳	11 052	20	351	11 423	8 800	23	459	9 282	8 028	23	760	8 811
五华西翥	739	29	0	768	672	28	768	700	588	27	0	615
安宁连然	5 193	117	117	5 427	5 855	175	357	6 387	6 677	250	570	7 497
富民永定	6 023	35	0	6 058	6 530	47	102	6 678	7 195	58	190	7 443
合计	35 582	753	585	36 920	32 178	1 001	1 683	34 861	31 264	1 309	2 565	35 139

8.2.3 生态需水量

研究区生态需水量主要包括城镇中绿化、环境卫生等城镇生态需水量，滇池生态修复所需的水量、河道及河道与湖泊结合部的湿地需水量。

（1）城镇生态需水量

城镇生态需水量通过城市绿地面积及其用水定额来求得。

根据相关统计数据，2005—2010 年，昆明市绿地率由 28%增长到 38%，人均公共绿地面积由 7.34 m^2 增长到 12.41 m^2，人均公共绿地面积年均增长 1 m^2。昆明市历史绿地面积见表 8-15。根据历史数据及昆明市相关规划中的规定，预测未来各个单元的绿地面积。根据《室外给水设计规范》的要求，浇洒绿地用水量 1～3 L/（$m^2 \cdot d$）。

表 8-15 昆明市历史绿地面积

年份	建成区面积/km^2	绿地面积/hm^2	绿地覆盖面积/hm^2	公共绿地面积/hm^2	绿地率/%	绿化覆盖率/%	人均公共绿地面积/m^2
2005	212	6 021	6 479	1 462	28.3	30.6	7.34
2006	225	6 548	7 066	1 547	29.1	31.4	7.43
2007	225	7 605	8 190	1 758	33.8	33.8	8.45
2008	249	8 864	9 881	2 133	35.7	39.7	10.16
2009	269	9 908	10 902	2 438	36.8	40.5	11.50
2010	287	10 884	11 945	2 726	37.9	41.6	12.41

根据预测的绿地面积及洒水定额计算得到城镇生态需水量，见表 8-16。

表 8-16　城镇生态需水量

单位：万 m^3

片区	2012 年	2020 年	2030 年
昆明主城	3 250	3 516	3 988
西山海口	89	156	242
盘龙松华	28	48	73
官渡小哨	77	137	203
呈贡龙城	210	397	549
晋宁昆阳	174	321	461
五华西翥	12	37	87
安宁连然	259	408	613
富民永定	39	53	77
合计	4 139	5 074	6 293

（2）湖泊生态需水

研究区内的湖泊生态需水主要是指用于滇池生态修复的水量。滇池未来生态需水量主要取决于滇池所需要达到的水质情况。根据《滇池水污染综合防治规划》，2020 年草海水质达到地表水环境质量标准（GB 3838—2002）V类标准，外海总体水质达到Ⅳ类标准。2030 年后，草海水质Ⅳ类标准，外海总体水质总体达到III类标准。在全部落实滇池流域中长期水污染治理措施的情景下，预测滇池 2030 年需水量为：丰水年 5.51 亿 m^3、平水年 4.5 亿 m^3，枯水年 3.54 亿 m^3。

（3）湿地生态需水

环湖湿地是滇池水质改善的重要组成部分。从湿地类型来看，主要包括湖内天然湿地、湖滨天然湿地、表流湿地、复合湿地、生态景观林等。从分布片区来看，主要包括昆明主城、呈贡龙城、晋宁昆阳、西山海口。湿地总面积为 66 037 亩，其中主城片区 13 178 亩，呈贡片区为 5029 亩，晋宁片区 37 699 亩，西山片区为 10 131 亩。各片区湿地类型及面积见表 8-17。

表 8-17　滇池流域湿地类型及面积

单位：亩

片区	湖内天然湿地	湖滨天然湿地	表流湿地	复合湿地	生态景观林	合计
昆明主城	615	2 715	649	105	9 095	13 178
呈贡龙城	—	1 579	—	—	3 450	5 029
晋宁昆阳	3 682	10 185	2 577	1 353	19 901	37 699
西山海口	6 249	1 935	—	77	1 870	10 131
合计	10 545	16 415	3 226	1 536	34 315	66 037

湿地耗水量的计算主用通过湿地植物种植面积及其耗水定额来计算。由于湿地在一定时间内的水分变化取决于来水和耗水之间的消长，所以湿地植物的耗水定额采用水量平衡法计算得到，见式（8-2）。

$$m-d=P-ET_c-S+\Delta h \quad (8\text{-}2)$$

式中：m —— 灌水量；

d —— 排水量；

P —— 降水量；

ET_c —— 蒸发量；

Δh —— 水层深度变化量。

湿地在滇池生态环境修复中除起到削减滇池入湖河流和污水处理厂水中污染物的作用外，还具有景观功能。因此，湿地中生长的植物每天都需要新水补给，供给其生长，也需要保持一定的水层深度，并在短时间内无明显变化，以形成一定的生态景观效益。因此，湿地耗水计算公式满足以下条件：水层深度不变，即 $\Delta h=0$；灌水频率为每天一次，当降水量小于蒸发量加渗漏量时，灌水量为损失量；当降水量大于蒸发量加渗漏量时，湿地向外排水。

湿地植物蒸发量的计算采用作物系数法对潜在蒸发量进行修正得到。潜在蒸发量的计算采用联合国粮农组织推荐的 Penman-Monteith 公式计算，见式（8-3）：

$$ET_c=k_cET_0 \quad (8\text{-}3)$$

式中：ET_c —— 植物实际蒸发量，即耗水量；

k_c —— 作物修正系数；

ET_0 —— 潜在蒸发量。

根据 Penman-Monteith 公式及修正系数，对湿地植物的实际耗水量进行了计算。根据各植物种类、面积及用水定额，得到研究区湿地的总需水量为 2 018 万 m^3。各片区湿地需水量见表 8-18。

表 8-18　湿地需水量　　单位：万 m^3

片区	月份												
	1	2	3	4	5	6	7	8	9	10	11	12	合计
昆明主城	38	40	47	51	40	7	4	6	11	10	33	38	327
呈贡龙城	14	15	18	20	15	3	2	3	4	4	12	15	125
晋宁昆阳	124	136	166	181	135	29	19	28	49	44	101	124	1 136
西山海口	44	51	63	70	50	14	9	13	21	22	33	41	430
合计	220	243	295	322	241	52	34	50	86	79	179	217	2 018

8.3 再生水可供水量及其适用性

8.3.1 可供水量分析

再生水是指污水经适当处理后达到一定的水质指标，满足某种使用要求，可以进行有益使用的水，主要分为集中式和分散式。集中式再生水是指市政再生水，是将城市污水处理厂深度处理后达标排放的废水再经过多道工序深度处理，达到国家颁布标准后，作为再生水用于冲洗厕所、道路/绿地浇洒、汽车洗涤、工业冷却水等。分散式再生水，即建筑物、居民小区、学校自建的小型中水处理回用系统，通过收集建筑物或小区内排放的废水，经过处理后再回用于该区域。

2012 年研究区集中式再生水处理工程主要集中在昆明主城片区，为昆明市已建的污水处理厂中的再生水处理设施，其余片区目前没有集中式再生水处理设施。研究区目前再生水设计处理能力为 3.4 万 m^3/d，年再生水供给量 1 241 万 m^3。目前，再生水供水主要用于市政道路冲洗、冲厕、景观、绿化，河道、公园、水体景观补水，单位小区绿化浇洒、车辆清洁，建设施工用水 4 个方面。2012 年研究区集中式再生水处理能力见表 8-19。

表 8-19 2012 年集中式再生水处理能力

片区	再生水处理厂名称	设计处理能力/（万 m^3/d）	建成时间
昆明主城	昆明市第一再生水处理厂	0.6	2011 年 1 月
昆明主城	昆明市第二再生水处理厂	0.4	2009 年 1 月
昆明主城	昆明市第三再生水处理厂	0.6	2009 年 7 月
昆明主城	昆明市第四再生水处理厂	0.4	2008 年 5 月
昆明主城	昆明市第五再生水处理厂	0.8	2009 年 9 月
昆明主城	昆明市第六再生水处理厂	0.4	2009 年 9 月
昆明主城	昆明阳光高尔夫再生水工程龙泉加压泵站	0.2	2009 年 6 月
合计		3.4	

2013 年，研究区分散式再生水处理设施共计 410 座，总处理规模 13.372 万 m^3，其中昆明主城片区，分散式再生水处理设施 394 座，处理规模 11.65 万 m^3；呈贡龙城片区，分散式再生水处理设施 16 座，处理规模 1.722 万 m^3。目前，已建成的分散式再生水处理设施主要集中在住宅小区、学校、工业及企业、行政事业单位、酒店、商场、停车场、监狱、教养所、体育场等，其中以住宅小区为主。

根据再生水相关规划，未来昆明主城片区有 14 座污水处理厂将配套建设集中式再生水处理设施。2020 年，昆明主城片区集中式再生水处理能力将达到 88.5 万 m^3/d，年总量

32 302.5 万 m^3；为 2030 年将达到 126.5 万 m^3/d，年总量为 46 172.5 万 m^3。未来昆明主城片区集中式再生水处理设施分布见图 8-1 和表 8-20。

图 8-1 未来研究区集中式再生水处理设施分布

表 8-20 未来昆明主城片区集中式再生水处理能力

厂名	建设情况	再生水资源量/（万 m^3/d）	
		2020 年	2030 年
第一再生水处理厂	已建、待扩建	8	8
第二再生水处理厂	已建、待扩建	8	8
第三再生水处理厂	已建、待扩建	8	20
第四再生水处理厂	已建、待扩建	5	5
第五再生水处理厂	已建、待扩建	10	18
第六再生水处理厂	已建、待扩建	10	10
第七、第八再生水处理厂	规划	4	4
第九再生水处理厂	规划	5	10
第十再生水处理厂	规划	5	15
第十一再生水处理厂	规划	4.5	5.5
第十二再生水处理厂	规划	8	10
第十三再生水处理厂	规划	5	5
第十四再生水处理厂	规划	8	8
合计		88.5	126.5

未来呈贡龙城片区有6座污水处理厂将配套建设集中式再生水处理设施，见表8-21。2020年，呈贡龙城片区集中式再生水处理能力将达到30.85万 m^3/d，年总量11 260.25万 m^3；为2030年将达到51.45万 m^3/d，年总量为18 779.25万 m^3。

表8-21 未来呈贡龙城片区集中式再生水处理能力

<table>
<tr><th rowspan="2">厂名</th><th rowspan="2">建设情况</th><th colspan="2">再生水资源量/（万 m³/d）</th></tr>
<tr><th>2020年</th><th>2030年</th></tr>
<tr><td>经开区水质净化厂</td><td>规划</td><td>5</td><td>14</td></tr>
<tr><td>洛龙河水质净化厂</td><td>近期在建</td><td>16.2</td><td>24</td></tr>
<tr><td>捞鱼河水质净化厂</td><td>近期在建</td><td>5.4</td><td>8.6</td></tr>
<tr><td>七甸工业园区</td><td>规划</td><td>0.45</td><td>0.45</td></tr>
<tr><td>呈贡工业园区第二污水处理厂</td><td>规划</td><td>2</td><td>2</td></tr>
<tr><td>新城高新技术产业基地</td><td>规划</td><td>1.8</td><td>2.4</td></tr>
<tr><td colspan="2">合计</td><td>30.85</td><td>51.45</td></tr>
</table>

未来安宁连然片区有10座污水处理厂将配套建设集中式再生水处理设施。2020年，安宁连然片区集中式再生水处理能力将达到42.89万 m^3/d，年总量15 654.85万 m^3；2030年将达到49.01万 m^3/d，年总量为17 888.65万 m^3。未来安宁连然片区集中式再生水处理能力表8-22。

表8-22 未来安宁连然片区集中式再生水处理能力

<table>
<tr><th rowspan="2">厂名</th><th rowspan="2">建设情况</th><th colspan="2">再生水资源量/（万 m³/d）</th></tr>
<tr><th>2020年</th><th>2030年</th></tr>
<tr><td>安宁市污水处理厂</td><td>规划</td><td>5</td><td>5</td></tr>
<tr><td>安宁市第二污水处理厂</td><td>规划</td><td>4.8</td><td>5.4</td></tr>
<tr><td>草铺武钢污水处理厂</td><td rowspan="6">规划</td><td rowspan="6">11</td><td rowspan="6">11</td></tr>
<tr><td>青龙片区污水处理厂</td></tr>
<tr><td>安丰营污水处理厂</td></tr>
<tr><td>禄脿片区污水处理厂</td></tr>
<tr><td>麒麟工业污水处理站</td></tr>
<tr><td>麒麟片区污水处理厂</td></tr>
<tr><td>昆钢组团污水处理站</td><td>规划</td><td>22.08</td><td>27.6</td></tr>
<tr><td>宝峰污水处理厂</td><td>规划</td><td>0.01</td><td>0.01</td></tr>
<tr><td colspan="2">合计</td><td>42.89</td><td>49.01</td></tr>
</table>

未来官渡小哨片区将规划建设1座再生水厂，即空港南片区水质净化厂。2020年集中式再生水处理能力将达到4万 m^3/d，年总量1 460万 m^3；2030年依然保持此规模。

未来晋宁昆阳片区将规划建设两座再生水厂，古城污水处理厂和昆阳雨污污水处理厂。

2020 年集中式再生水处理能力将达到 4.8 万 m^3/d，年总量 1 752 万 m^3；2030 年集中式再生水处理能力为 4 万 m^3/d，雨季为 8 万 m^3/d，年总量 1 460 万 m^3（雨季为 2 920 万 m^3）。

未来西山海口片区将规划建设海口工业园区及海口污水处理厂。2020 年集中式再生水处理能力将达到 2.7 万 m^3/d，年总量 985.5 万 m^3；2030 年将达到 3.22 万 m^3/d，年总量为 1 175.3 万 m^3。

2020 年，研究区分散式再生水处理总处理规模为 30.7 万 m^3，2030 年保持此规模。综上，研究区 2020 年与 2030 年再生水处理能力将达到 204.49 万 m^3/ d、268.66 万 m^3/d（雨季 272.88 万 m^3/d），处理规模分别为 87 778.85 万 m^3、98 060.9 万 m^3（雨季 99 601.2 万 m^3）。

8.3.2 基于水土资源适宜性空间关系的灌溉用水适用性

（1）土地资源适宜性评价

坡度是土地开发建设最重要的因子之一，坡度越大工程建设难度越高，且过于陡峭的地形容易发生滑坡、泥石流等各种地质灾害。按照建设用地利用标准，将坡度按适宜程度可被划分为小于 3°（平地）、3°～8°（平坡地）、8°～15°（缓坡地）、15°～25°（缓陡坡地）和大于 25°（陡坡地）5 个级别。

根据研究区地形地貌特点，1 900 m 以下的区域包括河谷平原等地势平坦的区域；1 900～2 100 m 为丘陵、半山区；2 100 m 以上的区域多为山区。据此，将海拔分为低、中、高 3 个级别。

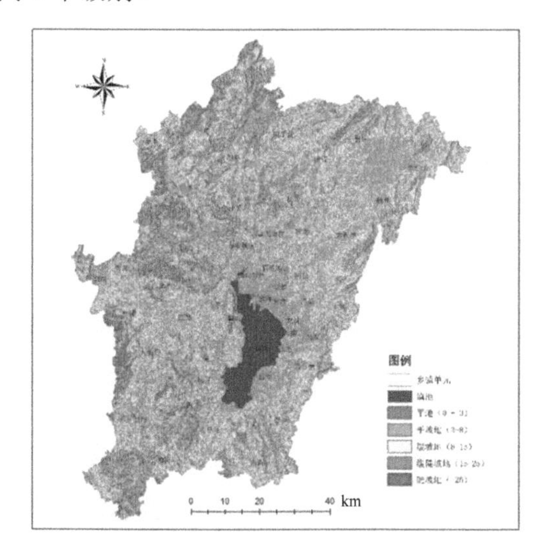

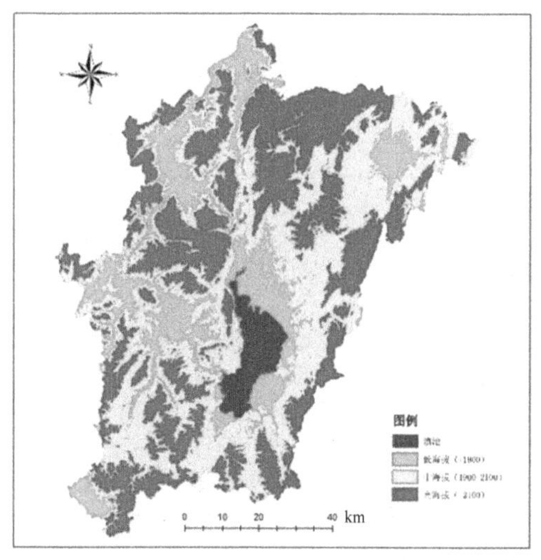

图 8-2　坡度（左）、海拔（右）分级结果

地形起伏度是指在一定范围内，最高点海拔高度与最低点海拔高度的差值，它反映了区域地表的切割剥蚀程度，是表征地貌形态、划分地貌类型的重要指标。本研究根据研究

区地形特点，以 500 m 为半径计算该指标，划分为台地、丘陵、山地 3 个类别，如图 8-3 所示。

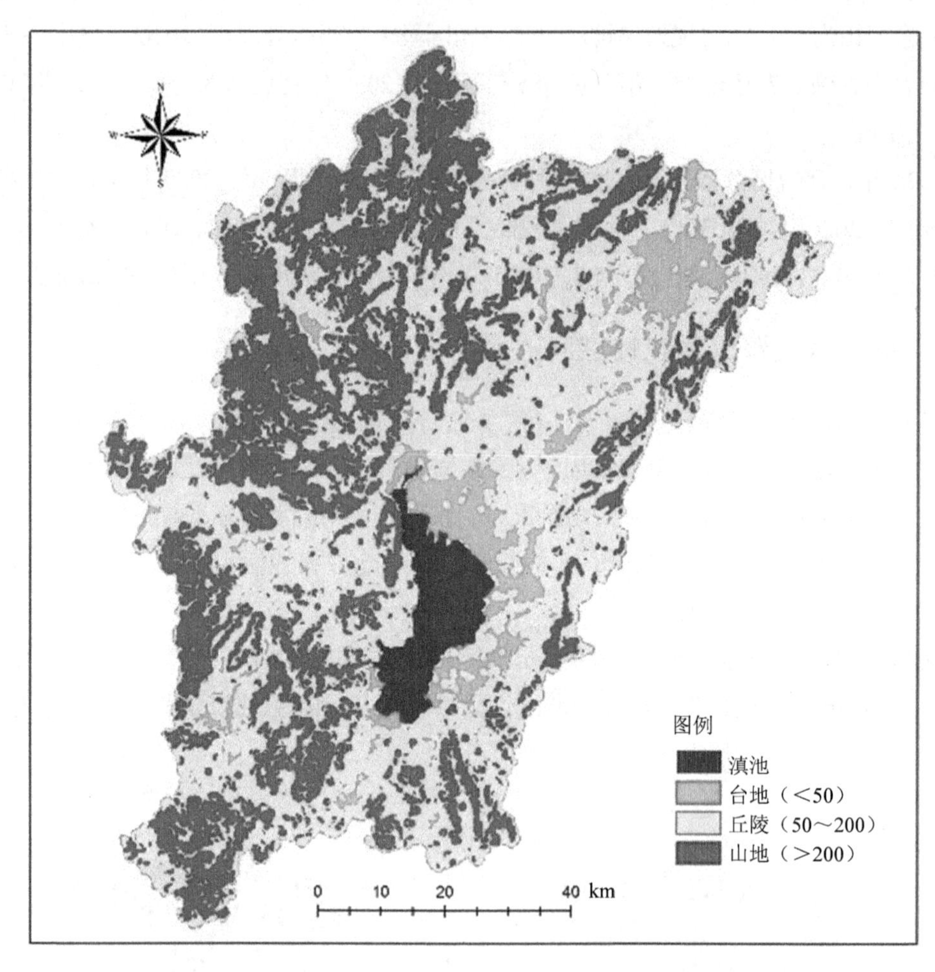

图 8-3　地形起伏度分级结果

根据坡度、海拔、地形起伏度 3 个单项指标的分级结果，按照表 8-23 确定的评估矩阵，将研究土地资源适宜性划分为适宜、条件适宜、不适宜 3 种类型，结果如图 8-4 所示。

表 8-23　土地资源适宜性等级划分标准

海拔	坡度	台地（<50 m）	丘陵（50～200 m）	山地（>200 m）
低海拔（<1 900 m）	平地（<3°）	适宜	适宜	适宜
	平坡地（3°～8°）	适宜	适宜	条件适宜
	缓坡地（8°～15°）	适宜	条件适宜	条件适宜
	缓陡坡地（15°～25°）	条件适宜	条件适宜	条件适宜
	陡坡地（>25°）	不适宜	不适宜	不适宜

海拔	坡度	台地（<50 m）	丘陵（50～200 m）	山地（>200 m）
中海拔（1 900～2 100 m）	平地（<3°）	适宜	适宜	条件适宜
	平坡地（3°～8°）	适宜	条件适宜	条件适宜
	缓坡地（8°～15°）	条件适宜	条件适宜	不适宜
	缓陡坡地（15°～25°）	条件适宜	不适宜	不适宜
	陡坡地（>25°）	不适宜	不适宜	不适宜
高海拔（>2 100 m）	平地（<3°）	条件适宜	条件适宜	条件适宜
	平坡地（3°～8°）	条件适宜	条件适宜	不适宜
	缓坡地（8°～15°）	条件适宜	不适宜	不适宜
	缓陡坡地（15°～25°）	不适宜	不适宜	不适宜
	陡坡地（>25°）	不适宜	不适宜	不适宜

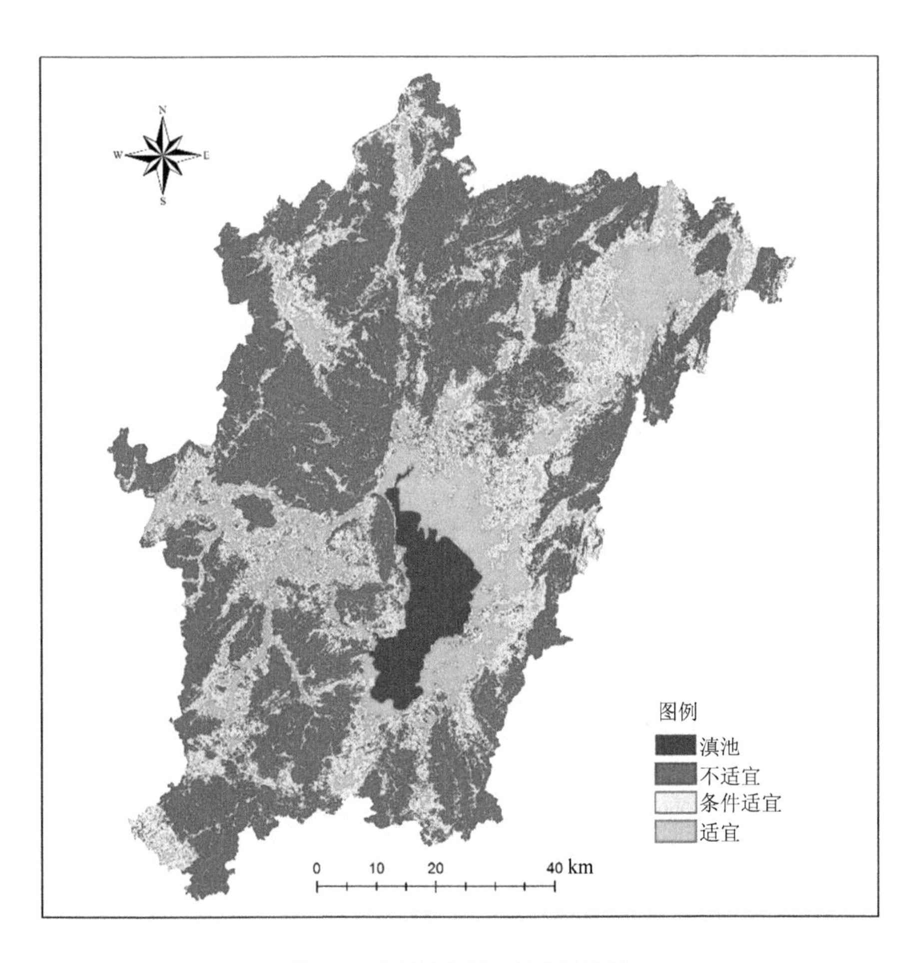

图 8-4　土地资源适宜性分级结果

①土地资源适宜区。土地资源适宜区面积 1 182.4 km^2，占区域总面积的 15.8%。土地资源适宜区主要集中在滇池周边、安宁、富民永定与嵩明牛栏江流域。土地资源适宜区地形条件良好，适宜城市建设与灌溉农业发展，是昆明城市发展的核心区域，也是采用再生水源进行农业灌溉的备选区域。

②土地资源条件适宜区。土地资源条件适宜区面积 2 638.8 km^2，占区域总面积的 35.2%，主要集中在适宜区周边，以及富民县款庄、东村等地。土地资源条件适宜区地形条件较好，对城市发展与农业生产具有一定支撑能力，是昆明城市发展的补充区域。

③土地资源不适宜区。土地资源不适宜区面积 3 669.0 km^2，占区域总面积的 49.0%。土地资源不适宜区主要集中在流域上游山区与丘陵地区，地形条件较差，难以支撑人口集聚，也不具备大规模开展农业灌溉的自然基础。

（2）水土资源适宜性耦合评价

研究区具有较好的水利工程基础，城市与农业发展更多受到土地资源的约束。据此，设计水土资源适宜性划分技术路线如下：

第一步：土地资源不适宜的区域，划分为水土资源不适宜区（土地资源约束型）；

第二步：在第一步基础上，进一步将水资源不适宜、较不适宜的区域，划分为水土资源不适宜区（土地资源约束型）；

第三步：在上一步工作基础上，将土地资源适宜的区域（水资源类型为适宜、较适宜、条件适宜），划分为水土资源适宜区；

第四步：剩余的区域划分为水土资源较适宜区。

该技术路线对应的水、土资源适宜性关系如表 8-24 所示，评价结果如图 8-5 所示。

表 8-24　水土资源适宜性划分标准

<table>
<tr><td colspan="2" rowspan="2"></td><td colspan="5">水资源适宜性等级</td></tr>
<tr><td>适宜</td><td>较适宜</td><td>条件适宜</td><td>较不适宜</td><td>不适宜</td></tr>
<tr><td rowspan="3">土地资源适宜性等级</td><td>适宜</td><td colspan="3">适宜区</td><td colspan="2" rowspan="2">不适宜区（水资源约束型）</td></tr>
<tr><td>条件适宜</td><td colspan="3">条件适宜区</td></tr>
<tr><td>不适宜</td><td colspan="5">不适宜区（土地资源约束型）</td></tr>
</table>

不适宜区（土地约束型）面积 3 669.0 km^2，占区域总面积的 49.0%。可见，土地资源条件是研究区发展的核心制约因素。不适宜区（水资源约束型）面积 1 373.1 km^2，占区域总面积的 18.3%。主要位于流域上游或距离河流、水利工程较远的区域，用水难度较大。条件适宜区面积 1 399.0 km^2，占区域总面积的 18.7%，在空间上围绕适宜区分布。适宜区面积 1 047.3 km^2，占区域总面积的 14.0%，主要分布在滇池周边、安宁、富民等地。

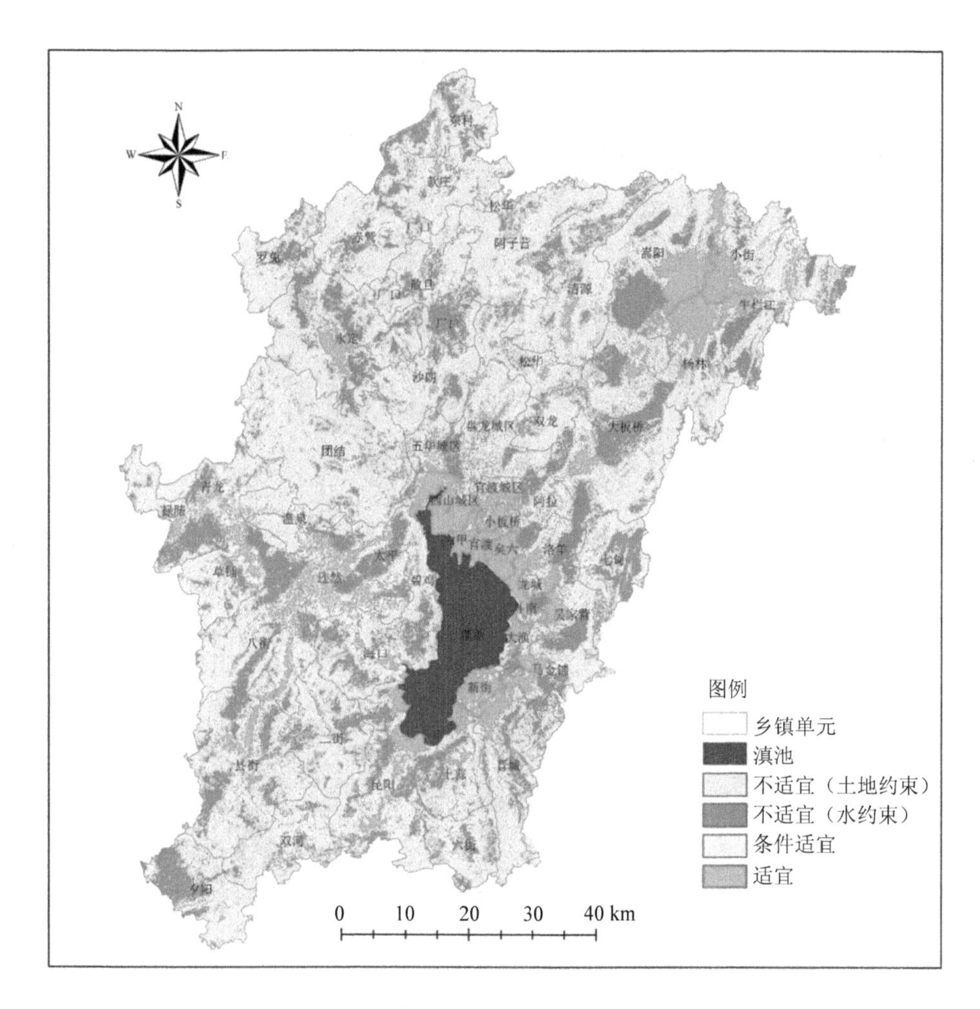

图 8-5 水土资源适宜性栅格评价结果

图 8-6 叠加了城市建设用地、耕地数据与水土资源适宜区、条件适宜区图层。可以看到，两者在空间上基本呈重叠状态，说明本研究评估结果较为客观地反映了研究区水土资源对城市和农业发展的支撑能力。从叠加效果图可以看出，除城市建设用地、耕地外，水土资源适宜、条件适宜区面积较小且分布分散。特别是在滇池流域与安宁片区，后备建设用地已十分有限。

该研究在栅格尺度上阐释了研究区水土资源适宜性格局，可以支撑区域人口与灌溉农业发展潜力评估，进而服务于水资源需求预测，保证预测结果的合理性。在此基础上，可进行基于栅格尺度的灌溉农业再生水可用性评价，进一步支撑多水源配置模型。

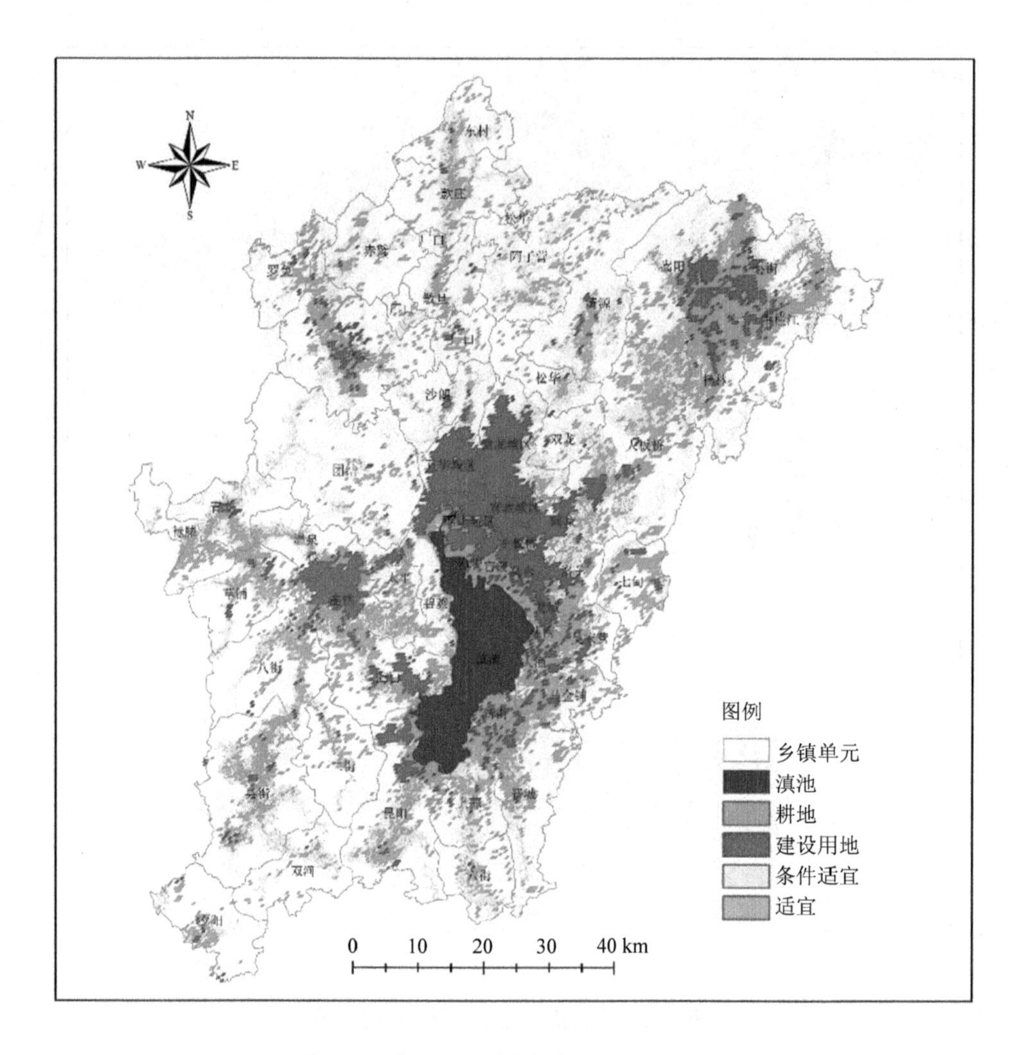

图 8-6　水土资源适宜性与土地利用现状

（3）灌溉用水可用性评价

研究区具备再生水灌溉条件的共有昆明主城、西山海口、晋宁昆阳、呈贡龙城、安宁连然 5 个片区。以再生水厂为水源，采用成本距离法进行分析，确定再生水可灌溉范围如图 8-7 所示。

在上述范围内，以坡度作为地形限制条件，以 5°为限，选取坡度较小、适宜发展再生水灌溉的区域如图 8-8 所示。在这一范围内，计算耕地密度，如图 8-9 所示。选取耕地密度大于 20%的区域作为再生水灌溉的备选区域，并计算总面积。

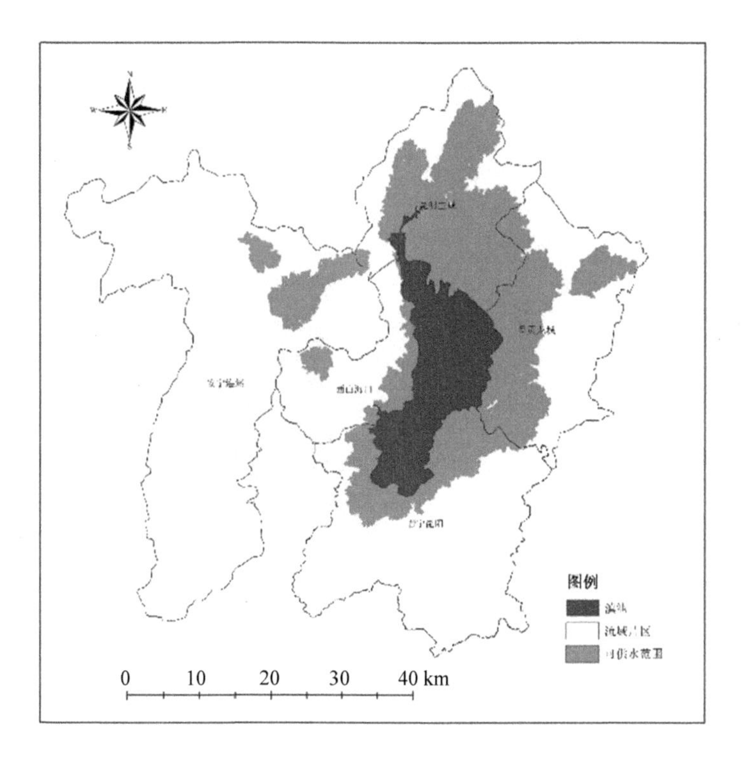

图 8-7　再生水灌溉范围

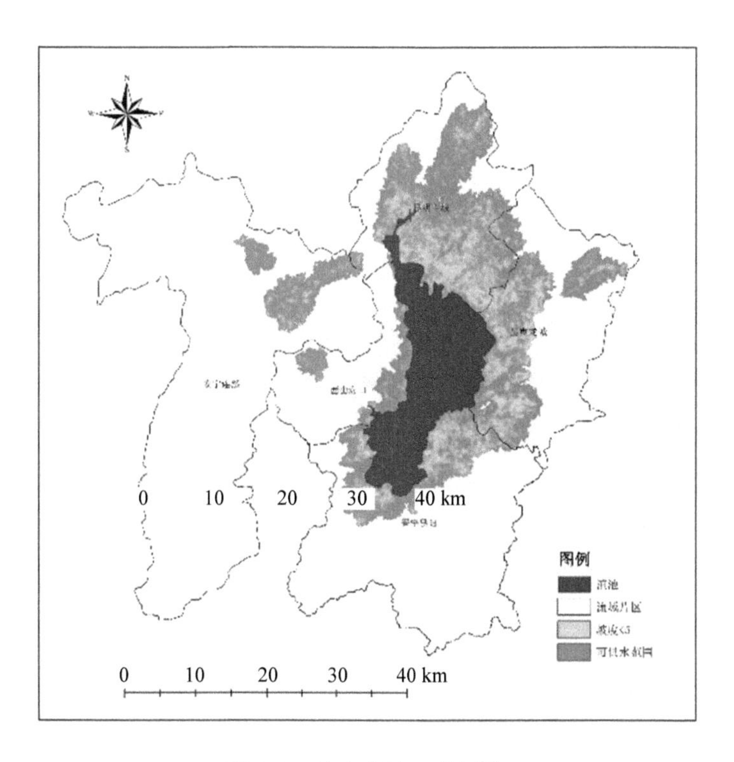

图 8-8　坡度小于 5°的区域

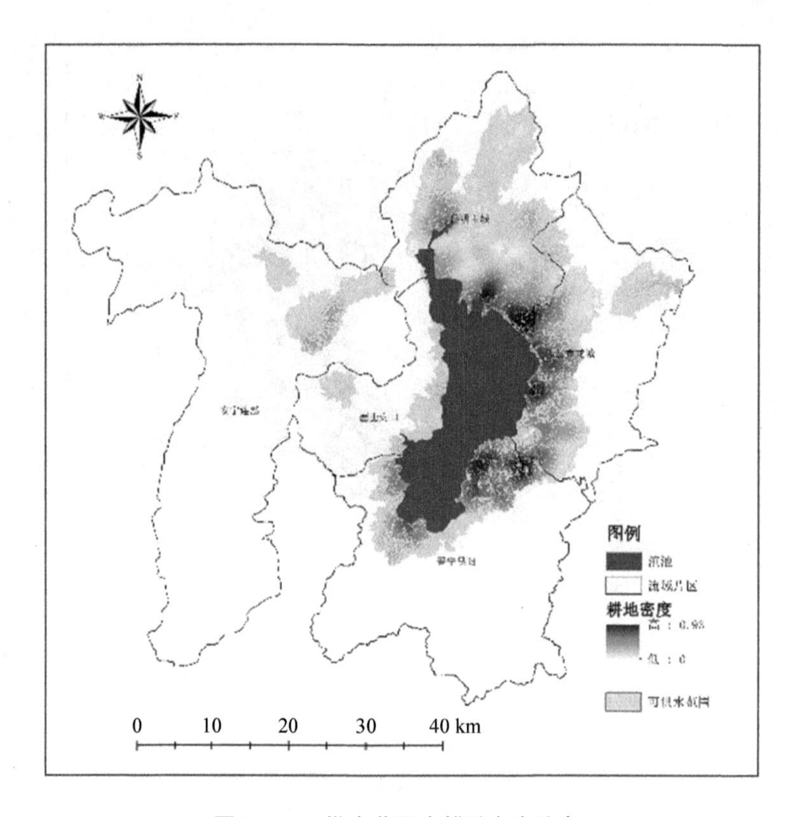

图 8-9 可供水范围内耕地密度分布

需要说明的是，耕地密度分析采用的是遥感解译数据，由于数据精度等问题，与实际土地利用状况有一定差异，其面积结果并不能真实代表可采用再生水灌溉的耕地面积。据此，本研究取其比例作为可用再生水灌溉的比例，即

$$\delta_i = \frac{A_{ri}}{A_{gi}} \tag{8-4}$$

式中：δ_i —— 流域分区灌溉用水可采用再生水的比例；

A_{ri} —— 本研究通过地理分析得出的可采用再生水灌溉的面积；

A_{gi} —— 流域分区内基于遥感解译得到的耕地总面积。

计算结果如表 8-25 所示。从表中可以看出，各片区农业灌溉可以采用再生水的比例有较大的差异。呈贡龙城、昆明主城、晋宁昆阳的比例较高，有 30%以上的灌溉用水可以采用再生水，其中呈贡龙城超过 50%。受地形与供水成本的限制，西山海口、安宁连然可采用再生水的比例很低，均不到 5%。

表 8-25 农业灌溉用水可用再生水比例与数量

分区名称			昆明主城	西山海口	呈贡龙城	晋宁昆阳	安宁连然	总计
再生水可用比例/%			41.1	0.8	58.6	33.8	2.9	
2020 年	多年平均	需水总量/万 m^3	2 913	962	3 770	8 319	6 085	22 049
		再生水可用量/万 m^3	1 197	8	2 210	2 815	176	6 405
	P=75%	需水总量/万 m^3	3 225	1 093	4 182	9 282	6 387	24 169
		再生水可用量/万 m^3	1 326	9	2 451	3 140	184	7 110
2330 年	多年平均	需水总量/万 m^3	2 700	795	3 683	7 912	7 051	22 141
		再生水可用量/万 m^3	1 110	7	2 159	2 677	203	6 155
	P=75%	需水总量/万 m^3	2 959	901	3 940	8 811	7 497	24 108
		再生水可用量/万 m^3	1 216	7	2 309	2 981	216	6 730

8.3.3 工业与生态用水适用性分析

（1）工业用水

根据昆明市环境科学研究院提供的工业企业用水数据，选取滇池流域和普渡河流域安宁片区两部分企业的用水数据，其中滇池流域选取 31 家重点企业，其用水量占到整个流域企业总用水量的 94.27%；安宁片区选取 13 家重点企业，其用水量占到整个安宁片区企业用水总量的 99.77%，可见选择的工业、企业在滇池流域和安宁片区具有足够的代表性。除了工业生产用水外，工业园区内也包括绿地和道路浇洒用水，因此工业再生水用水可以划分为工业生产用水和园区公共用水两部分。

根据昆明市相关规划，滇池流域内工业企业将逐步搬迁至流域内工业园区或者滇池流域外范围，依据该实际情况及以 2013 年流域内工业再生水需求量现状数据进行预测。根据 2013 年流域内 101 家企业工业用水量及其对应行业平均再生水利用率，统计核算得到各片区企业再生水年利用量（表 8-26）。

表 8-26 滇池流域内工业生产再生水需求

计算单元	2020 年再生水需求量/（万 m^3/d）	合计/（万 m^3/a）
昆明主城	2.83	1 031.13
呈贡龙城	0.01	3.65
晋宁昆阳	0.01	3.65
西山海口	0.06	21.90
合计	2.91	1 060.33

对于普渡河流域安宁片区，根据《云南省安宁工业园区总体规划修编（2012—2020年)》，预测得到安宁工业园区工业用地再生水需求量为 15 万 m^3/d，合计 5 475 万 m^3/a。

表 8-27 安宁工业园区工业生产再生水需求量

用地类型	工业用地面积/hm^2	用水指标/[m^3/（hm^2·d）]	2020 年再生水需求量/（万 m^3/d）
一类工业用地	192.87	200	0.39
二类工业用地	1 439.47	350	5.04
三类工业用地	1 914.41	500	9.57
合计	3 546.75	—	15

此外，选择安宁市的 3 大工业企业用水大户进行细化分析，3 个用户分别为安宁武钢草铺项目、云南千万吨级炼油基地配套石化项目及中石油炼化项目；根据各企业工业产品产量及相应用水定额对 3 个企业的再生水需求进行预测分析（表 8-28)。

表 8-28 安宁 3 大工业用户再生水需求量

企业名称	产品产量	用水定额/（m^3/t）	工业用水量/（万 m^3/a）	重复利用率/%	再生水需求量/（万 m^3/a）
武钢草铺项目	产钢 1 000 万 t	2.5～9.5	10 万 m^3/d	—	3 650
云南千万吨级炼油基地配套石化项目	工业盐 115 万 t、食盐 15 万 t	11.5	1 495	—	1 495
	合成氨 50 万 t	40	2 000	80	400
	磷酸二铵 120 万 t	2.5	300	—	300
	磷酸一铵（MAP）20 万 t	2.0	40	—	40
	聚氯乙烯（PVC）25 万 t	72	1 800	90	180
	烧碱 20 万 t	20	400	95	20
	黄磷 6 万 t	15	90	90	9
中石油炼化项目	—	—	5 万～8 万 m^3/d	—	2 920

根据上述对安宁片区工业生产用水的统计预测可知，在 2020 年安宁工业生产再生水需求量可达 43.00 万 m^3/d，合计 15 695 万 m^3/a。

工业园区内的绿地面积相对稳定，再生水需求量也变化不大，在 2020 年滇池流域内工业园区内用于绿地的再生水量为 2.05 万 m^3/d，合计 748.25 万 m^3/a，普渡河流域安宁工业园区用于绿地的再生水量为 0.51 万 m^3/d，合计 186.15 万 m^3/a，工业园区绿地共计需要再生水量为 934.4 万 m^3/a（表 8-29)。

表 8-29　工业园区绿地浇洒再生水需水量

流域	工业园区	所属片区	绿地面积/km^2	2020 年需水量/（万 m^3/d）
滇池流域内	昆明高新技术产业开发区	昆明主城	5.13	0.32
	五华区科技创业园	昆明主城	6.9	0.43
	昆明市官渡工业园区	昆明主城	8.6	0.54
	昆明海口工业园	西山海口	2.88	0.18
	昆明国家经济技术开发区	呈贡龙城	6.16	0.39
	呈贡工业园区	呈贡龙城	2.05	0.13
	晋宁县工业园区	晋宁昆阳	0.93	0.06
普渡河流域	安宁工业园区	安宁连然	8.02	0.51
合计			40.67	2.56

2020 年，滇池流域内部 7 个工业园区再生水用于清扫道路的需求量为 6.26 万 m^3/d，合计 2 284.9 万 m^3/a；普渡河流域的 1 个工业园区再生水用于清扫道路的需求量为 1.36 万 m^3/d，合计 496.4 万 m^3/a。研究区域内 8 个工业园区再生水用于清扫道路的需求量为 7.62 万 m^3/d，合计 2 781.3 万 m^3/a（表 8-30）。

表 8-30　工业园区道路清洗再生水需水量

流域	工业园区	所属片区	道路广场面积/km^2	2020 年需水量/（万 m^3/d）
滇池流域内	昆明高新技术产业开发区	昆明主城	5.89	1.11
	五华区科技创业园	昆明主城	3.21	0.61
	昆明市官渡工业园区	昆明主城	10.69	2.02
	昆明海口工业园	西山海口	1.7	0.32
	昆明国家经济技术开发区	呈贡龙城	5.89	1.11
	呈贡工业园区	呈贡龙城	3.6	0.68
	晋宁县工业园区	晋宁昆阳	2.15	0.41
普渡河流域	安宁工业园区	安宁连然	7.2	1.36
合计			40.33	7.62

通过将滇池流域内和安宁片区工业生产和公用再生水需求量汇总可得到 2020 年工业共需要再生水量为 56.09 万 m^3/d，合计 20 472.85 万 m^3/a，其中普渡河流域安宁连然占据主体地位，需水量占总需水量的 80.00%，滇池流域仅占 20.00%；滇池流域内的昆明主城所占比例最大，为 14.01%（表 8-31）。

表 8-31 工业用户再生水需求量汇总

流域	计算单元	2020 年再生水需求量/（万 m^3/d）	合计/（万 m^3/a）
滇池流域	昆明主城	7.86	2 868.9
	呈贡龙城	2.32	846.8
	晋宁昆阳	0.48	175.2
	西山海口	0.56	204.4
	小计	11.22	4 095.3
普渡河流域	安宁连然	44.87	16 377.55
总计		56.09	20 472.85

（2）生态用水

城市生态环境用水主要包括绿地浇洒和道路清洗两类用水。

可以使用再生水浇洒的绿地范围主要包括公共绿地、防护绿地、附属绿地。在预测过程中，对于中心城区和工业园区绿地要求全部使用再生水浇洒，而县域城镇仅公共绿地要求使用再生水浇洒，其他区域绿地鼓励使用再生水浇洒（表 8-32）。

表 8-32 2020 年城市绿地指标

	人均公共绿地面积/（m^2/人）	绿地率/%
主城二环内	14	35
主城二环外	15.88	45
呈贡区	15.88	45

通过相关计算可以得到昆明市中心城区及县城用于绿地浇洒的再生水需求量，滇池流域内在 2020 年用于绿地浇洒的再生水需求量为 8.77 万 m^3/d，合计 3 201.05 万 m^3/a（表 8-33）。

表 8-33 公共绿地浇洒再生水需水量

计算单元	2020 年		2030 年	
	绿地面积/km^2	需水量/（万 m^3/d）	绿地面积/km^2	需水量/（万 m^3/d）
昆明主城	99.19	6.25		
呈贡龙城	26.84	1.69		
官渡小哨	9.48	0.6		
晋宁昆阳	3.6	0.23		
合计	139.11	8.77		

对于道路清洗部分，也可以按照城区、县城和工业园区来进行划分。到 2020 年城区与县城再生水用于清扫道路的需求量分别为 13.18 万 m^3/d，合计 4 810.7 万 m^3/a（表 8-34）。

表 8-34 城镇道路清洗再生水需水量

区域	道路广场面积/km^2	需水量/（万 m^3/d）
昆明主城	45.21	8.55
呈贡龙城	12.87	2.43
官渡小哨	8.63	1.63
晋宁昆阳	3	0.57
合计	69.71	13.18

综合前面预测结果，到2020年，滇池流域内再生水需求量为21.95万 m^3/d，合计8 011.75万 m^3/a。其中昆明主城需求量最大，占本流域再生水需求的 67.43%，其次为呈贡龙城（18.77%），晋宁昆阳所占比例最小，为 3.64%（表 8-35）。

表 8-35 城市生态再生水需水量汇总

计算单元	需水量/（万 m^3/d）	合计/（万 m^3/a）
昆明主城	14.8	5402
呈贡龙城	4.12	1 503.8
官渡小哨	2.23	813.95
晋宁昆阳	0.8	292
合计	21.95	8 011.75

9 滇池流域社会经济水循环系统及区域配置优化方案

9.1 现状年水资源配置

本研究采用 WEAP 模型作为技术支撑，对研究区的水资源进行合理分配，水资源系统网络如图 9-1 所示。

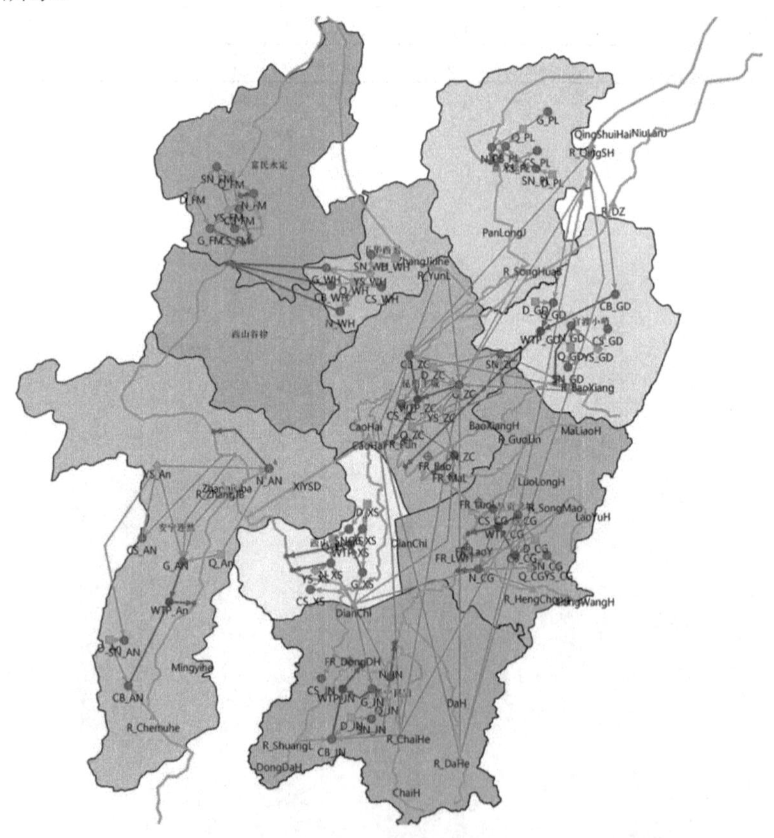

图 9-1　现状年水资源配置网络

9.1.1 总量配置

从流域角度来分析，研究区在 2012 现状年情景下，需水总量为 122 578 万 m^3，缺水量为 6 719 万 m^3，平均缺水率水平为 5.5%（表 9-1）。其中，滇池流域共需水 88 920 万 m^3，占研究区总需水量的72.5%，缺水 5 568 万 m^3，占研究区总缺水量的82.9%，缺水率为 6.3%，其需水量大，缺水量也较大。普渡河流域共需水 33 658 万 m^3，占研究区总需水量的 27.5%，缺水 1 151 万 m^3，占研究区总缺水量的 17.1%，缺水率为 3.4%，缺水水平低于滇池流域。

表 9-1 研究区现状年总量配置

流域	计算单元	需水量/万 m^3	缺水量/万 m^3	缺水率/%
滇池流域	昆明主城	54 611	753	1.4
	西山海口	4 285	229	5.3
	盘龙松华	2 692	464	17.2
	官渡小哨	2 595	270	10.4
	呈贡龙城	8 823	549	6.2
	晋宁昆阳	15 914	3 303	20.8
	DC 小计	88 920	5 568	6.3
普渡河流域	五华西翥	1 950	0	0.0
	安宁连然	21 925	0	0.0
	富民永定	9 783	1 151	11.8
	PD 小计	33 658	1 151	3.4
总计		122 578	6719	5.5

从计算单元（片区）角度来分析（图 9-2），缺水量最大的为滇池流域的晋宁昆阳片区（3 303 万 m^3），其次为普渡河流域的富民永定片区（1 151 万 m^3），其余缺水片区都处于滇池流域，普渡河流域的五华西翥和安宁连然片区几乎不缺水，主要是因为虽处于枯水年份，普渡河流域处于研究区下游位置，不仅有螳螂川天然径流，还有滇池下泄及污水厂外排水量汇入，可以供下游的普渡河流域内各片区引用、提取。

从缺水率角度来分析（图 9-2），总体上缺水率与缺水量呈现一定的正相关性，缺水率最大的为滇池流域的晋宁昆阳片区（20.8%），对应其缺水量也最大；其次为滇池流域的盘龙松华片区（17.2%），之后为富民永定（11.8%）、官渡小哨（10.4%），其余片区缺水率都低于 7%水平，其中的五华西翥和安宁连然片区缺水率低至 0%；从缺水量和缺水率两个角度，均可以看出普渡河流域的缺水水平低于滇池流域。

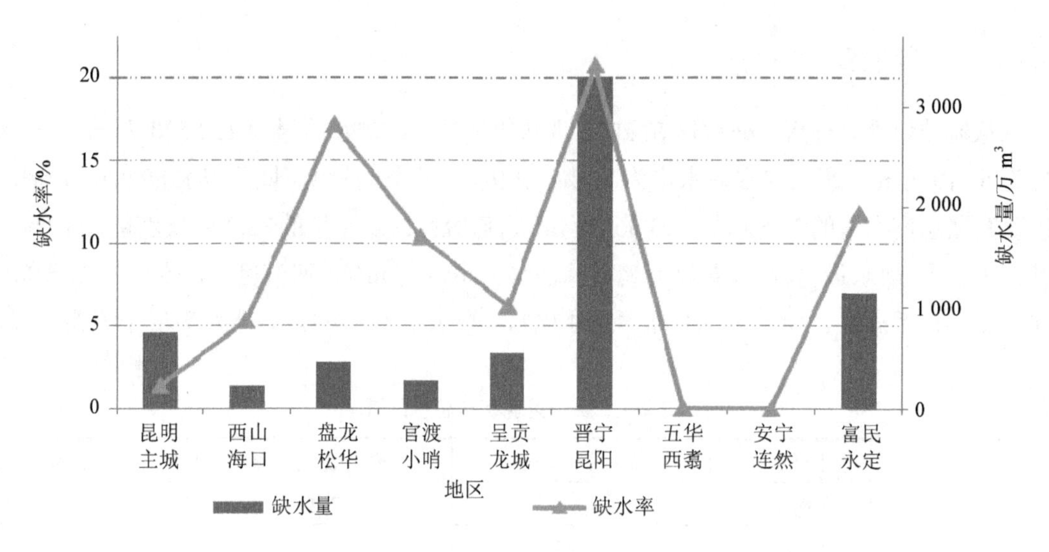

图 9-2 研究区现状年总量配置

9.1.2 用水户间配置

在经过流域、片区角度分析研究区缺水水平之后，为了进一步研究不同需水用户间的配置水平，有必要从用水户的角度对其缺水水平进行分析。研究区现状年 5 个需水用户的缺水量和缺水率水平，请见表 9-2。

表 9-2 研究区现状年用户间配置

流域	需水类别	需水量/万 m³	缺水量/万 m³	缺水率/%
滇池流域	城镇生活	31 588	76	0.2
	城镇生态	3 828	0	0.0
	城镇工业	27 800	321	1.2
	农业	24 667	5 121	20.8
	农村生活	1 037	50	4.8
普渡河流域	城镇生活	2 569	0	0.0
	城镇生态	310	0	0.0
	城镇工业	17 673	0	0.0
	农业	12 253	1 151	9.4
	农村生活	853	0	0.0
研究区	城镇生活	34 157	76	0.2
	城镇生态	4 138	0	0.0
	城镇工业	45 473	321	0.7
	农业	36 920	6 272	17.0
	农村生活	1 890	50	2.6

从研究区整体角度分析（图 9-3），缺水量与缺水率呈现正相关，规律较为一致。缺水量最大的用户为农业，缺水量高达 6 272 万 m^3，占研究区缺水总量的 93.3%；其次为城镇工业，缺水量为 321 万 m^3，占缺水总量的 4.8%；之后为城镇生活，缺水量为 76 万 m^3，占缺水总量的 1.1%；然后为农村生活，缺水量为 50 万 m^3，占缺水总量的 0.7%；最后为城镇生态，几乎不缺水。除农业缺水量巨大外，其余用户缺水量都小于 350 万 m^3，其中城镇生活、农村生活和城市生态缺水量都低于 80 万 m^3。

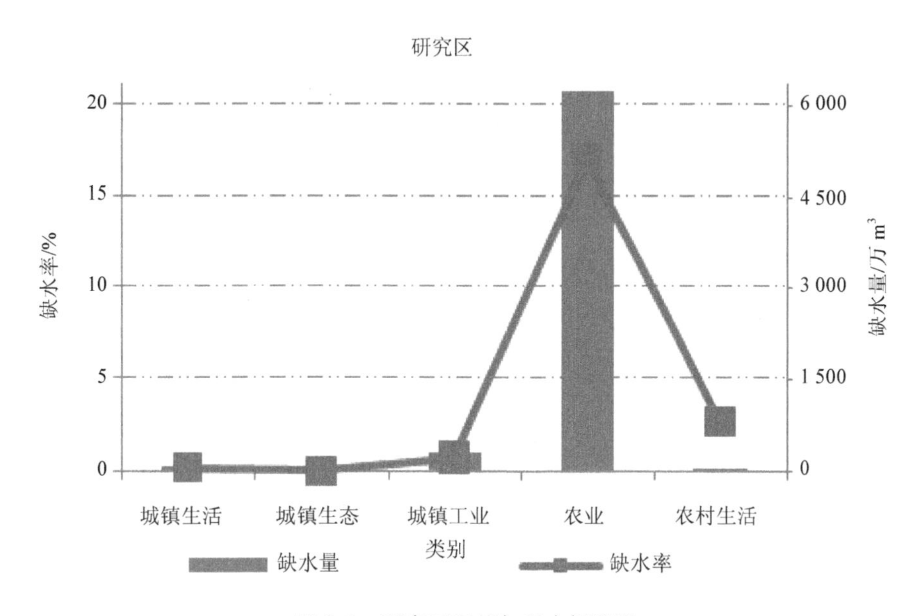

图 9-3 研究区现状年用户间配置

在滇池流域和普渡河流域内，缺水构成十分相似（图 9-4），很明显可以看出，两个流域内缺水量最大的都是农业需水用户，其中滇池流域农业缺水量为 5 121 万 m^3，普渡河流域农业缺水量为 1 151 万 m^3，二者倍比约为 4.45，滇池流域其他缺水用户缺水量由大到小依次为城镇工业（缺水量为 321 万 m^3）、城镇生活（缺水量为 76 万 m^3）、农村生活（缺水量为 50 万 m^3）、城镇生态（缺水量近 0 m^3），而普渡河流域的其余需水用户几乎不缺水。

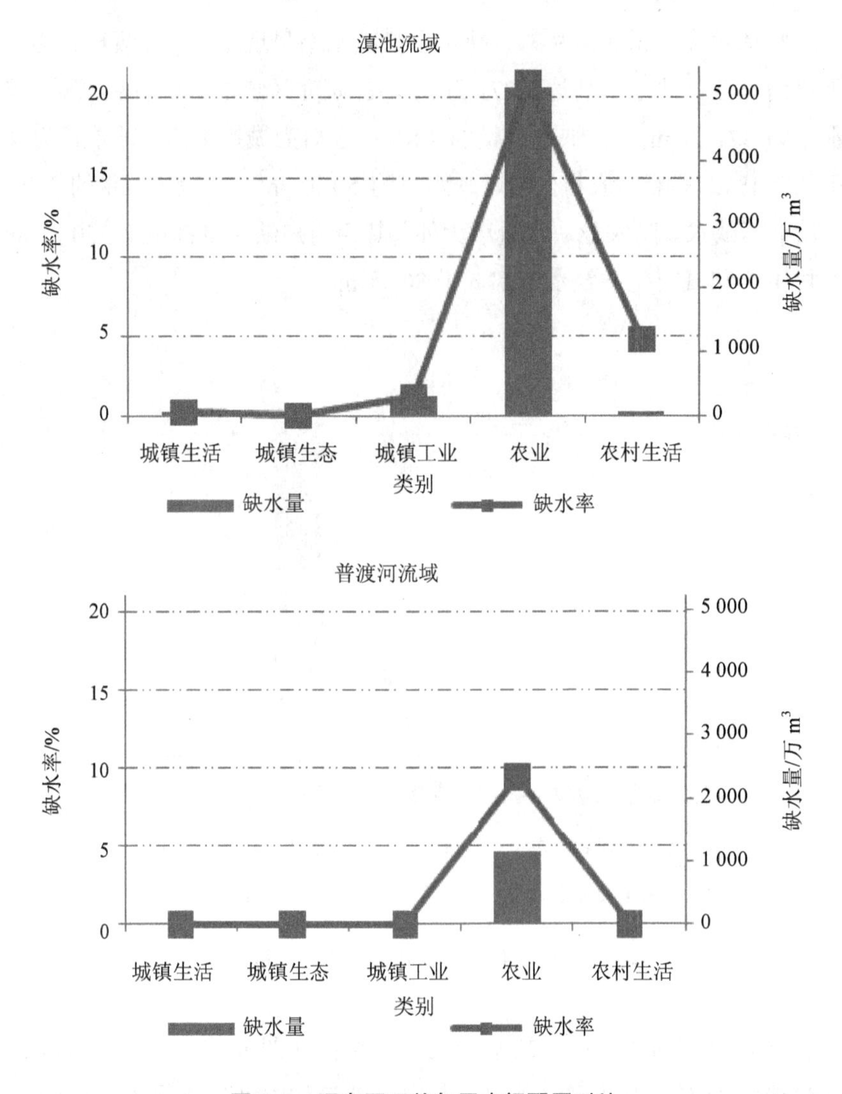

图 9-4 研究区现状年用户间配置对比

9.2 近期规划年水资源配置

2020 年水资源系统网络如图 9-5 所示。相比 2012 年，增加了牛栏江调水工程；再生水资源得以更大比例使用；新建大中型水库工程 4 座（3 座中型，1 座大型）；新建扩建小型蓄水工程（增加供水能力 6 950 万 m^3）；新建海口—草铺引水及水环境综合利用工程。提水工程主要为环滇区域和螳螂川沿岸，主要变化为：西山海口片区工业用水由海口河提取，晋宁昆阳片区工业用水直接由滇池提取；部分地区的地下水开采工程会加大治理、限制开采及关停，具体情况见表 9-4。

表 9-3 研究区现状年精细配置

流域	计算单元	2012 枯水年需水量/万 m^3						2012 枯水年缺水量/万 m^3						2012 枯水年缺水率/%					
		城镇生活	城镇生态	城镇工业	农业灌溉	农村生活	合计	城镇生活	城镇生态	城镇工业	农业灌溉	农村生活	合计	城镇生活	城镇生态	城镇工业	农业灌溉	农村生活	合计
滇池流域	昆明主城	26 748	3 250	20 306	4 209	98	54 611	0	0	0	753	0	753	0.0	0.0	0.0	17.9	0.0	1.4
	西山海口	845	89	1987	1 292	72	4 285	0	0	40	189	0	229	0.0	0.0	2.0	14.7	0.0	5.3
	盘龙松华	267	28	0	2 230	167	2 692	0	0	0	464	0	464	0.0	0.0	0.0	20.8	0.0	17.2
	官渡小哨	774	77	170	1 446	128	2 595	0	0	0	270	0	270	0.0	0.0	0.0	18.7	0.0	10.4
	呈贡龙城	1 652	210	2 620	4 067	274	8 823	0	0	0	549	0	549	0.0	0.0	0.0	13.5	0.0	6.2
	晋宁昆阳	1 302	174	2717	11 423	298	15 914	76	0	282	2 896	50	3 303	5.8	0.0	10.4	25.4	16.7	20.8
	DC 小计	31 588	3828	27 800	24 667	1037	88 920	76	0	321	5 121	50	5 568	0.2	0.0	1.2	20.8	4.8	6.3
普渡河流域	五华西翥	113	12	910	768	147	1 950	0	0	0	0	0	0	0.0	0.0	0.0	0.0	0.0	0.0
	安宁连然	2 115	259	13 804	5 427	320	21 925	0	0	0	0	0	0	0.0	0.0	0.0	0.0	0.0	0.0
	富民永定	341	39	2959	6058	386	9 783	0	0	0	1 151	0	1 151	0.0	0.0	0.0	19.0	0.0	11.8
	PD 小计	2 569	310	17 673	12 253	853	33 658	0	0	0	1 151	0	1 151	0.0	0.0	0.0	9.4	0.0	3.4
总计		34 157	4 138	45 473	36 920	1 890	122 578	76	0	321	6 272	50	6 719	0.2	0.0	0.7	17.0	2.6	5.5

图 9-5　近期规划年水资源配置网络

表 9-4　研究区近期规划年总量配置

流域	计算单元	地下水工程措施
滇池流域	昆明主城	保持现状
	西山海口	关闭生活和工业地下水井
	盘龙松华	保持现状
	官渡小哨	保持现状
	呈贡龙城	保持现状
	晋宁昆阳	关闭工业地下水井，从滇池取水
普渡河流域	五华西翥	保持现状
	安宁连然	关闭工业地下水井，减少生活地下水
	富民永定	保持现状

9.2.1 总量配置

近期规划水平年分为两种情景，多年平均水平年情景（P=50%）和一般枯水年情景（P=75%）。

从流域角度来分析，研究区在多年平均水平情景下，需水总量为 152 520 万 m^3，缺水量为 2 554 万 m^3，平均缺水率水平为 1.7%。其中，滇池流域共需水 93 999 万 m^3，占研究区总需水量的 61.6%（相比 2012 年，比例有所降低），缺水 1 684 万 m^3，占研究区总缺水量的 65.9%（相比 2012 年，比例降低 17%），缺水率为 1.8%。普渡河流域共需水 58 521 万 m^3，占研究区总需水量的 38.4%（相比 2012 年，比例有所升高），缺水 871 万 m^3，占研究区总缺水量的 34.1%（相比 2012 年，比例有所升高），缺水率为 1.5%，缺水水平依然低于滇池流域。

研究区在 2020 一般枯水年情景下，需水总量为 155 367 万 m^3（相比多年平均水平年多 2 847 万 m^3），缺水量为 3 097 万 m^3（相比多年平均水平年多 543 万 m^3），平均缺水率水平为 2.0%。其中，滇池流域共需水 96 173 万 m^3（相比多年平均水平多 2 174 万 m^3），占研究区总需水量的 61.9%（相比多年平均水平高 0.3%），缺水 2 158 万 m^3（相比多年平均水平多 474 万 m^3），占研究区总缺水量的 69.7%（相比多年平均水平高 3.8%），缺水率为 2.2%（相比多年平均水平高 0.4%）。普渡河流域共需水 59 194 万 m^3（相比多年平均水平多 673 万 m^3），占研究区总需水量的 38.1%（相比多年平均水平低 0.3%），缺水 939 万 m^3，占研究区总缺水量的 30.3%，缺水率为 1.6%，缺水量和缺水率都低于滇池流域，缺水格局与多年平均水平相似，无明显变化。

表 9-5 研究区近期规划年总量配置

流域	计算单元	多年平均水平			一般枯水年		
		需水量/万 m^3	缺水量/万 m^3	缺水率/%	需水量/万 m^3	缺水量/万 m^3	缺水率/%
滇池流域	昆明主城	54 337	341	0.6	54 649	378	0.7
	西山海口	6 793	23	0.3	6 924	50	0.7
	盘龙松华	2 483	198	8.0	2 705	408	15.1
	官渡小哨	3 331	153	4.6	3 465	208	6.0
	呈贡龙城	10 248	0	0.0	10 660	0	0.0
	晋宁昆阳	16 807	969	5.8	17 770	1 114	6.3

从计算单元（片区）角度来分析（图 9-6 和图 9-7），多年平均水平年和一般枯水年份缺水量结构、各片区相对大小大致相同，规律较为一致，因此，此处就统一加以解释说明。缺水量最大的为滇池流域的晋宁昆阳片区，其次为普渡河流域的富民永定片区，在一般枯

水年情景下，盘龙松华片区和昆明主城片区缺水量相当，其余缺水片区缺水量都在 300 万 m^3 以下，而且呈贡龙城和安宁连然片区几乎不缺水，主要是呈贡龙城供水有清水海引水工程和大河水库作为保障，安宁连然片区新建了工业引水渠道，并新修建了 3 座中型水库以提高供水保证率。

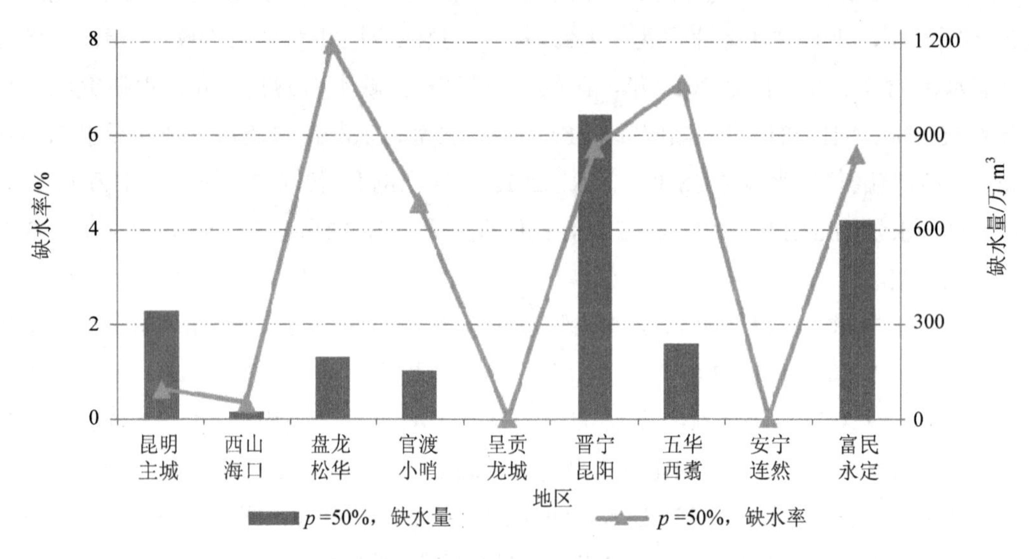

图 9-6　研究区近期规划年总量配置（多年平均水平）

从缺水率角度来分析(图 9-6 和图 9-7)，缺水率最大的为滇池流域的盘龙松华片区，对应其缺水量较小；其次为普渡河流域的五华西翥，二者的缺水率都大于 7%水平。官渡小哨、晋宁昆阳、富民永定 3 个片区缺水率大致处于同一水平（4.5%～6.5%）；昆明主城、西山海口、呈贡龙城、安宁连然 4 个片区缺水率都小于 1%水平。在两个不同保证率情景下，从缺水量和缺水率两个角度，依然可以看出普渡河流域的缺水水平低于滇池流域。

将近期规划年水平不同保证率下的缺水量水平进行对比分析可知（图 9-8），各片区在一般枯水年缺水量均大于多年平均水平年，但增大幅度却各有差异，盘龙松华相差最大，达 210 万 m^3；其次为晋宁昆阳（145 万 m^3），然后为官渡小哨（55 万 m^3），其余各片区增幅都小于 50 万 m^3。

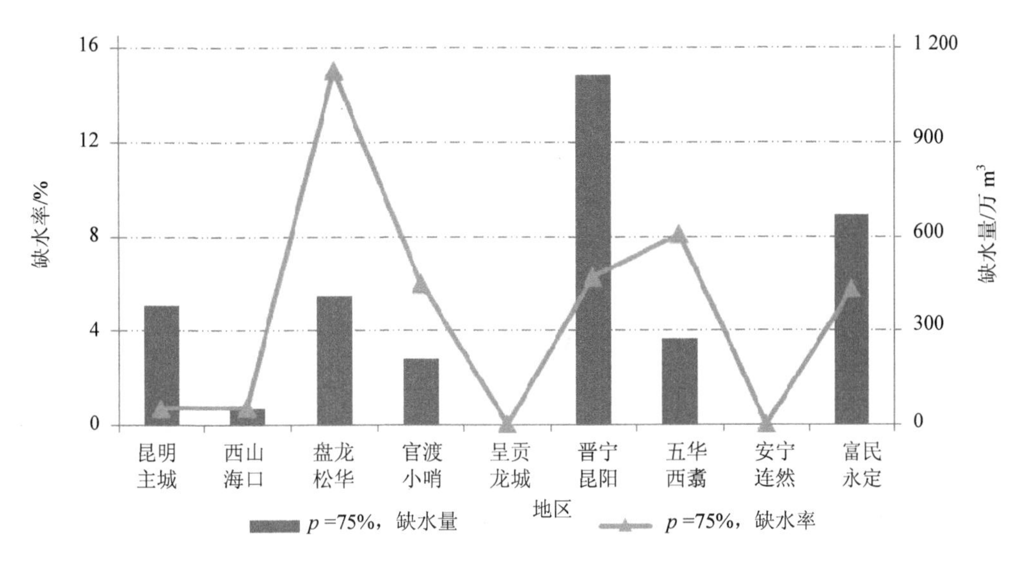

图 9-7 研究区近期规划年总量配置（一般枯水年水平）

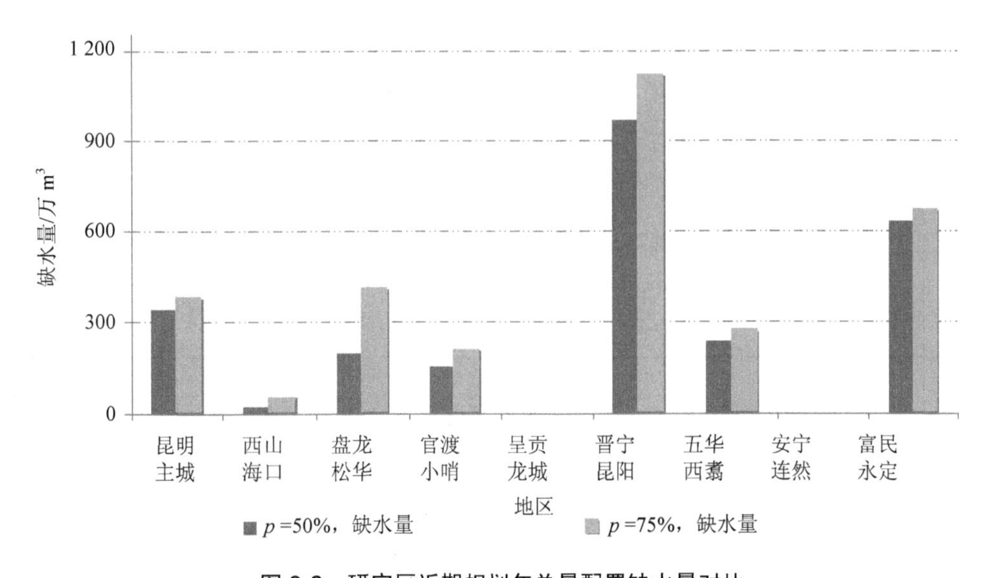

图 9-8 研究区近期规划年总量配置缺水量对比

将近期规划年水平不同保证率下的缺水量水平进行对比分析可知（图 9-9），各片区在一般枯水年缺水率均大于多年平均水平年，增大幅度依然各有差异，增幅结构与缺水量有一定相似性，主要表现为：增幅最大的为盘龙松华（7.1%），其次为官渡小哨（1.4%），其余各片区增幅都小于 1%水平。

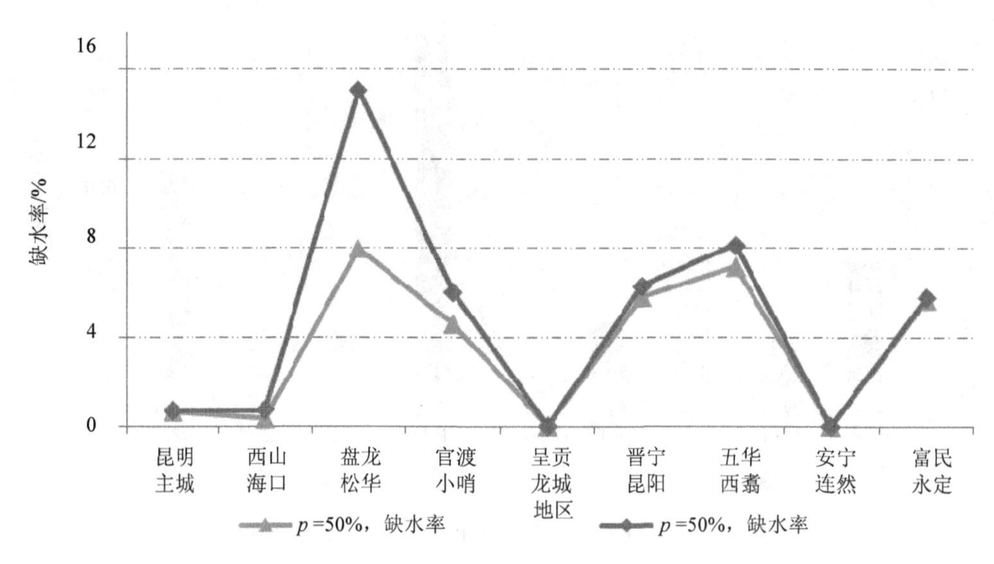

图 9-9 研究区近期规划年总量配置缺水率对比

9.2.2 用户间配置

为了进一步研究不同需水用户间的配置水平，研究区近期规划年用户间配置从如下两个角度给予解释说明，依次为研究区整体角度和流域角度（表 9-6），分别对 5 个需水用户的缺水量和缺水率水平进行分析。

表 9-6 研究区近期规划年用户间配置

流域	需水类别	多年平均水平年			一般枯水年		
		需水量/万 m³	缺水量/万 m³	缺水率/%	需水量/万 m³	缺水量/万 m³	缺水率/%
滇池流域	城镇生活	36 815	0	0.0	36 815	0	0.0
	城镇生态	4 575	2	0.0	4 575	2	0.0
	城镇工业	32 931	492	1.5	32 931	492	1.5
	农业	18 921	1 171	6.2	21 095	1 645	7.8
	农村生活	757	18	2.4	757	18	2.4
普渡河流域	城镇生活	3 793	27	0.7	3 793	27	0.7
	城镇生态	498	3	0.6	498	3	0.6
	城镇工业	40 156	125	0.3	40 156	125	0.3
	农业	13 092	715	5.5	13 765	784	5.7
	农村生活	982	0	0.0	982	0	0.0

<table>
<tr><th rowspan="2">流域</th><th rowspan="2">需水类别</th><th colspan="3">多年平均水平年</th><th colspan="3">一般枯水年</th></tr>
<tr><th>需水量/万 m³</th><th>缺水量/万 m³</th><th>缺水率/%</th><th>需水量/万 m³</th><th>缺水量/万 m³</th><th>缺水率/%</th></tr>
<tr><td rowspan="5">研究区</td><td>城镇生活</td><td>40 608</td><td>27</td><td>0.1</td><td>40 608</td><td>27</td><td>0.1</td></tr>
<tr><td>城镇生态</td><td>5 073</td><td>5</td><td>0.1</td><td>5 073</td><td>5</td><td>0.1</td></tr>
<tr><td>城镇工业</td><td>73 087</td><td>617</td><td>0.8</td><td>73 087</td><td>617</td><td>0.8</td></tr>
<tr><td>农业</td><td>32 013</td><td>1 886</td><td>5.9</td><td>34 860</td><td>2 429</td><td>7.0</td></tr>
<tr><td>农村生活</td><td>1 739</td><td>18</td><td>1.1</td><td>1 739</td><td>18</td><td>1.1</td></tr>
</table>

从研究区整体角度分析（图 9-10），多年平均水平年和一般枯水年水平年缺水量结构基本相同，且缺水率水平也与缺水量存在较强的正相关（农村生活例外）。缺水量最大的用户为农业，缺水量高达 1 886 万 m^3（P=50%）和 2 429 万 m^3（P=75%）；其次为城镇工业，缺水量为 617 万 m^3；之后为城镇生活，缺水量为 27 万 m^3；然后为农村生活，缺水量为 18 万 m^3；最后为城镇生态，缺水量为 5 万 m^3，缺水量很小。除农业和工业缺水量较大外，其余用户缺水量都小于 30 万 m^3。

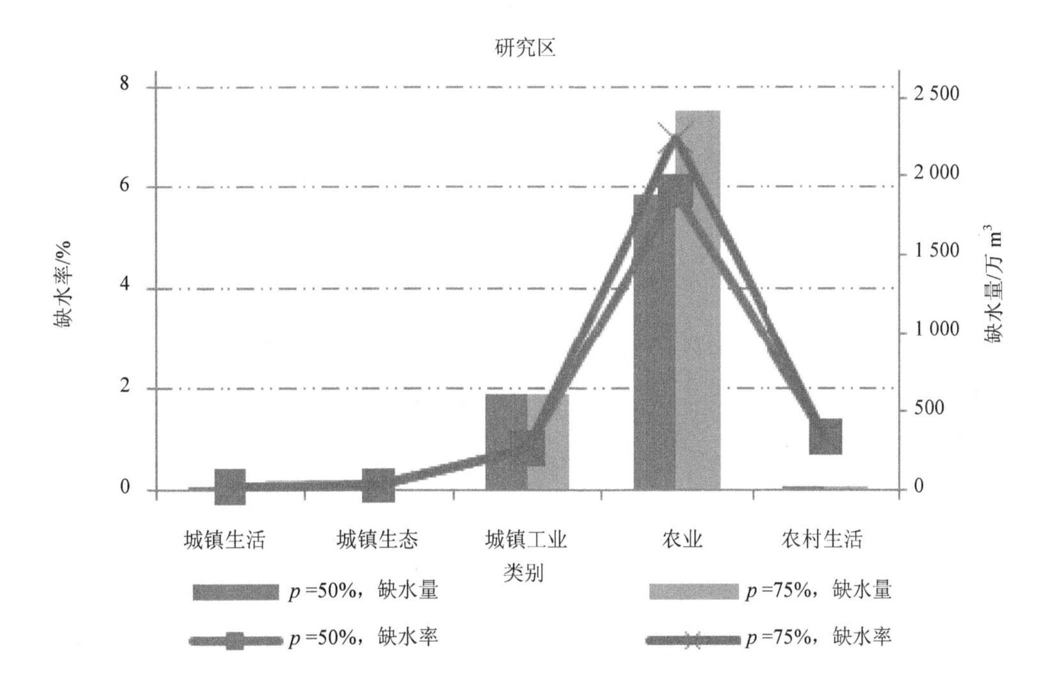

图 9-10 研究区近期规划年用户间配置

研究区缺水率从大到小依次为：农业、农村生活、城镇工业、城镇生态、城镇生活，其中农业缺水率达到 5.9%（P=50%）和 7.0%（P=75%），农村生活缺水率为 1.1%，其余各用户缺水率都小于1%水平，供水保证率处于较高水平。

从流域角度分析（图 9-11），滇池流域缺水量由大到小的用户依次为：农业、城镇工业、农村生活、城镇生态、城镇生活；缺水率由大到小的用户依次为：农业、农村生活、城镇工业、城镇生态、城镇生活。普渡河流域缺水量要普遍低于滇池流域，缺水量由大到小的用户依次为：农业、城镇工业、城镇生活、城镇生态、农村生活；缺水率由大到小的用户依次为：农业、城镇生活、城镇生态、城镇工业、农村生活，与滇池流域有所差别。

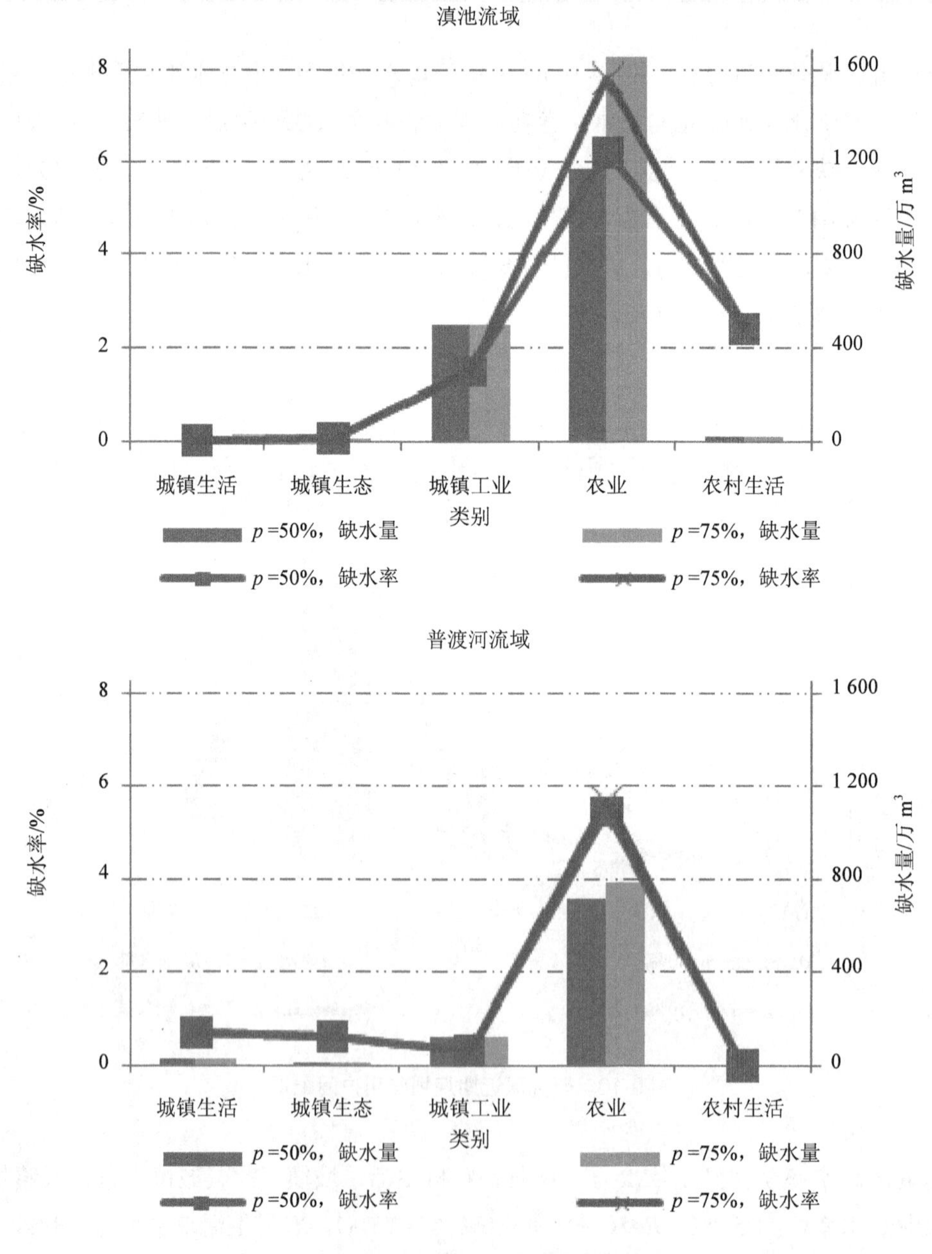

图 9-11 研究区近期规划年用户间配置对比

在近期规划水平年新增了河道流量基流节点，模拟过程中主要考虑宝象河、东大河、梁王河、捞鱼河、洛龙河、马料河、盘龙江 7 条主要河道的生态基流流量（表 9-7）。除东大河外，其余 6 条河道的基流都由牛栏江引水工程供给，因此，该 6 条河道几乎不缺水，牛栏江调水工程完全可以满足其流量要求；而东大河由双龙水库下泄供给，但该水库同时供给晋宁城镇生活用水，由于城镇生活用水优先级较高，故此导致东大河基流流量无法完全满足，缺水量为 1 452 万 m^3，缺水率高达 73.3%。

表 9-7 研究区近期规划年生态基流配置

河道	需水/万 m^3	缺水/万 m^3	缺水率/%
宝象河	5 489	0	0.0
东大河	1 981	1 452	73.3
梁王河	1 166	0	0.0
捞鱼河	1 714	0	0.0
洛龙河	2 440	0	0.0
马料河	1 590	0	0.0
盘龙江	16 366	0	0.0

9.3 滇中未通水远景规划年水资源配置

对于滇中未通水的远景规划水平年份（2030 年），主要包括多年平均水平（P=50%）和一般枯水年（P=75%）情景。此两个情景的水资源配置网络结构相同，见图 9-12。相对于 2020 年规划水平年，网络结构没有较大改动，仅属性信息发生变化，各个片区新建、扩建污水处理厂及再生水处理设施，导致各污水厂的处理能力发生变化。

2030 年相对于 2020 年再生水处理设计规模增加了 53.5 万 m^3/d，再生水资源量校核结果增加了 64.44（雨季 68.44）万 m^3/d（表 9-10），合计每年增加再生水资源量为 23 520.6 万～24 980.6 万 m^3。到 2030 年，再生水生产设施仍然为 6 个片区，再生水设计规模总量达到 249.88 万 m^3/d，合计 91 206.2 万 m^3/a，校核再生水资源为 238.18（雨季 242.18）万 m^3/d，合计 86 935.7 万 m^3/a。分布结构有较小的变化，仍然是昆明主城再生水资源最多，其次为呈贡龙城，然后为安宁连然，在 10 年中，呈贡龙城的再生水资源规模超过了安宁连然片区，跃居第二位；其余片区由多到少的次序依次为：晋宁昆阳、官渡小哨、西山海口，位次基本无变化。

表 9-8　研究区近期规划年精细配置（多年平均）

流域	计算单元	2020 年多年平均水平年需水量/万 m^3						2020 年多年平均水平年缺水量/万 m^3						2020 年多年平均水平年缺水率/%					
		城镇生活	城镇生态	城镇工业	农业灌溉	农村生活	合计	城镇生活	城镇生态	城镇工业	农业灌溉	农村生活	合计	城镇生活	城镇生态	城镇工业	农业灌溉	农村生活	合计
滇池流域	昆明主城	28 507	3516	19 320	2913	81	54 337	0	0	0	341	0	341	0.0	0.0	0.0	11.7	0.0	0.6
	西山海口	1 336	156	4 291	962	48	6 793	0	0	0	23	0	23	0.0	0.0	0.0	2.4	0.0	0.3
	盘龙松华	412	48	0	1 866	157	2 483	0	2	0	177	18	198	0.0	4.7	0.0	9.5	11.7	8.0
	官渡小哨	1 237	137	719	1 091	147	3 331	0	0	0	153	0	153	0.0	0.0	0.0	14.0	0.0	4.6
	呈贡龙城	3 010	397	2 963	3 770	108	10 248	0	0	0	0	0	0	0.0	0.0	0.0	0.0	0.0	0.0
	晋宁昆阳	2 313	321	5 638	8 319	216	16 807	0	0	492	477	0	969	0.0	0.0	8.7	5.7	0.0	5.8
	DC 小计	36 815	4 575	32 931	18 921	757	93 999	0	2	492	1 171	18	1 684	0.0	0.0	1.5	6.2	2.4	1.8
普渡河流域	五华西翥	322	37	2 138	665	151	3 313	27	3	125	81	0	236	8.5	8.5	5.8	12.2	0.0	7.1
	安宁连然	3 028	408	34 087	6 085	351	43 959	0	0	0	0	0	0	0.0	0.0	0.0	0.0	0.0	0.0
	富民永定	443	53	3931	6342	480	11 249	0	0	0	635	0	635	0.0	0.0	0.0	10.0	0.0	5.6
	PD 小计	3 793	498	40 156	13 092	982	58 521	27	3	125	715	0	871	0.7	0.6	0.3	5.5	0.0	1.5
总计		40 608	5 073	73 087	32 013	1 739	152 520	27	5	617	1 886	18	2554	0.1	0.1	0.8	5.9	1.1	1.7

表 9-9 研究区近期规划年精细配置（一般枯水年）

流域	计算单元	2020 枯水年需水量/万 m^3						2020 枯水年缺水量/万 m^3						2020 枯水年缺水率/%					
		城镇生活	城镇生态	城镇工业	农业灌溉	农村生活	合计	城镇生活	城镇生态	城镇工业	农业灌溉	农村生活	合计	城镇生活	城镇生态	城镇工业	农业灌溉	农村生活	合计
滇池流域	昆明主城	28 507	3516	19 320	3 225	81	54 649	0	0	0	378	0	378	0.0	0.0	0.0	11.7	0.0	0.7
	西山海口	1 336	156	4 291	1 093	48	6 924	0	0	0	50	0	50	0.0	0.0	0.0	4.6	0.0	0.7
	盘龙松华	412	48	0	2 088	157	2 705	0	2	0	387	18	408	0.0	4.7	0.0	18.5	11.7	15.1
	官渡小哨	1 237	137	719	1 225	147	3 465	0	0	0	208	0	208	0.0	0.0	0.0	17.0	0.0	6.0
	呈贡龙城	3 010	397	2 963	4 182	108	10 660	0	0	0	0	0	0	0.0	0.0	0.0	0.0	0.0	0.0
	晋宁昆阳	2 313	321	5 638	9 282	216	17 770	0	0	492	622	0	1 114	0.0	0.0	8.7	6.7	0.0	6.3
	DC 小计	36 815	4575	32 931	21 095	757	96 173	0	2	492	1 645	18	2 158	0.0	0.0	1.5	7.8	2.4	2.2
普渡河流域	五华西翥	322	37	2138	700	151	3 348	27	3	125	116	0	271	8.5	8.5	5.8	16.5	0.0	8.1
	安宁连然	3 028	408	34 087	6 387	351	44 261	0	0	0	0	0	0	0.0	0.0	0.0	0.0	0.0	0.0
	富民永定	443	53	3 931	6 678	480	11 585	0	0	0	668	0	668	0.0	0.0	0.0	10.0	0.0	5.8
	PD 小计	3 793	498	40 156	13 765	982	59 194	27	3	125	784	0	939	0.7	0.6	0.3	5.7	0.0	1.6
总计		40 608	5 073	73 087	34 860	1 739	155 367	27	5	617	2 429	18	3 097	0.1	0.1	0.8	7.0	1.1	2.0

图 9-12　远景规划年水资源配置网络

表 9-10　研究区规划年再生水资源对比　　单位：万 m³/d

计算单元	设计规模		校核结果	
	2020 年	2030 年	2020 年	2030 年
安宁连然	49.61	49.61	42.89	49.01
呈贡龙城	42.45	51.45	30.85	51.45
官渡小哨	4	4	4	4
晋宁昆阳	8.6	8.6	4.8	4.0（雨季 8.0）
昆明主城	88.5	133	88.5	126.5
西山海口	3.22	3.22	2.7	3.22
总计	196.38	249.88	173.74	238.18（雨季 242.18）

9.3.1 总量配置

远景规划水平年分为两种情景，多年平均水平年情景（P=50%）和一般枯水年情景（P=75%）。

2030 年多年平均水平情景下，需水总量为 179 931 万 m^3，缺水量为 4 810 万 m^3，平均缺水率水平为 2.7%（表 9-11）。其中，滇池流域共需水 103 375 万 m^3，占研究区总需水量的 57.5（相比 2020 年，比例降低 4.1%），缺水 2 722 万 m^3，占研究区总缺水量的 56.6%（相比 2020 年，比例降低 9.3%），缺水率为 2.6%。普渡河流域共需水 76 556 万 m^3，占研究区总需水量的 42.5%（相比 2020 年，比例有所升高），缺水 2 088 万 m^3，占研究区总缺水量的 43.4%（相比 2020 年，比例有所升高），缺水率为 2.7%，缺水水平高于滇池流域。

在 2030 年一般枯水年情景下，需水总量为 182 717 万 m^3（相比多年平均水平年多 2 786 万 m^3），缺水量为 5 176 万 m^3（相比多年平均水平年多 543 万 m^3），平均缺水率水平为 2.8%（升高 0.1%）。其中，滇池流域需水 105 195 万 m^3，缺水 3 001 万 m^3，缺水率为 2.9%。普渡河流域共需水 77 522 万 m^3，缺水 2 175 万 m^3，缺水率为 2.8%，缺水水平低于滇池流域，与多年平均水平有所不同。

表 9-11 研究区远景规划年总量配置

流域	计算单元	多年平均水平			一般枯水年		
		需水量/万 m^3	缺水量/万 m^3	缺水率/%	需水量/万 m^3	缺水量/万 m^3	缺水率/%
滇池流域	昆明主城	58 465	1 487	2.5	58 724	1 562	2.7
	西山海口	7 477	315	4.2	7 583	344	4.5
	盘龙松华	2 484	189	7.6	2 668	363	13.6
	官渡小哨	4 854	0	0.0	4 969	0	0.0
	呈贡龙城	11 650	0	0.0	11 907	0	0.0
	晋宁昆阳	18 445	731	4.0	19 344	733	3.8
	DC 小计	103 375	2 722	2.6	105 195	3 001	2.9
普渡河流域	五华西翥	4 520	1 391	30.8	4 559	1 430	31.4
	安宁连然	57 767	0	0.0	58 213	0	0.0
	富民永定	14 269	697	4.9	14 750	745	5.0
	PD 小计	76 556	2 088	2.7	77 522	2 175	2.8
总计		179 931	4 810	2.7	182 717	5 176	2.8

从计算单元（片区）角度来分析（图 9-13 和图 9-14），多年平均水平年和一般枯水年份缺水量结构、各片区相对大小大致相同，规律较为一致，但与 2020 年有明显不同。缺水量最大的为滇池流域的昆明主城，其次为普渡河流域的五华西翥片区，晋宁昆阳和富民

永定片区缺水量相当，其余缺水片区缺水量都在 400 万 m³ 以下，而且呈贡龙城、官渡小哨和安宁连然片区几乎不缺水。

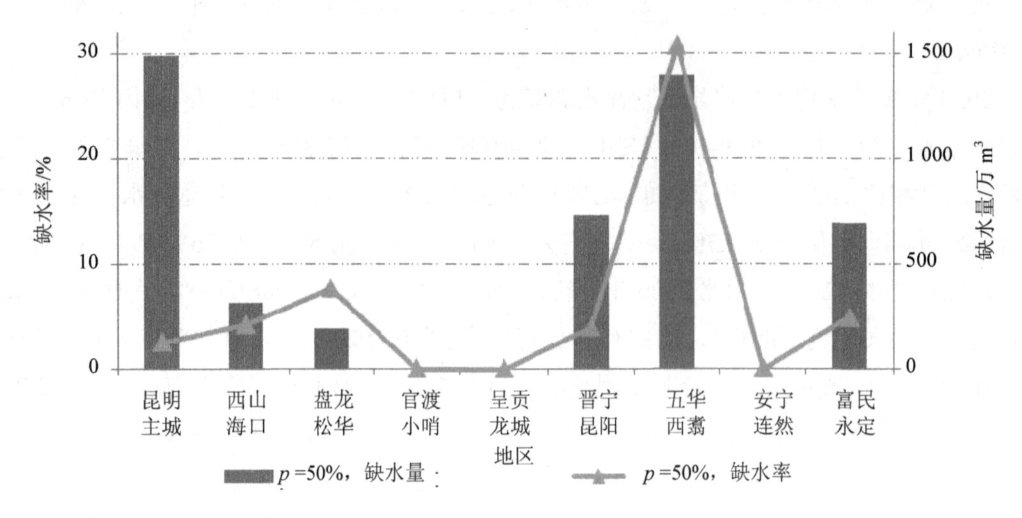

图 9-13 研究区远景规划年总量配置（多年平均水平）

从缺水率角度来分析(图 9-13 和图 9-14)，缺水率最大的普渡河流域的五华西翥片区，对应其缺水量排名第二，主要是由于水利工程设施较少，且与水量充足的大河流距离太远，又无调水工程供水；其次为盘龙松华片区，其余各片区缺水率都小于 5%水平。

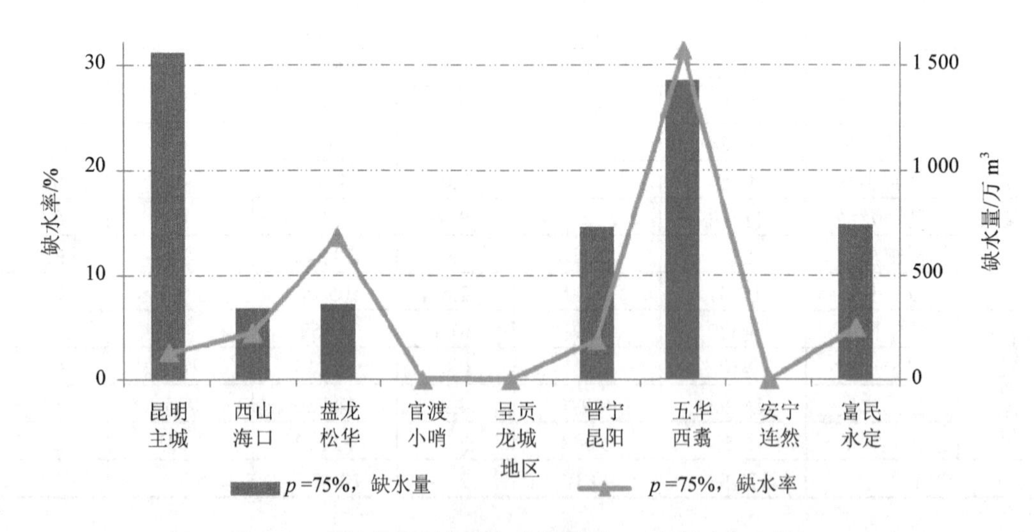

图 9-14 研究区远景规划年总量配置（一般枯水年水平）

将 2030 年不同保证率下的缺水量水平进行对比分析可知（图 9-15），各片区在一般枯水年缺水量均大于多年平均水平年，但增大幅度却各有差异，盘龙松华相差最大，达 174

万 m^3；其次为昆明主城（75 万 m^3），其余各片区增幅都小于 50 万 m^3，其增幅结构与 2020 年有所差别。

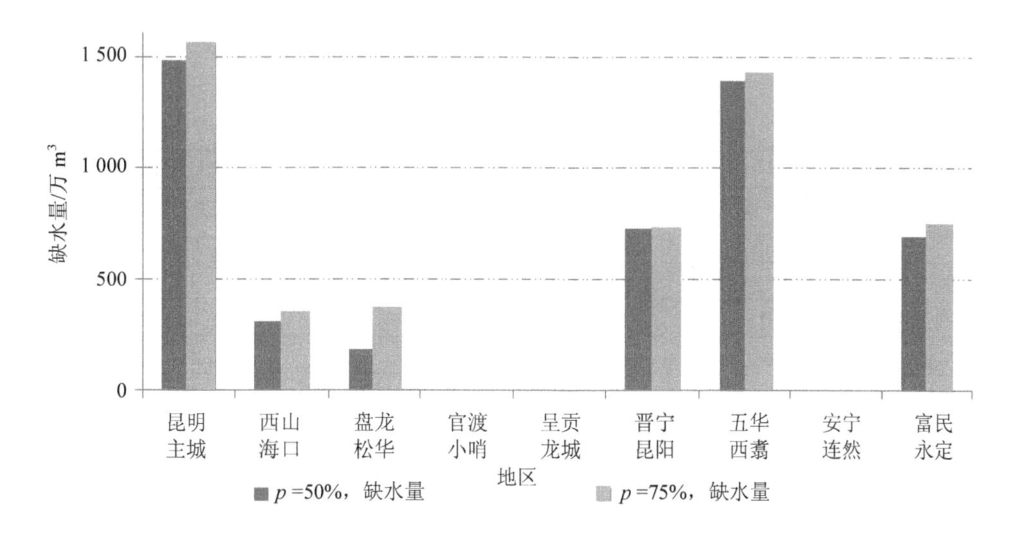

图 9-15　研究区远景规划年总量配置缺水量对比

将近期规划年水平不同保证率下的缺水量水平进行对比分析可知（图 9-16），各片区在一般枯水年缺水率均大于多年平均水平年（晋宁昆阳除外），增大幅度并不明显，增幅最大的为盘龙松华（6%），其次为五华西翥（0.6%），其余各片区增幅都小于 0.5%水平。

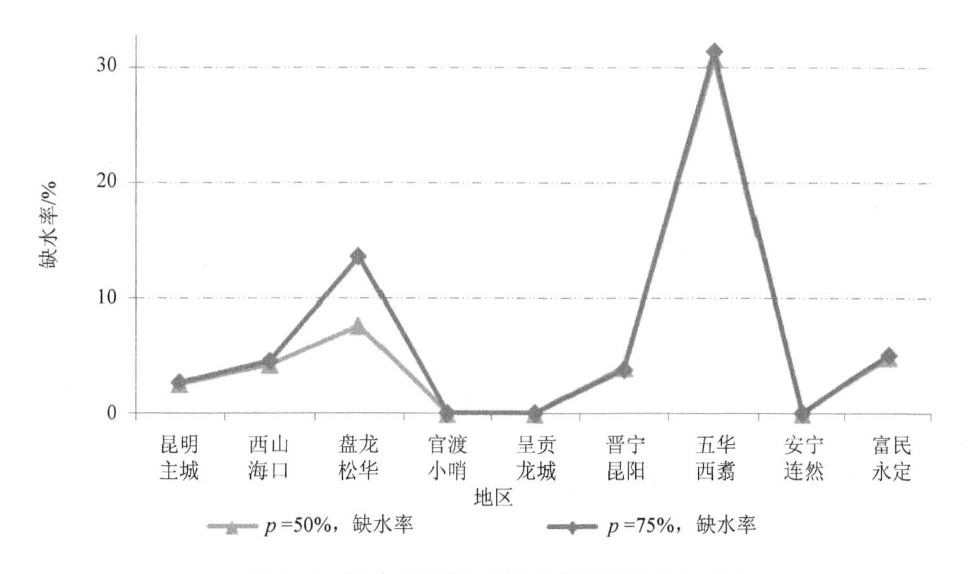

图 9-16　研究区远景规划年总量配置缺水率对比

9.3.2 用水户间配置

本节将从研究区整体角度和流域角度（表 9-12），分别对 5 个需水用户的缺水量和缺水率水平进行分析。

表 9-12 研究区远景规划年用户间配置

流域	需水类别	多年平均水平年			一般枯水年		
		需水量/万 m^3	缺水量/万 m^3	缺水率/%	需水量/万 m^3	缺水量/万 m^3	缺水率/%
滇池流域	城镇生活	43 736	119	0.3	43 736	122	0.3
	城镇生态	5 516	297	5.4	5 516	321	5.8
	城镇工业	35 690	1 898	5.3	35 690	1 942	5.4
	农业	17 762	404	2.3	19 582	600	3.1
	农村生活	671	4	0.6	671	15	2.2
普渡河流域	城镇生活	5 530	173	3.1	5 530	173	3.1
	城镇生态	777	36	4.7	777	36	4.7
	城镇工业	54 593	940	1.7	54 593	963	1.8
	农业	14 589	938	6.4	15 555	1 003	6.4
	农村生活	1 067	0	0.0	1 067	0	0.0
研究区	城镇生活	49 266	292	0.6	49 266	296	0.6
	城镇生态	6 293	333	5.3	6 293	358	5.7
	城镇工业	90 283	2 838	3.1	90 283	2 905	3.2
	农业	32 351	1 342	4.1	35 137	1 602	4.6
	农村生活	1 738	4	0.2	1 738	15	0.9

从研究区整体角度分析（图 9-17），多年平均水平年和一般枯水年水平年缺水量结构基本相同。缺水量最大的用户为城镇工业，缺水量高达 2 838 万 m^3（P=50%）和 2 905 万 m^3（P=75%）；其次为农业灌溉，缺水量为 1 342 万 m^3（P=50%）和 1 602 万 m^3（P=75%）；之后为城镇生态，缺水量为 333 万 m^3（P=50%）和 358 万 m^3（P=75%）；然后为城镇生活（近似 300 万 m^3），最后为农村生活（小于 20 万 m^3）。

研究区 2030 年不同情景各用户缺水率变化不大(小于 0.7%)，缺水率从大到小依次为：城镇生态、农业、城镇工业、农村生活、城镇生活；其中城镇生态缺水率为 5.3%（P=50%）和 5.7%（P=75%），农业缺水率为 4.1%（P=50%）和 4.6%（P=75%），城镇工业缺水率为 3.1%（P=50%）和 3.2%（P=75%），农村生活和城镇生活缺水率都小于 1%水平，供水保证率处于较高水平。

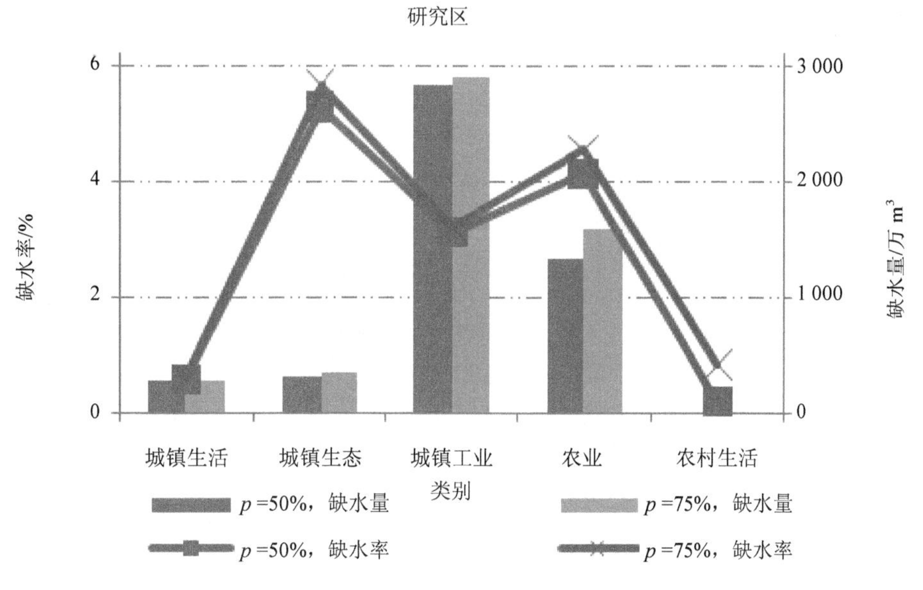

图 9-17 研究区远景规划年用户间配置

从流域角度分析（图 9-18），滇池流域缺水量由大到小的用户依次为：城镇工业、农业、城镇生态、城镇生活、农村生活；缺水率由大到小的用户依次为：城镇生态、城镇工业、农业、农村生活、城镇生活。普渡河流域缺水量由大到小的用户依次为：农业、城镇工业、城镇生活、城镇生态、农村生活。缺水率由大到小的用户依次为：农业、城镇生态、城镇生活、城镇工业、农村生活，与滇池流域有所不同。

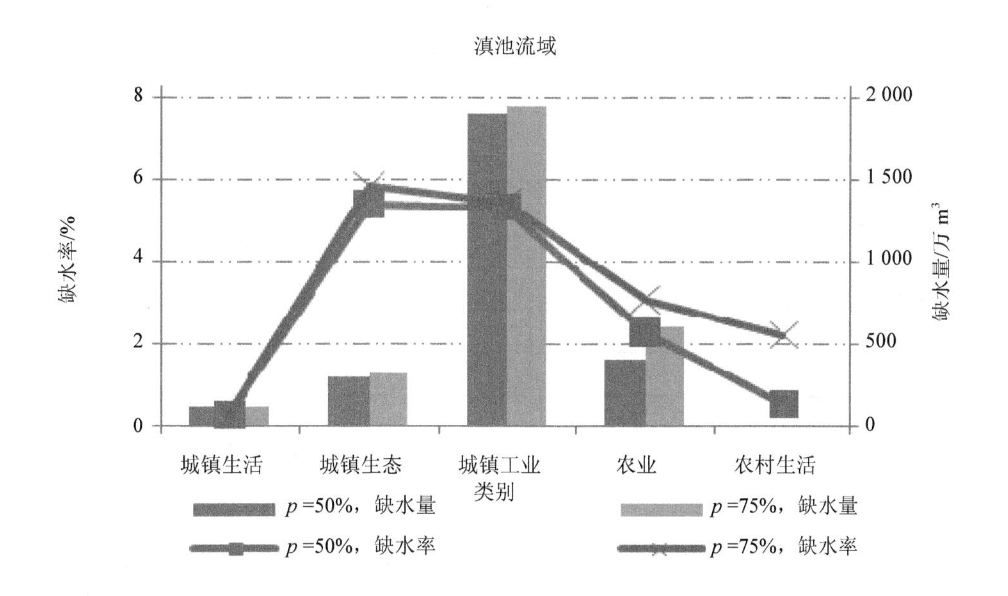

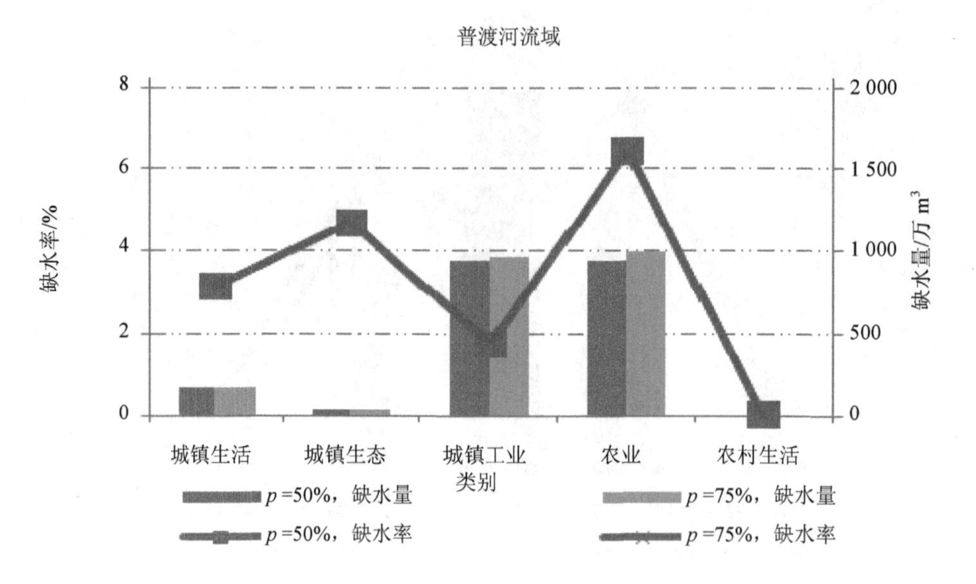

图 9-18 研究区远景规划年用户间配置对比

在远景规划年依然主要考虑宝象河、东大河、梁王河、捞鱼河、洛龙河、马料河、盘龙江 7 条主要河道的生态基流流量（表 9-13）。牛栏江调水工程完全可以满足其流量要求（除东大河以外）；而东大河由双龙水库下泄供给，但该水库同时供给晋宁城镇生活用水，由于城镇生活用水优先级较高，故此导致东大河基流流量无法完全满足，缺水量为 1 584 万 m^3，缺水率高达 80.0%，相对于 2020 年缺水率更高，缺水量更多。

表 9-13 研究区远景规划年生态基流配置

河道	需水量/万 m^3	缺水量/万 m^3	缺水率/%
宝象河	5 489	0	0.0
东大河	1 981	1 584	80.0
梁王河	1 166	0	0.0
捞鱼河	1 714	0	0.0
洛龙河	2 440	0	0.0
马料河	1 590	0	0.0
盘龙江	16 366	0	0.0

表 9-14 研究区远景规划年精细配置（滇中未通水，多年平均）

流域	计算单元	2030 年多年平均水平年需水量/万 m^3						2030 年多年平均水平年缺水量/万 m^3						2030 年多年平均水平年缺水率/%					
		城镇生活	城镇生态	城镇工业	农业灌溉	农村生活	合计	城镇生活	城镇生态	城镇工业	农业灌溉	农村生活	合计	城镇生活	城镇生态	城镇工业	农业灌溉	农村生活	合计
滇池流域	昆明主城	32 407	3 988	19 300	2 700	70	58 465	0	235	1 183	69	0	1 487	0.0	5.9	6.1	2.5	0.0	2.5
	西山海口	1 919	242	4 477	795	44	7 477	118	0	0	193	4	315	6.1	0.0	0.0	24.3	8.5	4.2
	盘龙松华	576	73	0	1 704	131	2 484	1	62	0	126	0	189	0.1	85.2	0.0	7.4	0.0	7.6
	官渡小哨	1 729	203	1 828	968	126	4 854	0	0	0	0	0	0	0.0	0.0	0.0	0.0	0.0	0.0
	呈贡龙城	4 036	549	3 306	3 683	76	11 650	0	0	0	0	0	0	0.0	0.0	0.0	0.0	0.0	0.0
	晋宁昆阳	3 069	461	6 779	7 912	224	18 445	0	0	715	16	0	731	0.0	0.0	10.5	0.2	0.0	4.0
	DC小计	43 736	5 516	35 690	17 762	671	103 375	119	297	1 898	404	4	2 722	0.3	5.4	5.3	2.3	0.6	2.6
普渡河流域	五华西翥	674	87	3 060	576	123	4 520	173	36	940	241	0	1 391	25.7	41.9	30.7	41.9	0.0	30.8
	安宁连然	4 270	613	45 443	7 051	390	57 767	0	0	0	0	0	0	0.0	0.0	0.0	0.0	0.0	0.0
	富民永定	586	77	6 090	6 962	554	14 269	0	0	0	697	0	697	0.0	0.0	0.0	10.0	0.0	4.9
	PD小计	5 530	777	54 593	14 589	1 067	76 556	173	36	940	938	0	2 088	3.1	4.7	1.7	6.4	0.0	2.7
总计		49 266	6 293	90 283	32 351	1 738	179 931	292	333	2 838	1 342	4	4 810	0.6	5.3	3.1	4.1	0.2	2.7

表 9-15　研究区远景规划年精细配置（滇中未通水，一般枯水年）

流域	计算单元	2030 枯水年需水量/万 m³						2030 枯水年缺水量/万 m³						2030 枯水年缺水率/%					
		城镇生活	城镇生态	城镇工业	农业灌溉	农村生活	合计	城镇生活	城镇生态	城镇工业	农业灌溉	农村生活	合计	城镇生活	城镇生态	城镇工业	农业灌溉	农村生活	合计
滇池流域	昆明主城	32 407	3 988	19 300	2 959	70	58 724	0	259	1 227	75	0	1 562	0.0	6.5	6.4	2.5	0.0	2.7
	西山海口	1 919	242	4 477	901	44	7 583	121	0	0	219	4	344	6.3	0.0	0.0	24.3	8.5	4.5
	盘龙松华	576	73	0	1 888	131	2 668	1	62	0	288	11	363	0.2	85.2	0.0	15.2	8.5	13.6
	官渡小哨	1 729	203	1 828	1 083	126	4 969	0	0	0	0	0	0	0.0	0.0	0.0	0.0	0.0	0.0
	呈贡龙城	4 036	549	3 306	3 940	76	11 907	0	0	0	0	0	0	0.0	0.0	0.0	0.0	0.0	0.0
	晋宁昆阳	3 069	461	6 779	8 811	224	19 344	0	0	715	18	0	733	0.0	0.0	10.5	0.2	0.0	3.8
	DC 小计	43 736	5 516	35 690	19 582	671	105 195	122	321	1 942	600	15	3 001	0.3	5.8	5.4	3.1	2.2	2.9
普渡河流域	五华西翥	674	87	3 060	615	123	4 559	173	36	963	258	0	1 430	25.7	41.9	31.5	41.9	0.0	31.4
	安宁连然	4 270	613	45 443	7 497	390	58 213	0	0	0	0	0	0	0.0	0.0	0.0	0.0	0.0	0.0
	富民永定	586	77	6 090	7 443	554	14 750	0	0	0	745	0	745	0.0	0.0	0.0	10.0	0.0	5.0
	PD 小计	5 530	777	54 593	15 555	1 067	77 522	173	36	963	1 003	0	2 175	3.1	4.7	1.8	6.4	0.0	2.8
总计		49 266	6 293	90 283	35 137	1 738	182 717	296	358	2 905	1 602	15	5 176	0.6	5.7	3.2	4.6	0.9	2.8

9.4　滇中通水远景规划年水资源配置

对于滇中通水远景规划水平年份（2030 年），主要包括多年平均水平（P=50%）和一般枯水年（P=75%）情景。此两个情景的水资源配置网络结构相同，见图 9-19 所示。相对于 2030 年滇中未通水规划水平年，主要引入了滇中供水路线。

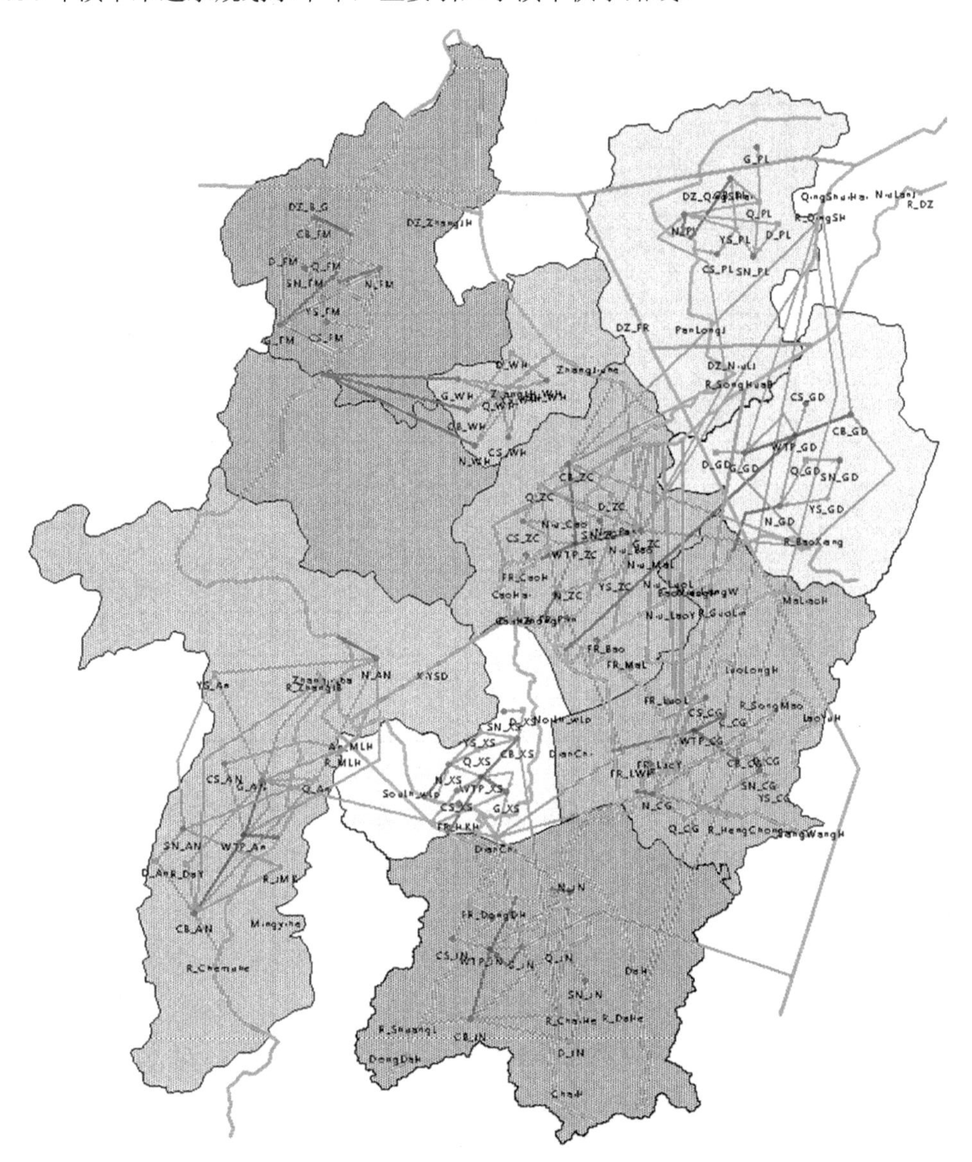

图 9-19　滇中通水远景规划年水资源配置网络

9.4.1 总量配置

研究区在 2030 年多年平均水平情景下，缺水量为 1 031 万 m^3，平均缺水率水平为 0.6%（表 9-16）。其中，滇池流域共缺水 334 万 m^3，占研究区总缺水量的 32.4%，缺水率为 0.3%。普渡河流域共缺水 697 万 m^3，占研究区总缺水量的 67.6%，缺水率为 0.9%，缺水水平略高于滇池流域。

表 9-16 研究区远景规划年总量配置（滇中通水）

流域	计算单元	多年平均水平			一般枯水年		
		需水量/万 m^3	缺水量/万 m^3	缺水率/%	需水量/万 m^3	缺水量/万 m^3	缺水率/%
滇池流域	昆明主城	58 465	0	0.0	58 724	260	0.4
	西山海口	7 477	145	1.9	7 583	191	2.5
	盘龙松华	2 484	189	7.6	2 668	207	7.7
	官渡小哨	4 854	0	0.0	4 969	91	1.8
	呈贡龙城	11 650	0	0.0	11 907	383	3.2
	晋宁昆阳	18 445	0	0.0	19 344	547	2.8
	DC 小计	103 375	334	0.3	105 195	1 680	1.6
普渡河流域	五华西翥	4 520	0	0.0	4 559	62	1.4
	安宁连然	57 767	0	0.0	58 213	735	1.3
	富民永定	14 269	697	4.9	14 750	745	5.1
	PD 小计	76 556	697	0.9	77 522	1 541	2.0
总计		179 931	1 031	0.6	182 717	3 221	1.8

在 2030 一般枯水年情景下，缺水总量为 3 221 万 m^3（相比多年平均水平年多 2 190 万 m^3），平均缺水率水平为 1.8%（升高 1.2%）。其中，滇池流域缺水 1 680 万 m^3，缺水率为 1.6%。普渡河流域共缺水 1 541 万 m^3，缺水率为 2.0%。

从计算单元（片区）角度来分析（图 9-20 和图 9-21），多年平均水平年缺水量最大的为普渡河流域的富民永定，其次为滇池流域的盘龙松华和西山海口，其余片区都几乎不缺水。一般枯水年情景下，所有片区均有不同程度的缺水现象，缺水量超过 500 万 m^3 的有富民永定、安宁连然和晋宁昆阳 3 个片区，呈贡龙城、昆明主城和盘龙松华缺水量处于 200 万～400 万 m^3，西山海口缺水量为 191 万 m^3，官渡小哨和五华西翥的缺水量均低于 100 万 m^3。

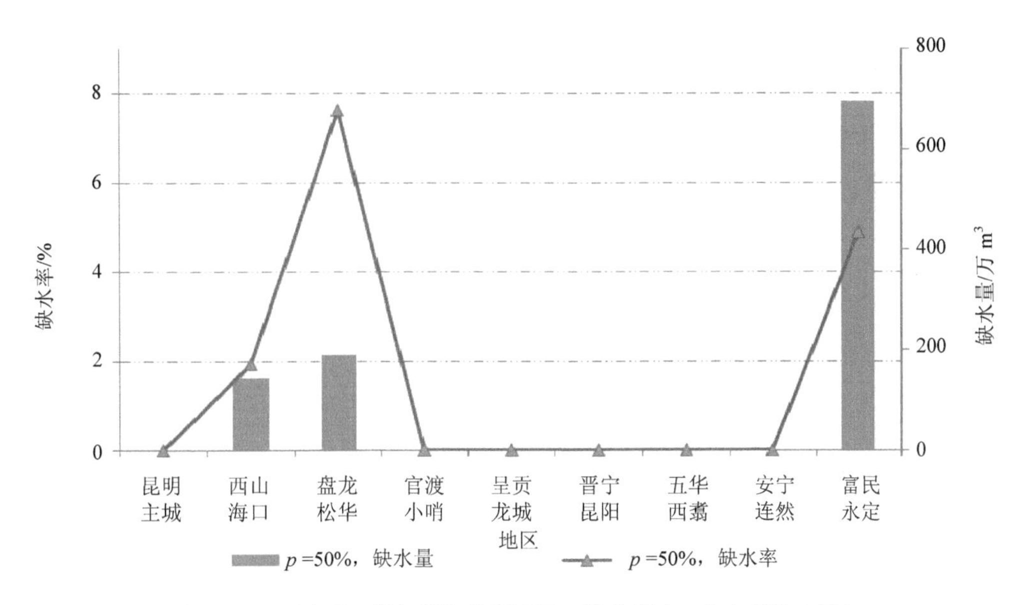

图 9-20 研究区远景规划年总量配置（滇中通水，多年平均水平）

从缺水率角度来分析（图 9-20 和图 9-21），多年平均水平，缺水率最大的为盘龙松华片区（7.6%）；其次为富民永定（4.9%）和西山海口（1.9%）。一般枯水年水平，盘龙松华和富民永定超过 5%，其余片区缺水率都低于 4%水平，且昆明主城（0.4%）缺水率最小。

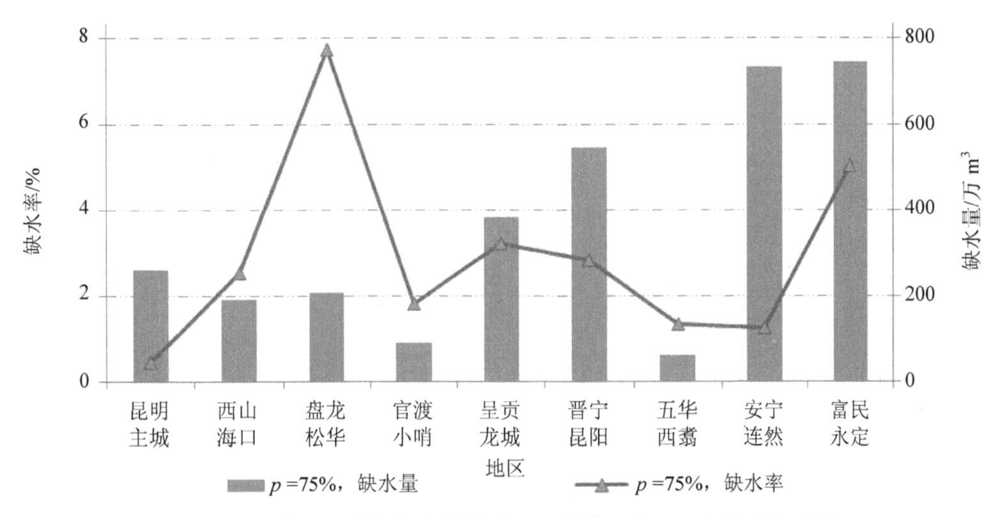

图 9-21 研究区远景规划年总量配置（滇中通水，一般枯水年水平）

将2030年滇中通水情况下的缺水量水平进行对比分析可知（图9-22），各片区在一般枯水年缺水量均大于多年平均水平年，但增大幅度却各有差异，缺水片区由3个增加到9个；其中，安宁连然（735万 m^3）缺水量增幅最大，其次为晋宁昆阳（547万 m^3），呈贡龙城增幅为383万 m^3，昆明主城为260万 m^3，其余各片区缺水量增幅都低于100万 m^3。

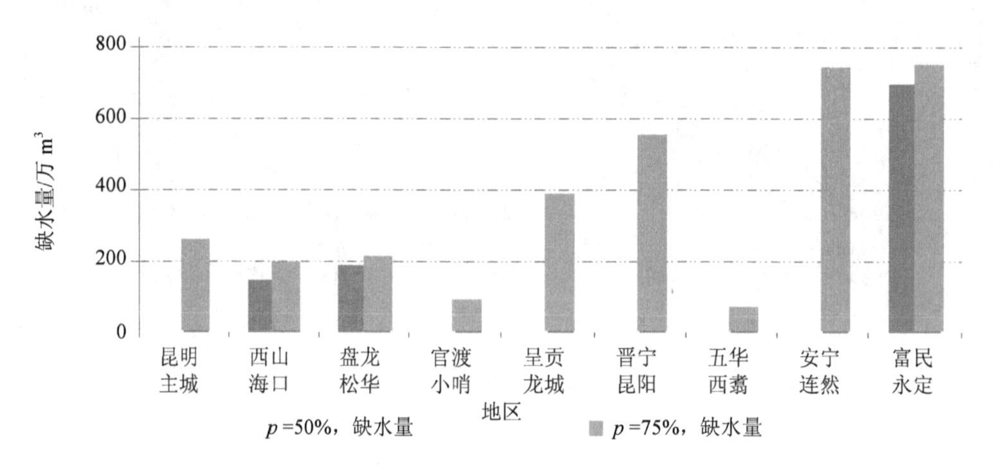

图9-22　研究区远景规划年总量配置缺水量对比（滇中通水）

不同保证率下的缺水率水平进行对比分析可知（图9-23），各片区在一般枯水年缺水率均大于多年平均水平年，增大幅度互不相同，增幅较大的为呈贡龙城（3.2%）、晋宁昆阳（2.8%），官渡小哨（1.8%）、五华西翥（1.4%）、安宁连然（1.3%）的增幅处于1%～2%，其余各片区增幅都小于1.0%水平。

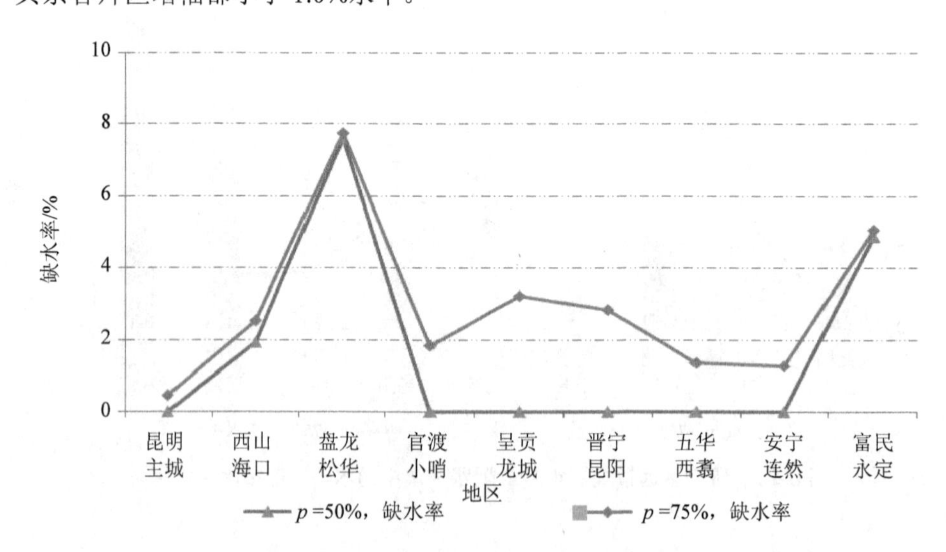

图9-23　研究区远景规划年总量配置缺水率对比（滇中通水）

9.4.2 用水户间配置

本节将从研究区整体角度和流域角度（表 9-17），分别对 5 个需水用户的缺水量和缺水率水平进行分析。

表 9-17 研究区远景规划年用户间配置（滇中通水）

流域	需水类别	多年平均水平年		一般枯水年	
		缺水量/万 m^3	缺水率/%	缺水量/万 m^3	缺水率/%
滇池流域	城镇生活	1	0.0	1	0.0
	城镇生态	62	1.1	40	0.7
	城镇工业	0	0.0	0	0.0
	农业	271	1.5	1 633	8.3
	农村生活	0	0.0	5	0.8
普渡河流域	城镇生活	0	0.0	0	0.0
	城镇生态	0	0.0	0	0.0
	城镇工业	0	0.0	0	0.0
	农业	697	4.8	1 541	9.9
	农村生活	0	0.0	0	0.0
研究区	城镇生活	1	0.0	1	0.0
	城镇生态	62	1.0	40	0.6
	城镇工业	0	0.0	0	0.0
	农业	968	3.0	3 175	9.0
	农村生活	0	0.0	5	0.3

从研究区整体角度分析（图 9-24），多年平均水平年和一般枯水年水平年缺水量结构基本相同。缺水量最大的用户为农业灌溉，缺水量为 968 万 m^3（P=50%）和 3 175 万 m^3（P=75%）；其次为城镇生态，缺水量为 1 342 万 m^3（P=50%）和 1 602 万 m^3（P=75%）；之后为城镇生态，缺水量为 62 万 m^3（P=50%）和 40 万 m^3（P=75%）；其余用户需水量很小。

研究区不同情景各用户缺水率变化各异，缺水率较大的仍为农业用户（3%，P=50%；9%，P=75%），且其变化也最大（增幅为 6%）；其次为城镇生态，但其变化率很小（仅为 0.4%），其余各用户几乎不缺水，供水保证率处于较高水平。

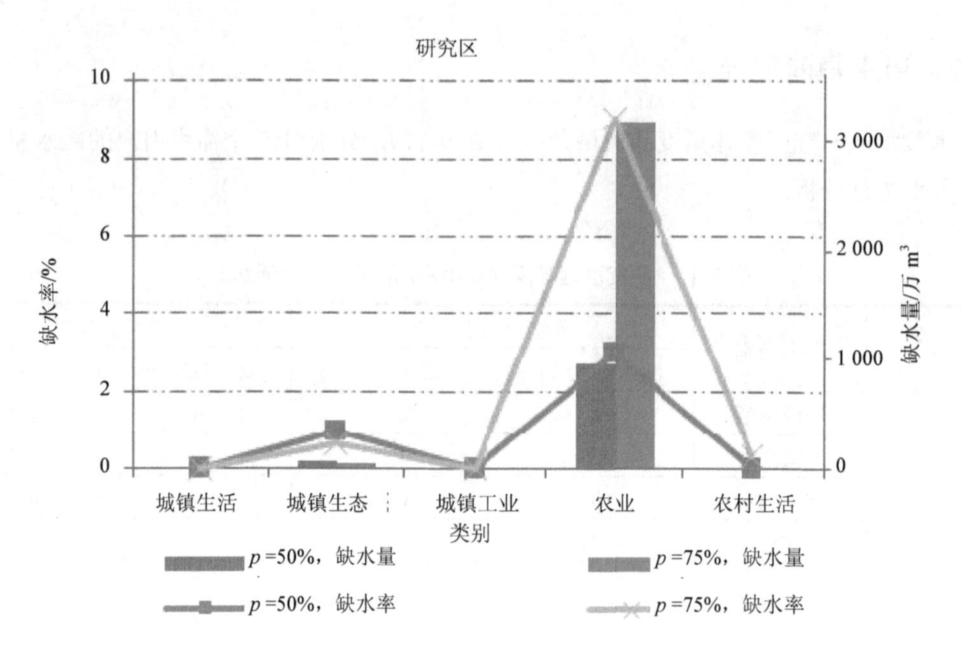

图 9-24　研究区远景规划年用户间配置（滇中通水）

从流域角度分析（图 9-25），滇池流域缺水量主要来自于农业和城镇生态用水，其余各用户几乎不缺水；缺水率最大的也为农业，其次是城镇生态。普渡河流域缺水量都由农业构成（1 541 万 m^3），缺水率为 9.9%。

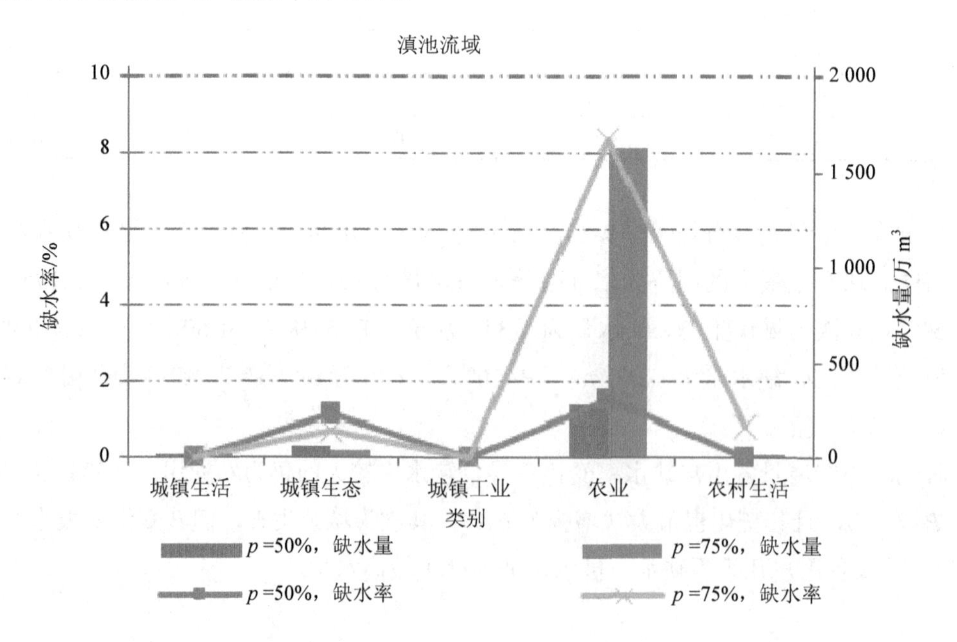

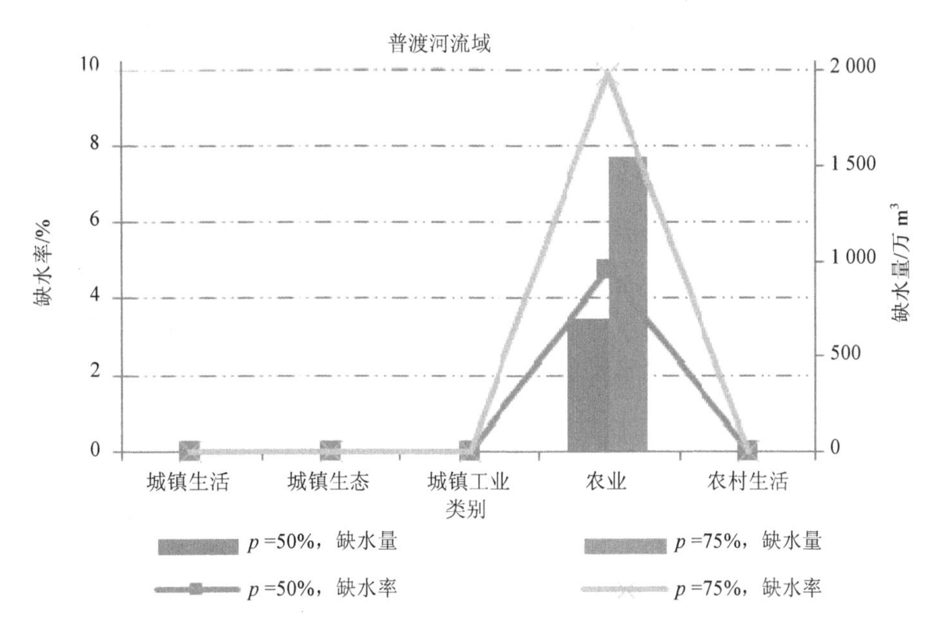

图 9-25 研究区远景规划年用户间配置对比（滇中通水）

8 条主要河道的生态基流流量和入草海清水需求（1 亿 m^3/a）的满足情况见表 9-18。牛栏江调水工程（剩余流量）和滇中调水工程完全可以满足其流量要求（除东大河外）；东大河基流缺水量为 1 184 万 m^3,（相对于滇中未通水多供给了 400 万 m^3）缺水率达 60.0%，相对于滇中未通水情景降低了 20%。

表 9-18 研究区远景规划年生态基流配置（滇中通水）

河道	需水量/万 m^3	缺水量/万 m^3	缺水率/%
宝象河	5 489	0	0.0
东大河	1 981	1 184	60.0
梁王河	1 166	0	0.0
捞鱼河	1 714	0	0.0
洛龙河	2 440	0	0.0
马料河	1 590	0	0.0
盘龙江	16 366	0	0.0
海口河	5 487	0	0.0
草海清水	10 000	0	0.0

9.4.3 滇中调水前后对比

研究区 9 个计算单元不同需水用户的需水量和缺水水平，详见表 9-19（多年平均）和

表 9-20（一般枯水年）。滇中调水工程实施后，研究区缺水量减少 3 779 万 m^3（P=50%）和 1 955 万 m^3（P=75%），缺水率分别减少 2.1%和 1.0%。其中，滇池流域缺水量减少 2 388 万 m^3（P=50%）和 1 321 万 m^3（P=75%），缺水率分别减少 2.3%和 1.3%。普渡河流域缺水量减少 1 391 万 m^3（P=50%）和 634 万 m^3（P=75%），缺水率分别减少 1.8%和 0.8%。在滇中调水实施后，为缓解滇池和普渡河流域水资源匮乏做出了明显贡献，对滇池流域的效果要略高于普渡河流域。

对于调水后的片区内部配置，主要变化为滇中引水替代牛栏江生态补水，替代掌鸠河和清水海引水工程供给滇池流域各个片区生活、生产用水，具体细节不再赘述。

9.5 缺水空间格局

本节内容主要分析各个片区的水资源短缺程度的空间格局。对于远期规划年情景只对滇中未通水情况进行格局分析，滇中调水的同时，极大地减少了牛栏江、掌鸠河、清水海的供水，通过前面的分析可知，滇中调水会减少水资源匮乏数量，但是总体提升供水水资源量的水平差异有限，尤其在缺水率及耗水率方面的差异并不明显（格局大致相同），因此只选择供水条件略差的滇中未通水情景进行分析（下文如未特殊说明，2030 年情景均指滇中未通水情景）。

研究区 2012 年一般枯水年缺水总量 0.67 亿 m^3，研究区南部最缺水，西北部缺水量也比较多，西南部缺水量最少，具体的空间分布见图 9-26。2012 年一般枯水年缺水量最多的是晋宁昆阳，缺水量为 3 303 万 m^3，富民永定缺水量也比较大，为 1 151 万 m^3，其他几个片区缺水量都小于 800 万 m^3，五华西翥和安宁连然不缺水。

2020 年一般枯水年缺水量与 2012 年相比，空间分布变化较大。研究区南部依然缺水最严重，东部的呈贡龙城变为不缺水区域，北部的五华西翥由不缺水区域变为轻微缺水区，研究区西北部的富民永定缺水量级由 800 万～1 600 万 m^3 减小为 400 万～800 万 m^3。

2030 年一般枯水年缺水量空间分布和 2020 年相比，不缺水区域继续扩大，研究区东部和西南部全部不缺水，但最缺水区域从南部变为中部和北部（五华西翥），2020 年最缺水的晋宁昆阳缺水量级由 800 万～1 600 万 m^3 变为 400 万～800 万 m^3。

各个片区一般枯水年缺水量 2020 年与 2012 年相比，变化量特殊的是五华西翥，缺水量从 0 m^3 增加到 271 万 m^3；其次是呈贡龙城，缺水量从 549 万 m^3 减小到 0 m^3；其他几个片区中除安宁连然是增加趋势（增加了 49.68%）外都是减小趋势，昆明主城减小了 49.77%，西山海口减小了 78.20%，盘龙松华减小了 12.18%，官渡小哨减小了 23.04%，晋宁昆阳减小了 66.27%，富民永定减小了 41.93%。

表 9-19 研究区远景规划年精细配置（滇中通水，多年平均）

流域	计算单元	2030 年多年平均水平年需水量/万 m^3						2030 年多年平均水平年缺水量/万 m^3						2030 年多年平均水平年缺水率/%					
		城镇生活	城镇生态	城镇工业	农业灌溉	农村生活	合计	城镇生活	城镇生态	城镇工业	农业灌溉	农村生活	合计	城镇生活	城镇生态	城镇工业	农业灌溉	农村生活	合计
滇池流域	昆明主城	32 407	3 988	19 300	2 700	70	58 465	0	0	0	0	0	0	0.0	0.0	0.0	0.0	0.0	0.0
	西山海口	1 919	242	4 477	795	44	7 477	0	0	0	145	0	145	0.0	0.0	0.0	18.2	0.0	1.9
	盘龙松华	576	73	0	1 704	131	2 484	1	62	0	126	0	189	0.1	85.2	0.0	7.4	0.0	7.6
	官渡小哨	1 729	203	1 828	968	126	4 854	0	0	0	0	0	0	0.0	0.0	0.0	0.0	0.0	0.0
	呈贡龙城	4 036	549	3 306	3 683	76	11 650	0	0	0	0	0	0	0.0	0.0	0.0	0.0	0.0	0.0
	晋宁昆阳	3 069	461	6 779	7 912	224	18 445	0	0	0	0	0	0	0.0	0.0	0.0	0.0	0.0	0.0
	DC 小计	43 736	5 516	35 690	17 762	671	103 375	1	62	0	271	0	334	0.0	1.1	0.0	1.5	0.0	0.3
普渡河流域	五华西翥	674	87	3 060	576	123	4 520	0	0	0	0	0	0	0.0	0.0	0.0	0.0	0.0	0.0
	安宁连然	4 270	613	45 443	7 051	390	57 767	0	0	0	0	0	0	0.0	0.0	0.0	0.0	0.0	0.0
	富民永定	586	77	6 090	6 962	554	14 269	0	0	0	697	0	697	0.0	0.0	0.0	10.0	0.0	4.9
	PD 小计	5 530	777	54 593	14 589	1 067	76 556	0	0	0	697	0	697	0.0	0.0	0.0	4.8	0.0	0.9
总计		49 266	6 293	90 283	32 351	1 738	179 931	1	62	0	968	0	1 031	0.0	1.0	0.0	3.0	0.0	0.6

表 9-20　研究区远景规划年精细配置（滇中通水，一般枯水年）

流域	计算单元	2030 枯水年需水量/万 m³						2030 枯水年缺水量/万 m³						2030 枯水年缺水率/%					
		城镇生活	城镇生态	城镇工业	农业灌溉	农村生活	合计	城镇生活	城镇生态	城镇工业	农业灌溉	农村生活	合计	城镇生活	城镇生态	城镇工业	农业灌溉	农村生活	合计
滇池流域	昆明主城	32 407	3 988	19 300	2 959	70	58 724	0	0	0	260	0	260	0.0	0.0	0.0	8.8	0.0	0.4
	西山海口	1 919	242	4 477	901	44	7 583	0	0	0	191	0	191	0.0	0.0	0.0	21.2	0.0	2.5
	盘龙松华	576	73	0	1 888	131	2 668	1	40	0	160	5	207	0.1	55.1	0.0	8.5	4.2	7.7
	官渡小哨	1 729	203	1 828	1 083	126	4 969	0	0	0	91	0	91	0.0	0.0	0.0	8.4	0.0	1.8
	呈贡龙城	4 036	549	3 306	3 940	76	11 907	0	0	0	383	0	383	0.0	0.0	0.0	9.7	0.0	3.2
	晋宁昆阳	3 069	461	6 779	8 811	224	19 344	0	0	0	547	0	547	0.0	0.0	0.0	6.2	0.0	2.8
	DC 小计	43 736	5 516	35 690	19 582	671	105 195	1	40	0	1 633	5	1 680	0.0	0.7	0.0	8.3	0.8	1.6
普渡河流域	五华西翥	674	87	3 060	615	123	4 559	0	0	0	62	0	62	0.0	0.0	0.0	10.0	0.0	1.4
	安宁连然	4 270	613	45 443	7 497	390	58 213	0	0	0	735	0	735	0.0	0.0	0.0	9.8	0.0	1.3
	富民永定	586	77	6 090	7 443	554	14 750	0	0	0	745	0	745	0.0	0.0	0.0	10.0	0.0	5.1
	PD 小计	5 530	777	54 593	15 555	1 067	77 522	0	0	0	1 541	0	1 541	0.0	0.0	0.0	9.9	0.0	2.0
总计		49 266	6 293	90 283	35 137	1 738	182 717	1	40	0	3 175	5	3 221	0.0	0.6	0.0	9.0	0.3	1.8

2030 与 2020 一般枯水年缺水量相比，昆明主城、西山海口、呈贡龙城、五华西翥和富民永定是增加趋势，分别增长了 313.20%、588.29%、260.88%、427.59%、11.47%；盘龙松华、官渡小哨、晋宁昆阳、安宁连然这几个片区 2030 年缺水量与 2020 年相比是减少趋势，减小率分别是 11.09%、100.00%、34.24%、22.68%。

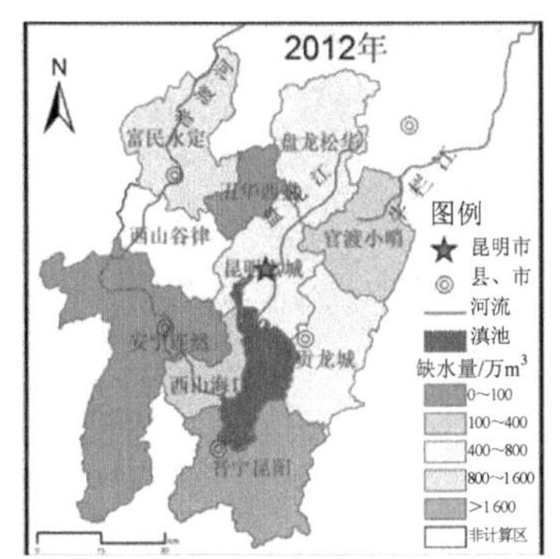

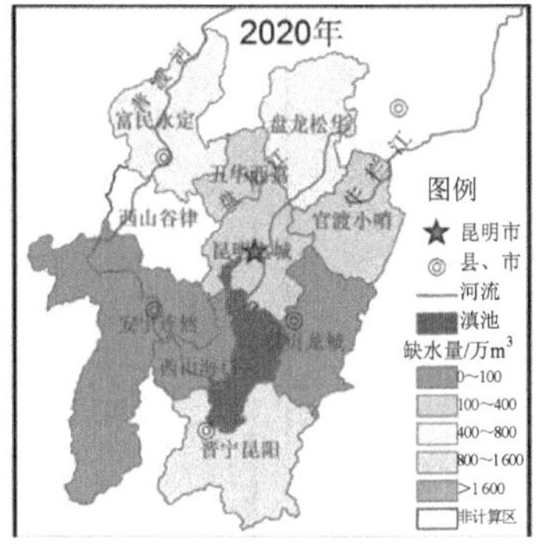

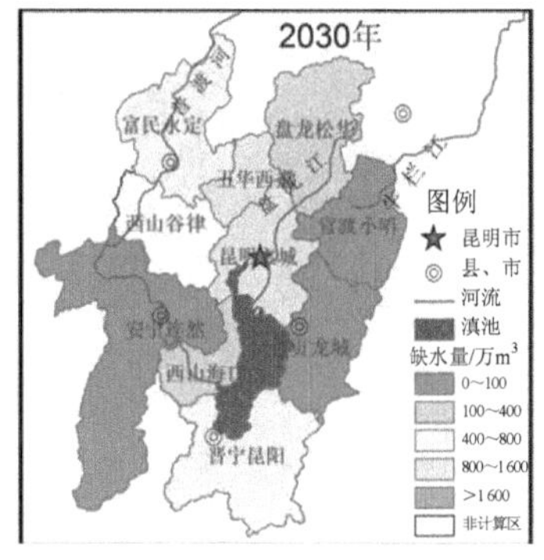

图 9-26　一般枯水年缺水量情况

2020 年多年平均水平缺水总量 635 万 m³，南部和西北部多年平均水平缺水量最多，量级处于 500 万～1 000 万 m³，研究区中部、北部和东北部缺水量级分别为 100 万～500 万 m³，东部的呈贡龙城和西南部的安宁连然及西山海口不缺水。具体空间分布情况见图 9-27。

2030 年多年平均水平缺水和 2020 年相比，空间分布有很大变化。2030 年研究区缺水量最多的是中部的昆明主城和北部的五华西翥，昆明主城缺水量最多，为 1 487 万 m³，其次为五华西翥，缺水量为 1 391 万 m³；不缺水区域范围有所扩大，东北部官渡小哨变为不缺水区域；南部和西北部缺水量仍然比较大，处于 500 万～1 000 万 m³ 量级。

与 2020 年相比，2030 年各个片区多年平均水平缺水量除了盘龙松华、官渡小哨、晋宁昆阳和安宁连然外，其他几个片区都是增大情况。安宁连然 2030 年缺水量比 2020 年减小最少，减小了 2.94 个百分点；盘龙松华减小了 4.16 个百分点；晋宁昆阳减小了 24.57 个百分点；官渡小哨减小最多，减小了 100 个百分点；西山海口 2030 年比 2020 年缺水量增大了 1 275.80%，增大最多；富民永定增大最少，只增大了 9.79%；其他几个片区增大了 300%～550%。

整个研究区 2020 年一般枯水年总缺水量 3 097 万 m³，多年平均水平缺水量 2 554 万 m³，一般枯水年缺水量比多年平均水平缺水量多 21.24%。其他各个片区中除了呈贡龙城和安宁连然一般枯水年缺水量比多年平均水平缺水量变化不大外，其他片区都是增加的，其中西山海口和盘龙松华 2020 年一般枯水年缺水和多年平均水平缺水量差距最大，相差 100%以上；富民永定相差最小，相差 5.30%；其他几个片区相差都在 10%～30%。

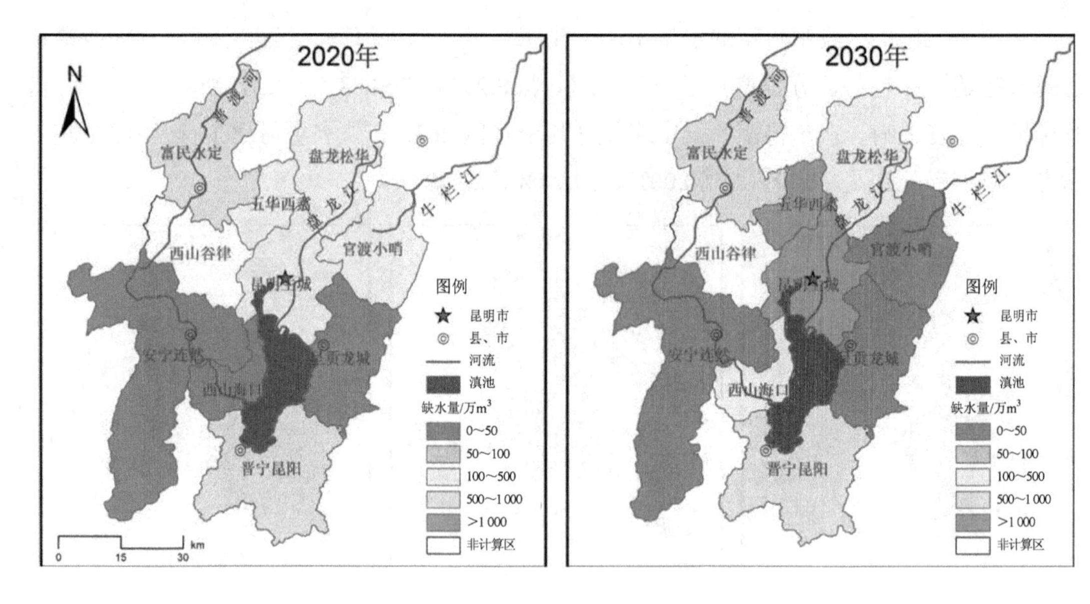

图 9-27　多年平均水平缺水量情况

2020 年一般枯水年和多年平均水平缺水量的空间分布没有太大区别。不缺水区域集中在研究区西南部的安宁连然和东部的呈贡龙城，南部的晋宁昆阳依然是最缺水区域。

2030 年整个研究区一般枯水年缺水量 5 176 万 m^3，多年平均水平缺水量 4 810 万 m^3，一般枯水年比多年平均水平缺水量多 7.61%。各个片区中官渡小哨、呈贡龙城和安宁连然一般枯水年和多年平均水平相比变化不大外，其他片区缺水量多是一般枯水年多于多年平均水平，其中盘龙松华最多，多 91.49%，晋宁昆阳最少，只多 0.25%，其他几个片区都在 1%～10%。

2030 年一般枯水年和多年平均水平缺水量的空间分布相差不大，最缺水区域集中在中部的昆明主城和北部的五华西翥，不缺水区域集中在西南部的安宁连然和东部的呈贡龙城及东北部的官渡小哨。

9.6　水资源配置优化方案

9.6.1　供需二次平衡

为使研究区水资源达到供需平衡要求，促进社会经济健康稳定发展，选择 2020 年和 2030 年枯水年情景进行新平衡的创建，主要是通过人口、工业、农业及再生水利用等方面的综合调节，使构建的模型达到新的平衡要求。本节分析的 2030 年情景仅指滇中未通水情况。

在新平衡的情景下，研究区内各用户的需水量也会有所差异，见表 9-21 和表 9-22。在 2020 年枯水年，滇池流域总共节约需水量 2 269 万 m^3，普渡河流域节约水资源量为 626 万 m^3，合计减少需水量达 2 895 万 m^3，占据初次模拟缺水量（3 097 万 m^3）的 93.5%。在 2030 年枯水年，滇池流域总共节约需水量 3 366 万 m^3，普渡河流域节约水资源量为 674 万 m^3，合计减少需水量达 4 040 万 m^3，占据初次模拟缺水量（5 176 万 m^3）的 78.1%。可见，在 2020 年和 2030 年需水量的减少过程中，滇池流域减少量较大（图 9-28 和图 9-29），占据主体（分别占研究区需水量总减少量的 78.4%和 83.3%）。

表 9-21　研究区近期规划年需水量（一般枯水年）　　单位：万 m^3

流域	计算单元	城镇生活	城镇生态	城镇工业	农业灌溉	农村生活	合计
滇池流域	昆明主城	28 507	3 516	19 320	2 903	81	54 327
	西山海口	1 336	156	4 291	1 038	48	6 869
	盘龙松华	371	48	0	1 670	146	2 235
	官渡小哨	1 237	137	719	1 017	147	3 257
	呈贡龙城	3 010	397	2 963	4 182	108	10 660
	晋宁昆阳	2 313	321	5 074	8 632	216	16 556
	DC 小计	36 774	4 575	32 367	19 442	746	93 904
普渡河流域	五华西翥	299	37	1 924	644	151	3 056
	安宁连然	3 028	408	34 087	6 387	351	44 261
	富民永定	443	53	3 931	6 344	480	11 251
	PD 小计	3 770	498	39 942	13 375	982	58 568
合计		40 544	5 073	72 309	32 817	1 728	152 472

表 9-22　研究区远期规划年需水量（一般枯水年）　　单位：万 m^3

流域	计算单元	城镇生活	城镇生态	城镇工业	农业灌溉	农村生活	合计
滇池流域	昆明主城	30 787	3 988	19 300	2 959	70	57 104
	西山海口	1 823	242	4 477	766	44	7 352
	盘龙松华	461	66	0	1 624	122	2 272
	官渡小哨	1 729	203	1 828	1 083	126	4 969
	呈贡龙城	4 036	549	3 306	3 940	76	11 907
	晋宁昆阳	3 069	461	6 101	8 370	224	18 226
	DC 小计	41 905	5 509	35 012	18 742	662	101 829
普渡河流域	五华西翥	539	87	2 601	535	123	3 885
	安宁连然	4 270	613	45 443	7 497	390	58 213
	富民永定	586	77	6 090	7 443	554	14 750
	PD 小计	5 395	777	54 134	15 475	1 067	76 848
合计		47 300	6 286	89 146	34 217	1 729	178 677

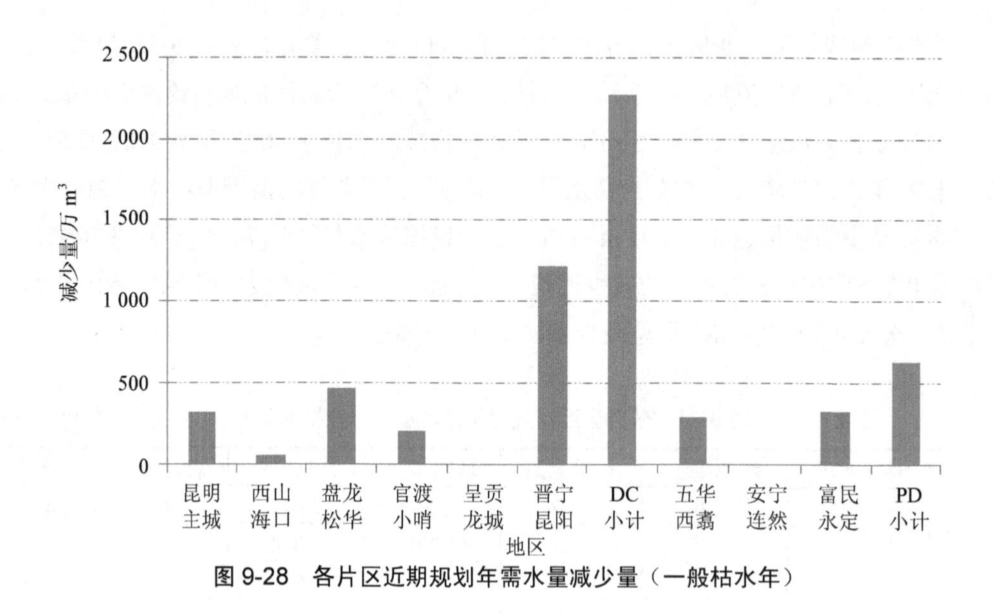

图 9-28 各片区近期规划年需水量减少量（一般枯水年）

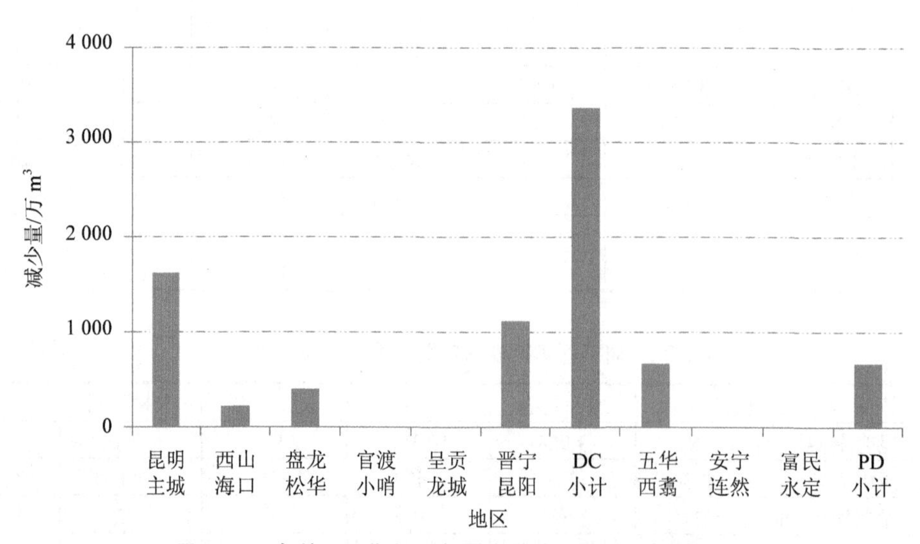

图 9-29 各片区远期规划年需水量减少量（一般枯水年）

在 2020 年，滇池流域需水量减少最多的是晋宁昆阳（1 214 万 m^3），其次依次为盘龙松华（470 万 m^3）、昆明主城（322 万 m^3）、官渡小哨（208 万 m^3）、西山海口（55 万 m^3），最后为呈贡龙城（无水量减少）；普渡河流域需水量减少由多到少依次为：富民永定（334 万 m^3）、五华西翥（292 万 m^3）、安宁连然（无水量减少）。

在 2030 年，滇池流域需水量减少由多到少的顺序为：昆明主城（1 620 万 m^3）、晋宁昆阳（1 118 万 m^3）、盘龙松华（396 万 m^3）、西山海口（231 万 m^3）、官渡小哨与呈贡龙城均无水量减少；普渡河流域中五华西翥减少 674 万 m^3，其余两个地区无减少。

对不同的需水用户，2020 年滇池流域，农业灌溉缩减需水量为 1 653 万 m^3、城镇工业为 564 万 m^3、城镇生活为 41 万 m^3、农村生活为 11 万 m^3、城镇生态无缩减；普渡河流域依然是农业灌溉缩减需水量最大（390 万 m^3），之后依次为城镇工业（214 万 m^3）、城镇生活（23 万 m^3）、城镇生态与农村生活均无缩减水量，见表 9-23。

表 9-23　研究区近期规划年需水量减少量（一般枯水年）　单位：万 m^3

流域	计算单元	城镇生活	城镇生态	城镇工业	农业灌溉	农村生活	合计
滇池流域	昆明主城	0	0	0	322	0	322
	西山海口	0	0	0	55	0	55
	盘龙松华	41	0	0	418	11	470
	官渡小哨	0	0	0	208	0	208
	呈贡龙城	0	0	0	0	0	0
	晋宁昆阳	0	0	564	650	0	1 214
	DC 小计	41	0	564	1 653	11	2 269
普渡河流域	五华西翥	23	0	214	56	0	292
	安宁连然	0	0	0	0	0	0
	富民永定	0	0	0	334	0	334
	PD 小计	23	0	214	390	0	626
总计		64	0	778	2 043	11	2 895

2030 年滇池流域，城镇生活缩减需水量最大（1 831 万 m^3），其次为农业灌溉 840 万 m^3、城镇工业为 678 万 m^3、农村生活为 9 万 m^3、城镇生态 7 万 m^3；普渡河流域城镇工业缩减需水量最大（459 万 m^3），之后依次为城镇生活（135 万 m^3）、农业灌溉（80 万 m^3），城镇生态与农村生活均无缩减水量，见表 9-24。

表 9-24　研究区远期规划年需水量减少量（一般枯水年）　单位：万 m^3

流域	计算单元	城镇生活	城镇生态	城镇工业	农业灌溉	农村生活	合计
滇池流域	昆明主城	1 620	0	0	0	0	1 620
	西山海口	96	0	0	135	0	231
	盘龙松华	115	7	0	264	9	396
	官渡小哨	0	0	0	0	0	0
	呈贡龙城	0	0	0	0	0	0
	晋宁昆阳	0	0	678	441	0	1 118
	DC 小计	1 831	7	678	840	9	3 366

流域	计算单元	城镇生活	城镇生态	城镇工业	农业灌溉	农村生活	合计
普渡河流域	五华西翥	135	0	459	80	0	674
	安宁连然	0	0	0	0	0	0
	富民永定	0	0	0	0	0	0
	PD 小计	135	0	459	80	0	674
总计		1 966	7	1 137	920	9	4 040

对于城镇生活需水量的减少，2020 年需要受到限制的地区仅有盘龙松华（41 万 m^3）和五华西翥（23 万 m^3）；2030 年需要受到限制的地区有：昆明主城（1 620 万 m^3）、五华西翥（135 万 m^3）、盘龙松华（115 万 m^3）、西山海口（96 万 m^3）。

对于城镇生态需水量的减少，2020 年没有需要受到限制的地区；2030 年需要受到限制的地区仅有盘龙松华（7 万 m^3）。

对于城镇工业需水量的减少，2020 年需要受到限制的地区有晋宁昆阳（564 万 m^3）、五华西翥（214 万 m^3）；2030 年需要受到限制的地区有晋宁昆阳（678 万 m^3）、五华西翥（459 万 m^3）。

对于农业灌溉需水量的减少，2020 年需要受到限制的地区有晋宁昆阳（650 万 m^3）、盘龙松华（418 万 m^3）、富民永定（334 万 m^3）、昆明主城（322 万 m^3）、官渡小哨（208 万 m^3）、五华西翥（56 万 m^3）、西山海口（55 万 m^3）；2030 年需要受到限制的地区有晋宁昆阳（441 万 m^3）、盘龙松华（264 万 m^3）、西山海口（135 万 m^3）、五华西翥（80 万 m^3）。

对于农村生活需水量的减少，2020 年需要受到限制的地区仅有盘龙松华（11 万 m^3）；2030 年需要受到限制的地区仍为盘龙松华（9 万 m^3）。

9.6.2 供需平衡措施

为使构建的模型达到新的平衡要求，对于不同的缺水地区，需要采用不同的限制措施和方法。本节将分别从不同片区依次进行说明具体执行措施或者限制发展的阈值情况，在有限的水资源条件下，会有诸多种方法或手段，可以达到供需平衡要求，本节主要从用户个体数量和定额两个方面来进行叙述。

（1）昆明主城

措施Ⅰ：至 2020 年，农田有效灌溉面积要限制为 3.70 万亩以内（在需水预测过程中，农业需水包括农田、林果地、草场灌溉和鱼塘补水等类型，由于农田灌溉水量所占比例最大，多数超过 90%，故此处进行的限制，主要考虑农田有效灌溉面积，下同）。至 2030 年，城镇人口数量要控制在 291.97 万人以内。

措施Ⅱ：至 2020 年，农田灌溉净定额要限制在 325 m^3/亩以内。至 2030 年，城镇生活综合定额限制在 100.18 m^3/（人·a）。

（2）西山海口

措施Ⅰ：至2020年，农田有效灌溉面积要限制为1.60万亩以内。至2030年，农田有效灌溉面积要限制为1.26万亩以内；城镇人口数量要控制在20.24万人以内。

措施Ⅱ：至2020年，农田灌溉净定额要限制在378 m^3/亩以内。至2030年，农田灌溉净定额要限制在326 m^3/亩以内；城镇生活综合定额限制在85.55 m^3/（人·a）。

（3）盘龙松华

措施Ⅰ：至2020年，农田有效灌溉面积要限制为3.60万亩以内；城镇人口数量要控制在4.35万人以内，农村人口数量控制在3.23万人以内。至2030年，农田有效灌溉面积要限制为3.79万亩以内；城镇人口数量要控制在5.12万人以内，农村人口数量控制在1.91万人以内。

措施Ⅱ：至2020年，农田灌溉净定额要限制在198 m^3/亩以内；城镇生活综合定额限制在76.81 m^3/（人·a），农村生活综合定额限制在42.07 m^3/（人·a）。至2030年，农田灌溉净定额要限制在204 m^3/亩以内；城镇生活综合定额限制在72.03 m^3/（人·a），农村生活综合定额限制在59.51 m^3/（人·a）；城镇生态需水要按照原计划标准节水10%。

（4）官渡小哨

措施Ⅰ：至2020年，农田有效灌溉面积要限制为1.52万亩以内。

措施Ⅱ：至2020年，农田灌溉净定额要限制在322 m^3/亩以内。

（5）呈贡龙城

按照需水预测规划目标，及相应定额标准情况下，该地区水资源可以满足其发展需要，无需采取限制措施。

（6）晋宁昆阳

措施Ⅰ：至2020年，农田有效灌溉面积要限制为11.52万亩以内；工业增加值要限制在63.90亿元以内。至2030年，农田有效灌溉面积要限制为11.65万亩以内；城镇人口数量要控制在291.97万人以内；工业增加值要限制在137.70亿元以内。

措施Ⅱ：至2020年，农田灌溉净定额要限制在420 m^3/亩以内；工业万元增加值用水净定额要限制在63 m^3/万元以内。至2030年，农田灌溉净定额要限制在412 m^3/亩以内；工业万元增加值用水净定额要限制在36 m^3/万元以内。

（7）五华西翥

措施Ⅰ：至2020年，农田有效灌溉面积要限制为1.54万亩以内，城镇人口数量要控制在3.49万人以内，农村人口数量控制在2.89万人以内；工业增加值要限制在42.30亿元以内。至2030年，农田有效灌溉面积要限制为1.46万亩以内；城镇人口数量要控制在6.13万人以内；工业增加值要限制在78.20亿元以内。

措施Ⅱ：至2020年，农田灌溉净定额要限制在337 m^3/亩以内；城镇生活综合定额限制在 79.52 m^3/（人·a），农村生活综合定额限制在 52.25 m^3/（人·a）；工业万元增加值用水净定额要限制在 36 m^3/万元以内。至 2030 年，农田灌溉净定额要限制在 310 m^3/亩以内；城镇生活综合定额限制在 70.37 m^3/（人·a）；工业万元增加值用水净定额要限制在 25.50 m^3/万元以内。

（8）安宁连然

按照需水预测规划目标，及相应定额标准情况下，由于滇池流域的大量再生水外排，再加上该地区的本地清洁水资源，基本可以满足其发展需要，无需采取限制措施。

（9）富民永定

措施Ⅰ：至 2020 年，农田有效灌溉面积要限制为 10.61 万亩以内。

措施Ⅱ：至 2020 年，农田灌溉净定额要限制在 349 m^3/亩以内。

最后，由于生态河流需水部分尚有无法满足河道——东大河，需要由牛栏江直接补水，或者由牛栏江水进入晋宁昆阳，置换出相应的生态流量，2020 年 1 453 万 m^3，2030 年 1 585 万 m^3。

9.6.3 再生水利用削减入滇污染负荷

对于初次平衡 2020 年和 2030 年的再生水利用量，再结合《城镇污水处理厂污染物排放标准》（GB 18918—2002）的一级 A 标准，换算得出削减进入滇池的再生水污染负荷量，主要选择 COD、BOD_5、SS、TN、TP、氨氮 6 个指标，见表 9-25 至表 9-28。

在 2020 年多年平均水平年情景下，滇池流域共计使用再生水资源量达 13 344 万 m^3，其中，昆明主城利用量最大（5 991 万 m^3），官渡小哨利用量最小（262 万 m^3）；普渡河流域的安宁连然片区使用本地区的再生水资源量为 609 万 m^3，使用滇池流域外排到安宁地区的再生水资源高达 30 669 万 m^3，研究区共计使用再生水资源量为 44 622 万 m^3；共计可减少入滇池 COD 为 22 006 t，BOD_5 为 4 401 t，SS 为 4 401 t，TN 为 6 602 t，TP 为 220 t，氨氮为 2 201 t。

表 9-25 研究区近期规划年再生水使用量与削减入滇负荷（多年平均水平年）

流域	计算单元	再生水使用量/万 m^3	再生水利用减少入滇池负荷/t						备注
			COD	BOD_5	SS	TN	TP	氨氮	
滇池流域	昆明主城	5 991	2 995	599	599	899	30	300	
	西山海口	4 543	2 272	454	454	681	23	227	
	官渡小哨	262	131	26	26	39	1	13	
	呈贡龙城	1 225	612	122	122	184	6	61	
	晋宁昆阳	1 323	661	132	132	198	7	66	
	DC 小计	13 344	6 672	1 334	1 334	2 002	67	667	

流域	计算单元	再生水使用量/万 m^3	再生水利用减少入滇池负荷/t						备注
			COD	BOD_5	SS	TN	TP	氨氮	
普渡河流域	安宁连然	609（滇池流域再生水入安宁 30 669）	15 335	3 067	3 067	4 600	153	1 533	滇池流域再生水入安宁的负荷计算（下同）
总计		13 953（44 622）	22 006	4 401	4 401	6 602	220	2 201	削减负荷

在 2020 年一般枯水年情景下，滇池流域共计使用再生水资源量达 13 544 万 m^3，相对平水年增加200万 m^3；普渡河流域的安宁连然片区使用本地区的再生水资源量为639万 m^3，增加了 30 万 m^3；使用滇池流域外排到安宁地区的再生水资源高达 30 666 万 m^3，减少了 3 万 m^3；研究区共计使用再生水资源量为 44 849 万 m^3，相比平水年增加了 227 万 m^3；入滇负荷的削减量也相对平水年有所增加，其中，COD 增加 99 t，BOD_5 增加 20 t，SS 增加 20 t，TN 增加 29 t，TP 增加 1 t，氨氮增加 9 t。

表 9-26　研究区近期规划年再生水使用量与削减入滇负荷（一般枯水年）

流域	计算单元	再生水使用量/万 m^3	再生水利用减少入滇池负荷/t					
			COD	BOD_5	SS	TN	TP	氨氮
滇池流域	昆明主城	6 022	3 011	602	602	903	30	301
	西山海口	4 556	2 278	456	456	683	23	228
	官渡小哨	269	134	27	27	40	1	13
	呈贡龙城	1 278	639	128	128	192	6	64
	晋宁昆阳	1 419	710	142	142	213	7	71
	DC 小计	13 544	6 772	1 354	1 354	2 032	68	677
普渡河流域	安宁连然	639（滇池流域入安宁 30 666）	15 333	3 067	3 067	4 600	153	1 533
总计		14 183（44 849）	22 105	4 421	4 421	6 631	221	2 210

在 2030 年多年平均水平年情景下，滇池流域共计使用再生水资源量达 17 803 万 m^3，其中，昆明主城利用量最大（6 936 万 m^3），官渡小哨利用量最小（936 万 m^3）；普渡河流域的安宁连然片区使用本地区的再生水资源量为 6 145 万 m^3，使用滇池流域外排到安宁地区的再生水资源高达 34 552 万 m^3，研究区共计使用再生水资源量为 58 500 万 m^3；共计可减少入滇池 COD 为 26 178 t，BOD_5 为 5 236 t，SS 为 5 236 t，TN 为 7 853 t，TP 为 262 t，氨氮为 2 618 t。

表 9-27 研究区远期规划年再生水使用量与削减入滇负荷（多年平均水平年）

流域	计算单元	再生水使用量/万 m^3	再生水利用减少入滇池负荷/t					
			COD	BOD_5	SS	TN	TP	氨氮
滇池流域	昆明主城	6 936	3 468	694	694	1 040	35	347
	西山海口	4 725	2 363	473	473	709	24	236
	官渡小哨	936	468	94	94	140	5	47
	呈贡龙城	1 918	959	192	192	288	10	96
	晋宁昆阳	3 288	1 644	329	329	493	16	164
	DC 小计	17 803	8 902	1 780	1 780	2 670	89	890
普渡河流域	安宁连然	6 145（滇池流域再生水入安宁 34 552）	17 276	3 455	3 455	5 183	173	1 728
总计		23 948（58 500）	26 178	5 236	5 236	7 853	262	2 618

表 9-28 研究区远期规划年再生水使用量与削减入滇负荷（一般枯水年）

流域	计算单元	再生水使用量/万 m^3	再生水利用减少入滇池负荷/t					
			COD	BOD_5	SS	TN	TP	氨氮
滇池流域	昆明主城	7 013	3 507	701	701	1 052	35	351
	西山海口	4 726	2 363	473	473	709	24	236
	官渡小哨	1 003	501	100	100	150	5	50
	呈贡龙城	2 054	1 027	205	205	308	10	103
	晋宁昆阳	3 592	1 796	359	359	539	18	180
	DC 小计	18 388	9 194	1 839	1 839	2 758	92	919
普渡河流域	安宁连然	6 400（滇池流域再生水入安宁 34 310）	17 155	3 431	3 431	5 147	172	1 716
总计		24 788（59 098）	26 349	5 270	5 270	7 905	263	2 635

10 改善滇池流域水质的水量水质联合调度优化方案

10.1 未来情景预测及工况设计（2020 年和 2030 年）

滇池流域是典型的点源和面源复合污染区域，而面源污染主要的驱动因子是降雨因素。虽然滇池流域大部分点源已经得到有效控制，但是由于面源污染的随机性、间歇性和分散性，面源污染仍是滇池流域的重要污染来源，不同降雨频率下入湖污染负荷会有显著的不同。因此未来水平年滇池入湖污染负荷过程设计要考虑不同频率降雨条件。

除气象条件差异外，人工水循环也是造成滇池入湖水量和污染物通量变化的重要因素。人工水循环主要表现为两个方面：一方面由于滇池流域未来城市化进程不断加快，用水增长幅度较大，2020 年城镇用水为 6.62 亿 m^3，2030 年城镇用水为 7.94 亿 m^3，城镇用水增加必然导致排污水平加大，而现状滇池截污能力是通过唯一通道——西园隧洞进行外排，持续增加的排污量会对滇池外排增加相当大的压力，未来进入滇池的入湖负荷量可能增加多少及需要外排的水量规模，这些都是需要准确评估的问题；另一方面，牛栏江—滇池补水工程已于 2013 年 12 月通水，到 2030 年滇中引水工程将进一步增加滇池湖泊环境补水和流域生产生活用水，这些皆会引起滇池流域的入湖水量与水质过程发生新的变化。

因此，本项目综合考虑自然和人工水循环过程，从以下 3 个方面进行近期和远期情景设计：①未来不同规划水平年的用水变化与排污情况；②不同水文频率（典型水文年）下流域水文水质变化过程；③外来引调水的变化。整个情景设计实际是流域自然水循环过程与人为活动情景过程（排污+调水）相互叠加产生的新过程。具体计算公式：

水文过程：

$$Q = Q_S + q_w \quad (10\text{-}1)$$

式中：Q_S—— 流域水文模拟值；

q_w—— 入滇污水量。

水质过程：

$$W_q = (Q_S \cdot C_s + q_w \cdot C_w) / Q \quad (10\text{-}2)$$

式中：C_S、C_w—— 自然水循环模拟浓度和入湖排污浓度。

具体情景设置见表 10-1，其中，牛栏江—滇池补水工程和滇中引水工程的月过程分别见表 10-2 和表 10-3，典型年日降雨过程（P=10%、50%和 90%）如图 10-1（数据来自于昆明市水文局）所示。

表 10-1 不同方案边界设置

<table>
<tr><th rowspan="2">工况</th><th rowspan="2">水文频率 P</th><th colspan="2">外来引调水</th><th rowspan="2">污水处理厂入河补水</th><th rowspan="2">西园排水</th><th rowspan="2">负荷削减方案</th></tr>
<tr><th>盘龙江</th><th>宝象河</th></tr>
<tr><td rowspan="3">2020</td><td>10%</td><td>按规划值</td><td>—</td><td>现状排水+2020 新增生产生活用水×0.8</td><td>2015 能力</td><td rowspan="3">参考《滇池流域水污染防治“十三五”规划》</td></tr>
<tr><td>50%</td><td>按规划值</td><td>—</td><td>现状排水+2020 新增生产生活用水×0.8</td><td>2015 能力</td></tr>
<tr><td>90%</td><td>按规划值</td><td>—</td><td>现状排水+2020 新增生产生活用水×0.8</td><td>2015 能力</td></tr>
<tr><td rowspan="3">2030</td><td>10%</td><td>按规划值</td><td>按规划值</td><td>现状排水+2030 新增生产生活用水补水×0.8（市区、呈贡、晋宁）</td><td>2015 能力</td><td rowspan="3">在上述规划的基础上，要求污水处理厂的 COD_{Mn} 维持现状，TN 排放达到 5 mg/L，TP 达到 0.2 mg/L</td></tr>
<tr><td>50%</td><td>按规划值</td><td>按规划值</td><td>现状排水+2030 新增生产生活用水补水×0.8（市区、呈贡、晋宁）</td><td>2015 能力</td></tr>
<tr><td>90%</td><td>按规划值</td><td>按规划值</td><td>现状排水+2030 新增生产生活用水补水×0.8（市区、呈贡、晋宁）</td><td>2015 能力</td></tr>
</table>

表 10-2 2020 年、2030 年牛栏江—滇池补水过程 单位：m^3/s

月份	2020 年			2030 年		
	丰水年 10%	平水年 50%	枯水年 90%	丰水年 10%	平水年 50%	枯水年 90%
1	17.52	13.12	13.20	3.53	12.21	4.90
2	14.94	16.61	16.70	2.76	9.40	10.28
3	16.11	14.77	14.85	6.80	11.22	8.96
4	20.36	17.83	17.93	11.85	10.08	0.00
5	15.34	16.50	16.59	9.78	7.16	0.00
6	23.00	23.00	23.00	0.00	3.08	0.00
7	23.00	23.00	22.72	20.67	0.00	7.94
8	23.00	23.00	14.31	18.75	0.00	0.43
9	23.00	23.00	3.60	21.41	0.00	0.00
10	23.00	23.00	21.55	0.00	0.00	1.17
11	23.00	23.00	0.00	0.00	0.00	0.00
12	18.16	19.02	2.52	0.00	0.00	9.15
年均值	20.04	19.65	13.91	7.96	4.43	3.57

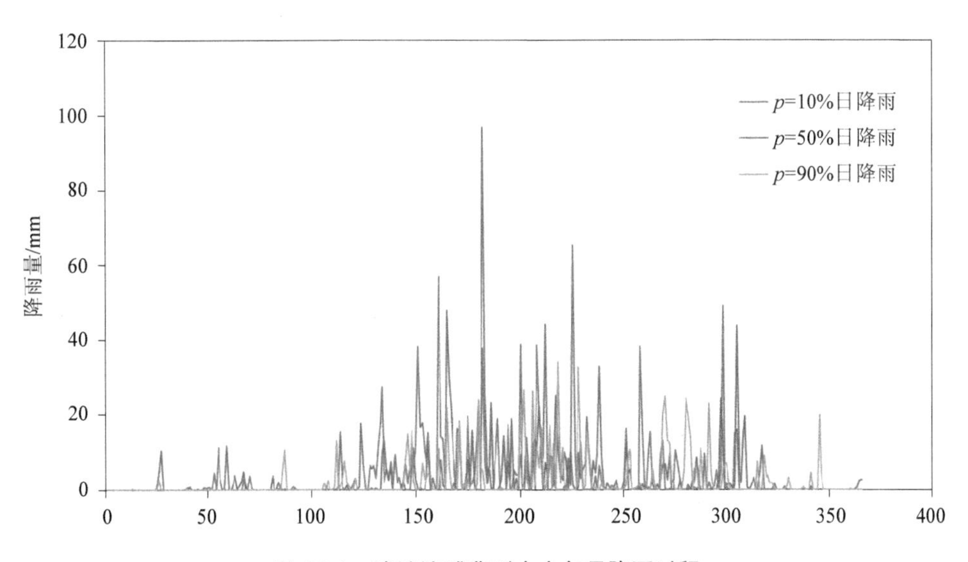

图 10-1 滇池流域典型水文年日降雨过程

表 10-3　2030 年滇中引水工程补水入湖过程　　单位：m^3/s

2030 年	进入盘龙江			进入宝象河			进入昆明北岸市区			进入呈贡			进入晋宁		
	P=10%	P=50%	P=90%	P=10%	P=50%	P=90%	P=10%	P=50%	P=90%	P=10%	P=50%	P=90%	P=10%	P=50%	P=90%
1 月	15.56	18.59	11.46	3.94	4.65	9.32	9.58	11.51	9.08	2.49	2.80	2.49	2.15	2.42	2.15
2 月	6.31	7.34	13.33	1.58	1.83	7.94	9.19	13.95	6.81	1.87	2.80	1.87	1.62	2.23	1.62
3 月	0.00	0.00	0.00	0.00	0.00	0.00	0.00	0.00	0.00	0.00	0.00	0.00	0.00	0.00	0.00
4 月	3.77	2.66	4.09	0.94	0.66	1.02	16.95	16.90	15.38	2.80	2.80	2.80	2.42	2.42	2.42
5 月	1.16	0.00	0.00	0.29	0.00	0.00	16.90	16.93	17.01	2.80	2.80	2.80	2.42	2.42	2.42
6 月	10.46	7.36	9.54	2.61	1.84	2.39	15.29	16.85	16.42	2.80	2.80	2.80	2.42	2.42	2.42
7 月	6.70	15.35	17.89	13.27	4.01	4.47	11.18	14.69	12.39	2.80	2.80	2.80	2.42	2.42	2.42
8 月	1.05	19.03	21.31	0.43	4.76	10.89	8.12	13.01	7.65	2.80	2.80	2.80	2.42	2.42	2.42
9 月	0.00	19.95	25.13	0.00	5.06	8.40	7.85	14.13	8.30	2.80	2.80	2.80	2.42	2.42	2.42
10 月	18.74	17.62	26.13	8.64	4.41	6.81	8.06	14.47	8.69	2.80	2.80	2.80	2.42	2.42	2.42
11 月	26.63	21.50	27.23	6.81	5.38	6.98	8.63	14.78	8.87	2.80	2.80	2.80	2.42	2.42	2.42
12 月	22.85	18.07	25.99	5.71	5.18	6.50	9.16	16.26	9.05	2.80	2.80	2.80	2.42	2.42	2.42

10.2　德泽水库—滇池联合优化调度（现状年）

10.2.1　德泽水库补水调度方案

根据河流生态补水月过程需求，汛期牛栏江引水工程的补水量大于枯期，因此，本次各情景方案拟定的原则是“汛期多补，枯期少补”，同时按等引水流量方式拟定情景方案。枯期（11 月—翌年 5 月）初始拟定引水 15 m^3/s、17 m^3/s、19 m^3/s、21 m^3/s 及 23 m^3/s，汛期（6—10 月）初始拟定引水 22 m^3/s 及 23 m^3/s，因此，不同频率典型年的引水方案模拟情景各有 10 种。根据本次联合调度拟定情景及模拟方法，各情景德泽—滇池联合调度方案结果见表 10-4。

从表中可以看到，不同来水条件下，不同情景方案的补水量及发电量有所不同，且各方案对于德泽下游生态流量、昆明及海口河用水需求、河流生态补水需求、滇池水位调度控制要求等满足状况有所不同，部分情景方案不满足要求。因此，筛选出可行方案参与优选，其中，可行方案调度过程见图 10-2～图 10-19。

表 10-4 不同情境下的德泽—滇池联合调度方案结果

频率	方案集	引水规则（初拟方案）	德泽					滇池
			年引水流量（扣除损耗）/万 m^3	年发电量/万 kW·h	下游河道生态需求	昆明用水	河流生态逐月补水	
25%	方案一	①枯期 11 月—翌年 5 月引 15 m^3/s；②汛期 6—10 月引 23 m^3/s	5.607	14 440.45	满足	满足	满足	满足滇池运行要求，最高水位 1 887.50 m；满足海口河生态用水要求
	方案二	①枯期 11 月—翌年 5 月引 17 m^3/s；②汛期 6—10 月引 23 m^3/s	5.965	13 787.19	满足	满足	满足	满足滇池运行要求，最高水位 1 887.50 m；满足海口河生态用水要求
	方案三	①枯期 11 月—翌年 5 月引 19 m^3/s；②汛期 6—10 月引 23 m^3/s	6.322	13 131.13	满足	满足	满足	满足滇池运行要求，最高水位 1 887.50 m；满足海口河生态用水要求
	方案四	①枯期 11 月—翌年 5 月引 21 m^3/s；②汛期 6—10 月引 23 m^3/s	6.679	12 367.35	满足	满足	满足	满足滇池运行要求，最高水位 1 887.50 m；满足海口河生态用水要求
	方案五	①枯期 11 月—翌年 5 月引 23 m^3/s；②汛期 6—10 月引 23 m^3/s	7.036	11 447.70	满足	满足	满足	满足滇池运行要求，最高水位 1 887.50 m；满足海口河生态用水要求
	方案六	①枯期 11 月—翌年 5 月引 15 m^3/s；②汛期 6—10 月引 22 m^3/s	5.481	14 451.42	满足	满足	满足	满足滇池运行要求，最高水位 1 887.50 m；满足海口河生态用水要求
	方案七	①枯期 11 月—翌年 5 月引 17 m^3/s；②汛期 6—10 月引 22 m^3/s	5.838	13 798.86	满足	满足	满足	满足滇池运行要求，最高水位 1 887.50 m；满足海口河生态用水要求
	方案八	①枯期 11 月—翌年 5 月引 19 m^3/s；②汛期 6—10 月引 22 m^3/s	6.194	13 142.01	满足	满足	满足	满足滇池运行要求，最高水位 1 887.50 m；满足海口河生态用水要求

频率	方案集	引水规则（初拟方案）	德泽					滇池
			年引水流量（扣除损耗）/万 m^3	年发电量/万 kW·h	下游河道生态需求	昆明用水	河流生态逐月补水	
25%	方案九	①枯期 11 月—翌年 5 月引 21 m^3/s；②汛期 6—10 月引 22 m^3/s	6.551	12 378.32	满足	满足	满足	满足滇池运行要求，最高水位 1 887.50 m；满足海口河生态用水要求
	方案十	①枯期 11 月—翌年 5 月引 23 m^3/s；②汛期 6—10 月引 22 m^3/s	6.908	11 458.67	满足	满足	满足	满足滇池运行要求，最高水位 1 887.50 m；满足海口河生态用水要求
50%	方案一	①枯期 11 月—翌年 5 月引 15 m^3/s；②汛期 6—10 月引 23 m^3/s	5.607	10 992.06	满足	满足	满足	满足滇池运行要求，最高水位 1 887.50 m；满足海口河生态用水要求
	方案二	①枯期 11 月—翌年 5 月引 17 m^3/s；②汛期 6—10 月引 23 m^3/s	5.965	10 219.42	满足	满足	满足	满足滇池运行要求，最高水位 1 887.50 m；满足海口河生态用水要求
	方案三	①枯期 11 月—翌年 5 月引 19 m^3/s；②汛期 6—10 月引 23 m^3/s	6.322	9 427.85	满足	满足	满足	满足滇池运行要求，最高水位 1 887.50 m；满足海口河生态用水要求
	方案四	①枯期 11 月—翌年 5 月引 21 m^3/s；②汛期 6—10 月引 23 m^3/s	6.442	9 083.81	满足	满足	不满足	—
	方案五	①枯期 11 月—翌年 5 月引 23 m^3/s；②汛期 6—10 月引 23 m^3/s	6.442	9 038.73	满足	满足	不满足	—
	方案六	①枯期 11 月—翌年 5 月引 15 m^3/s；②汛期 6—10 月引 22 m^3/s	5.481	11 310.75	满足	满足	满足	满足滇池运行要求，最高水位 1 887.50 m；满足海口河生态用水要求
	方案七	①枯期 11 月—翌年 5 月引 17 m^3/s；②汛期 6—10 月引 22 m^3/s	5.838	10 454.44	满足	满足	满足	满足滇池运行要求，最高水位 1 887.50 m；满足海口河生态用水要求
	方案八	①枯期 11 月—翌年 5 月引 19 m^3/s；②汛期 6—10 月引 22 m^3/s	6.194	9 555.67	满足	满足	满足	满足滇池运行要求，最高水位 1 887.50 m；满足海口河生态用水要求

频率	方案集	引水规则（初拟方案）	德泽					滇池
			年引水流量（扣除损耗）/万 m^3	年发电量/万 kW·h	下游河道生态需求	昆明用水	河流生态逐月补水	
50%	方案九	①枯期 11 月—翌年 5 月引 21 m^3/s；②汛期 6—10 月引 22 m^3/s	6.536	9 150.22	满足	满足	不满足	—
	方案十	①枯期 11 月—翌年 5 月引 23 m^3/s；②汛期 6—10 月引 22 m^3/s	6.536	9 103.63	满足	满足	不满足	—
75%	方案一	①枯期 11 月—翌年 5 月引 15 m^3/s；②汛期 6—10 月引 23 m^3/s	5.607	7 524.74	满足	满足	满足	满足滇池运行要求，最高水位 1 887.50 m；满足海口河生态用水要求
	方案二	①枯期 11 月—翌年 5 月引 17 m^3/s；②汛期 6—10 月引 23 m^3/s	5.757	7 185.32	满足	满足	不满足	—
	方案三	①枯期 11 月—翌年 5 月引 19 m^3/s；②汛期 6—10 月引 23 m^3/s	5.757	7 139.68	满足	满足	不满足	—
	方案四	①枯期 11 月—翌年 5 月引 21 m^3/s；②汛期 6—10 月引 23 m^3/s	5.757	7 106.13	满足	满足	不满足	—
	方案五	①枯期 11 月—翌年 5 月引 23 m^3/s；②汛期 6—10 月引 23 m^3/s	5.757	7 084.46	满足	满足	不满足	—
	方案六	①枯期 11 月—翌年 5 月引 15 m^3/s；②汛期 6—10 月引 22 m^3/s	5.481	7 874.21	满足	满足	满足	满足滇池运行要求，最高水位 1 887.50 m；满足海口河生态用水要求
	方案七	①枯期 11 月—翌年 5 月引 17 m^3/s；②汛期 6—10 月引 22 m^3/s	5.934	7 284.50	满足	满足	不满足	满足滇池运行要求，最高水位 1 887.50 m；满足海口河生态用水要求
	方案八	①枯期 11 月—翌年 5 月引 19 m^3/s；②汛期 6—10 月引 22 m^3/s	5.934	7 233.59	满足	满足	不满足	—
	方案九	①枯期 11 月—翌年 5 月引 21 m^3/s；②汛期 6—10 月引 22 m^3/s	5.934	7 196.66	满足	满足	不满足	—
	方案十	①枯期 11 月—翌年 5 月引 23 m^3/s；②汛期 6—10 月引 22 m^3/s	5.756	7 166.65	满足	满足	不满足	—

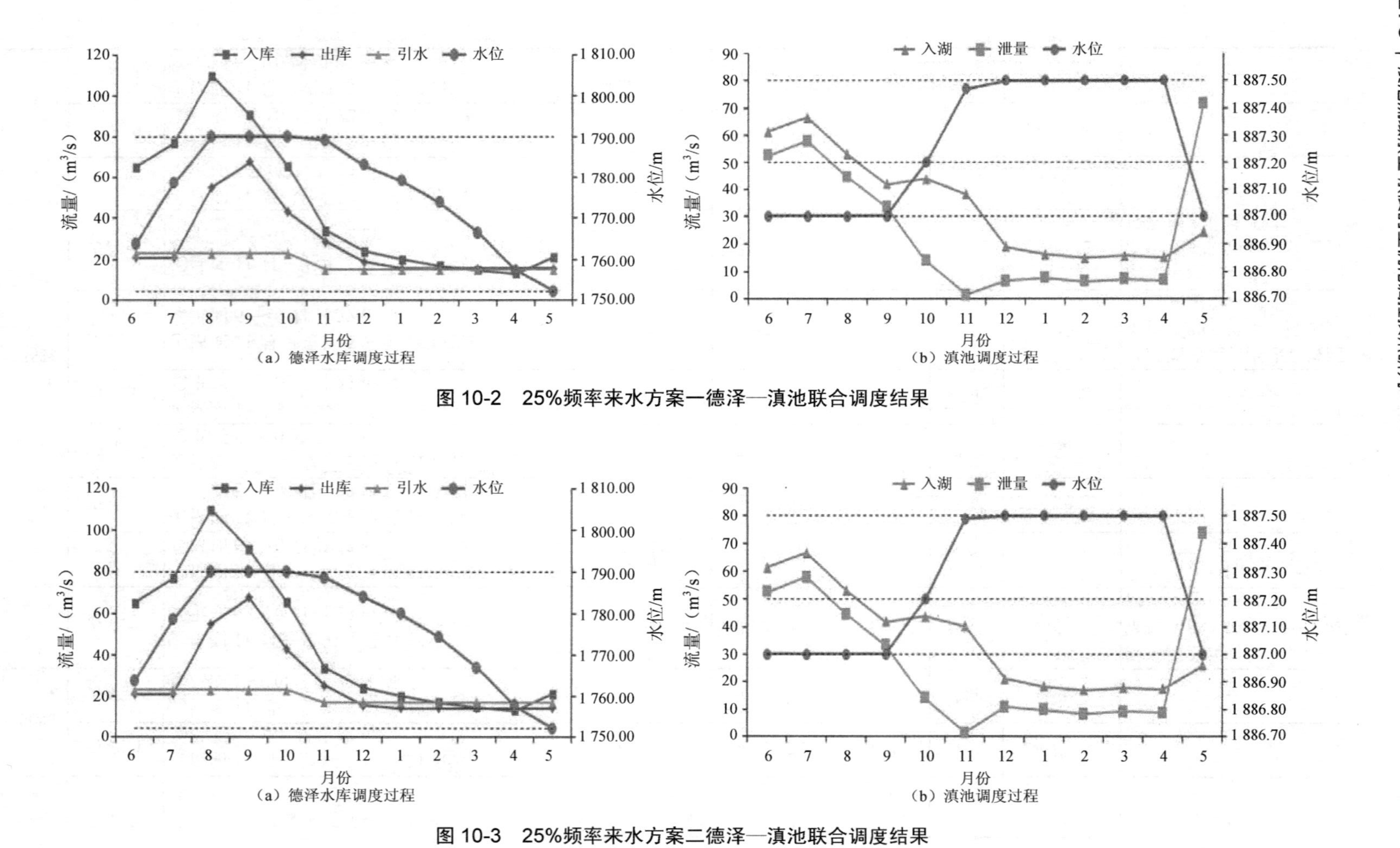

（a）德泽水库调度过程　（b）滇池调度过程

图 10-2　25%频率来水方案一德泽—滇池联合调度结果

（a）德泽水库调度过程　（b）滇池调度过程

图 10-3　25%频率来水方案二德泽—滇池联合调度结果

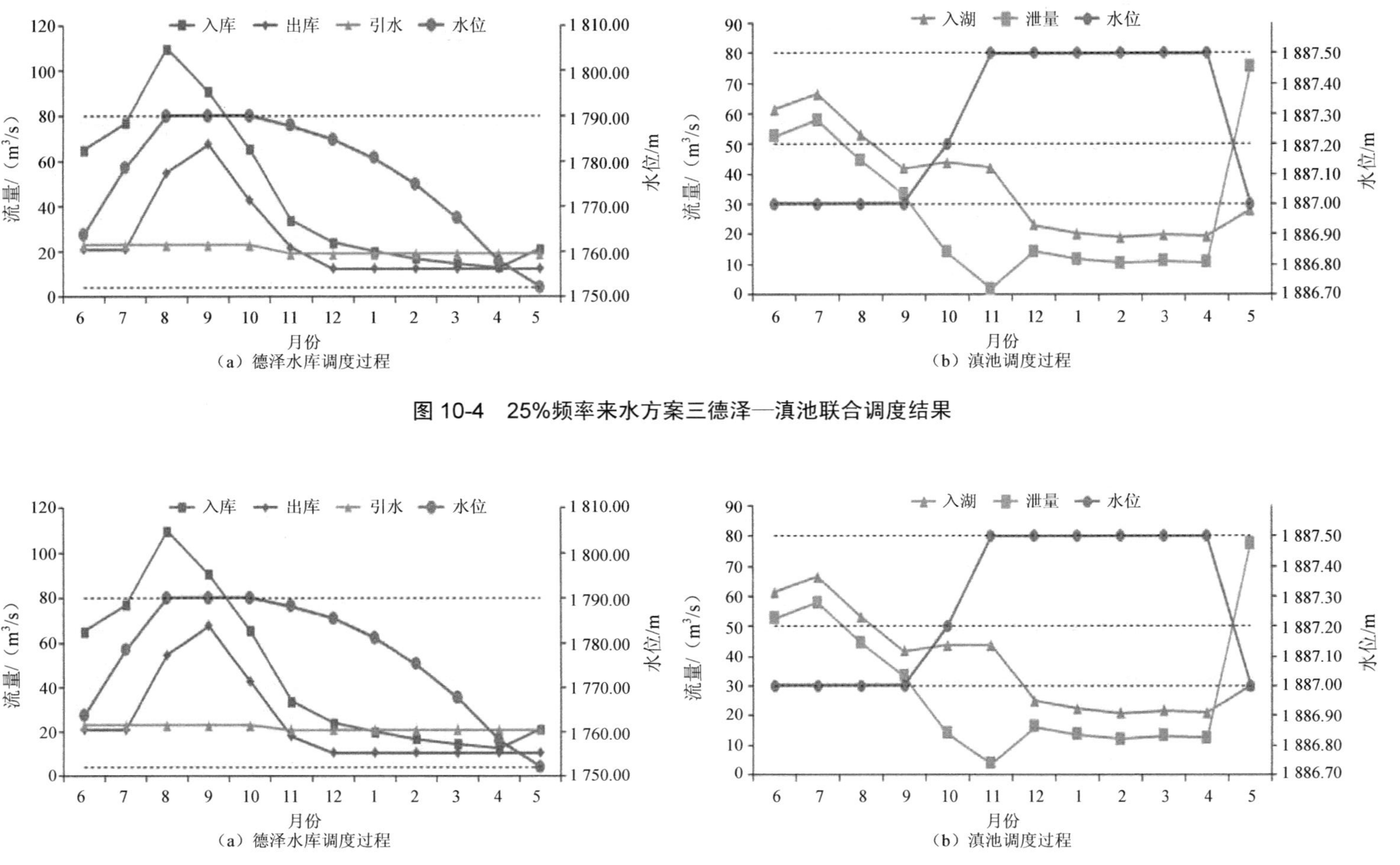

图 10-4 25%频率来水方案三德泽—滇池联合调度结果

图 10-5 25%频率来水方案四德泽—滇池联合调度结果

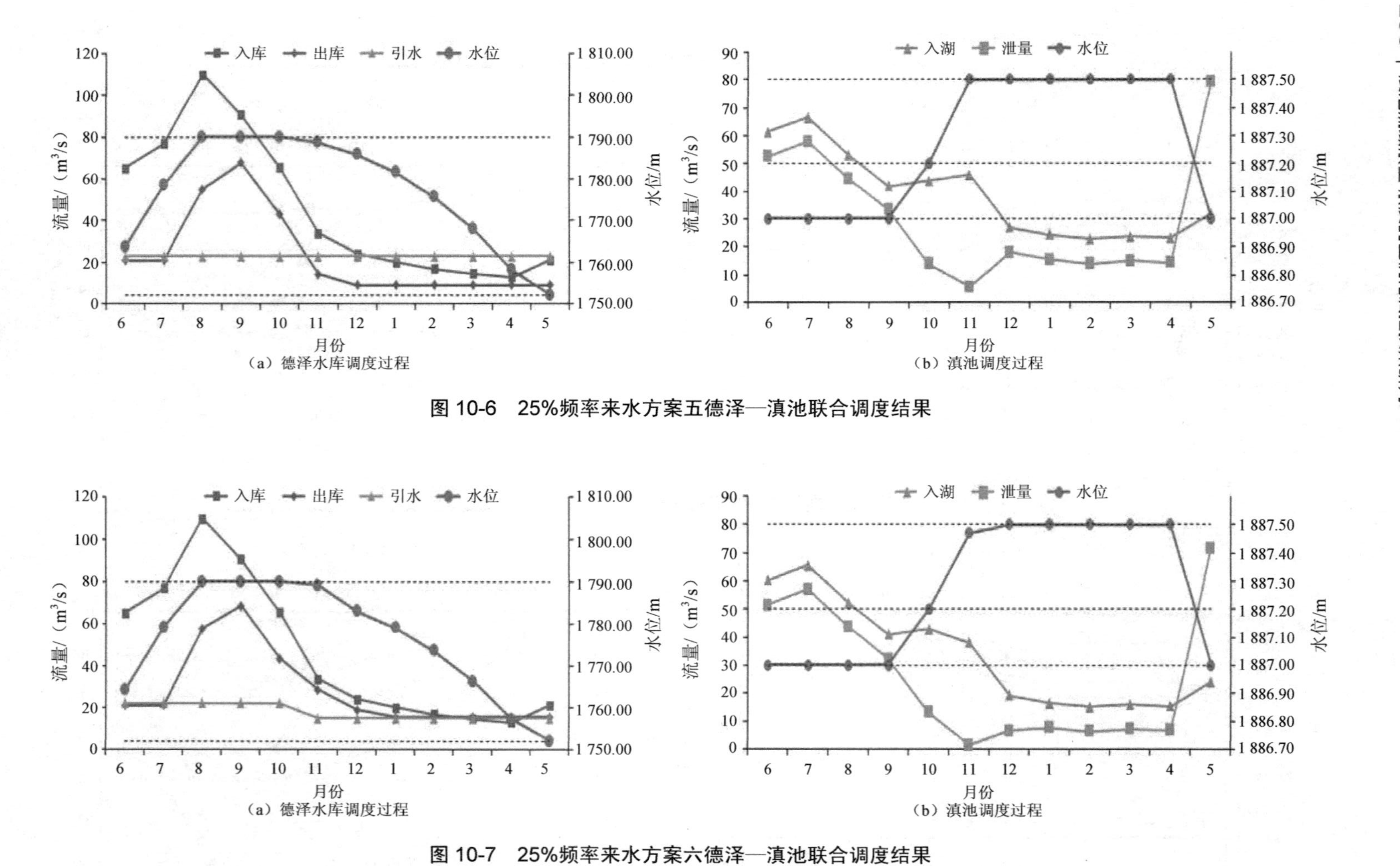

图 10-6　25%频率来水方案五德泽—滇池联合调度结果

图 10-7　25%频率来水方案六德泽—滇池联合调度结果

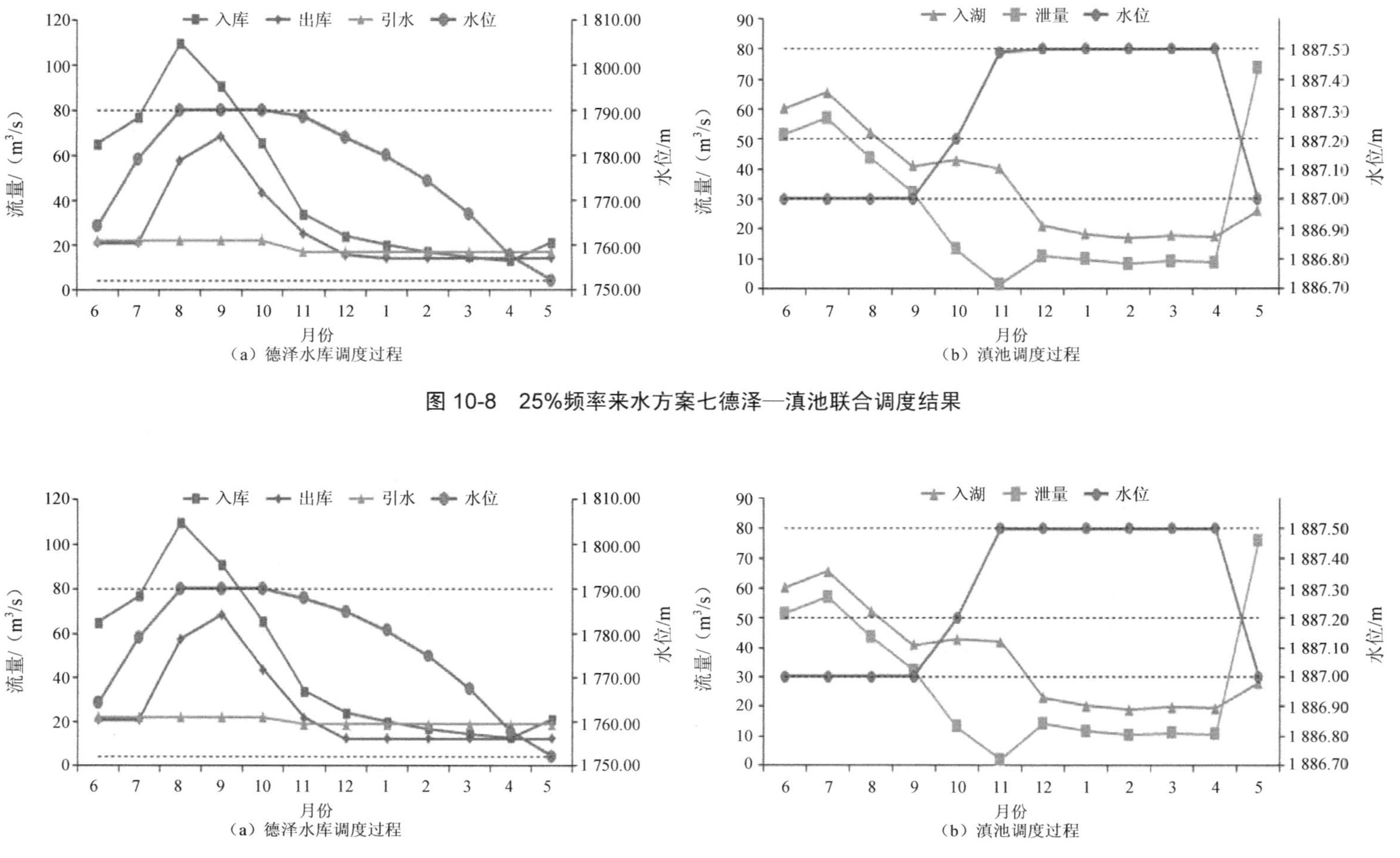

图 10-8　25%频率来水方案七德泽—滇池联合调度结果

图 10-9　25%频率来水方案八德泽—滇池联合调度结果

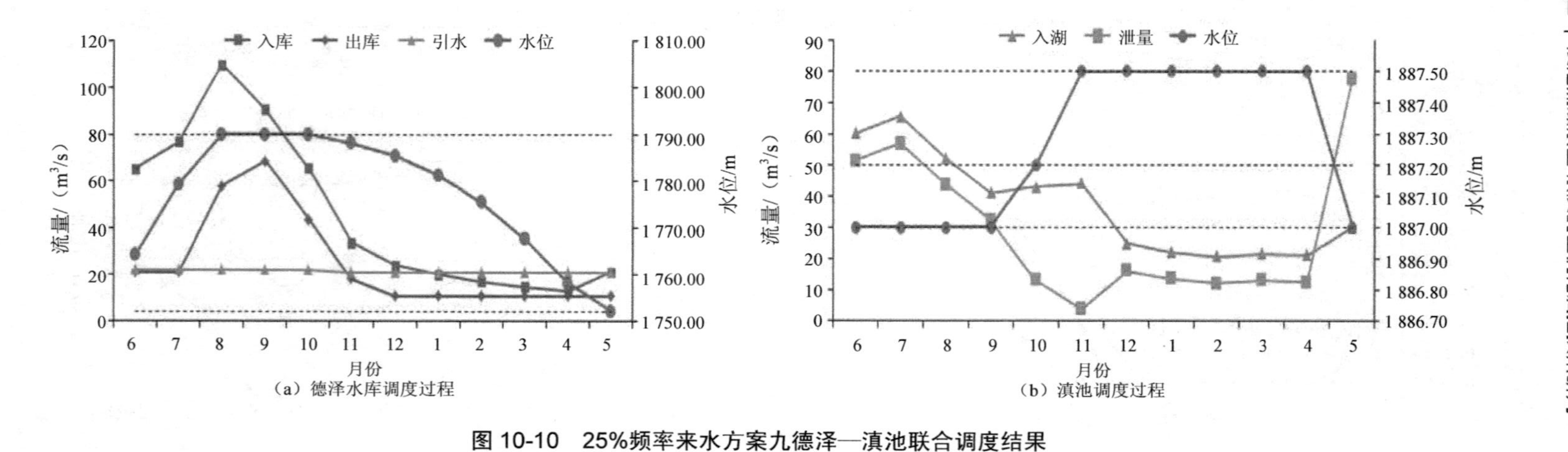

图 10-10　25%频率来水方案九德泽—滇池联合调度结果

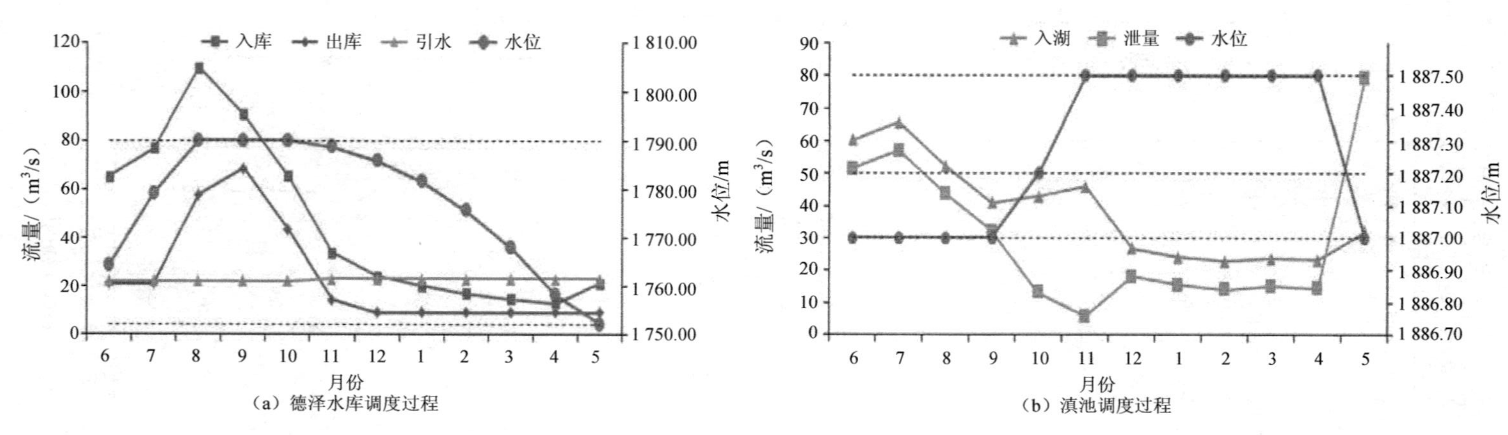

图 10-11　25%频率来水方案十德泽—滇池联合调度结果

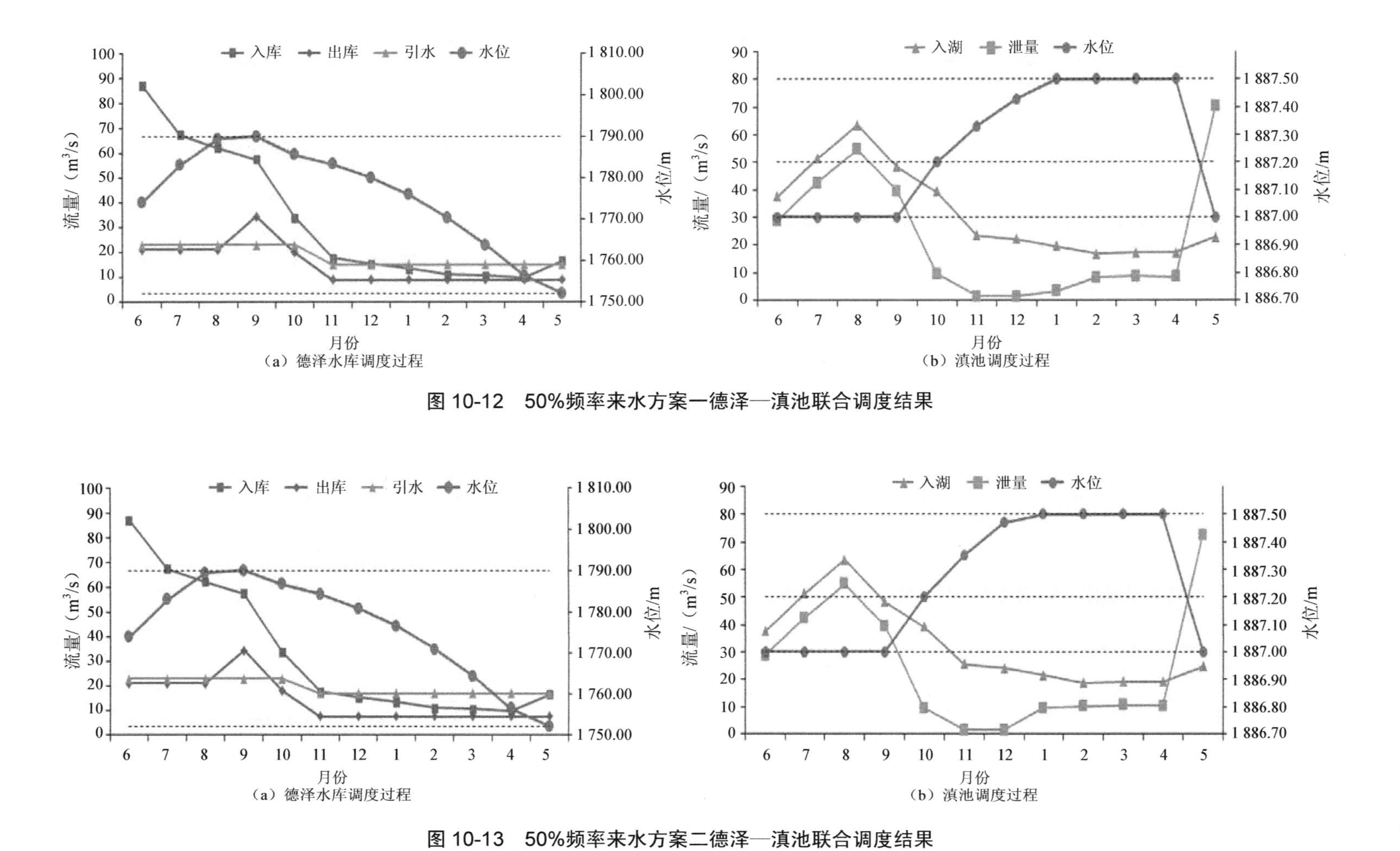

图 10-12 50%频率来水方案一德泽—滇池联合调度结果

图 10-13 50%频率来水方案二德泽—滇池联合调度结果

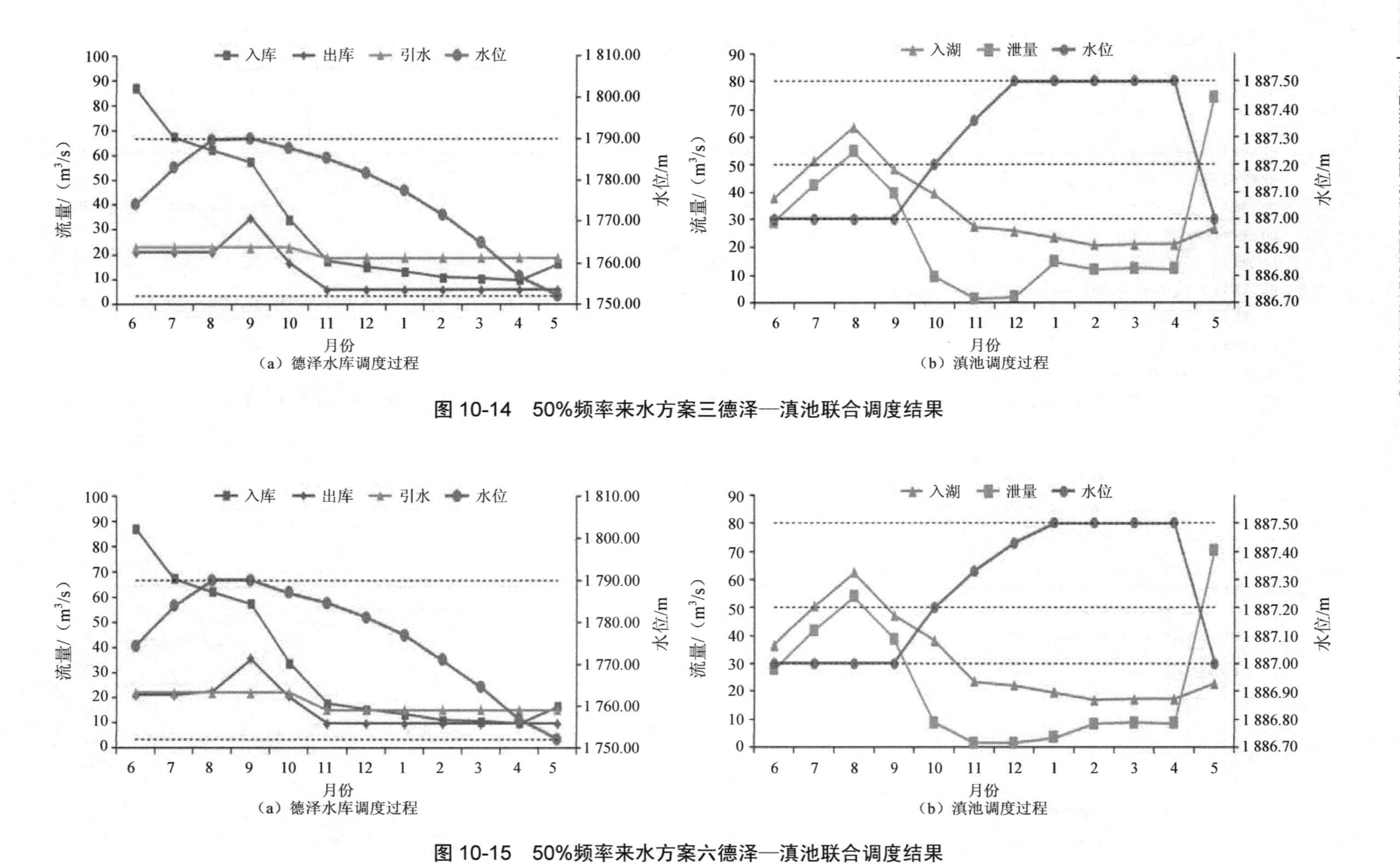

图 10-14　50%频率来水方案三德泽—滇池联合调度结果

图 10-15　50%频率来水方案六德泽—滇池联合调度结果

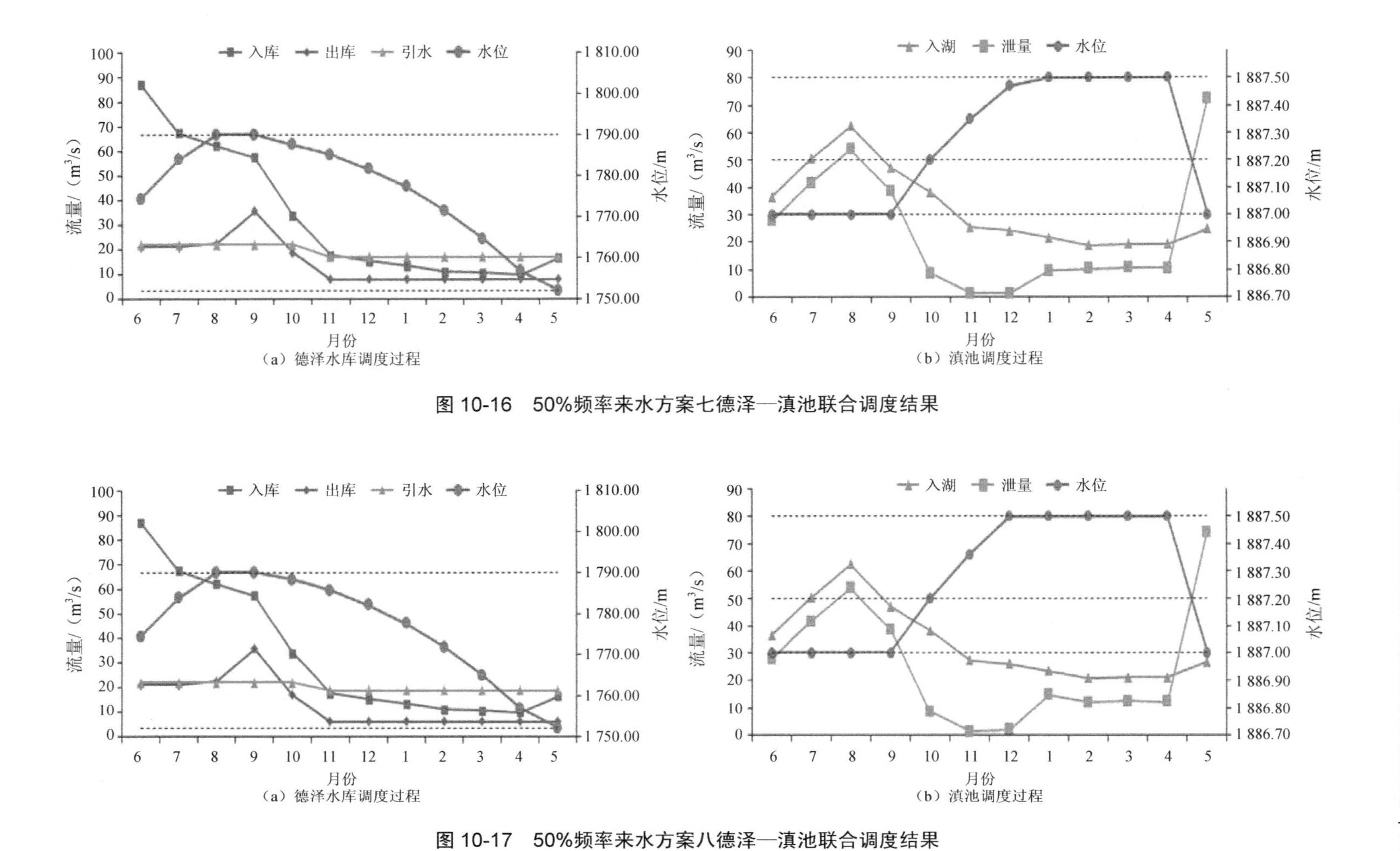

图 10-16 50%频率来水方案七德泽—滇池联合调度结果

图 10-17 50%频率来水方案八德泽—滇池联合调度结果

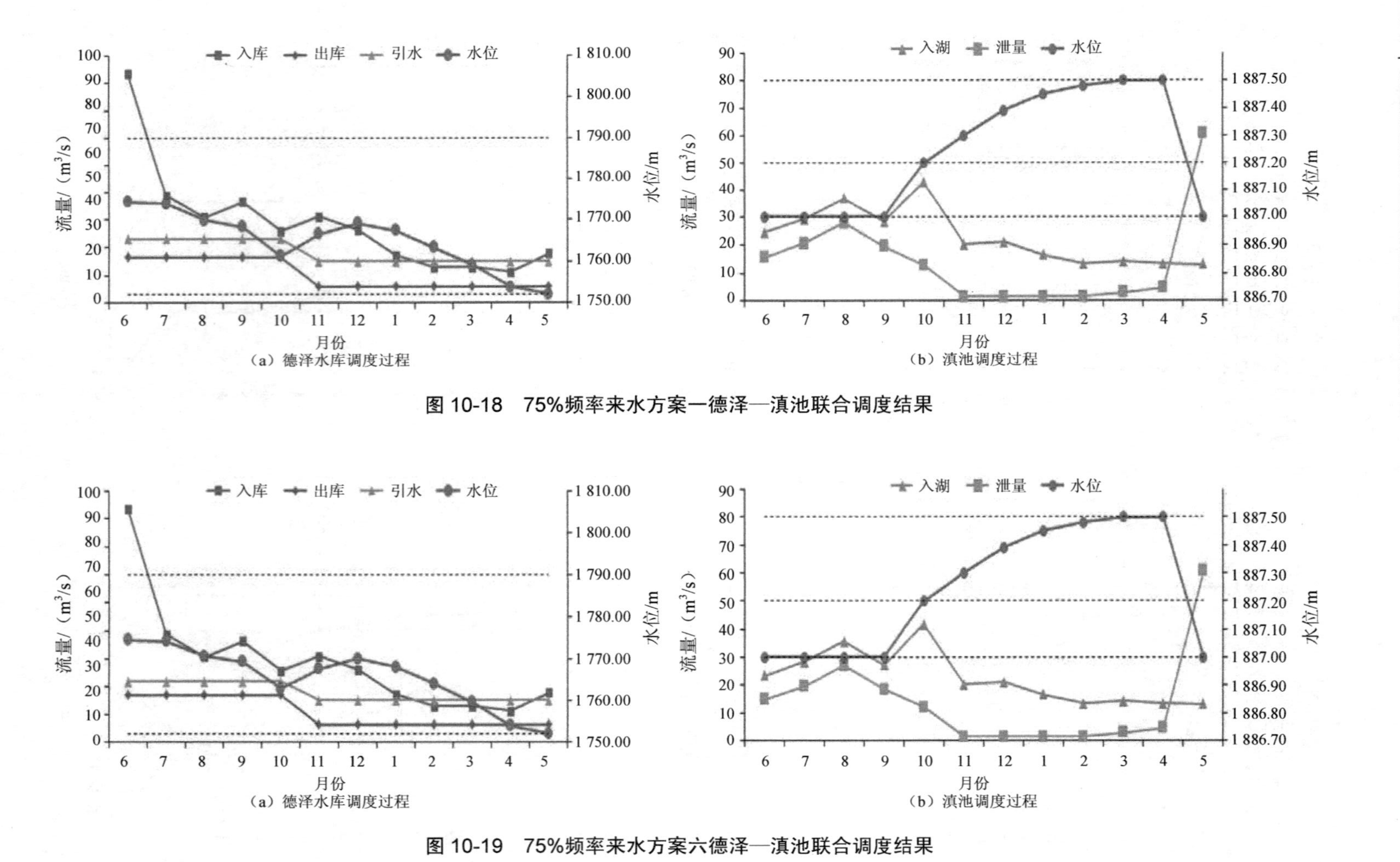

图 10-18　75%频率来水方案一德泽—滇池联合调度结果

图 10-19　75%频率来水方案六德泽—滇池联合调度结果

10.2.2 调度评价及最优方案确定

选取德泽水库年引水总量（指标一）和年发电量（指标二）作为评价联合调度方案优劣的判别指标，并分析 3 种不同权重组合下（0.4，0.6）、（0.5，0.5）、（0.6，0.4）的方案优劣度，见表 10-5。采用归一化方法计算各情境方案的优劣，若不同方案优劣度相同，为了兼顾工程本身发电效益，则选取发电量更大的方案，不同权重组合下的计算结果分别见表 10-6～表 10-8。

表 10-5 三种不同权重组合

权重组合一		权重组合二		权重组合三	
指标一	指标二	指标一	指标二	指标一	指标二
0.4	0.6	0.5	0.5	0.6	0.4

表 10-6 权重组合一（0.4，0.6）的德泽—滇池联合调度方案优劣结果

频率	方案集	指标		归一化		优劣度
		指标一	指标二	指标一	指标二	
25%	方案一	5.607	14 440.45	0.150 92	0.992 76	0.656 03（最优）
	方案二	5.965	13 787.19	0.363 64	0.776 06	0.611 09
	方案三	6.322	13 131.13	0.575 76	0.558 43	0.565 36
	方案四	6.679	12 367.35	0.787 88	0.305 07	0.498 19
	方案五	7.036	11 447.7	1.000 00	0.000 00	0.400 00
	方案六	5.481	14 451.42	0.076 05	0.996 40	0.628 26
	方案七	5.838	13 798.86	0.288 18	0.779 93	0.583 23
	方案八	6.194	13 142.01	0.499 70	0.562 04	0.537 11
	方案九	6.551	12 378.32	0.711 82	0.308 71	0.469 95
	方案十	6.908	11 458.67	0.923 95	0.003 64	0.371 76
50%	方案一	5.607	10 992.06	0.149 82	0.830 75	0.558 38
	方案二	5.965	10 219.42	0.575 51	0.420 40	0.482 44
	方案三	6.322	9 427.85	1.000 00	0.000 00	0.400 00
	方案六	5.481	11 310.75	0.000 00	1.000 00	0.600 00（最优）
	方案七	5.838	10 454.44	0.424 49	0.545 22	0.496 93
	方案八	6.194	9 555.67	0.847 80	0.067 88	0.379 85
75%	方案一	5.607	7 524.74	1.000 00	0.000 00	0.400 00
	方案六	5.481	7 874.21	0.000 00	1.000 00	0.600 00（最优）

表 10-7　权重组合二（0.5，0.5）的德泽—滇池联合调度方案优劣结果

频率	方案集	指标		归一化		优劣度
		指标一	指标二	指标一	指标二	
25%	方案一	5.607	14 440.45	0.150 92	0.992 76	0.571 84（最优）
	方案二	5.965	13 787.19	0.363 64	0.776 06	0.569 85
	方案三	6.322	13 131.13	0.575 76	0.558 43	0.567 09
	方案四	6.679	12 367.35	0.787 88	0.305 07	0.546 47
	方案五	7.036	11 447.7	1.000 00	0.000 00	0.500 00
	方案六	5.481	14 451.42	0.076 05	0.996 40	0.536 23
	方案七	5.838	13 798.86	0.288 18	0.779 93	0.534 05
	方案八	6.194	13 142.01	0.499 70	0.562 04	0.530 87
	方案九	6.551	12 378.32	0.711 82	0.308 71	0.510 27
	方案十	6.908	11 458.67	0.923 95	0.003 64	0.463 79
50%	方案一	5.607	10 992.06	0.149 82	0.830 75	0.490 28
	方案二	5.965	10 219.42	0.575 51	0.420 40	0.497 95
	方案三	6.322	9 427.85	1.000 00	0.000 00	0.500 00
	方案六	5.481	11 310.75	0.000 00	1.000 00	0.500 00（最优）
	方案七	5.838	10 454.44	0.424 49	0.545 22	0.484 86
	方案八	6.194	9 555.67	0.847 80	0.067 88	0.457 84
75%	方案一	5.607	7 524.74	1.000 00	0.000 00	0.500 00
	方案六	5.481	7 874.21	0.000 00	1.000 00	0.500 00（最优）

表 10-8　权重组合三（0.6，0.4）的德泽—滇池联合调度方案优劣结果

频率	方案集	指标		归一化		优劣度
		指标一	指标二	指标一	指标二	
25%	方案一	5.607	14 440.45	0.150 92	0.992 76	0.487 66
	方案二	5.965	13 787.19	0.363 64	0.776 06	0.528 61
	方案三	6.322	13 131.13	0.575 76	0.558 43	0.568 83
	方案四	6.679	12 367.35	0.787 88	0.305 07	0.594 75
	方案五	7.036	11 447.7	1.000 00	0.000 00	0.600 00（最优）
	方案六	5.481	14 451.42	0.076 05	0.996 40	0.444 19
	方案七	5.838	13 798.86	0.288 18	0.779 93	0.484 88
	方案八	6.194	13 142.01	0.499 70	0.562 04	0.524 64
	方案九	6.551	12 378.32	0.711 82	0.308 71	0.550 58
	方案十	6.908	11 458.67	0.923 95	0.003 64	0.555 82
50%	方案一	5.607	10 992.06	0.149 82	0.830 75	0.422 19
	方案二	5.965	10 219.42	0.575 51	0.420 40	0.513 46
	方案三	6.322	9 427.85	1.000 00	0.000 00	0.600 00（最优）
	方案六	5.481	11 310.75	0.000 00	1.000 00	0.400 00
	方案七	5.838	10 454.44	0.424 49	0.545 22	0.472 78
	方案八	6.194	9 555.67	0.847 80	0.067 88	0.535 83
75%	方案一	5.607	7 524.74	1.000 00	0.000 00	0.400 00
	方案六	5.481	7 874.21	0.000 00	1.000 00	0.600 00（最优）

通过表 10-5～表 10-8 计算结果汇总，得到不同权重组合、来水频率下的最优引水方案，见表 10-9。

表 10-9 不同权重组合、来水频率下的最优引水方案

权重组合	频率	最优方案集	引水规则
权重组合一（0.4，0.6）	25%	方案一	①枯期 11 月—翌年 5 月引 15 m^3/s； ②汛期 6—10 月引 22 m^3/s
	50%	方案六	①枯期 11 月—翌年 5 月引 15 m^3/s； ②汛期 6—10 月引 22 m^3/s
	75%	方案六	①枯期 11 月—翌年 5 月引 15 m^3/s； ②汛期 6—10 月引 22 m^3/s
权重组合二（0.5，0.5）	25%	方案一	①枯期 11 月—翌年 5 月引 15 m^3/s； ②汛期 6—10 月引 23 m^3/s
	50%	方案六	①枯期 11 月—翌年 5 月引 15 m^3/s； ②汛期 6—10 月引 22 m^3/s
	75%	方案六	①枯期 11 月—翌年 5 月引 15 m^3/s； ②汛期 6—10 月引 22 m^3/s
权重组合三（0.6，0.4）	25%	方案五	①枯期 11 月—翌年 5 月引 23 m^3/s； ②汛期 6—10 月引 23 m^3/s
	50%	方案三	①枯期 11 月—翌年 5 月引 19 m^3/s； ②汛期 6—10 月引 23 m^3/s
	75%	方案六	①枯期 11 月—翌年 5 月引 15 m^3/s； ②汛期 6—10 月引 22 m^3/s

本次研究现状年推荐权重组合（0.6，0.4）条件下的最优调度方案，即

①丰水年，情景方案五：枯期 11 月—翌年 5 月引 23 m^3/s，汛期 6—10 月引 23 m^3/s；

②平水年，情景方案三：枯期 11 月—翌年 5 月引 19 m^3/s，汛期 6—10 月引 23 m^3/s；

③枯水年，情景方案六：枯期 11 月—翌年 5 月引 15 m^3/s，汛期 6—10 月引 22 m^3/s。

各方案补水配置及滇池运行结果见表 10-10～表 10-15。

表 10-10 丰水年推荐方案补水配置结果

时段	昆明用水	草海	外海						德泽引水（扣除损耗）
			盘龙江	宝象河	马料河	洛龙河	捞鱼河	梁王河	
6 月	3.47	3.17	8.43	3.04	1.11	1.20	1.18	0.71	22.31
7 月	3.47	3.17	9.18	2.81	0.64	1.68	0.69	0.66	22.31
8 月	3.47	3.17	9.58	2.97	0.50	1.48	0.62	0.52	22.31
9 月	3.47	3.17	9.57	3.01	0.58	1.36	0.61	0.53	22.31
10 月	3.47	3.17	9.13	2.94	0.77	1.50	0.81	0.50	22.31
11 月	3.47	3.17	8.37	3.01	1.11	1.31	1.17	0.71	22.31

时段	昆明用水	草海	外海						德泽引水（扣除损耗）
			盘龙江	宝象河	马料河	洛龙河	捞鱼河	梁王河	
12 月	3.47	3.17	8.47	3.05	1.12	1.12	1.19	0.72	22.31
1 月	3.47	3.17	8.47	3.05	1.12	1.12	1.19	0.72	22.31
2 月	3.47	3.17	8.47	3.05	1.12	1.12	1.19	0.71	22.31
3 月	3.47	3.17	8.47	3.05	1.12	1.12	1.19	0.72	22.31
4 月	3.47	3.17	8.47	3.05	1.12	1.12	1.18	0.72	22.31
5 月	3.47	3.17	8.42	3.03	1.12	1.21	1.18	0.72	22.31
均值/(m^3/s)	3.47	3.17	8.75	3.01	0.95	1.28	1.02	0.66	22.31
总水量/亿 m^3	1.09	1.00	2.76	0.95	0.30	0.40	0.32	0.21	7.04

注：昆明用水+草海+外海=德泽引水，其中引水流量先分配到盘龙江、宝象河、马料河、洛龙河、捞鱼河、梁王河 6 条河流再进入外海。

表 10-11　丰水年推荐方案滇池调度结果

P=25%	滇池						
	入湖	蒸发	水位	海口河下泄	西园隧洞		
					泄洪	清污置换	排污
6 月	61.30	8.70	1 887.00	24.77	27.83	3.17	9.00
7 月	66.60	8.70	1 887.00	30.07	27.83	3.17	9.00
8 月	53.30	8.70	1 887.00	16.77	27.83	3.17	9.00
9 月	41.90	8.70	1 887.00	5.37	27.83	3.17	9.00
10 月	43.80	8.70	1 887.20	1.74	12.11	3.17	9.00
11 月	38.10	8.70	1 887.47	1.74	0.00	3.17	9.00
12 月	19.10	8.70	1 887.50	6.61	0.00	3.17	9.00
1 月	16.40	8.70	1 887.50	7.70	0.00	3.17	9.00
2 月	15.10	8.70	1 887.50	6.40	0.00	3.17	9.00
3 月	15.90	8.70	1 887.50	7.20	0.00	3.17	9.00
4 月	15.40	8.70	1 887.50	6.70	0.00	3.17	9.00
5 月	24.20	8.70	1 887.00	71.75	0.00	3.17	9.00
均值/（m^3/s）	34.26	8.70	—	15.55	10.30	3.17	9.00
总量/亿 m^3	10.804	2.744		4.90	3.25	1.00	2.84

表 10-12　平水年推荐方案补水配置结果

时段	昆明用水	草海	外海						德泽引水（扣除损耗）
			盘龙江	宝象河	马料河	洛龙河	捞鱼河	梁王河	
6 月	3.47	3.17	8.43	3.04	1.11	1.20	1.18	0.71	22.31
7 月	3.47	3.17	9.18	2.81	0.64	1.68	0.69	0.66	22.31
8 月	3.47	3.17	9.58	2.97	0.50	1.48	0.62	0.52	22.31
9 月	3.47	3.17	9.57	3.01	0.58	1.36	0.61	0.53	22.31
10 月	3.47	3.17	9.13	2.94	0.77	1.50	0.81	0.50	22.31

时段	昆明用水	草海	外海						德泽引水（扣除损耗）
			盘龙江	宝象河	马料河	洛龙河	捞鱼河	梁王河	
11 月	3.47	3.17	6.30	2.27	0.84	0.98	0.88	0.53	18.43
12 月	3.47	3.17	6.37	2.29	0.84	0.84	0.89	0.54	18.43
1 月	3.47	3.17	6.37	2.29	0.84	0.84	0.89	0.54	18.43
2 月	3.47	3.17	6.37	2.29	0.84	0.84	0.89	0.54	18.43
3 月	3.47	3.17	6.37	2.29	0.84	0.84	0.89	0.54	18.43
4 月	3.47	3.17	6.38	2.30	0.85	0.85	0.89	0.54	18.43
5 月	3.47	3.17	6.34	2.28	0.84	0.91	0.89	0.54	18.43
均值/(m^3/s)	3.47	3.17	7.53	2.57	0.79	1.11	0.85	0.56	20.05
总水量/亿 m^3	1.09	1.00	2.38	0.81	0.25	0.35	0.27	0.18	6.32

注：昆明用水+草海+外海=德泽引水，其中外海引水流量先分配到盘龙江、宝象河、马料河、洛龙河、捞鱼河、梁王河 6 条河流再进入外海。

表 10-13　平水年推荐方案滇池调度结果

P=50%	滇池						
	入湖	蒸发	水位	海口河下泄	西园隧洞		
					泄洪	清污置换	排污
6 月	37.5	8.7	1 887.00	1.74	27.06	3.17	9.00
7 月	51.3	8.7	1 887.00	14.77	27.83	3.17	9.00
8 月	63.4	8.7	1 887.00	26.87	27.83	3.17	9.00
9 月	48.3	8.7	1 887.00	11.77	27.83	3.17	9.00
10 月	39.3	8.7	1 887.20	1.74	7.98	3.17	9.00
11 月	27.4	8.7	1 887.36	1.74	0	3.17	9.00
12 月	25.9	8.7	1 887.50	1.93	0	3.17	9.00
1 月	23.5	8.7	1 887.50	14.8	0	3.17	9.00
2 月	20.8	8.7	1 887.50	12.1	0	3.17	9.00
3 月	21.2	8.7	1 887.50	12.5	0	3.17	9.00
4 月	21.1	8.7	1 887.50	12.4	0	3.17	9.00
5 月	26.6	8.7	1 887.00	74.15	0	3.17	9.00
均值/（m^3/s）	33.86	8.7	—	15.54	9.88	3.17	9.00
总量/亿 m^3	10.678	2.744		4.90	3.11	1.00	2.84

表 10-14　枯水年推荐方案补水配置结果

时段	昆明用水	草海	外海						德泽引水（扣除损耗）
			盘龙江	宝象河	马料河	洛龙河	捞鱼河	梁王河	
6 月	3.47	3.17	7.90	2.85	1.04	1.13	1.11	0.67	21.34
7 月	3.47	3.17	8.61	2.64	0.60	1.57	0.65	0.62	21.34
8 月	3.47	3.17	8.99	2.79	0.47	1.39	0.58	0.49	21.34
9 月	3.47	3.17	8.98	2.82	0.54	1.27	0.58	0.50	21.34

时段	昆明用水	草海	外海						德泽引水（扣除损耗）
			盘龙江	宝象河	马料河	洛龙河	捞鱼河	梁王河	
10 月	3.47	3.17	8.57	2.76	0.72	1.41	0.76	0.47	21.34
11 月	3.47	3.17	4.22	1.52	0.56	0.66	0.59	0.36	14.55
12 月	3.47	3.17	4.28	1.54	0.57	0.57	0.60	0.36	14.55
1 月	3.47	3.17	4.28	1.54	0.57	0.57	0.60	0.36	14.55
2 月	3.47	3.17	4.28	1.54	0.57	0.57	0.60	0.36	14.55
3 月	3.47	3.17	4.28	1.54	0.57	0.57	0.60	0.36	14.55
4 月	3.47	3.17	4.28	1.54	0.57	0.57	0.60	0.36	14.55
5 月	3.47	3.17	4.25	1.53	0.56	0.61	0.60	0.36	14.55
均值/(m^3/s)	3.47	3.17	6.08	2.05	0.61	0.91	0.66	0.44	17.38
总水量/亿 m^3	1.09	1.00	1.92	0.65	0.19	0.29	0.21	0.14	5.48

注：昆明用水+草海+外海=德泽引水，其中外海引水流量先分配到盘龙江、宝象河、马料河、洛龙河、捞鱼河、梁王河 6 条河流再进入外海。

表 10-15　枯水年推荐方案滇池调度结果

P=75%	滇池						
	入湖	蒸发	水位	海口河下泄	西园隧洞		
					泄洪	清污置换	排污
6 月	23.51	8.70	1 887.00	1.74	13.06	3.17	9.00
7 月	28.36	8.70	1 887.00	1.74	17.96	3.17	9.00
8 月	35.70	8.70	1 887.00	1.74	25.26	3.17	9.00
9 月	27.32	8.70	1 887.00	1.74	16.86	3.17	9.00
10 月	41.72	8.70	1 887.20	1.74	10.28	3.17	9.00
11 月	20.25	8.70	1 887.30	1.74	0	3.17	9.00
12 月	21.09	8.70	1 887.39	1.74	0	3.17	9.00
1 月	16.55	8.70	1 887.45	1.74	0	3.17	9.00
2 月	13.30	8.70	1 887.48	1.74	0	3.17	9.00
3 月	14.18	8.70	1 887.50	2.90	0	3.17	9.00
4 月	13.32	8.70	1 887.50	4.60	0	3.17	9.00
5 月	13.10	8.70	1 887.00	60.65	0	3.17	9.00
均值/（m^3/s）	22.37	8.70	—	6.98	6.95	3.17	9.00
总量/亿 m^3	7.053	2.744		2.20	2.19	1.00	2.84

10.3　德泽水库—滇池联合优化调度（2020 年）

2020 年的情境方案设置与现状年相同，且情境模拟方法、方案评价方法以及方案优选与现状年一致。但与现状年相比，2020 年的补水方案主要体现在以下几个需求发生了变化：

①现状年取水 10 950 万 m^3，而 2020 年取水 1 048 万 m^3；②海口河现状年最小生态水量 0.55 亿 m^3，而 2020 年最小生态水量 0.364 7 亿 m^3；③2020 年规划生产再生水 3 110 万 m^3，扣除这部分再生水后，仍占用了西园隧洞 8.2 m^3/s 的泄洪能力。

由于 2020 年补水需求量比现状年更小，因此，通过模拟计算，2020 年的可行方案数比现状年更多。通过方案评价，本次研究 2020 年推荐权重组合（0.6，0.4）条件下的最优调度方案，即：

①丰水年，情景方案五：枯期 11 月—翌年 5 月引 23 m^3/s，汛期 6—10 月引 23 m^3/s；

②平水年，情景方案四：枯期 11 月—翌年 5 月引 21 m^3/s，汛期 6—10 月引 23 m^3/s；

③枯水年，情景方案八：枯期 11 月—翌年 5 月引 19 m^3/s，汛期 6—10 月引 22 m^3/s。

10.4 优化调度下入湖河道水量和负荷模拟

上述调度是着重资源利用角度来综合考虑最优引水方案。为了准确评估牛栏江引水调度对滇池的改善效应，还需增加湖体水质改善的环节。也就是说，从防洪、发电和引、补水量和水环境改善 4 个方面综合分析评估，得到各种工况下最佳的调度方案。滇池湖体水环境模拟分析评价由相关章节来介绍，本部分研究着重根据不同来水频率工况，根据《滇池流域水环境承载力与容量总量控制优化方案建议》设置调度情景，滇池湖体水环境模拟部分则根据不同调度情景，确定相对最优的调度方案和规则。

10.4.1 近期水平年入湖水量过程模拟预测

近期规划水平年（2020 年）滇池外流域补水仍然以牛栏江—滇池补水工程来水为主，经盘龙江清水通道进入滇池外海。排污方面，由于未来滇池流域仍处于城镇化进程快速发展期，生活和工业用水持续增加，相应的排污量也会加大。据预测“十三五”期间，2015 年滇池流域污水产生量为 3.6 亿 m^3，2020 年滇池流域污水产生量为 4.1 亿 m^3，其中外海汇水区的城镇污水量为 2.6 亿 m^3。

从滇池流域总的入湖水量情况看，丰水年（P=10%）情景下，滇池入湖总水量为 14.75 亿 m^3，其中外海入湖量为 13.51 亿 m^3，占 91.64%；草海入湖量为 1.23 亿 m^3，占 8.36%。平水年（P=50%）情景下，滇池入湖总水量为 12.87 亿 m^3，其中外海入湖量为 11.79 亿 m^3，占 91.56%；草海入湖量为 1.09 亿 m^3，占 8.44%。枯水年（P=90%）情景下，滇池入湖总水量为 9.24 亿 m^3，其中外海入湖量为 8.26 亿 m^3，占 89.36%；草海入湖量为 0.98 亿 m^3，占 10.64%。

从入湖径流过程模拟结果（图 10-20）来看，滇池流域入湖流量过程与降雨过程比较一致。滇池流域入湖流量自 5 月份开始增加，最大流量出现在 6 月、7 月、8 月，在 3 种典型水文年不同水情条件下，6—9 月的入湖流量约占年入湖径流总量的 50%。

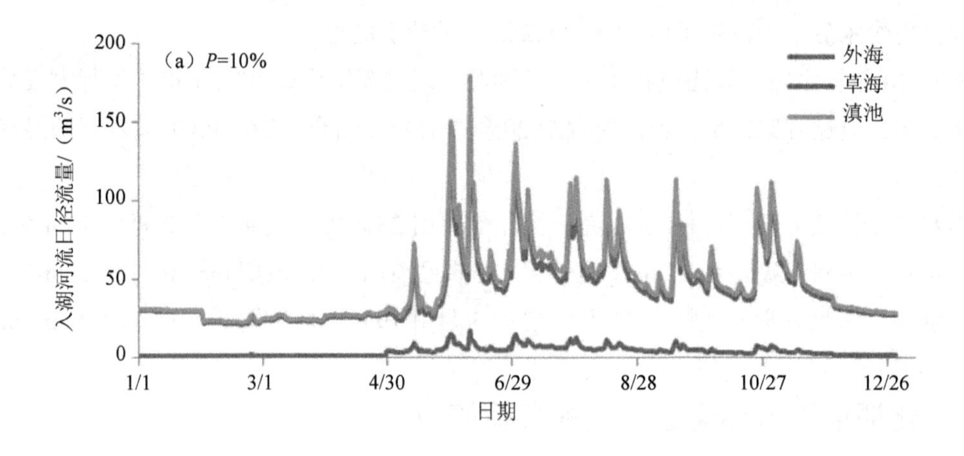

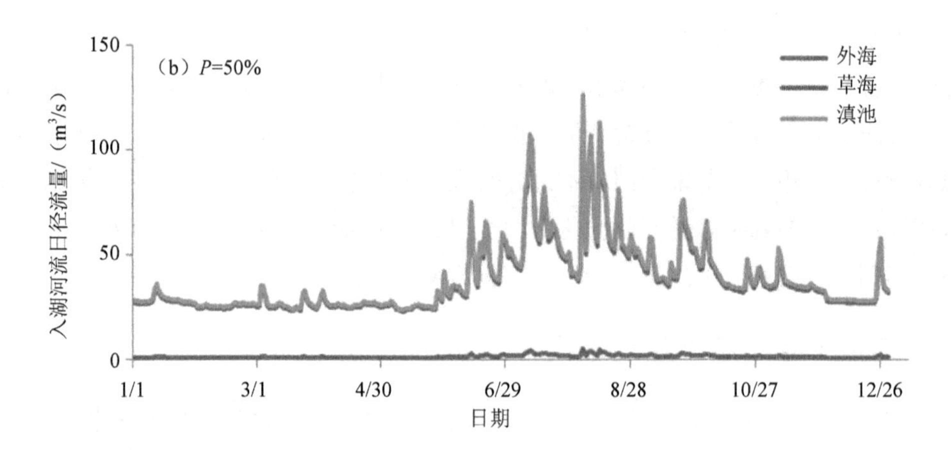

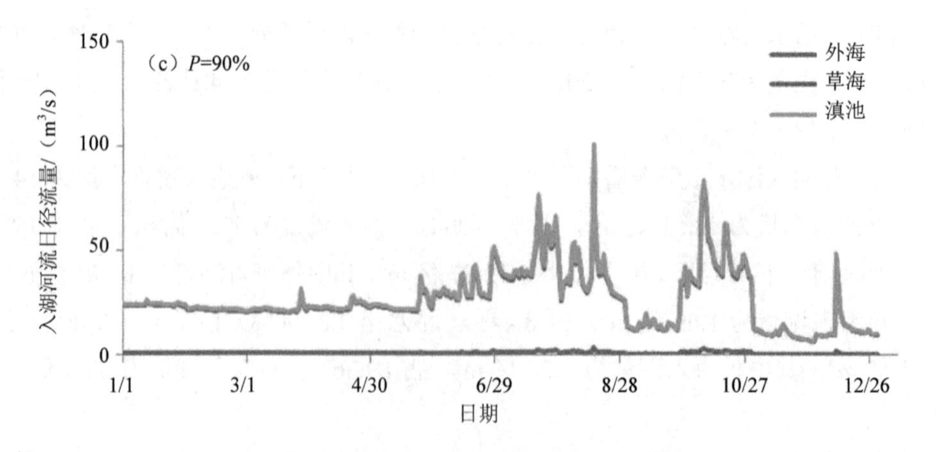

图 10-20　2020 年滇池入湖水量过程

由于牛栏江—滇池补水工程来水由盘龙江入滇池，盘龙江入湖流量最大，P=10%、P=50%和 P=90%情景下，盘龙江流量分别为 7.09 亿 m^3、6.82 亿 m^3 和 4.68 亿 m^3，分别占总流量的 48.10%、52.99%和 50.69%。其次是散流区，P=10%、P=50%和 P=90%情景下，流量分别为 1.72 亿 m^3、1.39 m^3 和 1.18 m^3，分别占总流量的 11.66%、10.79%和 12.79%。流量最小的为西坝河，P=10%、P=50%和 P=90%情景下进入草海的流量分别为 0.002 7 亿 m^3、0.000 8 亿 m^3 和 0.000 5 亿 m^3，分别占总流量的 0.09%、0.06%和 0.07%。其余各区域流量占总流量的 0.53%～6.36%，详细结果见图 10-21。

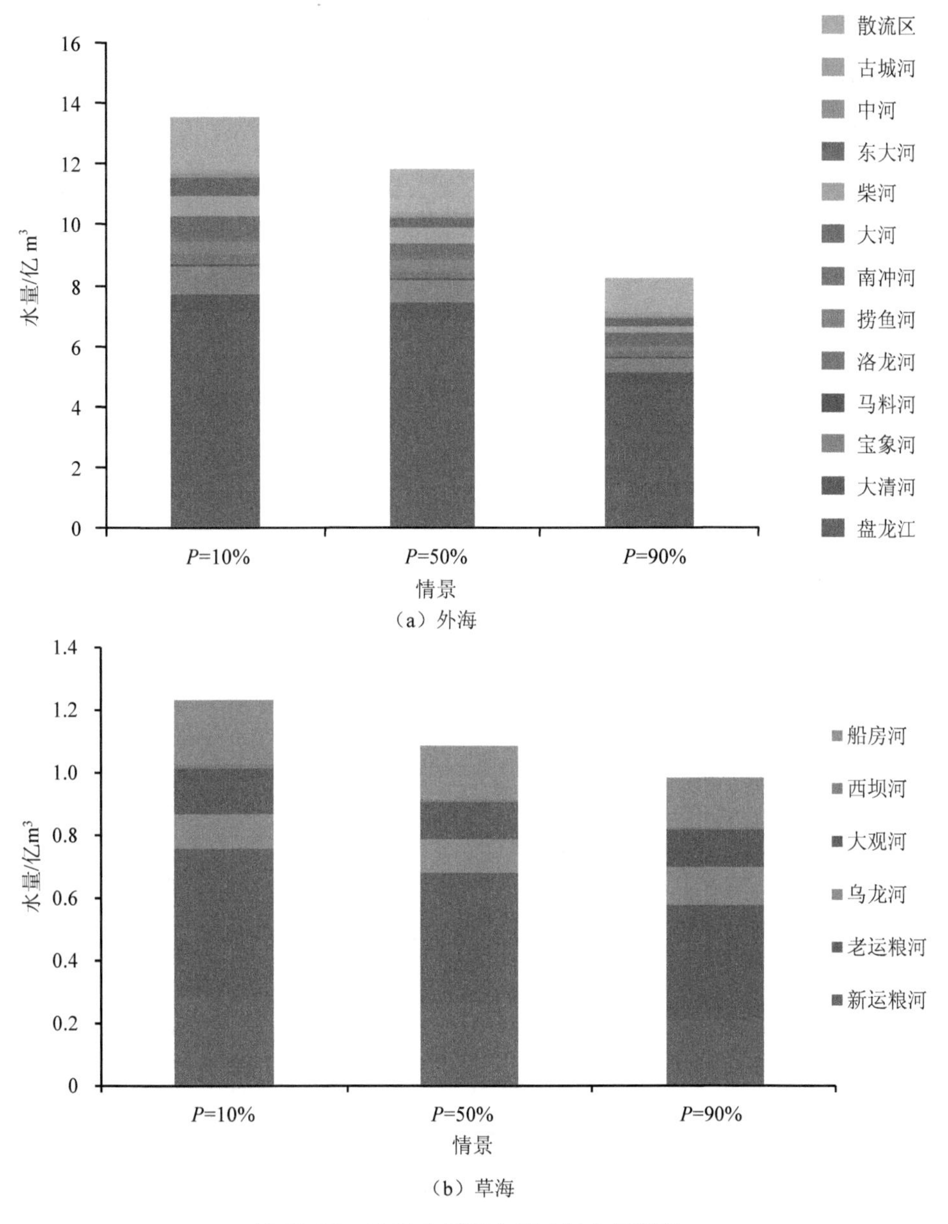

图 10-21 2020 年滇池入湖水量空间特征

10.4.2 远期水平年入湖过程模拟及预测分析

依据《滇池流域城乡供水水资源保障规划》（2012—2040 年），2030 年滇池流域新增生活和工业用水 1.32 亿 m^3，新增的可供水量由滇中引水置换当地水源部分供水量（包括云龙水库和清水海水库），相应的排污量按回归系数计算，排污量大约为 1.056 亿 m^3。此外，由于 2030 年牛栏江供水对象发生了变化（大部分水量转供曲靖），远期水平年牛栏江引水进入滇池的水量大幅度下降，由滇中引水替代。滇中引水除了进入盘龙江之外，还有一部分进入宝象河，2030 年入滇池水量会进一步增加。

丰水年情景（P=10%）下，滇池入湖总水量为 16.06 亿 m^3，其中外海入湖水量为 14.51 亿 m^3，占 90.31%；草海入湖水量为 1.56 亿 m^3，占 9.69%。平水年情景（P=50%）下，滇池入湖总水量为 13.88 亿 m^3，其中外海入湖水量为 12.49 亿 m^3，占 89.98%；草海入湖水量为 1.39 亿 m^3，占 10.02%。枯水年情景（P=90%）下，滇池入湖总水量为 13.35 亿 m^3，其中外海入湖水量为 12.11 亿 m^3，占 90.67%；草海入湖水量为 1.24 亿 m^3，占 9.33%。在 3 种典型水文年情境下，6—9 月的流量均约占总流量的 45%。各典型水文年入湖流量过程详如图 10-22 所示。

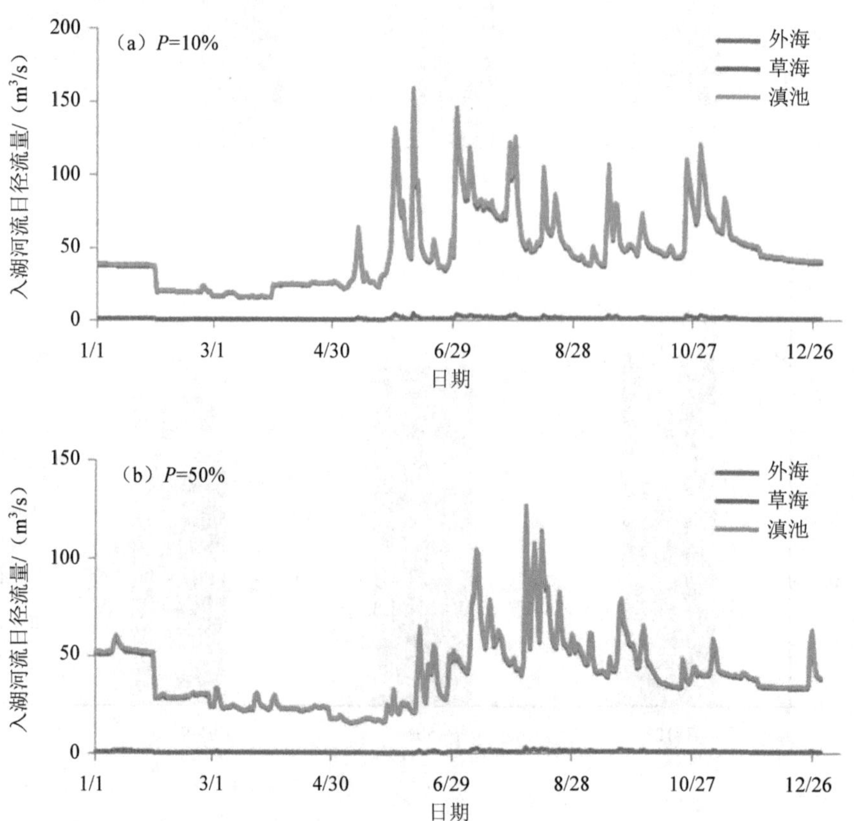

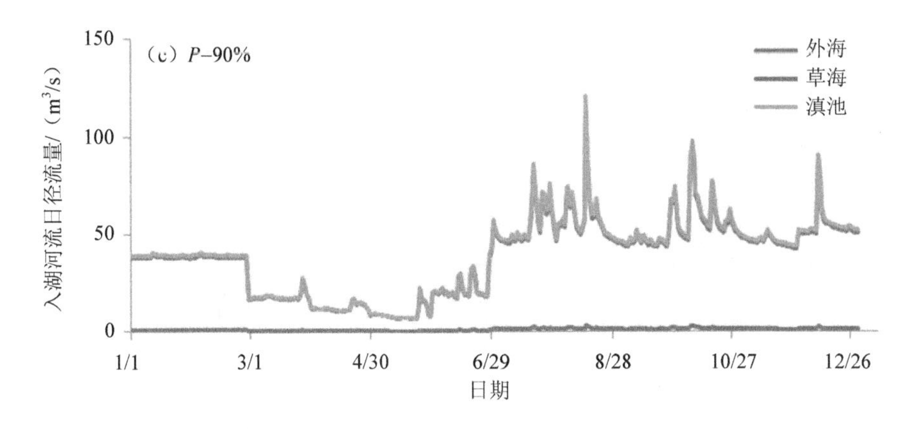

图 10-22　2030 年滇池入湖水量过程

与 2020 年类似，盘龙江入湖流量值最大，*P*=10%、*P*=50%和 *P*=90%情景下，盘龙江入湖径流量分别为 6.29 亿 m^3、5.91 亿 m^3 和 6.22 亿 m^3，分别占总径流量的 52.43%、42.58%和 46.56%；其次是散流区（难以并入入湖河流流域的滇池环湖区域），*P*=10%、*P*=50%和 *P*=90%情景下，径流量分别为 1.95 亿 m^3、1.62 m^3 和 1.41 m^3，分别占总径流量的 16.26%、11.68%和 10.59%；流量最小的为西坝河，*P*=10%、*P*=50%和 *P*=90%情景下进入草海的径流量分别为 0.015 亿 m^3、0.010 亿 m^3 和 0.008 亿 m^3，分别占总流量的 0.13%、0.07%和 0.06%。其余各区域径流量占总径流量的 0.40%～6.63%。各分区入湖径流量空间分布见图 10-23 所示。

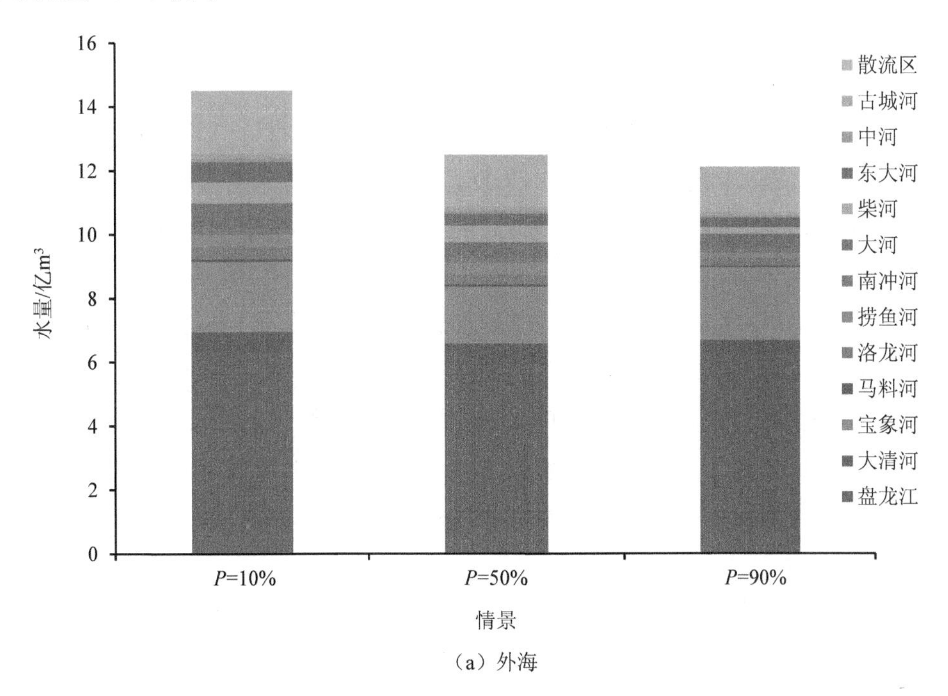

（a）外海

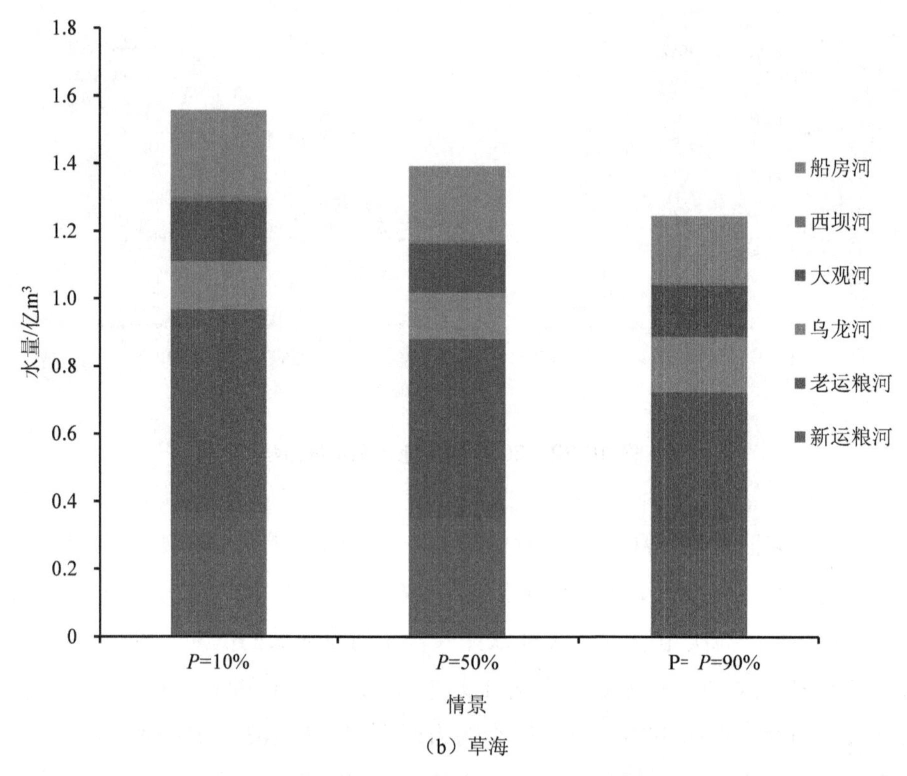

（b）草海

图 10-23　2030 年滇池入湖水量空间特征

10.4.3　近期水平年入湖水质过程模拟及预测分析

（1）高锰酸盐指数 COD_{Mn}

滇池流域入湖河流的 COD_{Mn} 浓度基本符合地表水Ⅳ类标准（≤10 mg/L）；其中，*P*=10%和 *P*=50%情景下，草海入湖河流水质的 COD_{Mn} 浓度高于外海入湖水质浓度；外海入湖河流水质在 *P*=90%情景下的 COD_{Mn} 浓度高于 *P*=10%和 *P*=50%情景，与草海入湖 COD_{Mn} 水质浓度接近。

外海入湖河流中，大清河 COD_{Mn} 浓度均较高，*P*=10%和 *P*=50%情景下处于地表水III类标准（≤6 mg/L），*P*=90%情景下处于地表水Ⅳ类标准；其次是马料河和大河，处于地表水II类和III类标准；散流区水体 COD_{Mn} 浓度最低，3 种情景下，大部分均处于地表水 I 类标准（≤2 mg/L）。由于“十三五”阶段进一步削减城镇生活污染负荷，大部分草海入湖河流的 COD_{Mn} 浓度均处于地表水II类和III类标准，其中，老运粮河水体 COD_{Mn} 浓度稍低于其他水体。

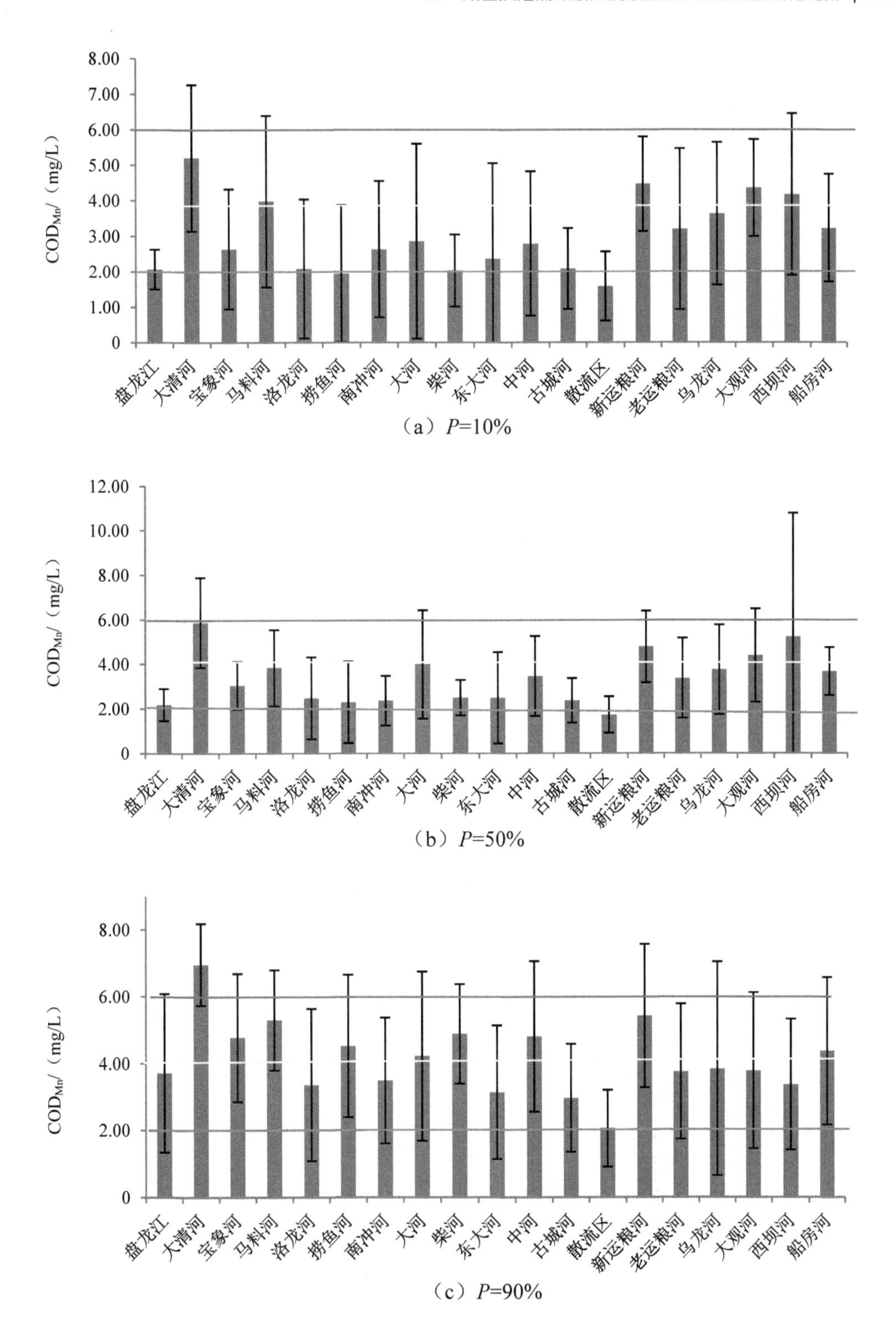

（a）P=10%

（b）P=50%

（c）P=90%

图 10-24　2020 年滇池入湖水体 COD_{Mn} 浓度空间特征

3 种情景下，入湖河流水质 COD_{Mn} 浓度时间变化特征与入湖水量呈负相关关系（图 10-25），浓度最低的月份出现在 7 月；*P*=10%和 *P*=50%情景下，7 月大部分水体均可达到地表水 I 类标准，但 *P*=90%情景下，7 月浓度处于地表水 II 类标准。3 种情景下的最高浓度，均出现在 1 月，大部分水体处于地表水III类标准。

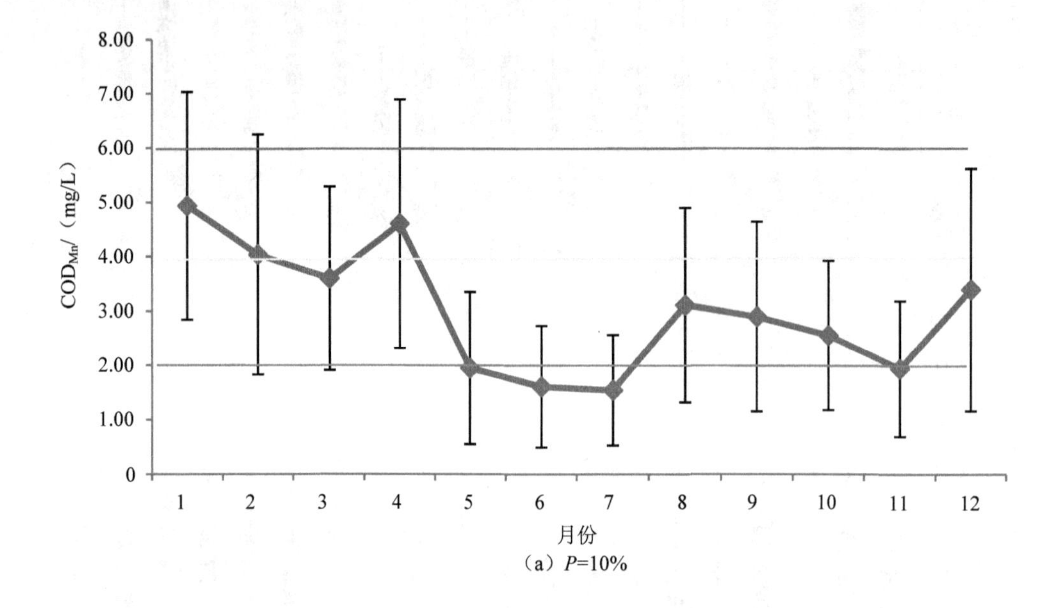

（a）*P*=10%

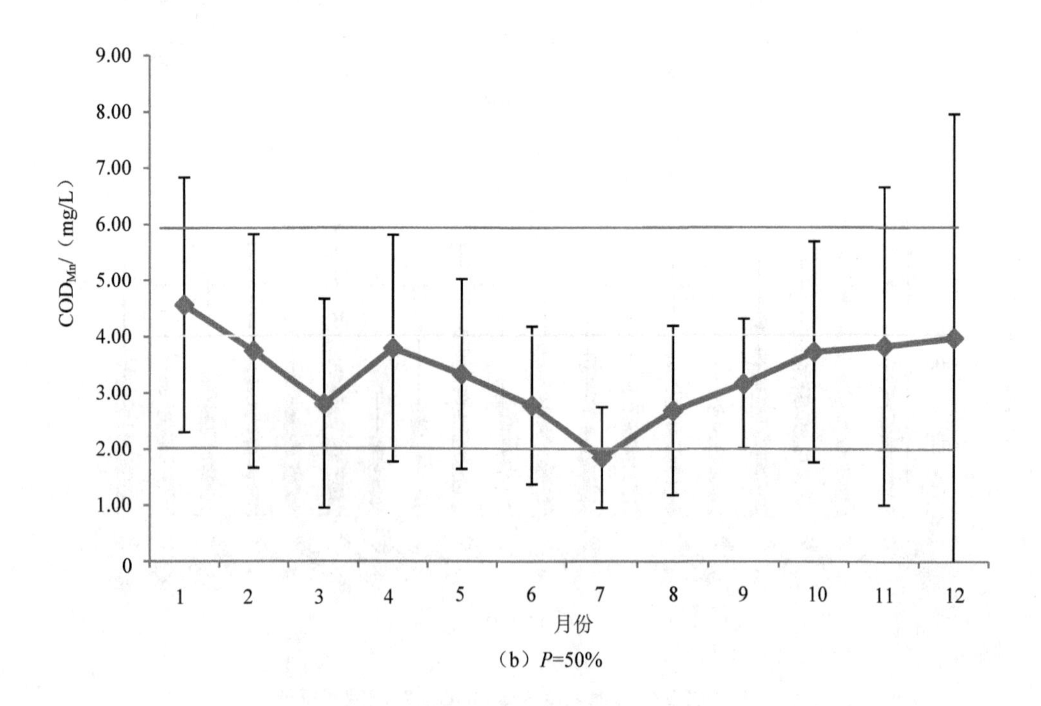

（b）*P*=50%

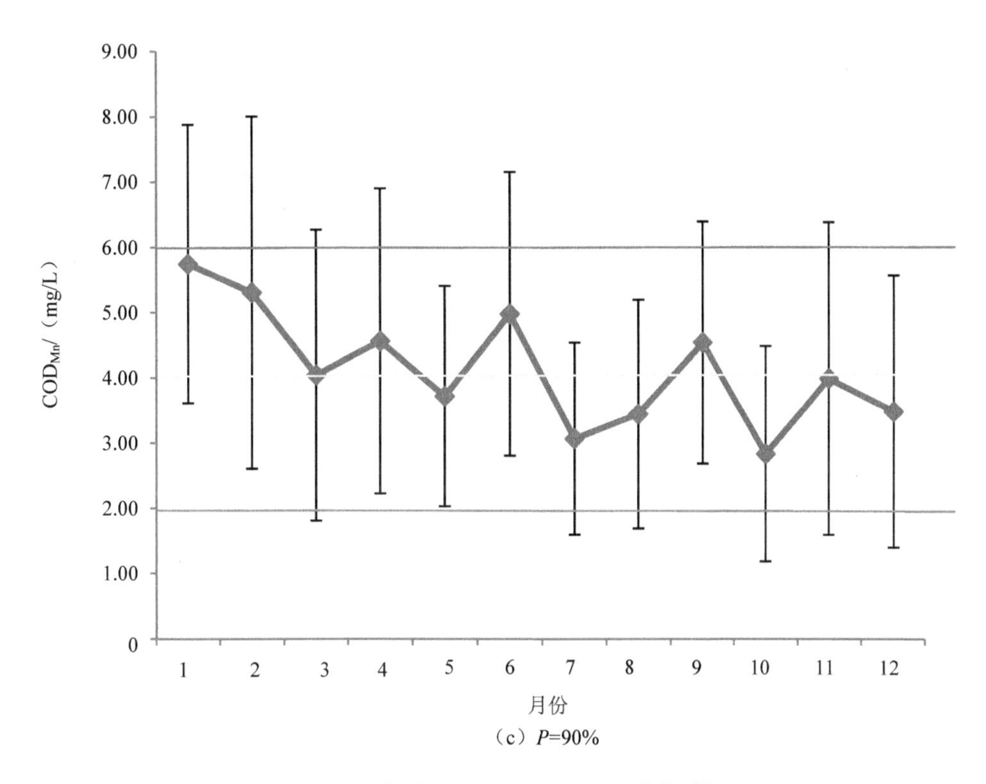

（c）P=90%

图 10-25　2020 年滇池入湖水体 COD_{Mn} 浓度时间特征

（2）TN

总体而言，草海入湖水体 TN 浓度高于外海入湖水体 TN。而根据入湖河流 TN 浓度，可将其分为两大类（图 10-26）。

第一类包括盘龙江、大清河、宝象河、马料河、捞鱼河、散流区、新运粮河、老运粮河、乌龙河、大观河，3 种典型水文年水文情景下，水体 TN 浓度均处于地表水劣Ⅴ类标准（＞2.0 mg/L）；尤以宝象河、大观河、大清河、新运粮河水质较差；散流区、盘龙江和捞鱼河在该类别中，水体 TN 浓度相对较低。

第二类包括洛龙河、南冲河、大河、柴河、东大河、中河、古城河、西坝河和船房河，3 种典型水文年水文情景下，水体 TN 浓度基本处于地表水Ⅴ类（≤2.0 mg/L）和Ⅳ类（≤1.5 mg/L）标准。其中，中河、大河和西坝河水体 TN 浓度相对较高；而船房河、柴河水体 TN 浓度相对较低。

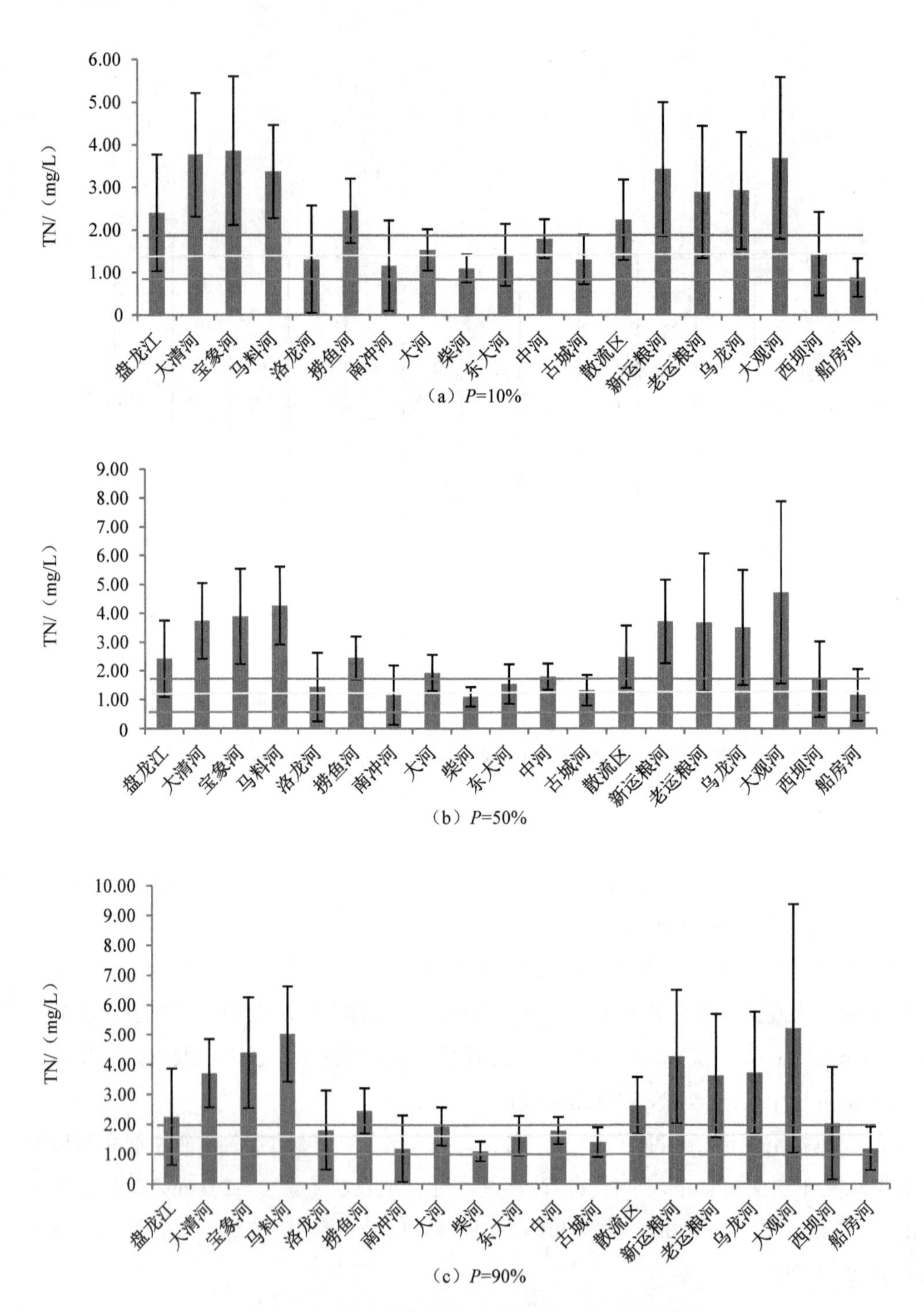

（a）P=10%

（b）P=50%

（c）P=90%

图 10-26　2020 年滇池入湖水体 TN 浓度空间特征

不同入湖水体 TN 浓度时间变化特征不尽一致，但总体而言，3 种情景下，入湖水体 TN 浓度时间变化特征与入湖水量呈正相关关系，水体 TN 浓度较高的月份出现在 6 月及

10—12 月（图 10-27）。

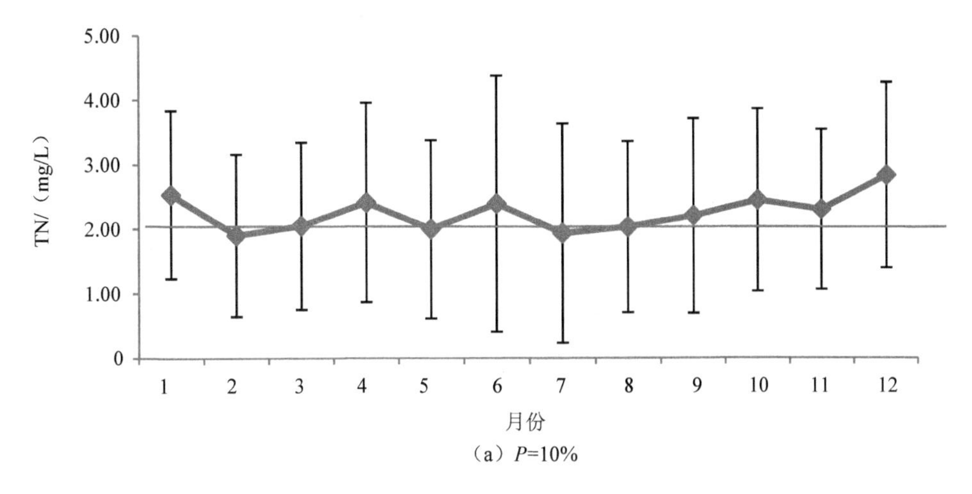

（a）P=10%

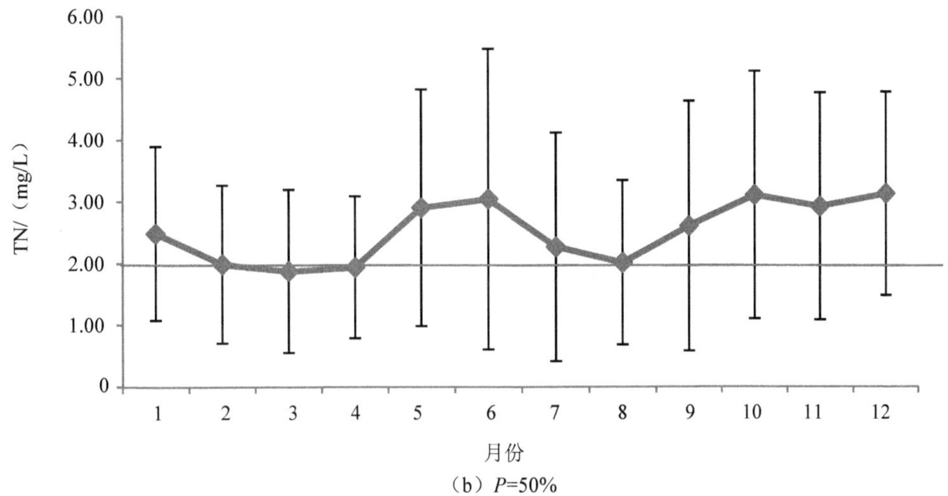

（b）P=50%

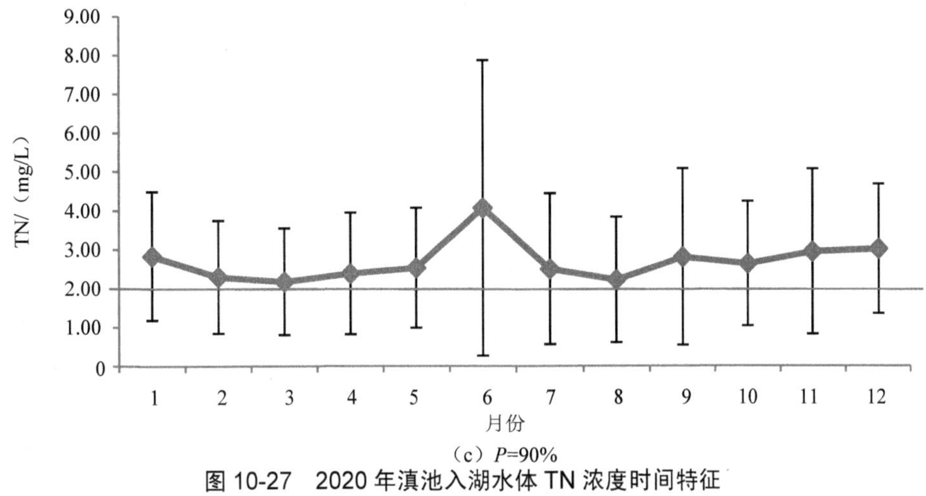

（c）P=90%

图 10-27 2020 年滇池入湖水体 TN 浓度时间特征

（3）TP

外海和草海入湖水体 TP 平均浓度接近，在 3 种情景下均能维持在地表水Ⅳ类标准（≤0.30 mg/L）。其中，TP 浓度最低的是盘龙江和船房河，3 种不同情景下均维持在地表水Ⅱ类标准（≤0.10 mg/L）；其次是宝象河、洛龙河、南冲河、捞鱼河、大河、柴河、东大河、古城河、散流区、老运粮河、乌龙河、西坝河，3 种不同情景下均维持在地表水Ⅲ类标准（≤0.20 mg/L）；TP 浓度较高的是大清河、马料河、中河、新运粮河、大观河，3 种不同情景下，大部分达地表水Ⅳ类标准。3 种不同情景下，入湖水体 TP 浓度的时间变化规律基本一致，较高浓度均出现在 6—8 月，浓度较低时间出现在 2 月（图 10-28 和图 10-29）。

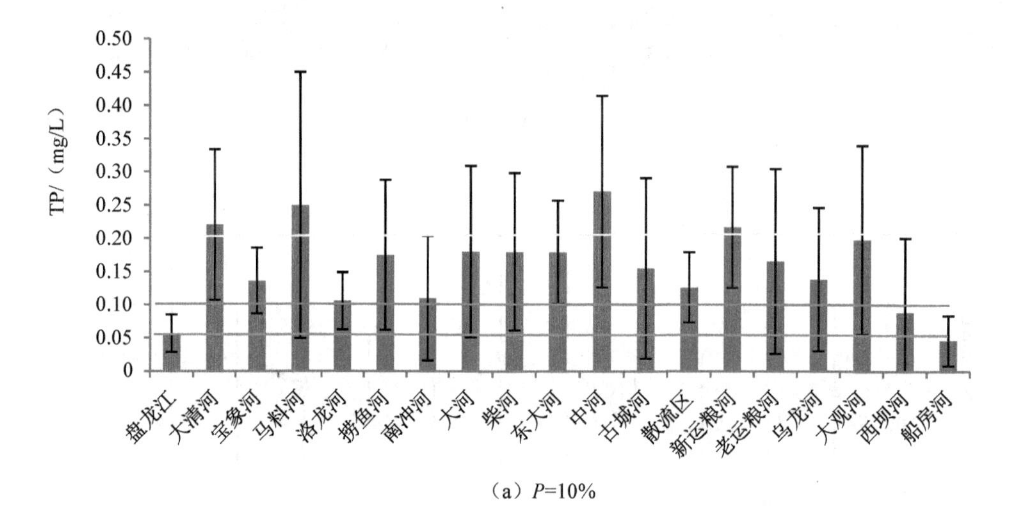

（a）P=10%

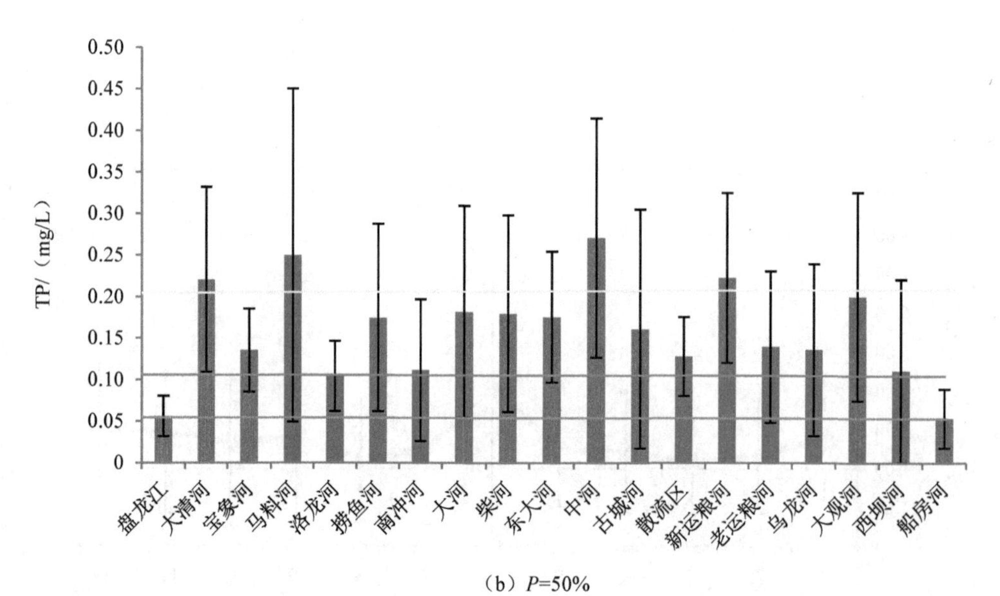

（b）P=50%

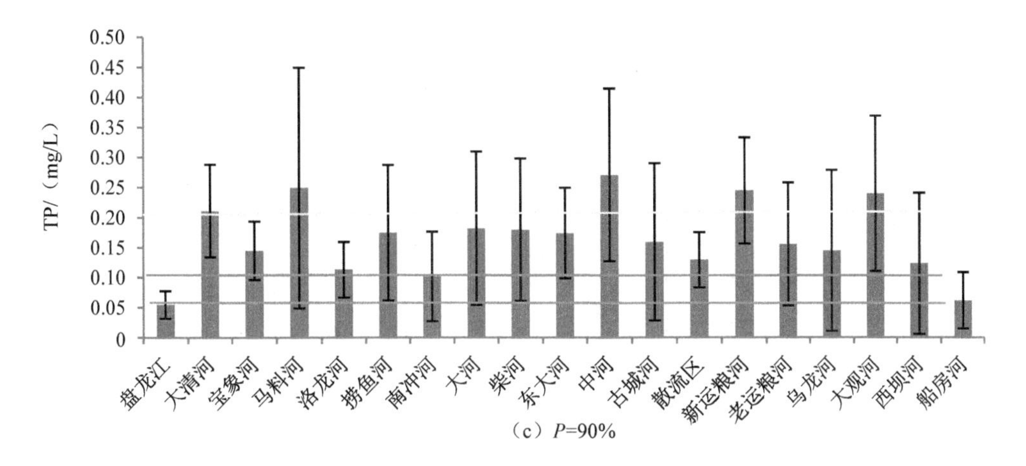

（c）P=90%

图 10-28　2020 年滇池入湖水体 TP 浓度空间特征

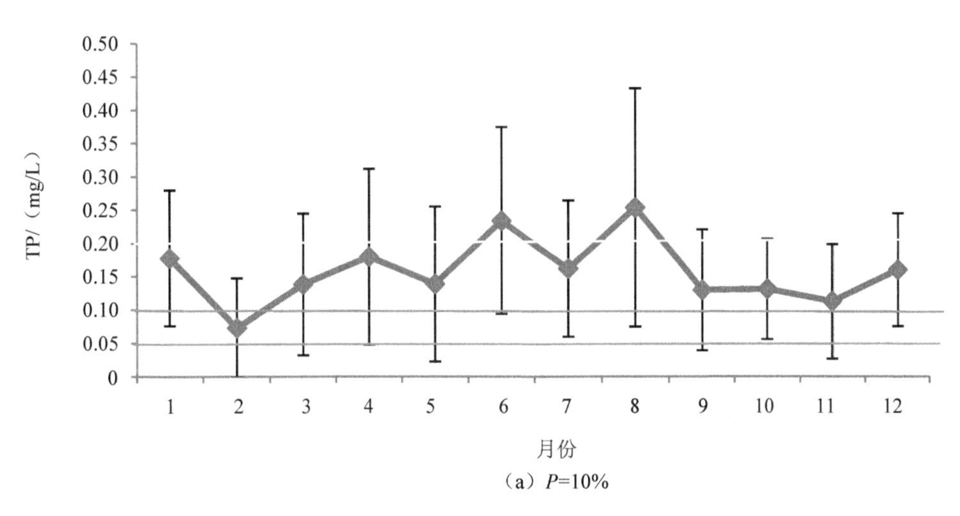

（a）P=10%

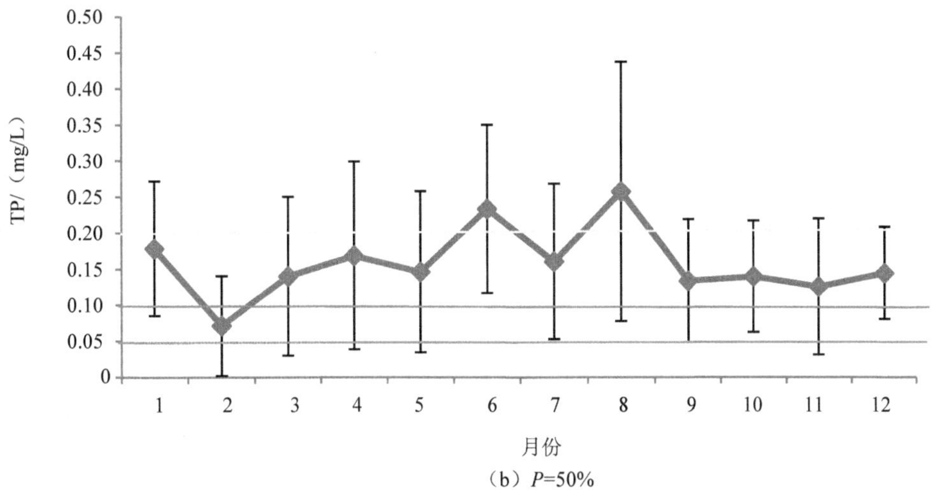

（b）P=50%

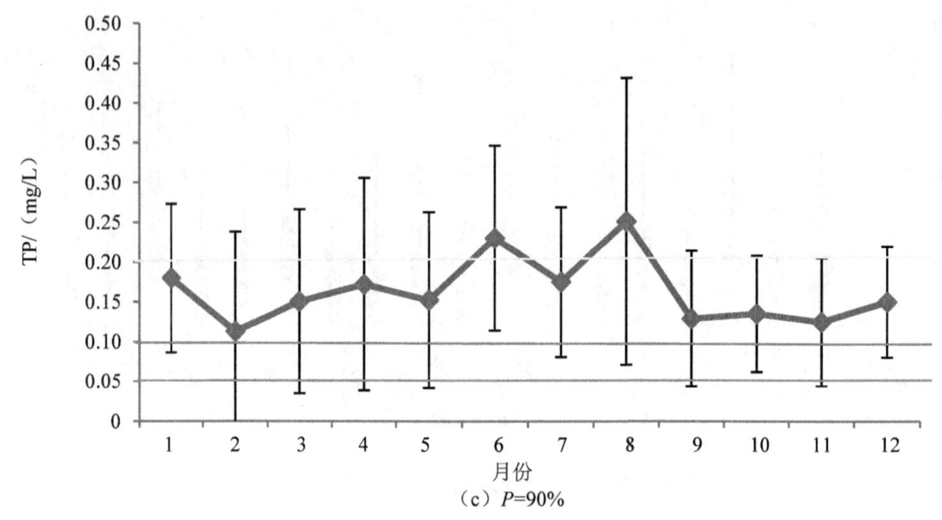

（c）P=90%

图 10-29　2020 年滇池入湖水体 TP 浓度时间特征

10.4.4　远期水平年入湖水质过程模拟及预测分析

（1）高锰酸盐指数 COD_{Mn}

2030 年入湖水体的 COD_{Mn} 浓度基本符合地表水Ⅳ类标准（≤10 mg/L）；其中，P=10%、P=50%和 P=90%情景下，草海入湖水质的 COD_{Mn} 浓度高于外海入湖水质；外海入湖水体在 P=90%情景下的 COD_{Mn} 浓度高于 P=10%和 P=50%情景，与草海入湖 COD_{Mn} 水质浓度接近。相较 2020 年，不同降雨频率下，草海与外海的水质浓度都不同程度下降，外海在 P=10%、P=50%和 P=90%情景下分别下降 24.99%、23%、25.7%，草海分别下降 16.6%、23.5%、21.87%。外海入湖河流中，污染负荷最重的大清河 COD_{Mn} 浓度≤6 mg/L，达到地表水Ⅲ类标准。入湖污染负荷下降主要原因是 2030 年流域非点源负荷进一步的削减措施对入湖水质过程抑制起重要作用（图 10-30）。

3 种情景下，入湖水体 COD_{Mn} 浓度时间变化特征与入湖水量呈负相关关系，与 2020 年整体水平一致，但数量级进一步降低。浓度最低的月份出现在 7 月；P=10%和 P=50%情景下，7 月大部分水体均可达到地表水Ⅰ类标准，但 P=90%情景下，7 月浓度处于地表水Ⅱ类标准。3 种情景下的最高浓度，均出现在 1 月，大部分水体处于地表水Ⅲ类标准（图 10-31）。

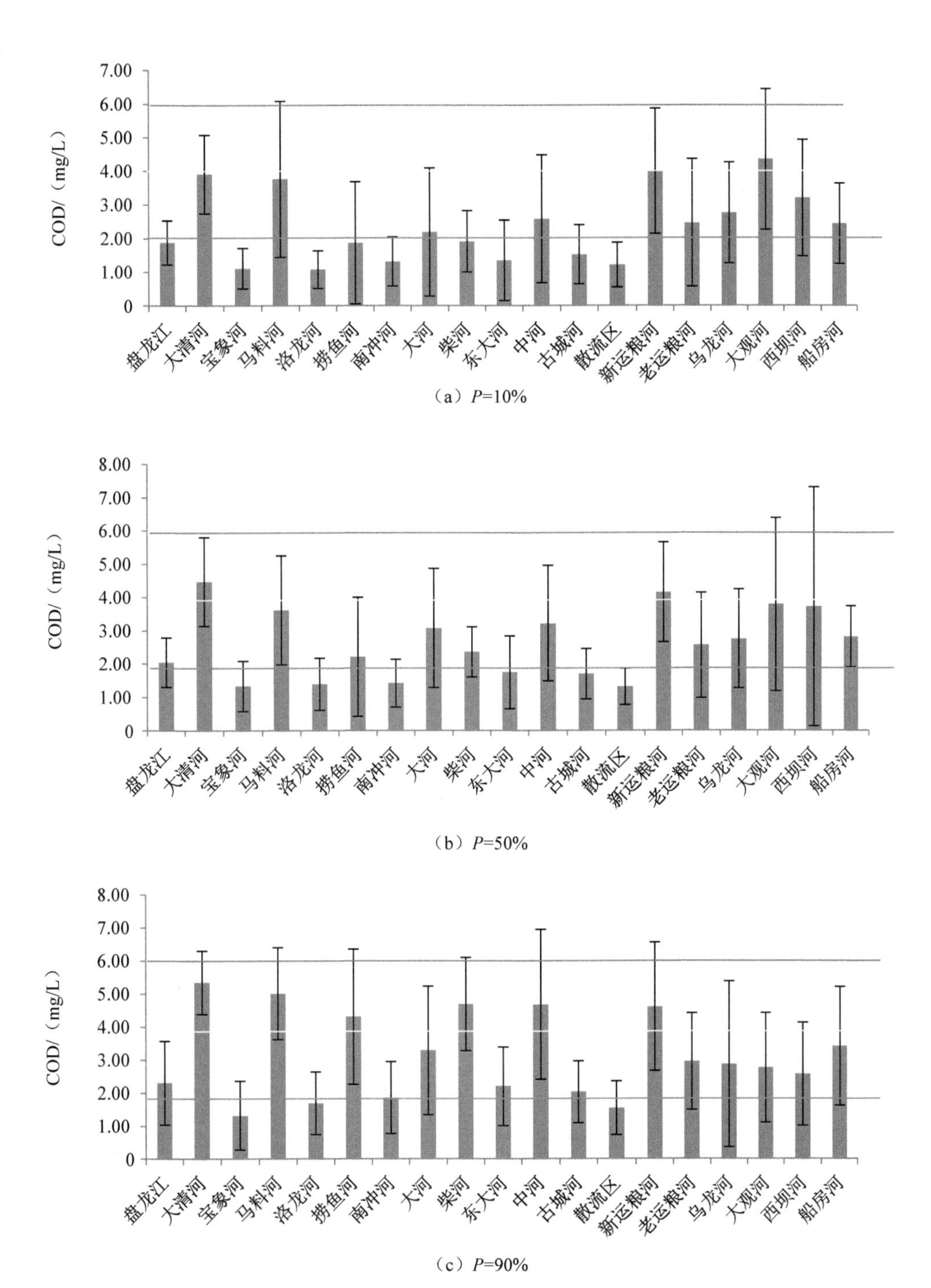

（a）P=10%

（b）P=50%

（c）P=90%

图 10-30　2030 年滇池入湖河流水质空间分布特征（COD_{Mn}）

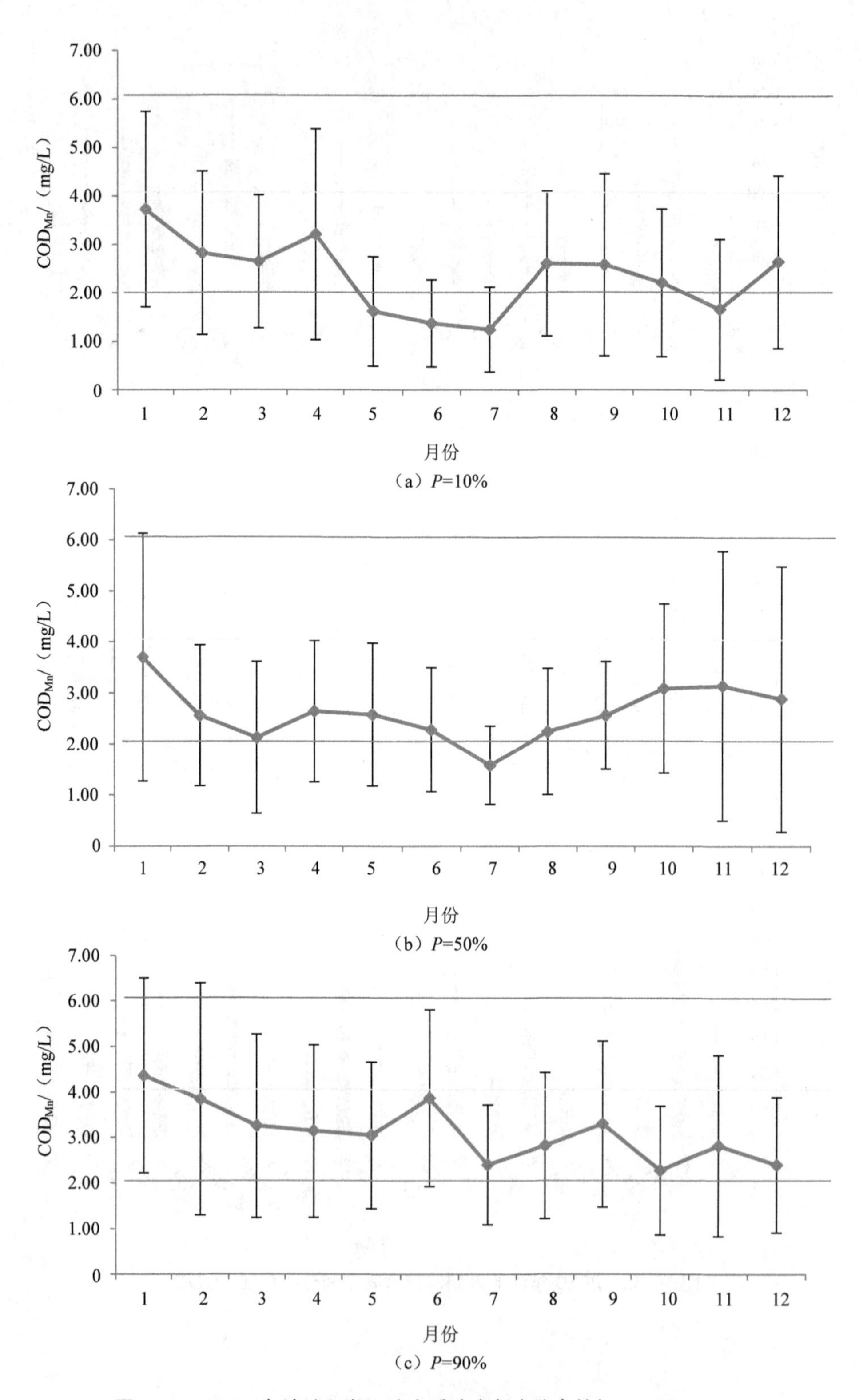

图 10-31 2030 年滇池入湖河流水质浓度年内分布特征（COD_{Mn}）

（2）TN

2030 年入湖 TN 的趋势与 2020 空间分布基本一致，即草海入湖水体 TN 浓度高于外海入湖水体 TN，但整体趋势 2020 年较 2030 年不同程度下降，外海在不同 P=10%、P=50% 和 P=90%情景下分别下降 29.2%、25.2%、23.75%，草海在不同 P=10%、P=50%和 P=90%情景下分别下降 22.9%、25.1%、23.35%。虽然个别水体 TN 浓度仍处于地表水劣Ⅴ类标准（＞2.0 mg/L），但是污染负荷都不同程度下降，减轻污染负荷对滇池水体的影响（图 10-32）。

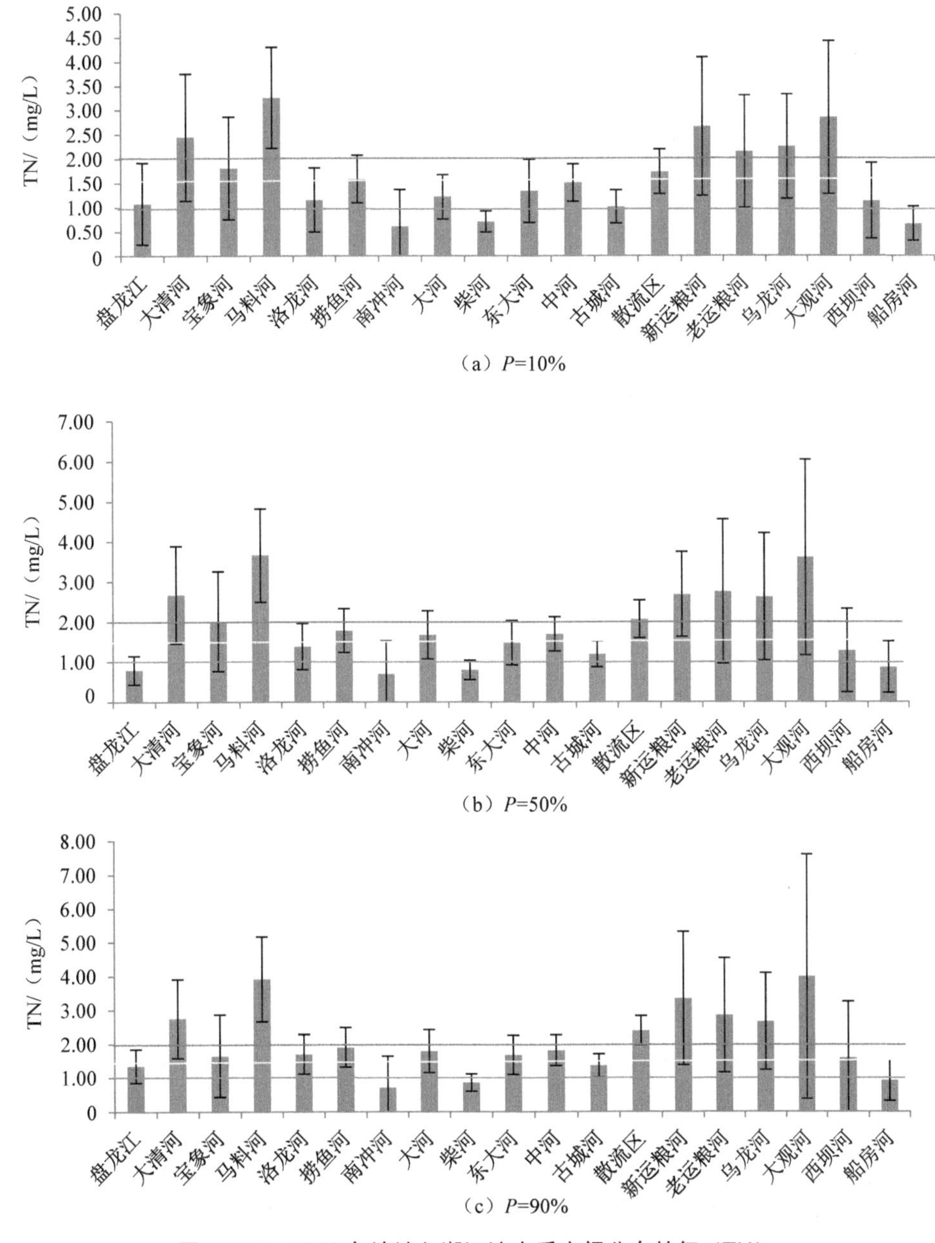

图 10-32　2030 年滇池入湖河流水质空间分布特征（TN）

TN与2020年趋势一致，但不同入湖水体TN浓度时间变化特征不尽一致。总体而言，3种情景下，入湖水体TN浓度时间变化特征与入湖水量呈正相关关系，水体TN浓度较高的月份出现在6月及10—12月（图10-33）。

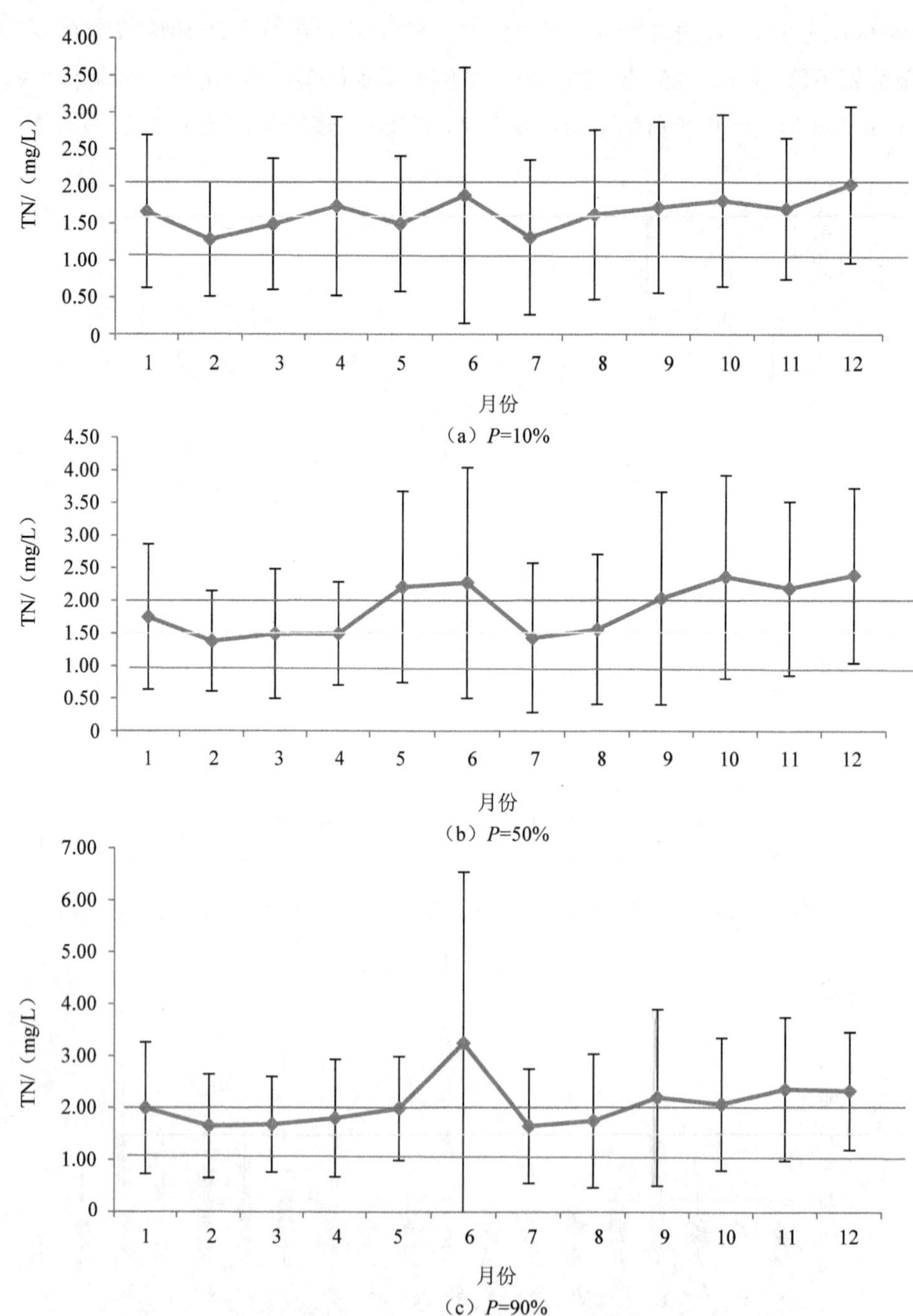

（a）P=10%

（b）P=50%

（c）P=90%

图10-33 2030年滇池入湖河流水质浓度年内分布特征（TN）

（3）TP

2030 年，由于入湖非点源进一步削减，外海和草海入湖水体 TP 平均浓度进一步下降。外海在不同 P=10%、P=50%和 P=90%情景下分别下降 37.5%、35.2%、25.0%，草海在不同 P=10%、P=50%和 P=90%情景下分别下降 21.4%、21.4%、25%。在 3 种情景下均能维持在地表水Ⅳ类标准（≤0.30 mg/L），个别河段如乌龙河达从Ⅳ类标准提升到地表水Ⅱ类标准（≤0.10 mg/L）（图 10-34）。

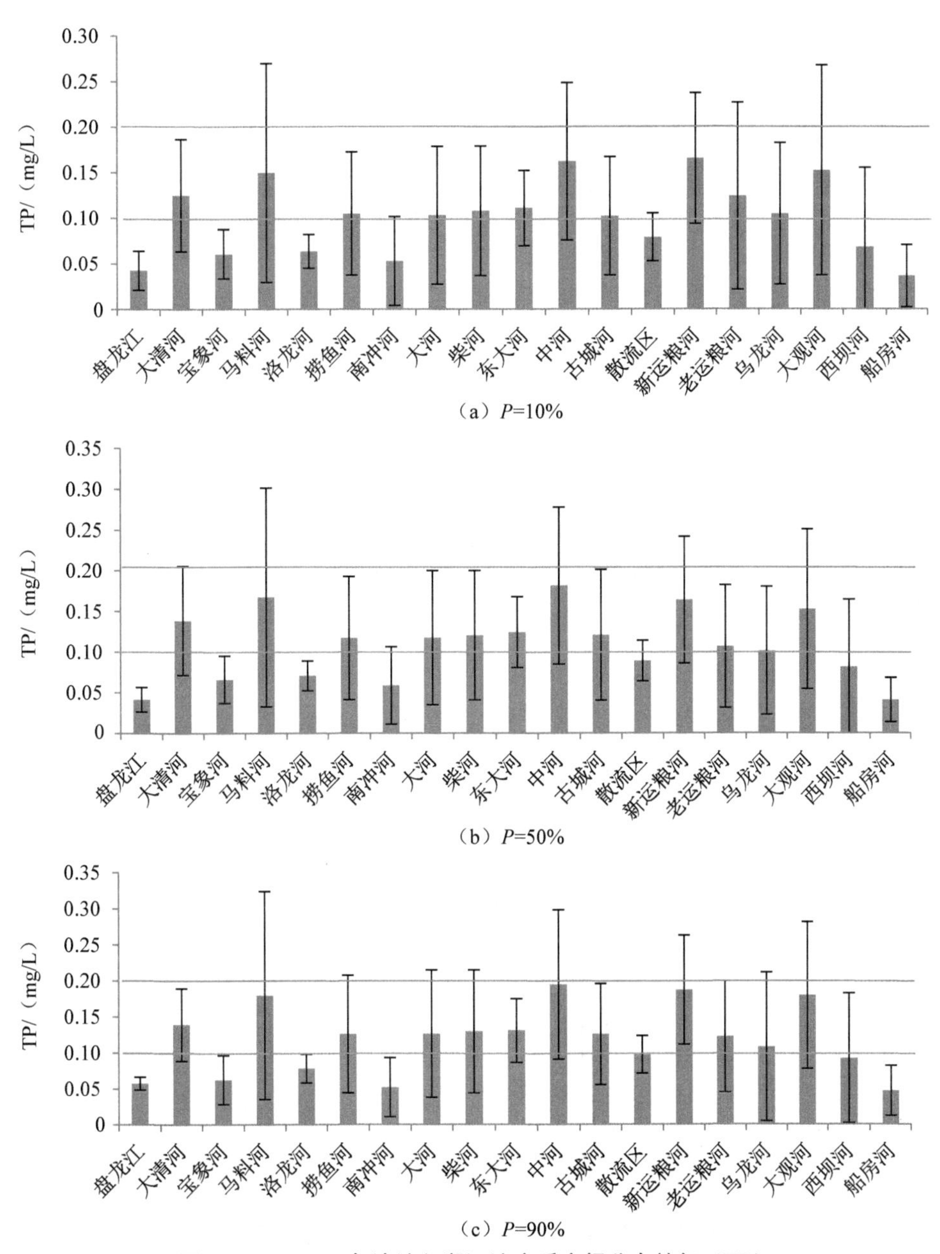

（a）P=10%

（b）P=50%

（c）P=90%

图 10-34　2030 年滇池入湖河流水质空间分布特征（TP）

2030 年 TP 的趋势与 2020 年一致。3 种不同情景下，大部分达地表水Ⅳ类标准。3 种不同情景下，入湖水体 TP 浓度的时间变化规律基本一致，较高浓度均出现在 6—8 月，浓度较低时间出现在 2 月（图 10-35）。

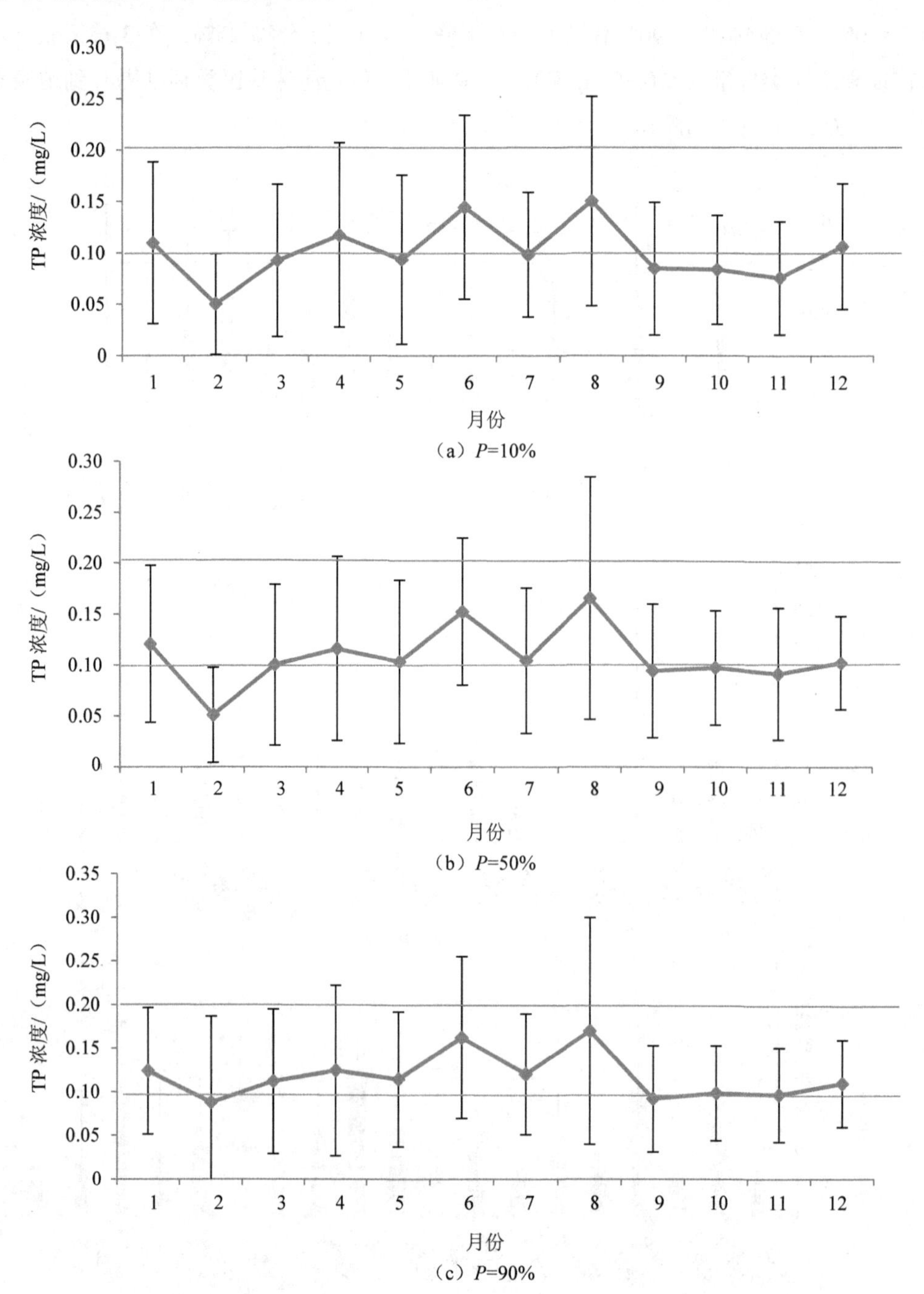

图 10-35　2030 年滇池入湖河流水质浓度年内分布特征（TP）

10.4.5 规划水平年滇池入湖污染物时空分布特征

（1）滇池入湖污染负荷量分析

根据 2020 年滇池流域入湖水量与水质模拟结果，P=10%、P=50%、P=90% 3 种不同典型年水情条件下，2020 年环湖经陆域进入滇池的水量分别为 14.75 亿 m^3、12.87 亿 m^3、9.24 亿 m^3，自陆域进入滇池的高锰酸盐指数负荷（含牛栏江来水携带的污染负荷）分别为 2 914.8 t、3 013.3 t、2 778.5 t，其中进入草海的污染负荷分别为 357.9 t、377.7 t、353.1 t，分别占滇池入湖污染负荷总量的 12.3%、12.5%、12.7%；进入外海的污染负荷量分别为 2 556.9 t、2 635.6 t、2 425.4 t，分别占滇池入湖污染负荷总量的 87.72%、87.47%、87.3%。在 P=10%、P=50%、P=90% 3 种不同典型年水文情景下，2020 年 COD_{Mn} 污染负荷分别为 2014 现状年污染负荷水平的 40.9%、42.3%、39.0%，污染负荷显著降低；其中，草海分别降低 73.8%、72.4%、74.1%，外海分别降低 55.6%、54.2%、57.9%。

3 种不同情景下，2020 年 TN 入湖负荷（含牛栏江来水携带的污染负荷）分别为 3 472.7 t、3 329.3 t 和 2 567.9 t，其中，进入草海的污染负荷分别为 329.7 t、374.1 t、378.3 t，分别占滇池入湖污染负荷总量的 9.5%、11.2%、14.7%；进入外海的污染负荷量分别为 3 143 t、2 955 t、2 190 t，分别占滇池入湖污染负荷总量的 90.5%、88.8%、85.3%。2020 年 TP 入湖负荷（含牛栏江来水携带的污染负荷）分别为 174.1 t、149.5 t 和 103.6 t，其中，进入草海的污染负荷分别为 14.4 t、13.4 t、13.6 t，分别占滇池入湖污染负荷总量的 8.3%、9.0%、13.2%；进入外海的污染负荷量分别为 159.7 t、136.1 t、90 t，分别占滇池入湖污染负荷总量的 91.7%、91.0%、86.8%。近期规划水平年（2020 年）滇池入湖污染负荷情况及其年内过程（以平水年为例）分别详见表 10-16 及图 10-36 所示。

表 10-16 2020 年滇池环湖入湖污染负荷量分析

		COD_{Mn}			TN			TP		
		P=10%	P=50%	P=90%	P=10%	P=50%	P=90%	P=10%	P=50%	P=90%
入湖负荷量/t	草海	357.9	377.7	353.1	329.7	374.1	378.3	14.4	13.4	13.6
	外海	2 556.9	2 635.6	2 425.4	3 143.0	2 955.2	2 189.6	159.7	136.1	90.0
	滇池	2 914.8	3 013.3	2 778.5	3 472.7	3 329.3	2 567.9	174.1	149.5	103.6
入湖负荷量所占比重/%	草海	12.3	12.5	12.7	9.5	11.2	14.7	8.3	9.0	13.2
	外海	87.7	87.5	87.3	90.5	88.8	85.3	91.7	91.0	86.8
	滇池	100	100	100	100	100	100	100	100	100

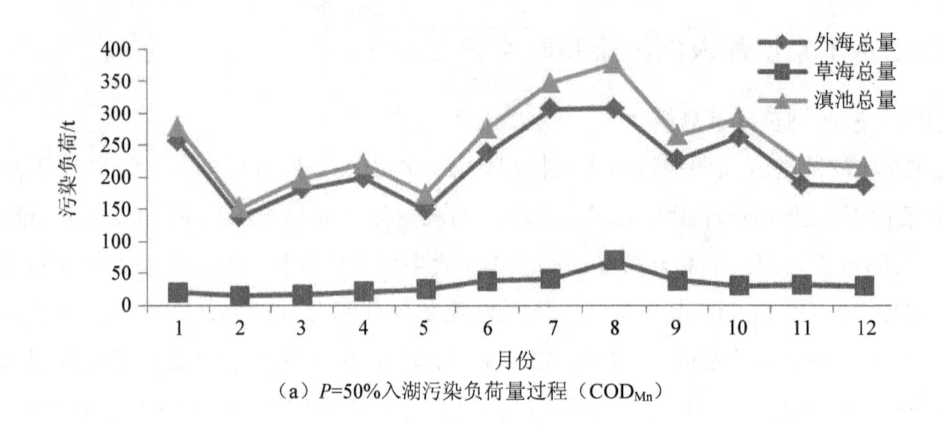

（a）P=50%入湖污染负荷量过程（COD_{Mn}）

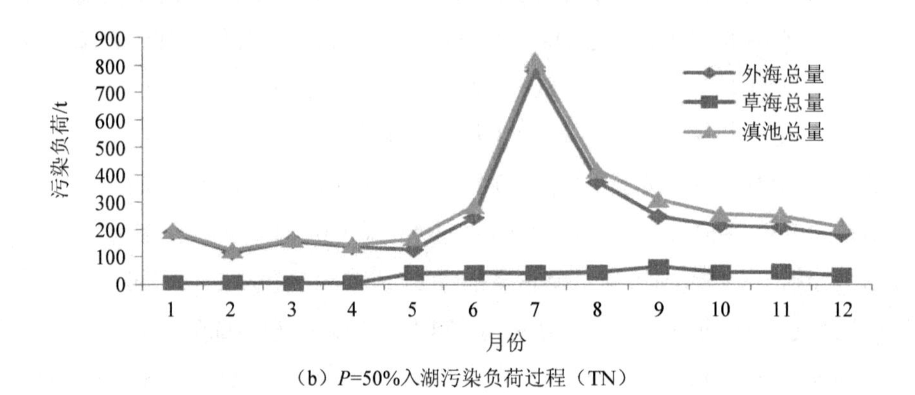

（b）P=50%入湖污染负荷过程（TN）

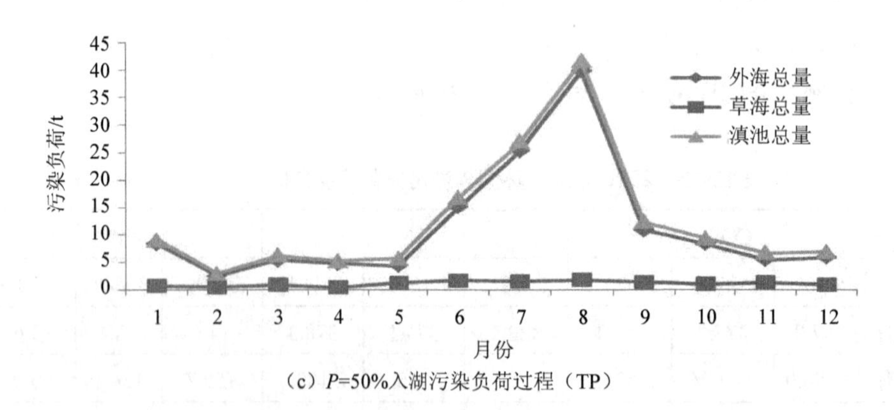

（c）P=50%入湖污染负荷过程（TP）

图 10-36　2020 年滇池环湖入湖污染负荷年内变化

（2）滇池入湖污染负荷年内变化特征

根据《滇池流域水污染防治“十三五”规划》研究成果，滇池流域在“十三五”阶段会加强滇池北岸城市面源的综合治理，因此，相比现状年，滇池流域 HSPF 模型模拟的 COD_{Mn} 污染负荷在雨季（5—10 月）所占比重有所下降，在 P=10%、P=50%、P=90% 3 种不同情景下分别占58.54%、57.44%、61.03%。与2014年的76.8%相比，面源污染中的COD_{Mn}负荷有效降低。然而，随着昆明新城城镇生活点源的截污减排，2020年TN和TP污染负荷在雨季（5—10月）所占比重有所上升，从2014年的63%和65.7%提高到68.5%～70.7%和73.4%～78.1%。滇池入湖负荷季节性分布统计结果见表10-17。

表10-17　2020年滇池流域入湖污染负荷季节性分布特征

区域/时段		OD_{Mn}			TN			TP		
		P=10%	*P*=50%	*P*=90%	*P*=10%	*P*=50%	*P*=90%	*P*=10%	*P*=50%	*P*=90%
草海	雨季（5—10月）	241.0	243.2	227.6	253.8	273.7	280.3	9.9	8.7	9.3
	非雨季	116.9	134.6	125.6	75.9	100.3	97.9	4.5	4.7	4.4
	雨季比重/%	67.3	64.4	64.4	77.0	73.2	74.1	68.7	64.9	68.1
外海	雨季（5—10月）	1 465	1 488	1 468	2 126	1 975	1 534	126	104	67
	非雨季	1 092	1 148	957	1 017	980	655	34	32	23
	雨季比重/%	57.3	56.4	60.5	67.6	66.9	70.1	78.9	76.3	74.2
滇池	雨季（5—10月）	1 706	1 731	1 696	2 380	2 249	1 815	136	113	76
	非雨季	1 209	1 282	1 083	1 093	1 080	753	38	37	28
	雨季比重/%	58.5	57.4	61.0	68.5	67.6	70.7	78.1	75.3	73.4

（3）滇池入湖污染负荷空间分布

从空间分布来看，经外海北岸入湖的COD_{Mn}、TN和TP污染负荷相比现状年有所下降，分别占外海入湖污染负荷总量的73.2%～75.2%、78.2%～79.6%和50.9%～55.3%，但外海北岸依旧是滇池外海最主要的入湖污染物来源，滇池流域入湖污染负荷空间分布并未发生根本性变化。近期规划水平年滇池外海各分区入湖污染负荷统计与分析结果见表10-18。

表10-18　2020年滇池外海入湖污染负荷分区分布情况

分区		COD_{Mn}			TN			TP		
		P=10%	*P*=50%	*P*=90%	*P*=10%	*P*=50%	*P*=90%	*P*=10%	*P*=50%	*P*=90%
入湖负荷量/t	北岸	1 923	1 951	1 775	2 465	2 351	1 713	81.3	75.2	49.5
	东岸	214	239	231	266	270	198	24.1	21.1	13.2
	南岸	420	445	419	412	334	279	54.2	39.8	27.3
	总量	2 557	2 636	2 425	3 143	2 955	2 190	159.7	136.1	90.0
入湖负荷量所占比重/%	北岸	75.2	74.0	73.2	78.4	79.6	78.2	50.9	55.3	55.0
	东岸	8.4	9.1	9.5	8.5	9.1	9.1	15.1	15.5	14.7
	南岸	16.4	16.9	17.3	13.1	11.3	12.7	34.0	29.2	30.4

10.4.6 远期水平年滇池入湖污染物时空分布特征

（1）滇池入湖污染负荷量分析

由于滇中引水工程的实施，3 种不同情景下滇池流域在 2030 年的入湖水量相比 2020 年将有所增加，远期规划水平年滇池流域入湖水量分别达到 16.1 亿 m^3、13.9 亿 m^3 和 13.4 亿 m^3。在未来滇池流域水污染综合防治进一步强化的基础上，自陆域进入滇池的高锰酸盐指数入湖负荷（含牛栏江和滇中引水携带的污染负荷）分别为 2 496 t、2 664 t、2 609 t，比 2020 年下降 6%～14%。然而，由于滇中引水工程增加了滇池北岸生产生活用水，带来更多的废污水排放量，使进入草海的污染负荷稍微有所增加，分别达到 365.3 t、384.9 t、350.4 t，占滇池入湖污染负荷总量的 14.6%、14.5%、13.4%；在滇中引水工程替代大部分牛栏江来水的作用下，进入外海的污染负荷量相比 2020 年有 7%～17%的减少，分别为 2 131 t、2 279 t、2 259 t，分别占滇池入湖污染负荷总量的 85.4%、85.63%、86.6%。

随着污水处理厂排放标准的提高（污水处理厂的 COD_{Mn} 维持现状，TN 排放稳定达到 5 mg/L 以下，TP 稳定达到 0.2 mg/L 以下），2030 年滇池流域在 3 种典型年水文情景下的 TN 入湖负荷（含牛栏江和滇中引水携带的污染负荷）明显下降，仅为 2 253 t、1 924 t 和 2 190 t，其中，进入草海的污染负荷分别为 315.1 t、354.6 t、359.1 t，分别占滇池入湖污染负荷总量的 14.0%、18.4%、16.4%；进入外海的污染负荷量分别为 1 938 t、1 569 t、1 831 t，分别占滇池入湖污染负荷总量的 90.5%、88.8%、85.3%。类似地，2030 年 TP 入湖负荷分别为 119 t、110 t 和 101 t，其中进入草海的 TP 污染负荷分别为 13.7 t、12.8 t、13.0 t，分别占滇池入湖污染负荷总量的 11.5%、11.7%、13%；进入外海的 TP 污染负荷量分别为 106 t、97 t、88 t，分别占滇池入湖污染负荷总量的 88.5%、88.3%、87.5%。远期规划水平年滇池入湖污染负荷及其年内过程详见表 10-19 与图 10-37。

表 10-19　2030 年滇池环湖入湖污染负荷量分析

		COD_{Mn}			TN			TP		
		P=10%	P=50%	P=90%	P=10%	P=50%	P=90%	P=10%	P=50%	P=90%
入湖负荷量/t	草海	365.3	384.9	350.4	315.1	354.6	359.1	13.7	12.8	13.0
	外海	2 131	2 279	2 259	1 938	1 569	1 831	106	97	88
	滇池	2 496	2 664	2 609	2 253	1 924	2 190	119	110	101
入湖负荷量所占比重/%	草海	14.6	14.5	13.4	14.0	18.4	16.4	11.5	11.7	12.5
	外海	85.4	85.6	86.6	86.0	81.6	83.6	88.5	88.3	87.5
	滇池	100	100	100	100	100	100	100	100	100

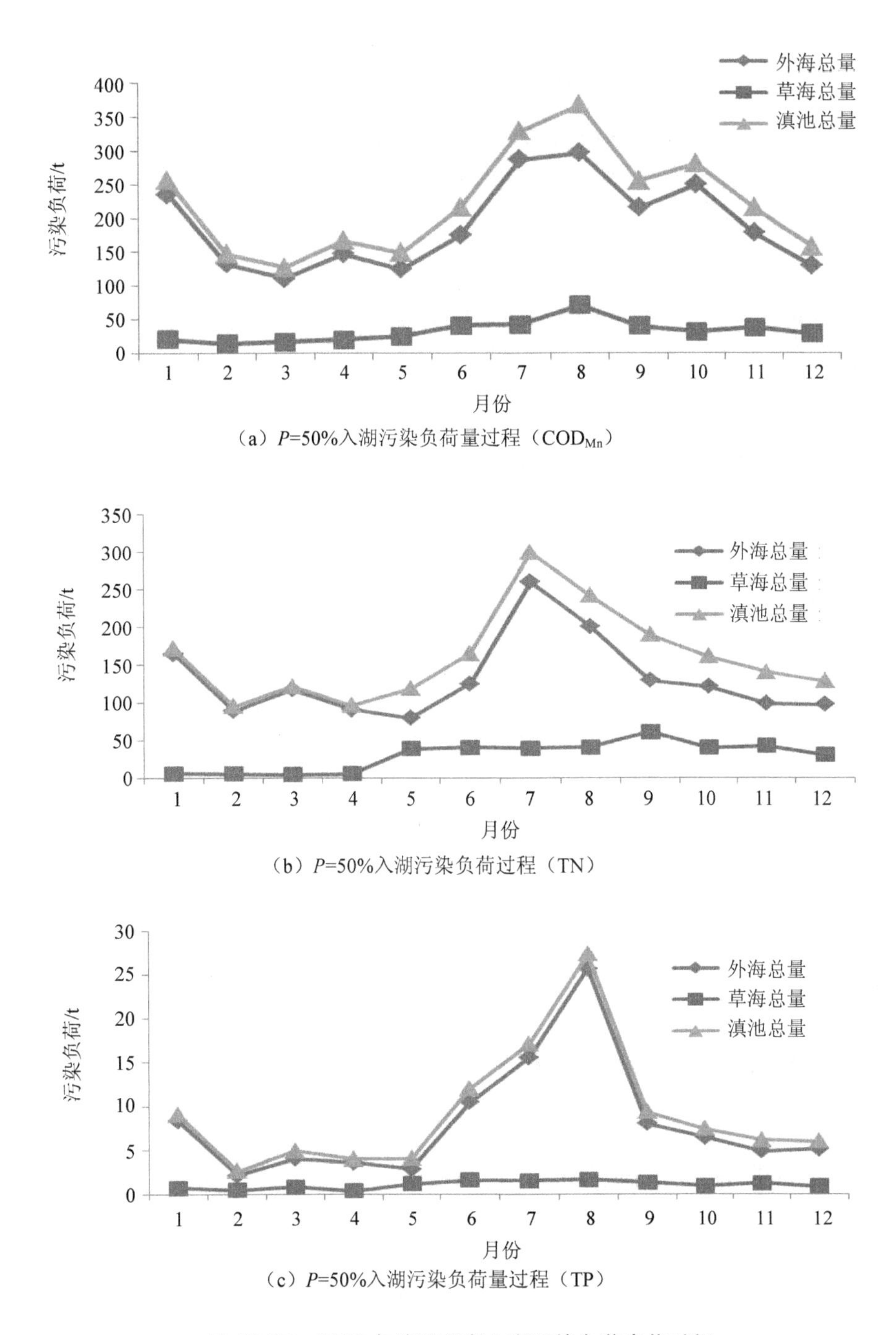

（a）P=50%入湖污染负荷量过程（COD_{Mn}）

（b）P=50%入湖污染负荷过程（TN）

（c）P=50%入湖污染负荷量过程（TP）

图 10-37　2030 年滇池环湖入湖污染负荷变化过程

（2）滇池入湖污染负荷年内变化特征

相比近期规划水平年，2030 年滇池流域 COD_{Mn} 污染负荷在雨季（5—10 月）所占比重并无明显差别，在 P=10%、P=50%、P=90% 3 种不同情景下分别占 58.9%、59.9%、59.0%。

随着污水处理厂的 TN 排放标准从 10 mg/L 提高到 5 mg/L 以下，2030 年 TN 污染负荷在雨季（5—10 月）所占比重略有上升，从 2020 年的 68.5%～70.7%提高 60.6%～72.6%。另外，在污水处理厂的 TP 排放标准提高为稳定达到 0.2 mg/L 和城市面源进一步控制的共同作用下，2030 年 TP 污染负荷在雨季（5—10 月）所占比重有所下降，从 2020 年的 73.4%～78.1%降低到 65.3%～75.9%。

（3）滇池入湖污染负荷空间分布

从空间分布来看，经外海北岸入湖的 COD_{Mn}、TN 和 TP 污染负荷相比 2020 年进一步下降，分别占外海入湖污染负荷总量的 71.5%～72.5%、64.8%～72.9%和 43.%1～52.5%，但外海北岸依旧是滇池外海最主要的污染物来源，滇池流域入湖污染负荷空间分布还未发生根本性变化。远期规划水平年滇池外海各分区入湖污染负荷统计与分析结果见表 10-20。

表 10-20　2030 年滇池外海入湖污染负荷分区分布情况

分区入湖负荷量		COD_{Mn}			TN			TP		
		P=10%	P=50%	P=90%	P=10%	P=50%	P=90%	P=10%	P=50%	P=90%
入湖负荷量/t	北岸	1 528	1 630	1 637	1 354	1 018	1 334	45.5	42.6	47.7
	东岸	204.7	227.9	219.7	230.1	244.4	206.4	20.8	20.5	16.0
	南岸	397.9	421.3	401.8	354.2	307.5	290.2	39.5	33.8	27.0
	总量	2 131	2 279	2 259	1 938	1 569	1 831	105.8	96.9	90.7
所占比重/%	北岸	71.7	71.5	72.5	69.9	64.8	72.9	43.1	44.0	52.5
	东岸	9.6	10.0	9.7	11.9	15.6	11.3	19.6	21.2	17.7
	南岸	18.7	18.5	17.8	18.3	19.6	15.9	37.3	34.9	29.8

10.5　基于水质改善的调水工程入湖通道优化及滇池水位调控方案

10.5.1　入湖通道水量与湖泊水质响应关系

为了更好地反映调水方案，我们设计了 3 个调水持续时间情景（5 年、10 年、15 年）。图 10-38～图 10-40 显示了不同调水持续时间情景下的代理模型的测试和训练性能，结果显现了代理模型具有良好的训练和测试能力，即其能很好地拟合和预测 X_i 与 TSI_l 之间的函数关系。得到的替代模型导入目标函数，即可利用遗传算法得到最优的调水方案。

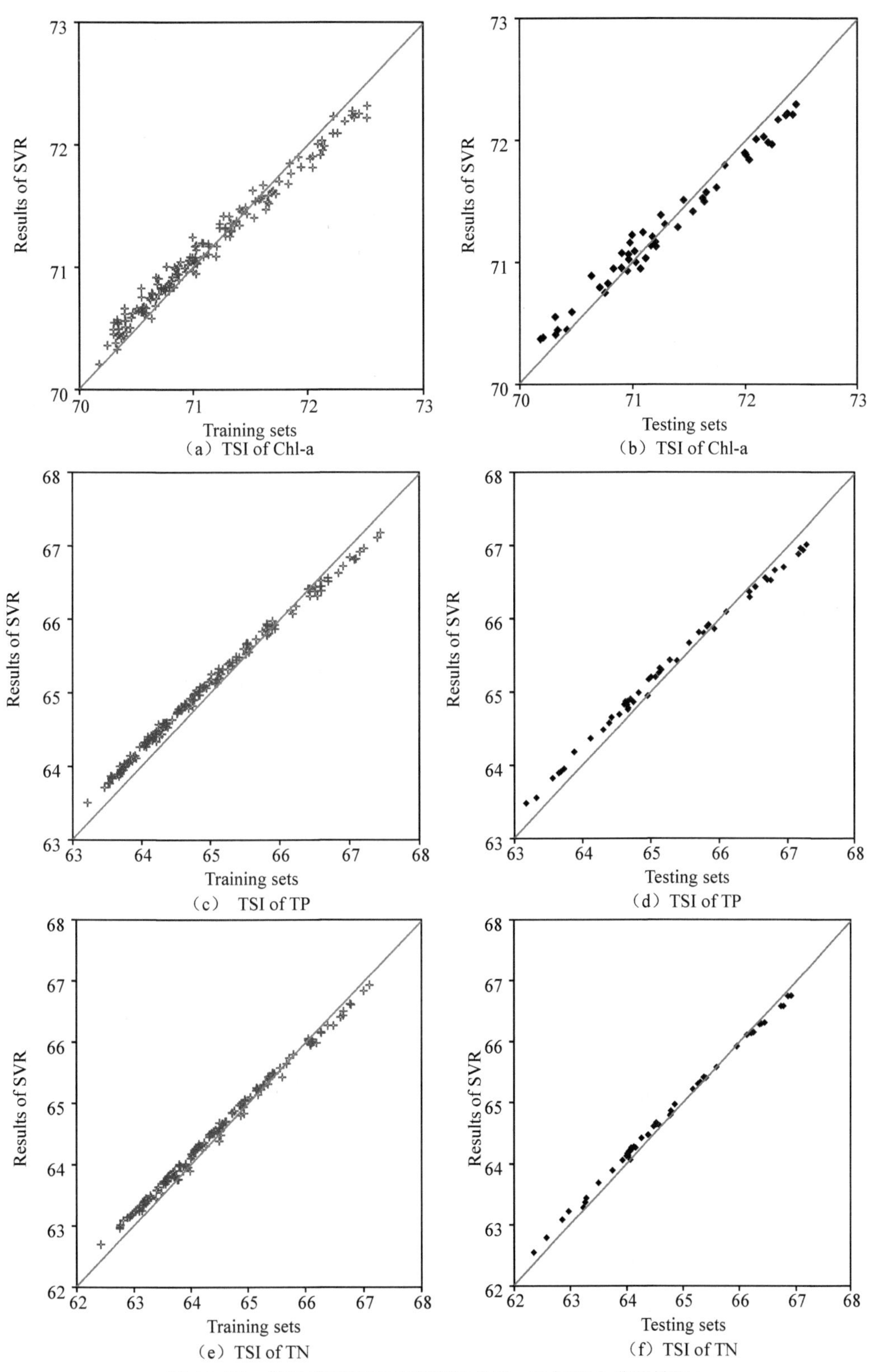

图 10-38　代理模型的测试和训练性能（5 年调水持续情景）

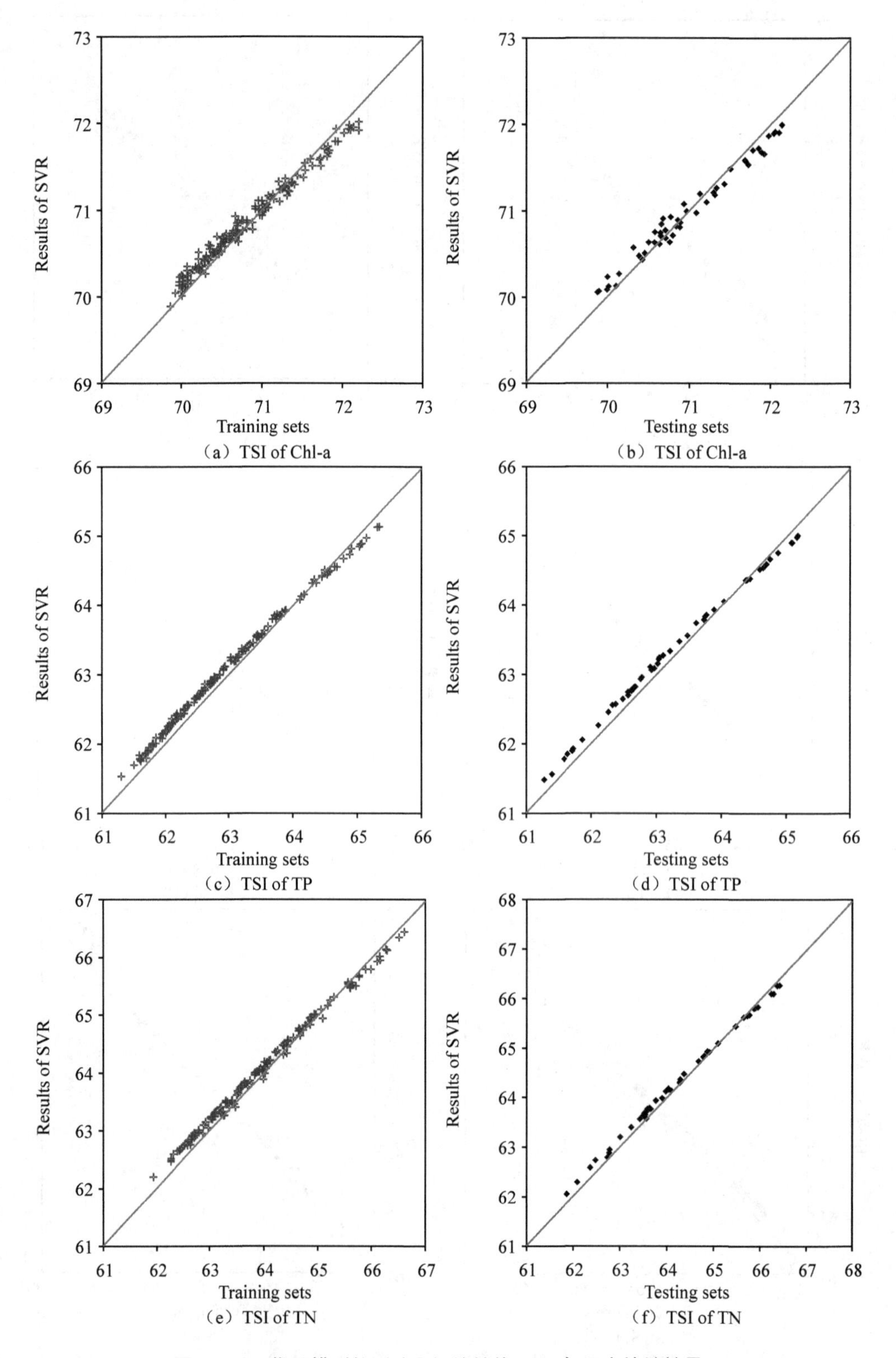

图 10-39 代理模型的测试和训练性能（10 年调水持续情景）

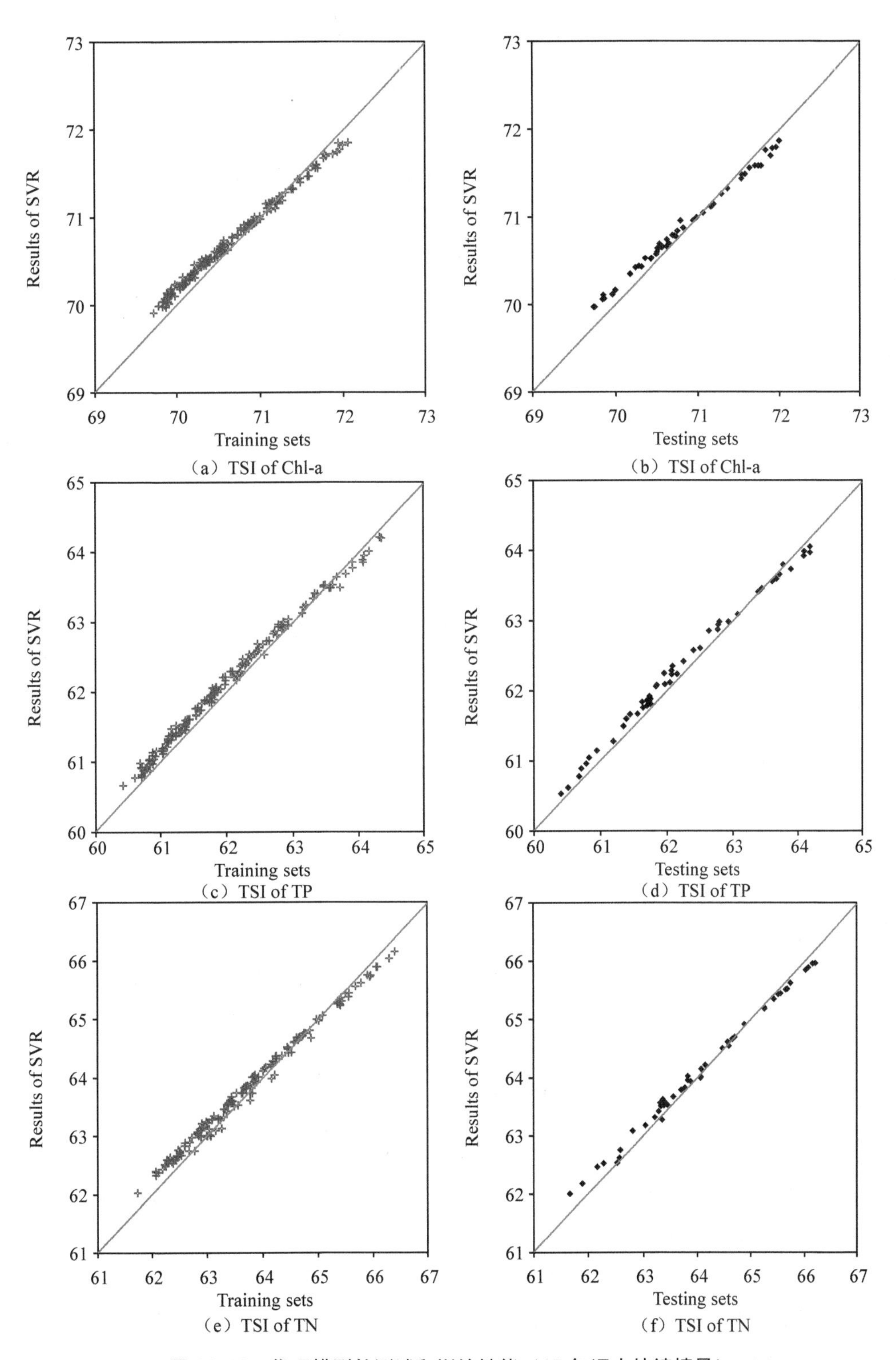

图 10-40 代理模型的测试和训练性能（15 年调水持续情景）

为了评价代理模型的泛化和预测能力，我们采用了如下 3 个指标：

$$\mathrm{FB}=\frac{\overline{P_c}-\overline{P_s}}{2(\overline{P_c}+\overline{P_s})} \tag{10-3}$$

$$\mathrm{CC}=\frac{\overline{(P_c-\overline{P_c})(P_s-\overline{P_s})}}{\sigma_{P_c}\sigma_{P_s}} \tag{10-4}$$

$$\mathrm{WI}=1-\frac{\overline{(P_c-P_s)^2}}{\overline{\left(\left|P_c-\overline{P_c}\right|+\left|P_s-\overline{P_s}\right|\right)^2}} \tag{10-5}$$

式中：P_c —— 观测值；

P_s —— 模拟值。

表 10-21 给出了代理模型训练和测试性能，这 3 个指标的计算结果显示：SVR 的训练和测试性能中 CC 值均大于 95%，FB 在 0 左右徘徊，WI 均大于 95%，这些证明了 SVR 的训练和测试性能良好，其结果可靠。

表 10-21 代理模型训练和测试性能

修复期	SVR 代理模型	核函数	SVR 参数	训练性能			测试性能		
				FB/（$\times10^{-3}$）	CC/%	WI/%	FB/（$\times10^{-3}$）	CC/%	WI/%
5 年	SVR-TSI_1	Linear	$C=32$	−0.113	98.456	98.811	0.020	97.039	98.765
	SVR-TSI_2	Polynomial	$C=64$，$d=2$	−0.332	99.210	99.449	−0.174	97.898	99.580
	SVR-TSI_3	Linear	$C=128$	−0.312	99.142	99.515	−0.237	97.916	99.692
10 年	SVR-TSI_1	Linear	$C=16$	−0.119	98.458	98.837	0.015	97.049	98.798
	SVR-TSI_2	Polynomial	$C=32$，$d=3$	−0.449	99.210	99.348	−0.350	97.879	99.460
	SVR-TSI_3	Linear	$C=8$	−0.323	99.147	99.517	−0.249	97.913	99.690
15 年	SVR-TSI_1	Linear	$C=16$	−0.262	99.070	98.581	−0.153	97.812	98.765
	SVR-TSI_2	Polynomial	$C=128$，$d=3$	−0.470	99.040	99.294	−0.397	97.669	99.414
	SVR-TSI_3	Linear	$C=8$	−0.305	98.993	99.366	−0.214	97.790	99.515

10.5.2 入湖通道调水方案的模拟优化

图 10-41 展示了不同调水持续时间情景下的最优的调水方案。当调水持续时间为 5 年时，牛栏江调水分配给盘龙江 1.91 m^3/s，大清河 1.62 m^3/s，宝象河 4.08 m^3/s，马料河 2.99 m^3/s，洛龙河 9.40 m^3/s。当调水持续时间为 10 年时，牛栏江调水分配给盘龙江 1.90 m^3/s，大清河 1.59 m^3/s，宝象河 5.15 m^3/s，马料河 2.01 m^3/s，洛龙河 9.35 m^3/s。当调水持续时间为 15 年时，牛栏江调水分配给盘龙江 1.92 m^3/s，大清河 1.75 m^3/s，宝象河 4.07 m^3/s，马料河 2.95 m^3/s，洛龙河 9.31 m^3/s。另外，目标函数 TSI^* 的求解结果是 69.10（5 年调水持续），68.37（10 年调水持续）和 68.03（15 年调水持续）。

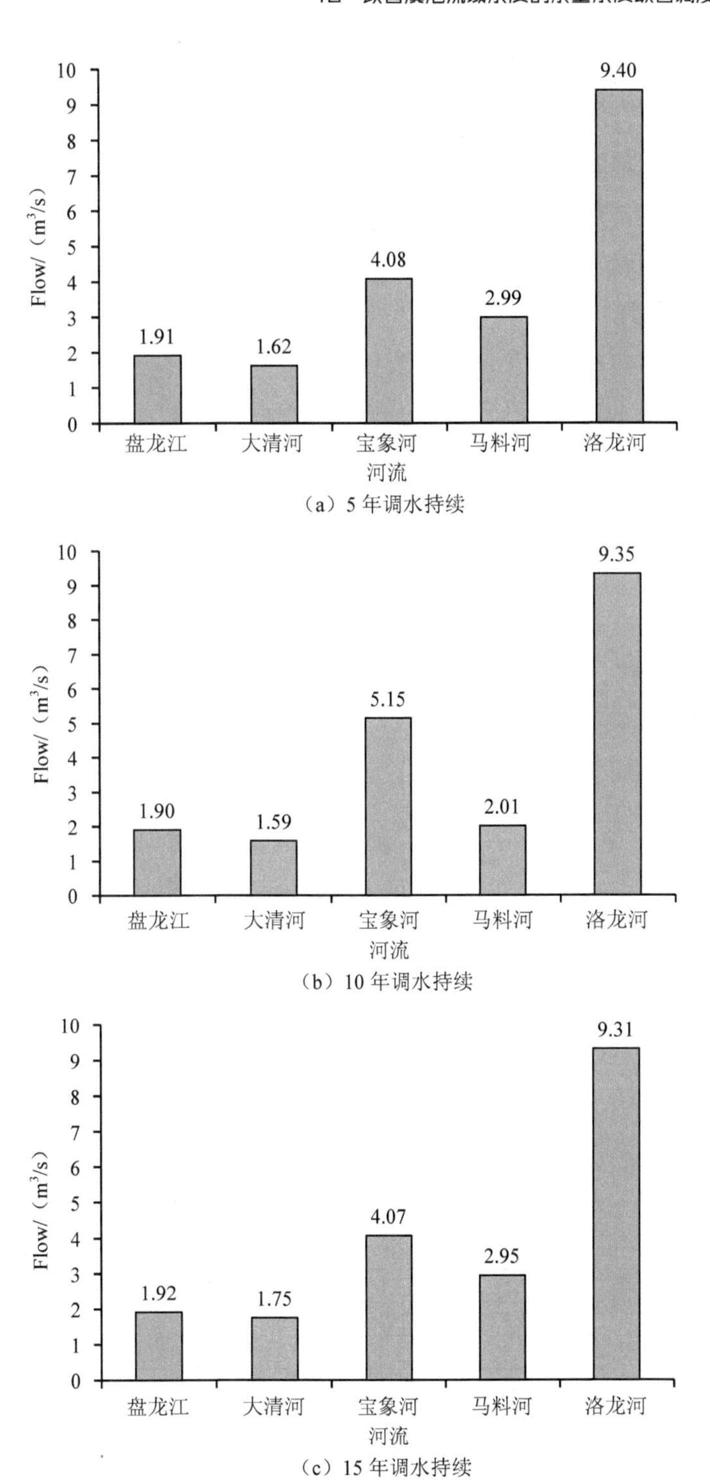

图 10-41　最优的调水方案

10.5.3 规划水平年滇池湖泊水环境质量模拟预测

10.5.3.1 2020 年滇池湖泊水质模拟

以近期（2020 年）规划水平年滇池流域不同典型年（丰、平、枯水年）水情条件下的入湖水量与水质预测成果为边界条件，考虑典型水文年代表年型的流域降雨降尘与湖面蒸发水量损失影响，同时遵循《滇池保护条例》中规定的水位调度规程（主汛期 6—9 月水位 1 887.20 m，10 月初开始蓄水至翌年 4 月底维持正常高水位 1 887.50 m，5 月水位开始回落，5 月底回落到 1 887.20 m）要求，并满足海口河及其下游河段生产生活用水及河道最小生态环境用水需求条件下，以滇池水环境数学模型为基础技术手段，模拟分析近期规划水平年滇池水位年内变化过程（图 10-42）、滇池湖泊水质状况与预测评价结果（表 10-22），以及各典型年内水质变化过程（图 10-43～图 10-45）。

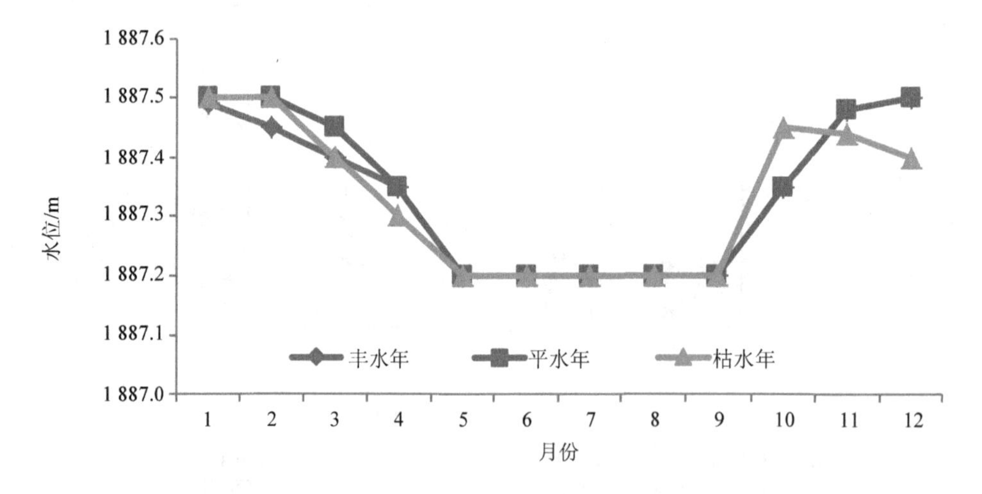

图 10-42 2020 年滇池水位变化过程模拟结果

表 10-22 近期规划水平年滇池外海水质预测与评价成果

2020 年		COD_{Mn}		TP		TN	
		外海	北岸区	外海	北岸区	外海	北岸区
水质预测/（mg/L）	丰水年	3.16	3.10	0.095	0.107	1.29	1.84
	平水年	3.27	3.23	0.093	0.106	1.28	1.82
	枯水年	3.50	3.66	0.090	0.107	1.24	1.74
水质评价	丰水年	Ⅱ	Ⅱ	Ⅳ	Ⅴ	Ⅳ	Ⅴ
	平水年	Ⅱ	Ⅱ	Ⅳ	Ⅴ	Ⅳ	Ⅴ
	枯水年	Ⅱ	Ⅱ	Ⅳ	Ⅴ	Ⅳ	Ⅴ
超标率/%	丰水年	—	—	—	7	—	23
	平水年	—	—	—	6	—	21
	枯水年	—	—	—	7	—	16

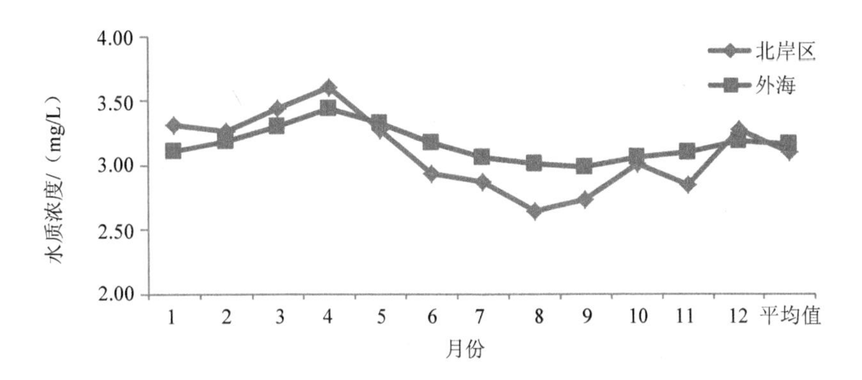

（a）2020 年外海与北岸水质年内变化过程（丰-COD_{Mn}）

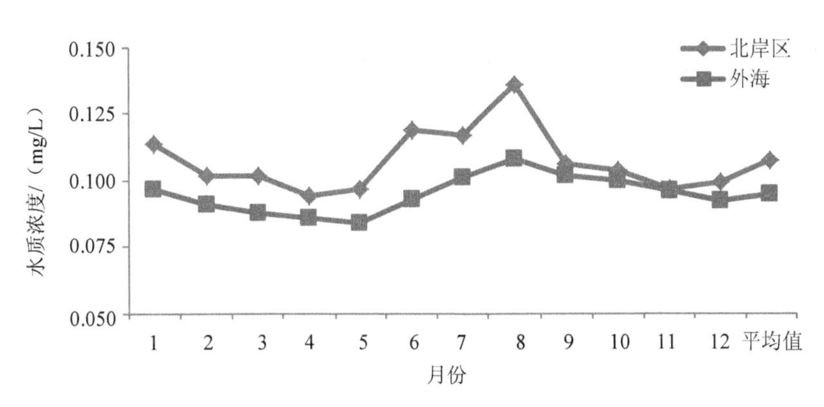

（b）2020 年外海与北岸水质年内变化过程（丰-TP）

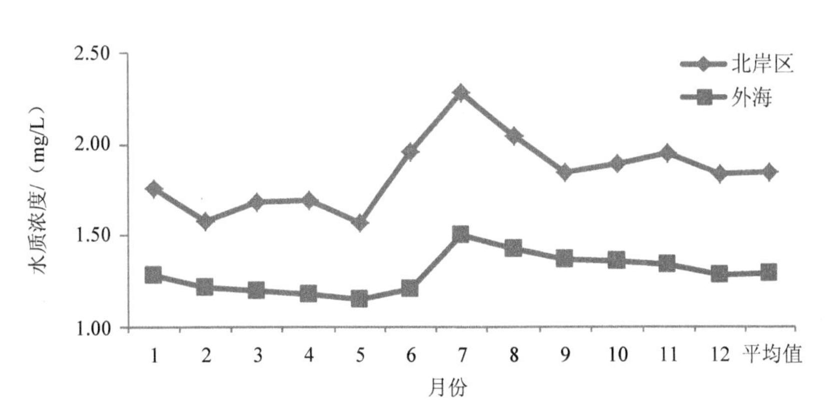

（c）2020 年外海与北岸水质年内变化过程（丰-TN）

图 10-43　2020 年滇池外海及北岸区水质年内变化过程（丰水年）

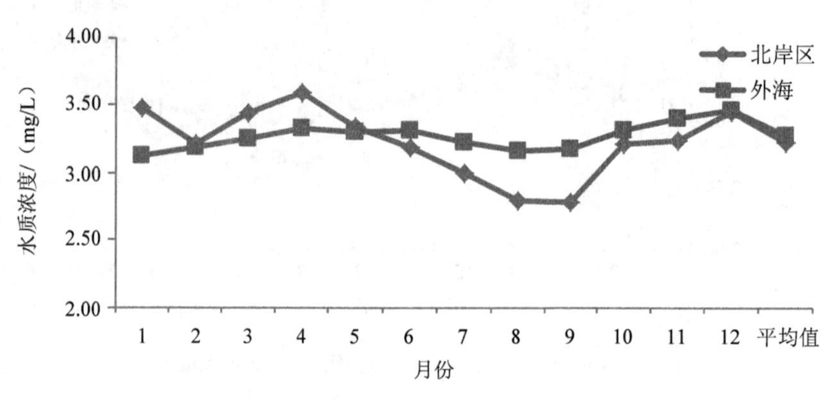

（a）2020 年外海与北岸水质年内变化过程（平-COD_{Mn}）

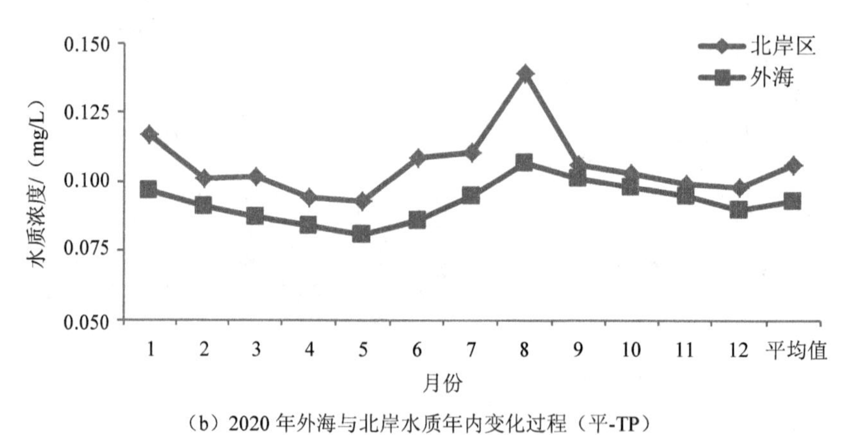

（b）2020 年外海与北岸水质年内变化过程（平-TP）

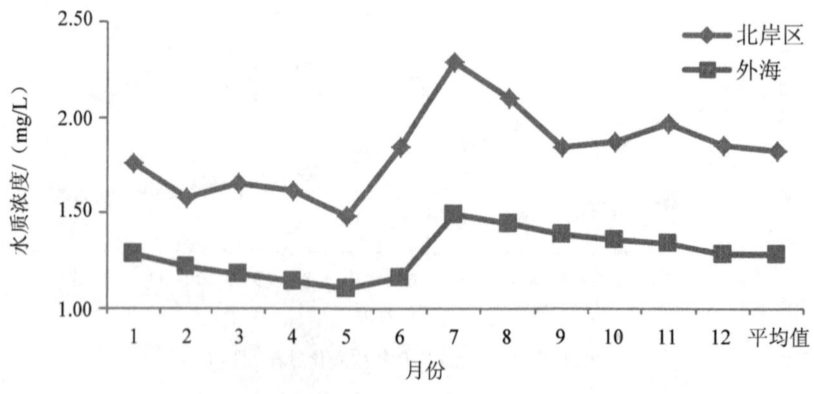

（c）2020 年外海与北岸水质年内变化过程（平-TN）

图 10-44　2020 年滇池外海及北岸区水质年内变化过程（平水年）

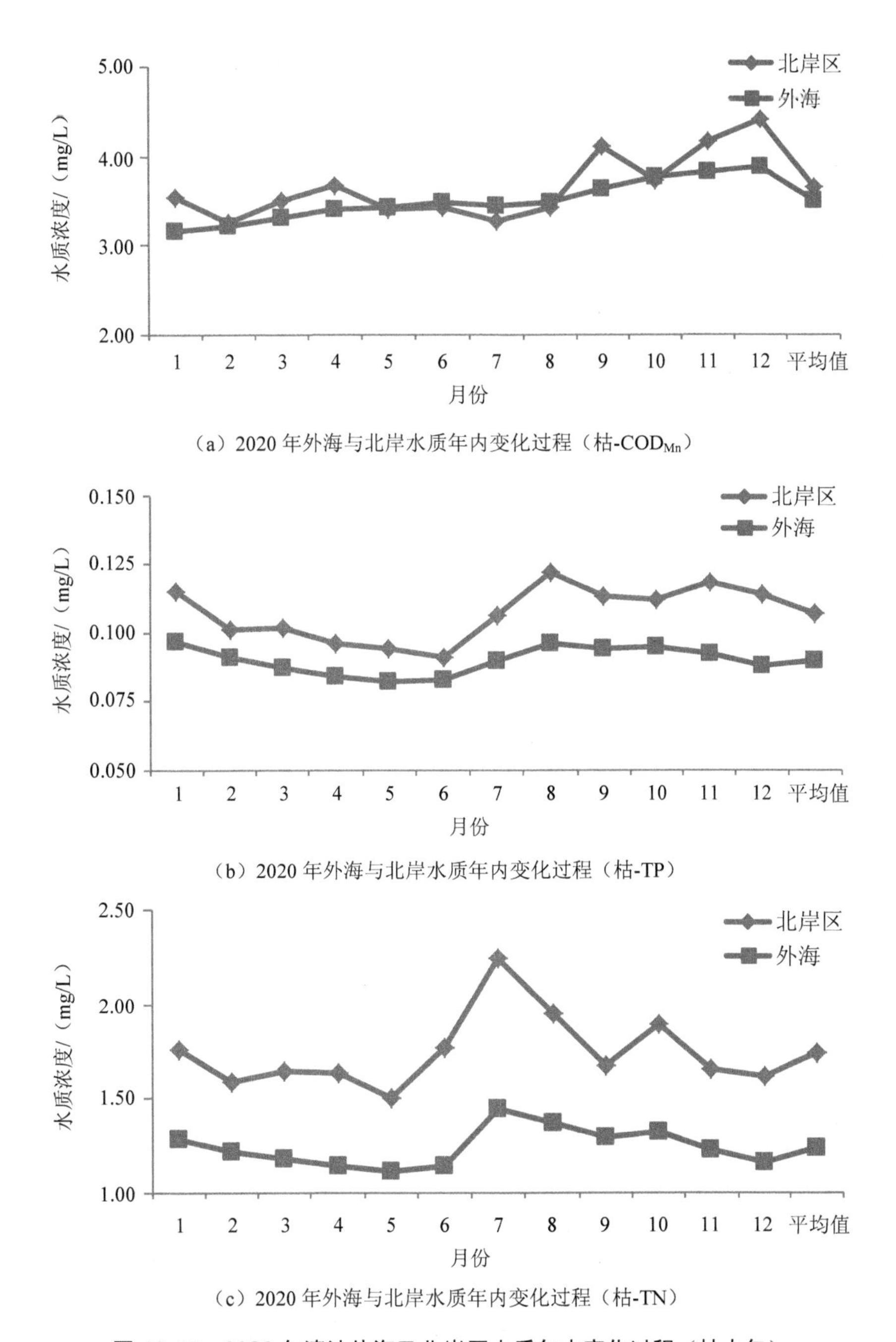

（a）2020 年外海与北岸水质年内变化过程（枯-COD_{Mn}）

（b）2020 年外海与北岸水质年内变化过程（枯-TP）

（c）2020 年外海与北岸水质年内变化过程（枯-TN）

图 10-45　2020 年滇池外海及北岸区水质年内变化过程（枯水年）

根据图 10-42 所示的滇池水位年内变化过程可知，近期规划水平年在考虑北岸排水需求的条件下，如遇典型枯水年来水水情，滇池年末水位存在无法达到正常高水位的情况（低于正常高水位约 10 cm），在其他典型年水情条件下均可实现汛末期的蓄水目标要求。

根据表 10-22 及图 10-43 至图 10-45 所示结果可知，近期规划水平年滇池外海 COD_{Mn}、

TP、TN 各指标浓度分别 3.16～3.50 mg/L、0.090～0.095 mg/L、1.24～1.29 mg/L，各指标水质类别分别为Ⅱ类、Ⅳ类、Ⅳ类，满足近期规划水平年滇池外海的水质目标要求；外海北岸区 COD_{Mn}、TP、TN 各指标浓度分别 3.10～3.66 mg/L、0.106～0.107 mg/L、1.74～1.84 mg/L，各指标水质类别分别为Ⅱ类、Ⅴ类、Ⅴ类，TP、TN 指标超Ⅳ类标准值分别为 6%～7%、16%～23%，北岸区水质与外海整体水质差异较为明显。

10.5.3.2 2030 年滇池湖泊水质模拟预测

以远期（2030 年）规划水平年滇池流域不同典型年（丰、平、枯水年）水情条件下的入湖水量与水质预测成果为边界条件，考虑典型水文年代表年型的流域降雨降尘与湖面蒸发水量损失影响，同时遵循《滇池保护条例》中规定的水位调度规程（主汛期 6—9 月水位 1 887.20 m，10 月初开始蓄水至翌年 4 月底维持正常高水位 1 887.50 m，5 月水位开始回落，5 月底回落到 1 887.20 m）要求，并满足海口河及其下游河段生产生活用水及河道最小生态环境用水需求条件下，以滇池水环境数学模型为基础技术手段，模拟分析远期规划水平年滇池水位年内变化过程（图 10-46）、滇池湖泊水质状况与预测评价结果（表 10-23），以及各典型年内水质变化过程（图 10-47～图 10-49）。

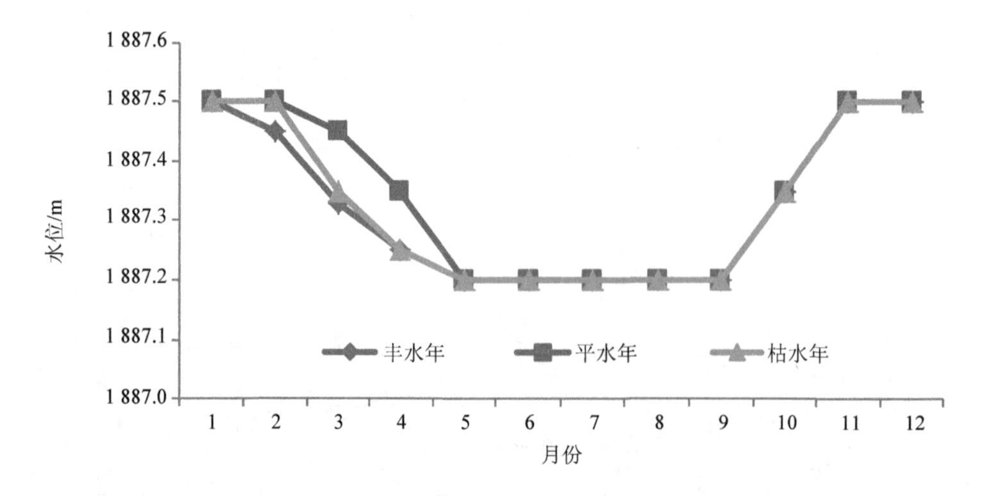

图 10-46　2030 年滇池水位变化过程模拟结果

表 10-23　远期规划水平年滇池外海水质预测与评价成果

2030 年		COD_{Mn}		TP		TN	
		外海	北岸区	外海	北岸区	外海	北岸区
水质预测/(mg/L)	丰水年	2.17	2.33	0.048	0.058	0.96	1.23
	平水年	1.89	1.63	0.050	0.066	0.98	1.28
	枯水年	2.30	2.49	0.047	0.060	0.96	1.26

2030 年		COD_{Mn}		TP		TN	
		外海	北岸区	外海	北岸区	外海	北岸区
水质评价	丰水年	II	I	Ⅳ	Ⅳ	III	Ⅳ
	平水年	II	II	Ⅳ	Ⅳ	III	Ⅳ
	枯水年	II	II	Ⅳ	Ⅳ	III	Ⅳ
超标率/%	丰水年	—	—	—	17%	—	23%
	平水年	—	—	—	33%	—	28%
	枯水年	—	—	—	20%	—	26%

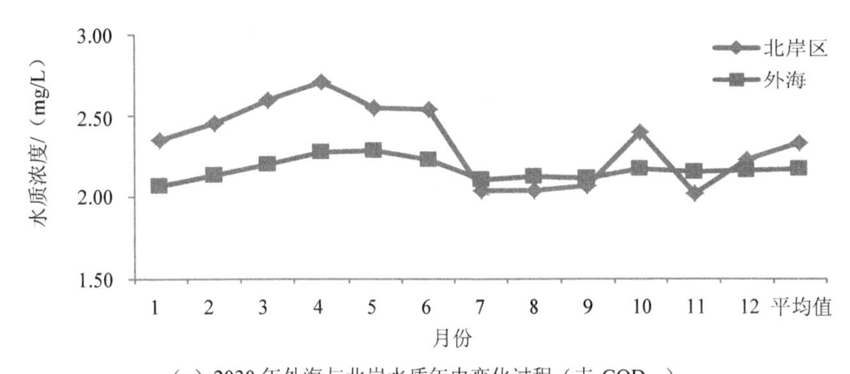

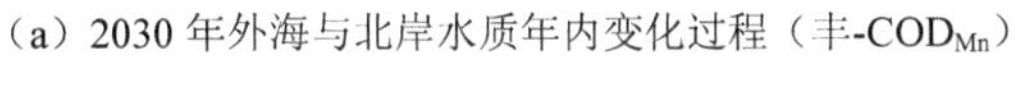
（a）2030 年外海与北岸水质年内变化过程（丰-COD_{Mn}）

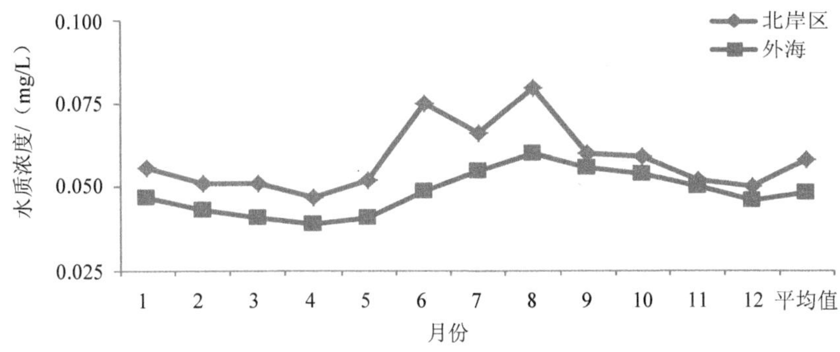

（b）2030 年外海与北岸水质年内变化过程（丰-TP）

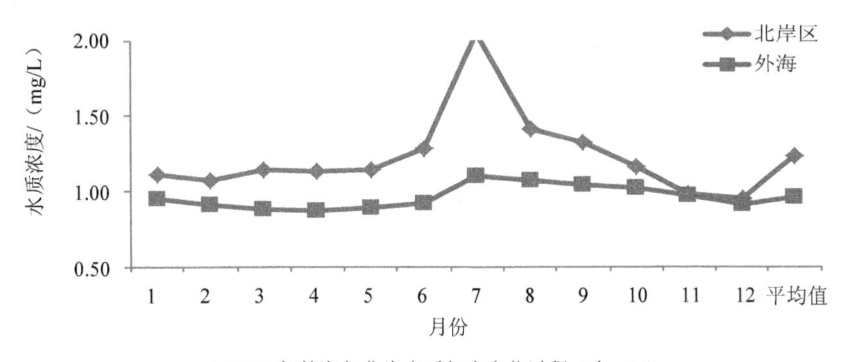

（c）2030 年外海与北岸水质年内变化过程（丰-TN）

图 10-47　2030 年滇池外海及北岸区水质年内变化过程（丰水年）

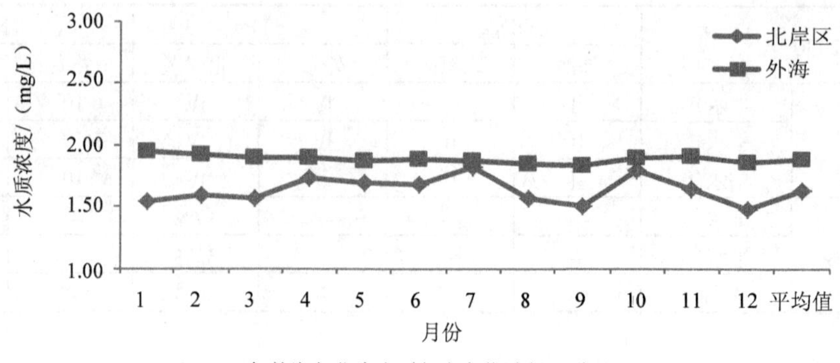

（a）2030 年外海与北岸水质年内变化过程（平-COD_{Mn}）

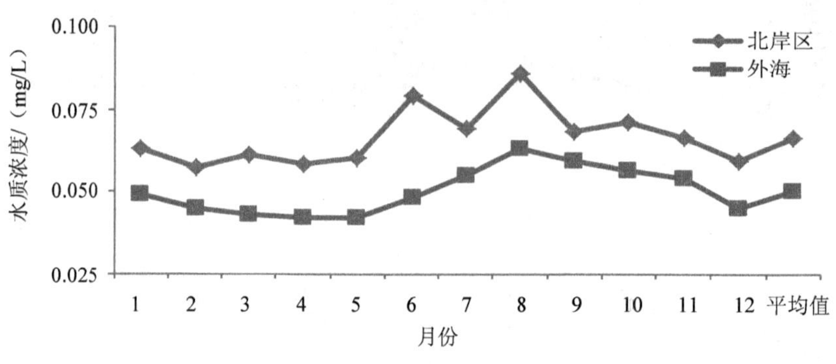

（b）2030 年外海与北岸水质年内变化过程（平-TP）

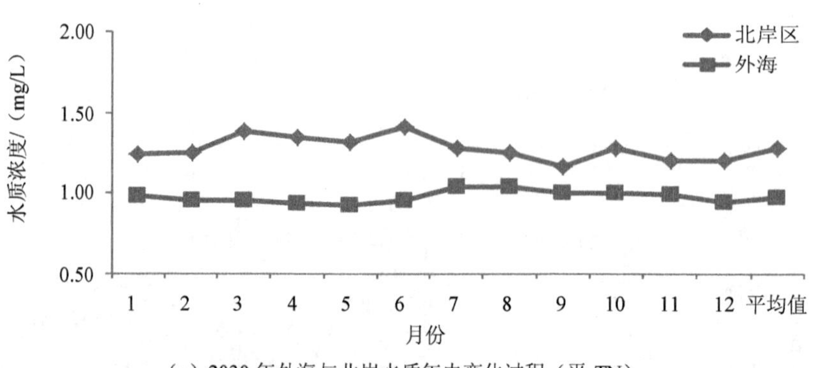

（c）2030 年外海与北岸水质年内变化过程（平-TN）

图 10-48　2030 年滇池外海及北岸区水质年内变化过程（平水年）

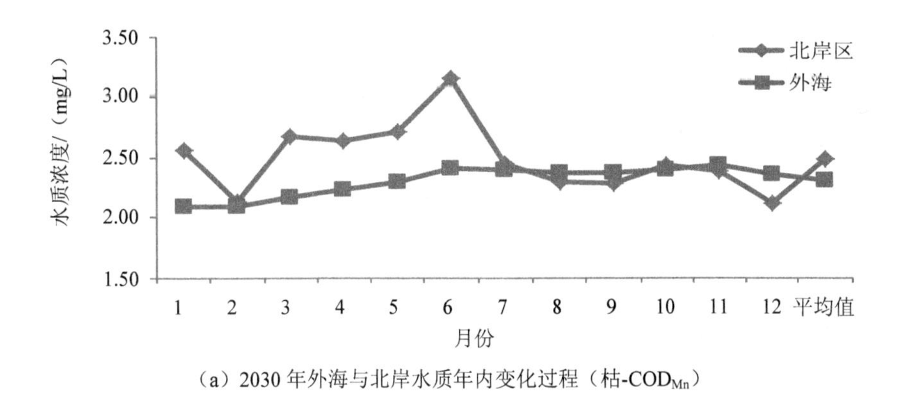

（a）2030 年外海与北岸水质年内变化过程（枯-COD_{Mn}）

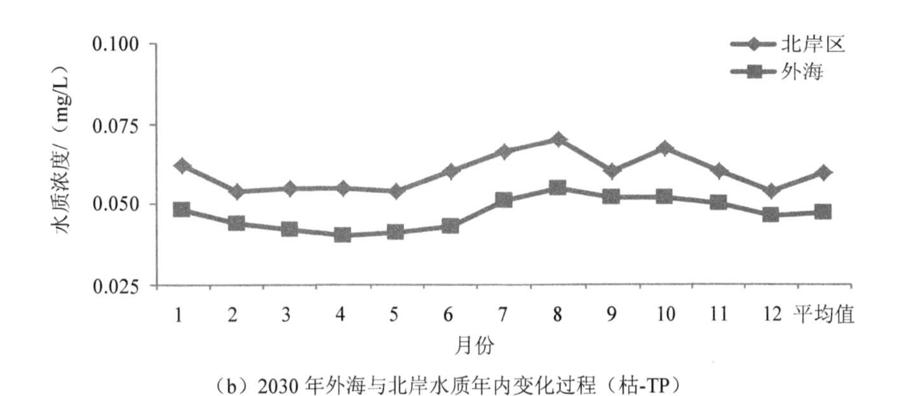

（b）2030 年外海与北岸水质年内变化过程（枯-TP）

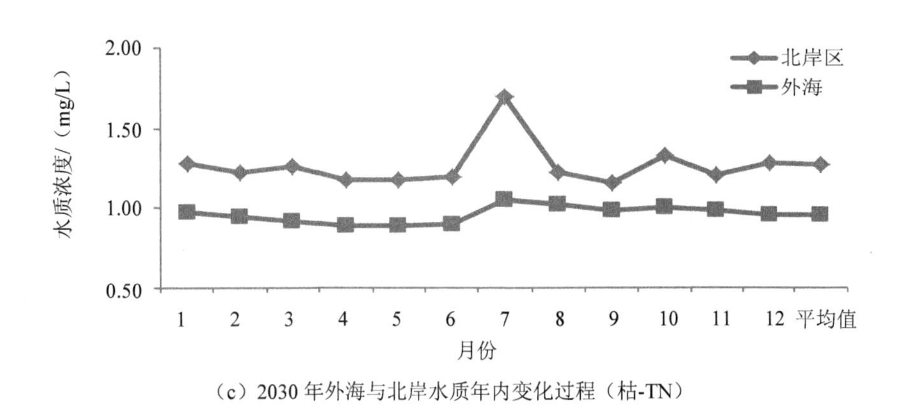

（c）2030 年外海与北岸水质年内变化过程（枯-TN）

图 10-49　2030 年滇池外海及北岸区水质年内变化过程（枯水年）

根据图 10-46 所示的滇池水位年内变化过程可知，远期规划水平年在考虑北岸排水需求的条件下，各典型年水情条件下均可实现汛末期的蓄水目标要求。根据表 10-23 及图 10-47 至图 10-49 所示结果可知，远期规划水平年滇池外海 COD_{Mn}、TP、TN 各指标浓度分别为 1.89～2.30 mg/L、0.047～0.050 mg/L、0.96～0.98 mg/L，各指标水质类别分别为II类、III类、III类，满足远期规划水平年滇池外海的水质目标要求；外海北岸区 COD_{Mn}、

TP、TN 各指标浓度分别 1.63～2.49 mg/L、0.058～0.066 mg/L、1.23～1.28 mg/L，各指标水质类别分别为Ⅱ类、Ⅳ类、Ⅳ类，TP、TN 指标超Ⅲ类标准值分别为 6%～7%、16%～23%，北岸区水质与外海整体水质仍有较明显的差异。

10.5.4 滇池水质时空分布特征及其变化模拟预测

10.5.4.1 近期水平年滇池湖区水质预测及其时空分布特征

根据 2020 年滇池流域入湖污染物时空分布特点可知，滇池外海 74%左右的高锰酸盐指标、78%左右的 TN 和 55%左右的 TP 污染负荷都是从外海北岸附近区域入湖，从而致使滇池外海水质浓度空间分布呈现出自北向南逐渐降低的空间分布格局（图 10-50 和图 10-51）；从入湖污染物的年内分布特征分析，多雨季节（5—10 月）入湖的 TP、TN 污染负荷量占全年入湖负荷总量的 65%～78%，年内水质也存在一定的波动性变化。

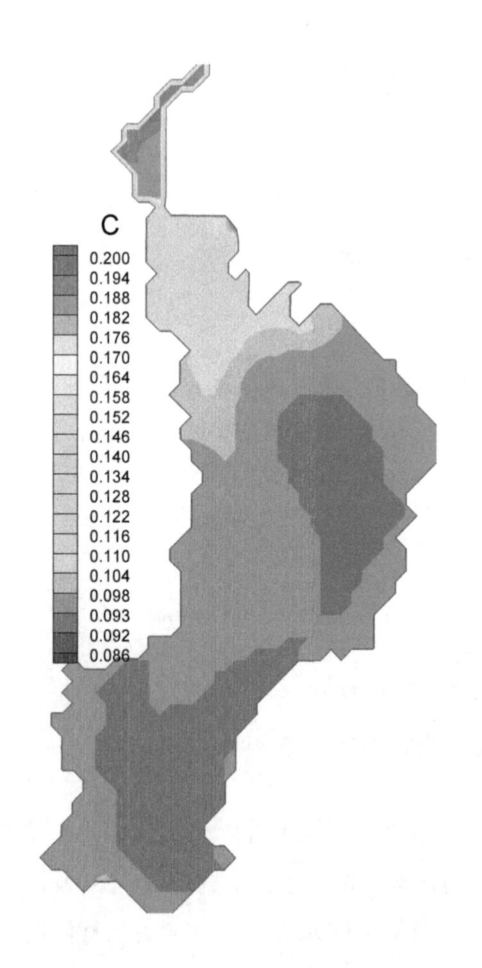

图 10-50 2020 年 6 月滇池浓度场（TP）

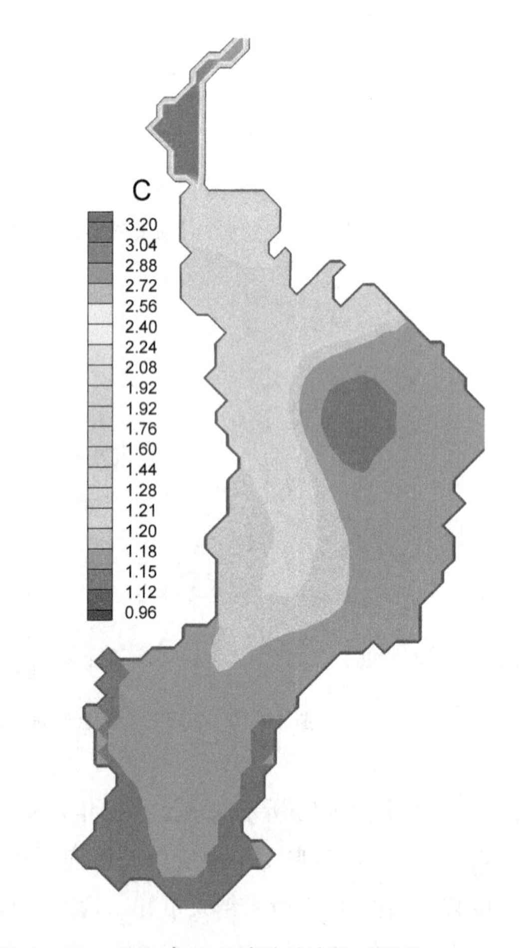

图 10-51 2020 年 6 月滇池浓度场（TN）

根据图 10-43～图 10-45 所示的滇池 TP、TN 水质浓度空间分布及其年内变化过程，受滇池外海北岸昆明主城区点源及非点源入湖影响，外海北岸区水质较外海整体水质总体偏差，具体表现为北岸区 TP 指标是外海平均水质的 1.13～1.19 倍，TN 指标是 1.41～1.42 倍，高锰酸盐指数是 0.98～1.05 倍。

10.5.4.2　远期水平年滇池湖区水质预测及其时空分布特征

根据 2030 年滇池流域入湖污染物时空分布特点可知，滇池外海 72%左右的高锰酸盐指标、68%左右的 TN 和 47%左右的 TP 污染负荷都是从外海北岸附近区域入湖，从而致使滇池外海水质浓度空间分布呈现出自北向南逐渐降低的空间分布格局（图 10-52、图 10-53）；从入湖污染物的年内分布特征分析，多雨季节（5—10 月）入湖的 TP、TN 污染负荷量占全年入湖负荷总量的 61%～76%，年内水质也存在一定的波动性变化。

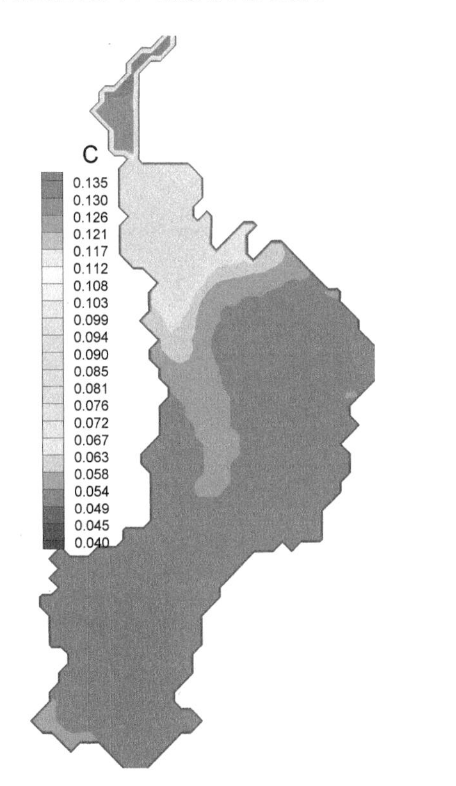

图 10-52　2030 年 6 月滇池浓度场（TP）

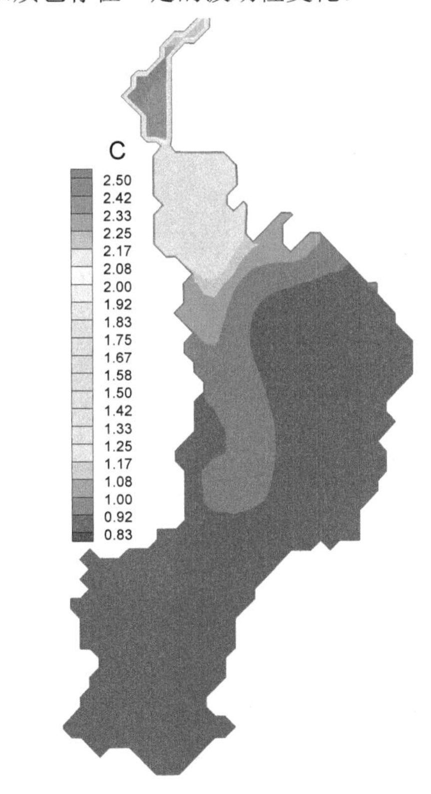

图 10-53　2030 年 6 月滇池浓度场（TN）

根据见图 10-47～图 10-49 所示的滇池 TP、TN 水质浓度空间分布及其年内变化过程，受滇池外海北岸昆明主城区点源及非点源入湖影响，外海北岸区水质较外海整体水质总体偏差，具体表现为北岸区 TP 指标是外海平均水质的 1.20～1.33 倍，TN 指标是 1.28～1.31 倍，高锰酸盐指数是 0.87～1.08 倍。

10.5.5 基于水质改善的滇池水位优化调度方案

滇池是国家级风景名胜区，是昆明生产、生活用水的重要水源，是昆明城市备用饮用水水源，是具备防洪、调蓄、灌溉、景观、生态和气候调节等功能的高原城市湖泊。滇池分为外海和草海，草海与外海之间通过海埂节制闸连接，外海是滇池主体，面积约 300 km^2；草海是城市内湖，面积为 10.8 km^2。海口河是滇池外海唯一的天然出湖通道，最大排水能力为 140 m^3/s；2016 年 8 月外海北岸一期工程正式投入运行，经草海西园隧洞向外排水，其设计规模为 10 m^3/s。西园隧洞是草海的唯一排水通道，最大排水能力为 40 m^3/s。

在滇池流域没有防洪压力条件下，草海、外海分别经西园隧洞、海口河排水，草海与外海间没有水力联系，外海的控制运行水位为：正常高水位 1 887.50 m，最低工作水位 1 885.50 m，特枯年对策水位 1 885.20 m，汛期限制水位 1 887.50 m；草海的控制运行水位 1 886.8 m，最低工作水位 1 885.50 m。具体的调度运行过程见图 10-54。

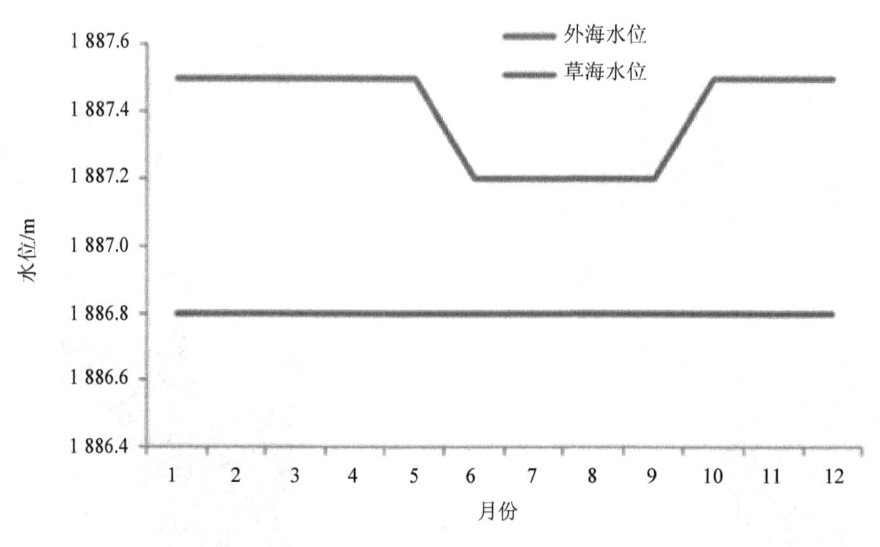

图 10-54 滇池水位调度运行规程

在保障滇池流域防洪安全并满足《云南省滇池保护条例》规定的水位调度运行规程条件下，为尽可能地促进滇池水环境质量得到持续性改善，并最大限度地提升外海北部湖湾区的水景观效果，应通过北岸一期工程与海口河、西园隧洞排水联合调度运行，尽可能多从外海北部湖湾区排水，即近期应充分发挥北岸一期工程的排水能力，实现北岸一期工程与海口河、西园隧洞排水联合调度，尽可能消除表层富藻水在外海北部湖湾区的富集效应，提升其水景观环境质量；远期实现第三通道与北岸一期工程、海口河排水联合调度运行，努力推进外海水环境质量的持续性改善。

（1）北岸一期工程与本工程的调度运行

在保障滇池流域防洪安全并满足《云南省滇池保护条例》规定的水位调度运行规程条件下，北岸一期工程与本工程的调度运行方式如下。

①西园隧洞优先保障环湖截污工程北岸尾水（120 万 m^3/d，14.89 m^3/s）和草海流域来水外排。

②外海有弃水量时，应通过海口河与北岸一期工程、第三通道工程实施联合调度控制外海水位，以保证北部湖湾区的表层富藻水能够通过北岸排水工程顺利外排。

③当滇池流域需要防洪调度时，西园隧洞优先保证环湖截污工程北岸尾水的顺利外排，再将海口河、第三通道和西园隧洞纳入防洪排涝体系进行统一运行调度。

④当外海弃水量≤10 m^3/s 时，弃水量均由北岸一期工程外排。

⑤当外海弃水量＞10 m^3/s 和≤55 m^3/s 时，北岸一期工程排水量≤10 m^3/s（具体规模由西园隧洞剩余泄水能力决定），剩余水量优先从第三通道工程外排。

⑥当外海弃水量＞55 m^3/s 时，北岸一期工程排水量≤10 m^3/s（具体规模由西园隧洞剩余泄水能力决定），第三通道工程外排水量 45 m^3/s，剩余水量由海口河下泄。

（2）外海北部排水与牛栏江入湖的调度运行

外海北部排水与牛栏江清水入湖的调度运行按近期（2016—2020 年）和中远期（2021—2030 年）分开考虑。

近期在滇池外海整体水质未稳定达到《地表水环境质量标准》（GB 3838—2002）中的Ⅳ类之前，牛栏江来水经盘龙江入湖不宜分散多通道入湖，以保障外海北部湖湾区的水质改善效果，并有效降低蓝藻在北部湖湾区的富集程度，尽可能提升北部湖湾区水景观环境质量。

中远期在滇池外海整体水质由Ⅳ类水稳步向Ⅲ类演进的过程中，应在保障昆明主城区河道适宜的生态流量需求条件下，牛栏江来水应分散多口入湖，并构建牛栏江来水的多清水通道入湖景观，促进昆明水生态文明建设并提升牛栏江来水对滇池流域河湖水环境质量改善的环境与社会效益。

10.5.6　小结

（1）近期规划水平年滇池外海 COD_{Mn}、TP、TN 各指标浓度分别 3.16～3.50 mg/L、0.090～0.095 mg/L、1.24～1.29 mg/L，各指标水质类别分别为Ⅱ类、Ⅳ类、Ⅳ类，满足近期规划水平年滇池外海的水质目标要求；外海北岸区 COD_{Mn}、TP、TN 各指标浓度分别为 3.10～3.66 mg/L、0.106～0.107 mg/L、1.74～1.84 mg/L，各指标水质类别分别为Ⅱ类、Ⅴ类、Ⅴ类，TP、TN 指标超Ⅳ类标准值分别为 6%～7%、16%～23%，北岸区水质与外海整体水质差异较为明显。

（2）远期规划水平年滇池外海 COD_{Mn}、TP、TN 各指标浓度分别为 1.89～2.30 mg/L、0.047～0.050 mg/L、0.96～0.98 mg/L，各指标水质类别分别为Ⅱ类、Ⅲ类、Ⅲ类，满足远期规划水平年滇池外海的水质目标要求；外海北岸区 COD_{Mn}、TP、TN 各指标浓度分别为 1.63～2.49 mg/L、0.058～0.066 mg/L、1.23～1.28 mg/L，各指标水质类别分别为Ⅱ类、Ⅳ类、Ⅳ类，TP、TN 指标超Ⅲ类标准值分别为 6%～7%、16%～23%，北岸区水质与外海整体水质仍有较明显的差异。

（3）受滇池外海北岸昆明主城区点源及非点源入湖影响，外海北岸区水质较外海整体水质总体偏差，近期规划水平年北岸区 TP 指标是外海平均水质的 1.13～1.19 倍，TN 指标为 1.41～1.42 倍，高锰酸盐指数为 0.98～1.05 倍；远期规划水平年 TP 指标是外海平均水质的 1.20～1.33 倍，TN 指标为 1.28～1.31 倍，高锰酸盐指数为 0.87～1.08 倍。从不同水平年北岸区与外海整体水质差异变化来看，高锰酸盐指数变化不明显，TP、TN 两指标总体呈逐渐缩小趋势。

参考文献

[1] Kevin M P，Frederick W C，Gary B B，et al. A watershed-scale model for predicting nonpoint pollution risk in north Carolina[J]. Environmental Management，2004，34（1）：62-74.

[2] Novotny V，Olem H. Water Quality＜prevention，Identification and management of Diffuse Pollution[M]. New York：Van Nostrand Reinhold Company，1993（2）：26.

[3] Chang M，McBroom M W，Beasley R S. Roofing as a source of nonpoint water pollution[J]. Journal of Environment Management，2004，73（4）：307-315.

[4] Tim U S，Jolly R. Evaluating agricultural nonpoint-source pollution using integrated geographic information systems and hydrologic/water quality model[J]. Journal of Environment Quality，1994，23（1）：25-35.

[5] 金相灿. 中国湖泊环境[M]. 北京：海洋出版社，1995.

[6] 陈吉宁，李广贺，王洪涛. 滇池流域面源污染控制技术研究[J]. 中国水利，2004，9：47-50.

[7] 郝芳华，李春晕，赵彦伟，等. 流域水质模型与模拟[M]. 北京：北京师范大学出版社，2008.

[8] 贾仰文，王浩，倪广恒，等. 分布式流域水文模型原理与实践[M]. 北京：中国水利水电出版社，2005.

[9] 雒文生，宋星原. 水环境分析及预测[M]. 武汉：武汉大学出版社，2000.

[10] 刘昌明，郑红星，王中根. 流域水循环分布式模拟[M]. 郑州：黄河水利出版社，2006.

[11] 周德英. 关于农药问题[J]. 环境科学动态，1989，4.

[12] 董延军，李杰，郑江丽，等. 流域水文水质模拟软件（HSPF）应用指南[M]. 郑州：黄河水利出版社，2009.

[13] 洪华生，黄金良，曹文志. 九龙江流域农业非点源污染机理与控制研究[M]. 北京：科学出版社，2007.

[14] 宋小冬，钮心毅. 地理信息系统实习教程[M]. 北京：科学出版社，2007.

[15] 包为民. 水文预报[M]. 北京：中国水利水电出版社，2006.

[16] 芮孝芳. 水文学原理[M]. 北京：中国水利水电出版社，2004.

[17] 熊立华，郭生练. 分布式流域水文模型[M]. 北京：中国水利水电出版社，2004.

[18] Hydrological Simulation Program-Fortran（HSPF），USER's Manual.

[19] 洪华生，黄金良，曹文志. 九龙江流域农业非点源污染机理与控制研究[M]. 北京：科学出版社，2008.

[20] 王兆礼. 气候变化与土地利用变化的流域水文——以东江流域为例[D]. 广州：中山大学，2007.

[21] Shi P J，Gong P，et al. Land-Use and Land-Cover Change Research Methodology and Practice[M]. Beijing：Science Press，2000.

[22] Zhang Z Q，Yu X X，Zhao Y T，et al. Advance in researches on the effect of forest on hydrological process[J]. China J Appl Ecol，14（1）：113-116（in Chinese）.

[23] 张银辉. SWAT 横型及其应用研究进展[J]. 地理科学研究进展，2005，9.

[24] 贾仰文，王浩. "黄河流域水资源演变规律与二元演化模型"研究成果简介[J]. 水利水电技术，2006，3.

[25] 贾仰文，王浩，严登华. 黑河流域水循环系统的分布式模拟——模型开发与验证（Ⅰ）、（Ⅱ）[J]. 水利学报，2006，6.

[26] 陈军锋，李秀彬. 土地覆被变化的水文响应模拟研究[J]. 应用生态学报，2004，5.

[27] US EPA. National Water Quality Inventory：Report to Congress Executive Summary[R]. Washington：US EPA，1995，155-180.

[28] Bao Quansheng，Ma Xiaoqiang，Wang Huadong，Progress in the research in Environmental nonpoint source pollution in China[J]. Journal of Environmental science，1997.9（3）：329-336.

[29] 王晓燕. 非点源污染及其管理[M]. 北京：海洋出版社，2003，28-41.

[30] 张哲. HSPF 水文模型机理及应用研究-以河北太行山区绿化方案制订为例[D]. 石家庄：河北师范大学，2007.

[31] 张金存，芮孝芳. 分布式水文模型构建理论与方法述评[J]. 水科学进展，2007，18（2）：286-292.

[32] 刘昌明，郑红星，王中根. 流域水循环分布式模拟[M]. 郑州：黄河水利出版社，2006.

[33] Steven A.Cryer，et al. Characterizing agrichemical patterns and effective BMPs for surface waters using mechanistic modeling and GIS[J]. Environmental Modeling and assessment，2001（6）：195-208.

[34] K C Chun，R W Chang，G P Williams. Water quality issues in the Nakdong River Basin in the Republic of Korea[J]. Springer-verlag（Environ Engg and Policy），2001（2）：131-143.

[35] Mine Albek，et al. Hydrological modeling of Seydi Suyu watershed with HSPF[J]. Elsevier（Journal of Hydrology），2004（285）：260-271.

[36] Mark S，Johnson，et al. Application of two hydrologic models with different runoff mechanisms to a hillsope dominated watershed in the northeastern US[J]. Elsevier（Journal of Hydrology），2003（284）：57-76.

[37] Dahlia N，EI-Kaddah，Anne E Carey. Water quality modeling of the Cahaba River，Alabama[J]. Springer-verlag（Environment Geology），2004（45）：323-338.

[38] 邢可霞，郭怀成，等. 流域非点源污染模拟研究——以滇池流域为例[J]. 地理研究，2005，24（4）：549-558.

[39] 林诚二，村上正吾，渡边正孝，等. 基于全球降水估计值的地表径流模拟——以长江上游为例[J]. 地理学报，2004，59（1）：125-135.

[40] 蔡芫镔，潘文斌，任霖光. BASINS3.0 系统评测[J]. 安全与环境工程，2005，12（2）：69-72.

[41] S.lm，K Brannnan，S Mostaghimi，et al. A Comparison of SWAT and HSPF Models for Simulating Hydrologic and Water Quality Responses from an Urbanizing Watershed[R]. 2003 ASAE Annual International Meeting，2003，7.

[42] Jaswinder Singh，H Vernon Knapp，Misganaw Demissie. Hydrologic Modeling of the Iroquois River Watershed Using HSPF and SWAT[R]. Illinois State Survey Contract Report，2004，8.

[43] 沈珍瑶，刘瑞民，叶闽，等. 长江上游非点源污染特征及其变化规律[M]. 北京：科学出版社，2008.

[44] 中国水利水电科学研究院水资源所编译. 流域水循环与水资源演变规律研究[M]. 北京：科学出版社，2008.

[45] 吴秀芹，张洪岩，李瑞改，等. ArcGIS 9 地理信息系统应用与实践（上、下）[M]. 北京：清华大学出版社，2007.

[46] 汤国安，杨昕. ArcGIS 地理信息系统空间分析实验教程[M]. 北京：科学出版社，2006.

[47] 赵英时，等. 遥感应用分析原理与方法[M]. 北京：科学出版社，2003.

[48] 叶爱中. 大尺度分布式水文模型研究[D]. 武汉：武汉大学，2004.

[49] Jarvis A，H I Reuter，A Nelson，et al. Hole-filled seamless SRTM data V3，Internation Center for Tropical Agriculture（CIAT）[OL]. http：//srtm.csi.cgiar.org.

[50] 中山大学水资源与环境研究中心，黄河水利委员会黄河设计公司规划院，广东省水文局. 广东省东江流域水资源分配方案报告书[D]. 2008.

[51] 中国水利水电科学研究院编译. 流域水循环规律与水资源演变规律研究[M]. 北京：科学出版社，2008.

[52] 王缈林，蒲菽洪，傅华. 从水质水量联合角度评价鉴江流域可用水资源量[J]. 重庆交通大学学报（自然科学版），2008，2（27）.

[53] 赵人俊. 流域水文模拟——新安江模型与陕北模型. 北京：水利电力出版社，1984.

[54] 李致家，姚成，章玉霞，等. 栅格型新安江模型的研究[J]. 水力发电学报，2009，28（2）.

[55] 李致家. 基于 DEM 栅格和地形的分布式水文模型构建及其应用[D]. 南京：河海大学，2005.

[56] 牛存稳，贾仰文，王浩，等. 黄河流域水量水质综合模拟与评价[J]. 人民黄河，2007，29（11）.

[57] 方红远. 区域水资源合理配置中的水量调控理论[M]. 郑州：黄河水利出版社，2004.

[58] 水利部水资源管理司，水利部水资源管理中心. 建设项目水资源论证培训教材[M]. 北京：中国水利水电出版社，2005.

[59] 中国环境规划院. 全国水环境容量核定技术指南[S]. 2003.